电子信息科学与工程类专业规划教材

DSP 原理与应用

（第 2 版）

刘 伟 主编

王 玮 卢恒炜 陈文钢 张 雪 参编

U0216759

電子工業出版社

Publishing House of Electronics Industry

北京 • BEIJING

内 容 简 介

本书主要介绍TMS320C67xx系列DSP芯片的基本特点、硬件结构及内部各模块的功能，并结合应用示例讲解各模块的工作原理；详细介绍Code Composer Studio集成开发环境，说明基本的C语言应用程序框架及混合编程的方法，并讲述系统自启动的过程。书中还包含大量DSP芯片的应用和算法示例程序，并给出时序控制寄存器各字段的计算方法，以及硬件读/写时序的测试波形。

本书内容全面、通俗易懂、实用性强，可作为电子信息工程、通信工程、自动化等专业高年级本科生和研究生“DSP原理与应用”课程的教材或参考书，也可供从事DSP芯片开发应用的工程技术人员参考。

图书在版编目（CIP）数据

DSP原理与应用/刘伟主编. —2版. —北京：电子工业出版社，2017.1
电子信息科学与工程类专业规划教材
ISBN 978-7-121-30247-3

Ⅰ.①D… Ⅱ. ①刘… Ⅲ. ①数字信号处理－高等学校－教材 Ⅳ. ①TN911.72

中国版本图书馆CIP数据核字（2016）第260101号

策划编辑：凌　毅
责任编辑：凌　毅
印　　刷：北京七彩京通数码快印有限公司
装　　订：北京七彩京通数码快印有限公司
出版发行：电子工业出版社
　　　　　北京市海淀区万寿路173信箱　邮编　100036
开　　本：787×1 092　1/16　印张：19.25　字数：510千字
版　　次：2012年7月第1版
　　　　　2017年1月第2版
印　　次：2024年1月第10次印刷
定　　价：39.90元

凡所购买电子工业出版社图书有缺损问题，请向购买书店调换。若书店售缺，请与本社发行部联系，联系及邮购电话：(010)88254888，88258888。

质量投诉请发邮件至 zlts@phei.com.cn，盗版侵权举报请发邮件至 dbqq@phei.com.cn。

本书咨询联系方式：(010)88254528，lingyi@phei.com.cn。

第 2 版前言

随着智能终端设备的普及，数字信号处理器(DSP)在通信、医疗等领域得到了大量的应用，并逐渐渗透到消费电子产品领域，深刻影响着人们的生活，人们已无法离开 DSP 芯片。现在主要的 DSP 厂商包括美国德州仪器(TI)公司、美国模拟器件(AD)公司和飞思卡尔(Freescale)等十几家公司，其中 TI 公司的 DSP 产品占据了市场的绝大部分份额，因此了解掌握 TI 公司 DSP 芯片的工作原理及使用方法，无论是对学习还是应用 DSP，均具有重要的意义。

TI 公司的 DSP 芯片分 TMS320C2000、C5000 和 C6000 三大系列。C6000 系列 DSP 是高速、高性能的芯片，包括 4 个子系列：OMAP-L1x DSP + ARM9 双核子系列、66AK2x Multicore DSP + ARM 多核子系列、C66x Multicore DSP 多核子系列、C674x Low Power DSP 低功耗子系列。其中 C67xx 系列 DSP 是 TI 公司高性能 32 位浮点数字信号处理器产品，该系列包括 TMS320C6713、TMS320C6727 和 TMS320C6748 等多种型号芯片。

作者结合多年的数字信号处理相关教学和工程开发经验编写此书，以 TMS320C6713 芯片为例详细介绍了 DSP 芯片的基本结构、内部各模块的功能和软件集成开发环境，说明了应用程序的基本框架，并结合每章节内容给出了示例程序。

本书主要作为电子信息、通信工程和自动化等专业高年级本科生和研究生学习 DSP 课程的教材或参考书，包括实验在内参考学时 **48～60 学时**，也可供从事 DSP 芯片开发应用的工程技术人员参考。

全书共分 14 章，第 1～8 章由刘伟编写，第 9、10、14 章由王玮编写，第 11 章由卢恒炜编写，第 12、13 章由陈文钢编写，全书由刘伟、张雪审校。在本书编写过程中，参考了大量的国内外著作和文献，在此致以由衷的谢意。硕士研究生秦福元、秦一博、张楠楠、谭成勋、陆文玲、张红霞、张宪林参与了资料的整理工作，在此表示感谢。

本书提供配套的电子课件及相关例程程序，读者可登录华信教育资源网：www.hxedu.com.cn，注册后免费下载。

由于编者水平有限，书中难免存在错误和不当之处，敬请读者批评指正。有关问题可发邮件至 weikey@sdut.edu.cn。

作者

2016 年 12 月

山东理工大学

目 录

第 1 章 DSP 概述……1

1.1 DSP 芯片的概念……1
1.2 DSP 芯片的发展……2
1.3 DSP 芯片的特点……3
1.4 DSP 芯片的分类……4
1.5 TI 系列 DSP 芯片……5
思考题与习题 1……9

第 2 章 CPU 结构与指令集……10

2.1 CPU 的结构……10
2.2 存储器映射……15
2.3 汇编指令集……18
2.3.1 指令集概述……18
2.3.2 寻址方式……20
2.3.3 读取/存储类指令……21
2.3.4 算术运算类指令……22
2.3.5 逻辑及字段操作类指令……26
2.3.6 搬移类指令……27
2.3.7 程序转移类指令……28
2.3.8 浮点运算指令……28
2.3.9 资源对指令的约束……32
2.3.10 乘累加示例程序……34
2.3.11 汇编指令集汇总……36
2.4 流水线……39
2.5 中断……41
2.5.1 中断类型和中断信号……41
2.5.2 中断服务表……43
2.5.3 中断控制寄存器……45
2.5.4 中断性能和编程考虑事项……47
思考题与习题 2……49

第 3 章 集成软件开发环境……50

3.1 CCS 的使用……50
3.1.1 CCS 介绍……50
3.1.2 CCS 配置……54
3.1.3 新建和导入工程……56
3.1.4 程序调试与性能分析……59
3.1.5 硬件仿真和实时数据交换……65
3.1.6 DSP/BIOS……66
3.2 CCS 程序设计基础……69
3.2.1 源文件和头文件……70
3.2.2 库文件……70
3.2.3 公共目标文件……70
3.2.4 链接器命令文件……73
3.2.5 #pragma 伪指令……75
3.2.6 中断向量表……77
3.3 混合语言编程……78
3.3.1 混合编程的方法……79
3.3.2 混合编程的接口规范……79
3.3.3 混合编程示例程序……79
3.4 芯片支持库……82
3.5 系统自启动……90
思考题与习题 3……94

第 4 章 锁相环……95

4.1 概述……95
4.2 功能描述……96
4.3 配置锁相环……97
4.4 寄存器……98
4.5 锁相环示例程序……100
思考题与习题 4……101

第 5 章 定时器……102

5.1 概述……102
5.2 控制寄存器……103
5.3 计数器工作模式……104
5.4 定时器示例程序……106
思考题与习题 5……107

第 6 章 外部存储器接口……108

6.1 接口信号与控制寄存器……108
6.2 SDRAM 同步接口设计……113
6.3 异步接口设计……124

思考题与习题 6 ········ 132

第 7 章　增强的直接存储器访问 ········ 133

7.1　概述 ········ 133
7.2　EDMA 术语 ········ 133
7.3　EDMA 传输方式 ········ 134
7.4　EDMA 控制寄存器 ········ 136
7.5　参数 RAM 与通道传输参数 ········ 139
7.6　EDMA 的传输操作 ········ 142
7.7　QDMA 数据传输 ········ 147
7.8　EDMA 传输示例 ········ 149
7.9　QDMA 数据搬移示例程序 ········ 150
思考题与习题 7 ········ 151

第 8 章　多通道缓冲串口 ········ 152

8.1　信号接口 ········ 152
8.2　控制寄存器 ········ 153
8.3　时钟和帧同步信号 ········ 161
8.4　标准模式传输操作 ········ 165
8.5　串口的初始化 ········ 168
8.6　多通道传输方式 ········ 169
8.7　SPI 接口 ········ 172
8.8　串口作为通用输入/输出引脚 ········ 175
8.9　McBSP 示例程序 ········ 176
思考题与习题 8 ········ 186

第 9 章　多通道音频串口 ········ 187

9.1　McASP 术语 ········ 187
9.2　McASP 架构 ········ 188
9.2.1　接口信号 ········ 188
9.2.2　寄存器 ········ 190
9.2.3　时钟和帧同步信号发生器 ········ 191
9.2.4　串行器 ········ 194
9.2.5　格式化单元 ········ 194
9.2.6　时钟检查电路 ········ 195
9.2.7　引脚控制 ········ 195
9.3　McASP 操作 ········ 197
9.3.1　启动与初始化 ········ 197
9.3.2　传输模式 ········ 199
9.3.3　数据发送和接收 ········ 206
9.3.4　格式化器 ········ 209
9.3.5　中断 ········ 211
9.3.6　错误处理和管理 ········ 213
9.3.7　回送模式 ········ 215
9.4　McASP 示例程序 ········ 216
思考题与习题 9 ········ 221

第 10 章　I²C 接口 ········ 222

10.1　I²C 接口简介 ········ 222
10.2　功能概述 ········ 222
10.3　寄存器 ········ 223
10.4　详细操作 ········ 231
10.5　中断请求 ········ 235
10.6　EDMA 事件 ········ 236
10.7　复位/禁止 I²C 模块 ········ 236
10.8　编程指南 ········ 236
10.9　I²C 模块应用示例 ········ 237
思考题与习题 10 ········ 241

第 11 章　主机接口 ········ 242

11.1　HPI 接口 ········ 242
11.2　HPI 寄存器 ········ 243
11.3　HPI 总线访问 ········ 244
11.4　主机访问顺序 ········ 245
思考题与习题 11 ········ 248

第 12 章　通用输入/输出端口 ········ 249

12.1　GPIO 接口 ········ 249
12.2　GPIO 寄存器 ········ 249
12.3　通用输入/输出端口功能 ········ 253
12.4　中断和事件产生 ········ 254
12.4.1　直通模式 ········ 255
12.4.2　逻辑模式 ········ 255
12.4.3　GPINT 与 GP0 和/或 GPINT0 的复用 ········ 260
12.5　GPIO 中断/事件 ········ 261
12.6　GPIO 应用示例 ········ 261
思考题与习题 12 ········ 262

第 13 章　硬件系统设计 ········ 263

13.1　DSP 硬件系统 ········ 263
13.2　电源 ········ 264
13.3　时钟 ········ 268

13.4 硬件仿真接口 ………………………………… 269
13.5 总线扩展 ……………………………………… 270
13.6 串行通信接口 ………………………………… 271
13.7 PCI 接口 ……………………………………… 272
思考题与习题 13 ………………………………… 273
第 14 章 DSP 算法及其实现 ……………………… 274
14.1 卷积算法的实现 ……………………………… 274
14.2 有限冲激响应滤波器(FIR)的实现 …… 279
14.3 快速傅里叶变换(FFT)的实现 ………… 283
思考题与习题 14 ………………………………… 292
附录 A TMS320C6000 编程常用伪指令及关键字 …… 293
附录 B TMS320C6000 编译器的内联函数 …… 295
参考文献 …………………………………………… 300

第 1 章　DSP 概述

1.1　DSP 芯片的概念

在人们的生活环境中，存在着各种各样的信号。有些信号是人们需要的，如语音和美妙的音乐；有些信号则是不需要的，如建筑工地冲激钻和木锯的噪声。从工程意义上讲，不管有用、没用的信号，都携带着信息，信号处理就是提取、增强、存储和传输有用信息的过程。其最简单的功能就是从混乱的信息中提取有用的信息。信息是否有用是针对特定环境而言的，因此信号处理也是面向特定应用的。

现实生活中的信号多为模拟信号，这些信号在时间和幅度上连续变化。可以使用电阻、电容、晶体管和运算放大器组成模拟信号处理器(Analog Signal Processor，ASP)来处理这些信号，也可以使用包含加法器、乘法器和逻辑单元的数字电路对这些信号进行处理。这种数字电路即为数字信号处理器(Digital Signal Processor，DSP)。由于 DSP 使用离散的二进制数处理信号，所以必须先使用模数转换器(ADC)对模拟信号 $x(t)$采样量化后转换成数字信号 $x(n)$，再由 DSP 来处理，得到数字信号 $y(n)$，最后由数模转换器(DAC)转换成模拟信号 $y(t)$输出，此过程如图 1-1 所示。图中抗混叠滤波器为低通滤波器，滤掉截止频率以上的信号，以免在采样过程中引起混叠。平滑滤波器滤除高频分量，使输出信号更加平滑。

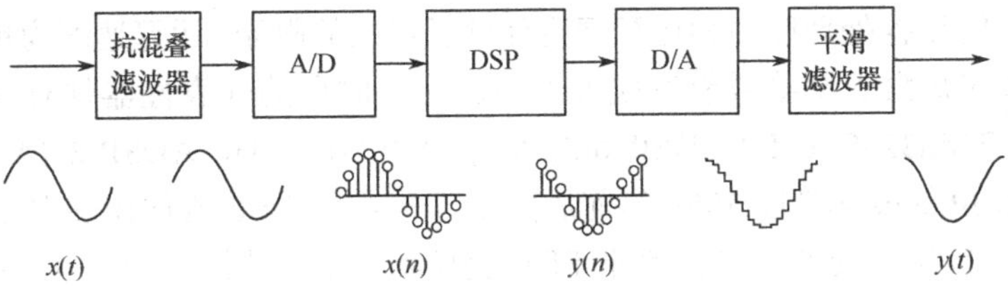

图 1-1　数字信号处理流程

ASP 系统由于使用了大量的模拟器件，因此存在着系统设计复杂，灵活性不高，抗干扰能力差等缺点；而 DSP 系统是基于软件设计的，能够实时修改程序以便适应不同的应用，因此灵活性高，并且抗干扰能力强，成本低。可以使用以下 4 种方法来处理数字信号：

- 在通用计算机上使用软件来实现实时性要求不高的处理；
- 利用 MCU(如 89C51)来实现简单的数字信号处理(Digital Signal Processing)；
- 利用专用 DSP 芯片来实现某种特定的应用处理，定制的 ASIC 芯片也应该归于此类；
- 利用通用 DSP 芯片来实现快速的数字信号处理算法。

其中，通用 DSP 具有强大的处理能力和可编程性，因此应用很广泛。通用 DSP 芯片是一种具有特殊结构的微处理器，芯片内部采用程序和数据分开的哈佛总线结构，能同时读取指令和数据。CPU 内核具有并行的多个功能单元，支持流水线操作，使取指、译码和执行等操作可以重叠执行，大大加快了程序的执行速度。CPU 内核还具有专门的硬件乘法器，独特的循环寻址模式，可以用来快速地实现各种数字信号处理算法，如快速傅里叶变换(FFT)、有限冲激响应滤波器(FIR)和无限冲激响应滤波器(IIR)等。由于具有这些优点，使得通用 DSP 擅长处理语音、图像信号，在工业控制、仪器仪表、电信、汽车、医学和消费等领域得到了大量的应用，如表 1-1 所示。

表 1-1　DSP 的典型应用

应用领域	实现的算法和功能
信号处理	数字滤波、自适应滤波、快速傅里叶变换、Hilbert 变换、相关运算、频谱分析、卷积、模式匹配、窗函数、波形产生等
通信	调制解调器、自适应均衡、数据加密、数据压缩、回波抵消、多路复用、传真、扩频通信、移动通信、纠错编译码、可视电话、路由器等
语音处理	语音编码、语音合成、语音识别、语音增强、语音邮件、语音存储、文本-语音转换等
图像处理	二维和三维图形处理、图像压缩与传输、图像鉴别、图像增强、图像转换、模式识别、动画、电子地图、机器人视觉等
军事	保密通信、雷达处理、声呐处理、导航、导弹制导、电子对抗、全球定位 GPS、搜索与跟踪、情报收集与处理等
仪器仪表	频谱分析、函数发生、数据采集、锁相环、模态分析、暂态分析、石油/地质勘探、地震预测与处理等
自动控制	引擎控制、声控、发动机控制、自动驾驶、机器人控制、磁盘/光盘伺服控制、神经网络控制等
医疗工程	助听器、X-射线扫描、心电图/脑电图、超声设备、核磁共振、诊断工具、病人监护等
家用电器	高保真音响、音乐合成、音调控制、玩具与游戏、数字电话/电视、高清晰度电视 HDTV、变频空调、机顶盒等
计算机	阵列处理器、图形加速器、工作站、多媒体计算机等

1.2　DSP 芯片的发展

DSP 芯片诞生于 20 世纪 70 年代末，经历以下 3 个阶段，至今已经得到了突飞猛进的发展。

第一阶段，DSP 的雏形阶段(1980 年前后)。1978 年 AMI 公司生产出第一片 DSP 芯片 S2811。1979 年 Intel 公司发布了商用可编程 DSP 器件 Intel2920，由于内部没有单周期的硬件乘法器，使芯片的运算速度、数据处理能力和运算精度受到了很大的限制。运算速度为单指令周期 200～250ns，应用领域仅局限于军事或航空航天部门。这个时期的代表性器件有 Intel2920(Intel)，μPD7720(NEC)，TMS320C10(TI)，DSP16(AT&T)，S2811(AMI)，ADSP-21(AD)。

第二阶段，DSP 的成熟阶段(1990 年前后)。这个时期的 DSP 器件在硬件结构上更适合数字信号处理的要求，能进行硬件乘法、硬件 FFT 变换和单指令滤波处理，其单指令周期为 80～100ns。例如，TI 公司的 TMS320C20，它是该公司的第二代 DSP 器件，采用了 CMOS 制造工艺，其存储容量和运算速度成倍提高，为语音、图像硬件处理技术的发展奠定了基础。20 世纪 80 年代后期，以 TI 公司的 TMS320C30 为代表的第三代 DSP 芯片问世，伴随着运算速度的进一步提高，其应用范围逐步扩大到通信、计算机领域。这个时期的器件主要有：TI 公司的 TMS320C20、C30、C40、C50 系列，Motorola 公司的 DSP5600、9600 系列，AT&T 公司的 DSP32 等。

第三阶段，DSP 的完善阶段(2000 年以后)。这一时期，各 DSP 制造商不仅使信号处理能力更加完善，而且使系统开发更加方便、程序编辑调试更加灵活、功耗进一步降低、成本不断下降，尤其是各种通用外设集成到片上，大大提高了数字信号处理能力。这一时期的 DSP 运算速度可达到单指令周期 10ns 左右，可在 Windows 环境下直接用 C 语言编程，使用方便灵活，使 DSP 芯片不仅在通信、计算机领域得到了广泛的应用，而且逐渐渗透到人们的日常消费领域。目前，DSP 芯片的发展非常迅速。硬件方面主要是向多处理器的并行处理结构、便于外部数据交换的串行总线传输、大容量片上 RAM 和 ROM、程序加密、增加 I/O 驱动能力、外围电路内装化、低功耗等方面发展。软件方面主要是综合开发平台的完善，使 DSP 的应用开发更加灵活方便。

1.3 DSP 芯片的特点

除了具备普通微处理器所强调的高速运算和控制能力外，DSP 芯片针对实时数字信号处理的要求，在内部结构、指令系统、指令执行流程上做了很大的改进，其特点如下。

1. 采用哈佛结构

DSP 芯片普遍采用数据总线和程序总线分离的哈佛结构或改进的哈佛结构，比传统微处理器的冯·诺依曼结构有更快的指令执行速度。

冯·诺依曼(Von Neuman)结构采用单存储空间，即程序指令和数据公用一个存储空间，使用单一的地址和数据总线，取指令和取操作数都是通过一条总线分时进行的。当进行高速运算时，不但不能同时进行取指令和取操作数，而且还会造成数据传输通道的瓶颈现象，工作速度较慢，其结构如图 1-2 所示。

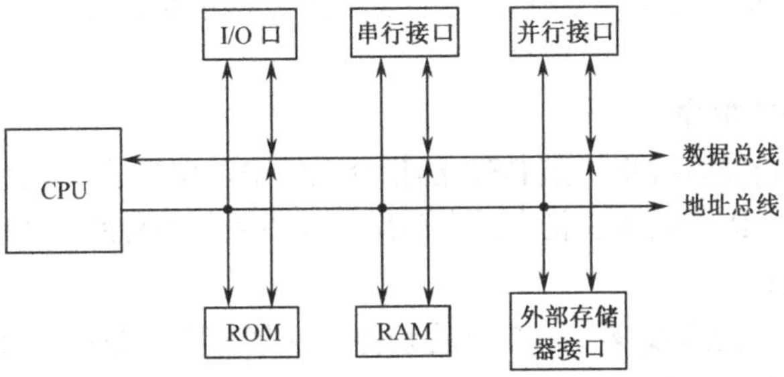

图 1-2　冯·诺依曼结构

哈佛(Harvard)结构采用双存储空间，程序存储器和数据存储器分开，有各自独立的程序总线和数据总线，独立编址和独立访问，可分别传输程序和数据，使取指令操作、指令执行操作、数据吞吐并行完成，大大地提高了数据处理能力和指令的执行速度，非常适合实时的数字信号处理，其结构如图 1-3 所示。

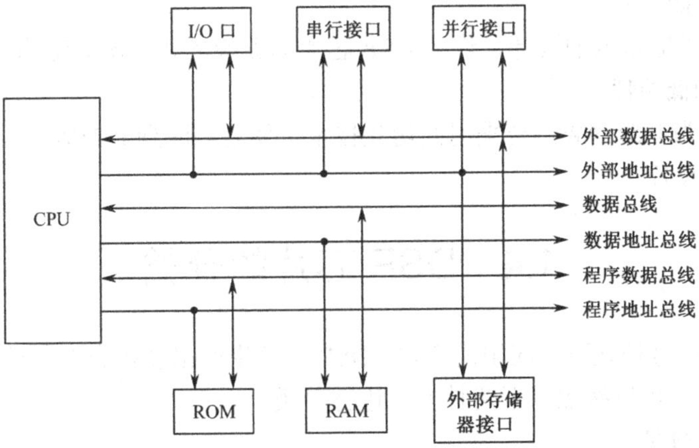

图 1-3　哈佛结构

2. 采用流水线技术

每条指令可通过片内多功能单元完成取指、译码、取操作数和执行等多个步骤，实现多条指令的并行执行，从而在不提高系统时钟频率的条件下减少每条指令的执行时间，如图 1-4 所示。

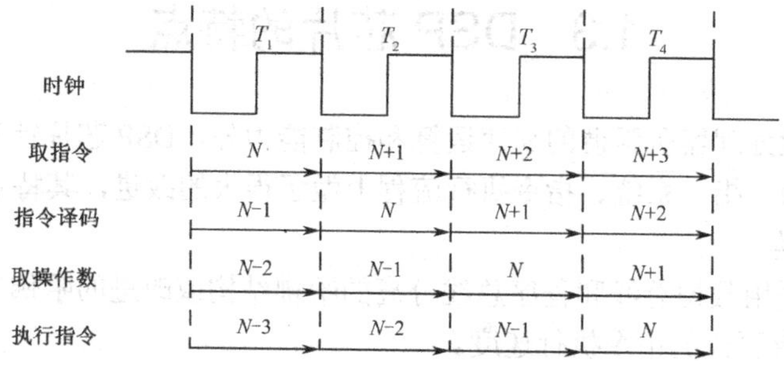

图 1-4　四级流水线操作

3. 配有专用的硬件乘法-累加器

为了适应数字信号处理的需要，目前的 DSP 芯片都配有专用的硬件乘法-累加器，可在一个周期内完成一次乘法和一次累加操作，实现复杂的数据运算，如矩阵变换、FFT 变换、FIR 和 IIR 滤波等。

4. 具有特殊的 DSP 指令

为了满足数字信号处理的需要，在 DSP 的指令系统中，设计了一些完成特殊功能的指令。例如，TMS320C54x 中的 FIRS 和 LMS 指令，专门用于完成系数对称的 FIR 滤波器和 LMS 算法。

5. 快速的指令周期

由于采用哈佛结构、流水线操作、专用的硬件乘法器、特殊的指令及集成电路的优化设计，使指令周期可在 20ns 以下。例如，TMS320C67xx 的运算速度为 100MIPS，即 100 百万条指令每秒。

6. 硬件配置强

新一代的 DSP 芯片具有较强的接口功能，除了具有串行口、定时器、主机接口(HPI)、DMA 控制器、软件可编程等待状态发生器等片内外设外，还配有中断处理器、PLL、片内存储器、仿真器接口等单元电路，可以方便地构成一个嵌入式数据处理系统。

7. 支持多处理器结构

为了满足多处理器系统的设计，许多 DSP 芯片都支持多处理器的结构。

8. 省电管理和低功耗

DSP 功耗一般为 0.5～4W，若采用低功耗技术可使功耗降到 0.25W，可用电池供电，适用于便携式数字终端设备。

1.4　DSP 芯片的分类

为了适应数字信号处理不同应用的需求，DSP 厂商生产出多种类型和档次的 DSP 芯片。在众多的 DSP 芯片中，可以按照以下两种方式进行分类。

1. 按数据格式分类

这是根据 DSP 芯片的数据格式来分类的。数据为定点格式的芯片，称为定点 DSP 芯片；数据为浮点格式的芯片，称为浮点 DSP 芯片。不同的浮点 DSP 芯片所采用的浮点格式不完全一样，有的 DSP 芯片采用自定义的浮点格式，有的 DSP 芯片则采用 IEEE 的标准浮点格式。

定点数和浮点数各有自己的运算特点和应用场合。一般来说，定点数运算中占用的内存单元少，运算速度较快，因此定点 DSP 芯片价格较低，但定点数的表示范围较小，且必须定标后才能进行小数的运算，编程比较麻烦。浮点数的表示范围大大提高，保证了运算精度，且在运算中小数点的位置能够自动变化，编程时不必考虑小数点的位置，使编程变得较为简单、方便，但浮点运算占用的内存单元多，运算速度较慢，因此浮点 DSP 芯片的价格要比定点 DSP 芯片高得多。在应用中，要根据具体情况来决定究竟采用哪种数据格式的芯片。

2. 按用途分类

按照用途可将 DSP 芯片分为通用型和专用型两种。通用型适合普通的 DSP 应用，如 TI 公司的一系列 DSP 芯片；专用型是为特定的 DSP 运算而设计的，更适合特殊算法，如数字滤波、FFT 和卷积等。

1.5 TI 系列 DSP 芯片

TI 作为全球 DSP 的领导者，目前主推 3 个 DSP 平台：TMS320C2000、C5000 和 C6000，多个子系列，上百种 DSP 器件，为用户提供广泛灵活的选择，以满足各种不同的应用需求。

C2000 平台主要针对工业控制领域，是高性能的微控制器(Microcontroller)。C2000 系列 DSP 有 3 个子系列。

- LF240x 子系列：16 位定点 DSP、40MIPS，代表器件：TMS320LF2407。
- F28x 子系列：32 位定点 DSP、150MIPS，代表器件：TMS320F2812、TMS320F2810。
- F283x 子系列：32 位浮点 DSP、150MIPS，代表器件：TMS320F28335。

C5000 平台主要为高速、低功耗应用而开发，主要应用于通信和消费类电子产品，如手机、PDA、数字相机、无线通信基础设备、VoIP 网关、IP 电话和 MP3 等。C5000 系列 DSP 有 4 个子系列。

- C54x 子系列：16 位定点 DSP、100～160MIPS，代表器件：TMS320VC5402、VC5409、VC5410、VC5416。
- C55x 子系列：16 位定点 DSP、400MIPS，代表器件：TMS320VC5510、VC5509。
- C54x＋ARM7 子系列：代表器件：TMS320VC5470、VC5471、DSC21。
- C55x＋ARM9 子系列：即 Open Multimedia Applications Platform (OMAP)平台，代表器件：OMAP5910。

C6000 平台主要为高速、高性能应用而开发，主要用于高速宽带和图像处理等，如宽带通信、3G 基站和医疗图像处理等，其他应用包括 DSL Modem、收发基站、无线局域网、企业用户交换机、语音识别、多媒体网关、专业音频设备、网络照相机、机器视觉、安全认证、工业扫描仪、高速打印机和高级加密器等。随着超高性能、低功耗应用需求的不断增加，DSP 芯片向着双核和多核方向发展。C6000 系列 DSP 有 4 个子系列。

- OMAP-L1x DSP＋ARM9 双核子系列，代表器件：OMAP-L138。
- 66AK2x Multicore DSP＋ARM 多核子系列，代表器件：66AK2H14。
- C66x Multicore DSP 多核子系列，代表器件：TMS320C6678。
- C674x Low Power DSP 低功耗子系列，代表器件：TMS320C6748。

OMAP-L1x 是 TI 推出的 DSP+ARM9 双核处理器，不仅功耗低，而且降低了双核通信的开发难度，可充分满足对高集成度外设、更低热量耗散及更长电池使用寿命的需求。这款芯片不仅具备通用并行端口(uPP)，同时也集成串行数据接口(SATA)，其结构如图 1-5 所示。

66AK2x 是基于 KeyStone II 多核 SoC 架构的高性能器件，该器件集成了性能最优的 Cortex-A15 处理器、多核 CorePac 及 C66x DSP 内核，内核运行速度高达 1.4GHz。66AK2x 器件为易于使用的高性能、低功耗平台，可应用于企业级网络终端设备、数据中心网络、航空电子设备和国防、医疗成像、测试和自动化等诸多领域，其结构如图 1-6 所示。

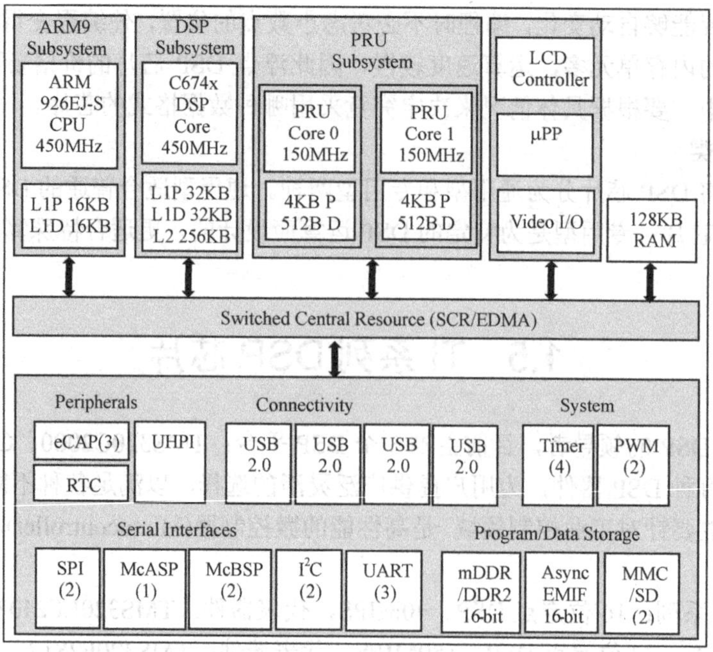

图 1-5　OMAP-L1x DSP + ARM9 双核系列结构框图

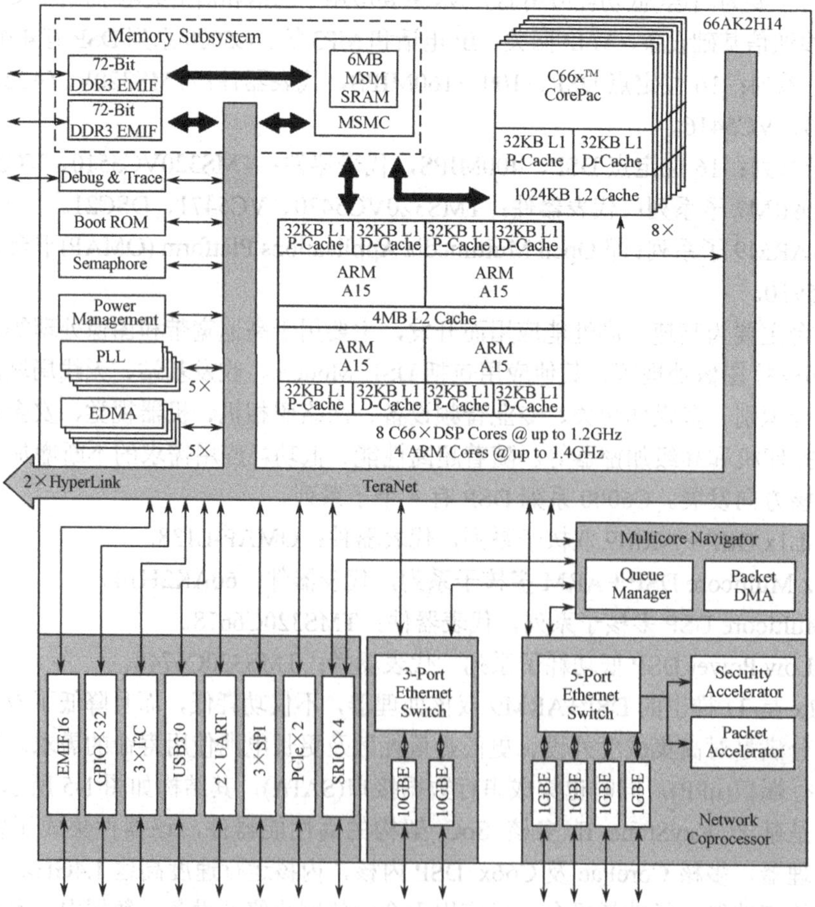

图 1-6　66AK2x Multicore DSP + ARM 多核系列结构框图

C66x 多核系列 DSP 定点和浮点性能上升到 1.4GHz，可由单核扩展到 8 核，KeyStone 框架增强了多核性能，具有大型嵌入式存储器、高带宽的 DDR3/DDR3L 接口及高速 I/O 口，其结构如图 1-7 所示。

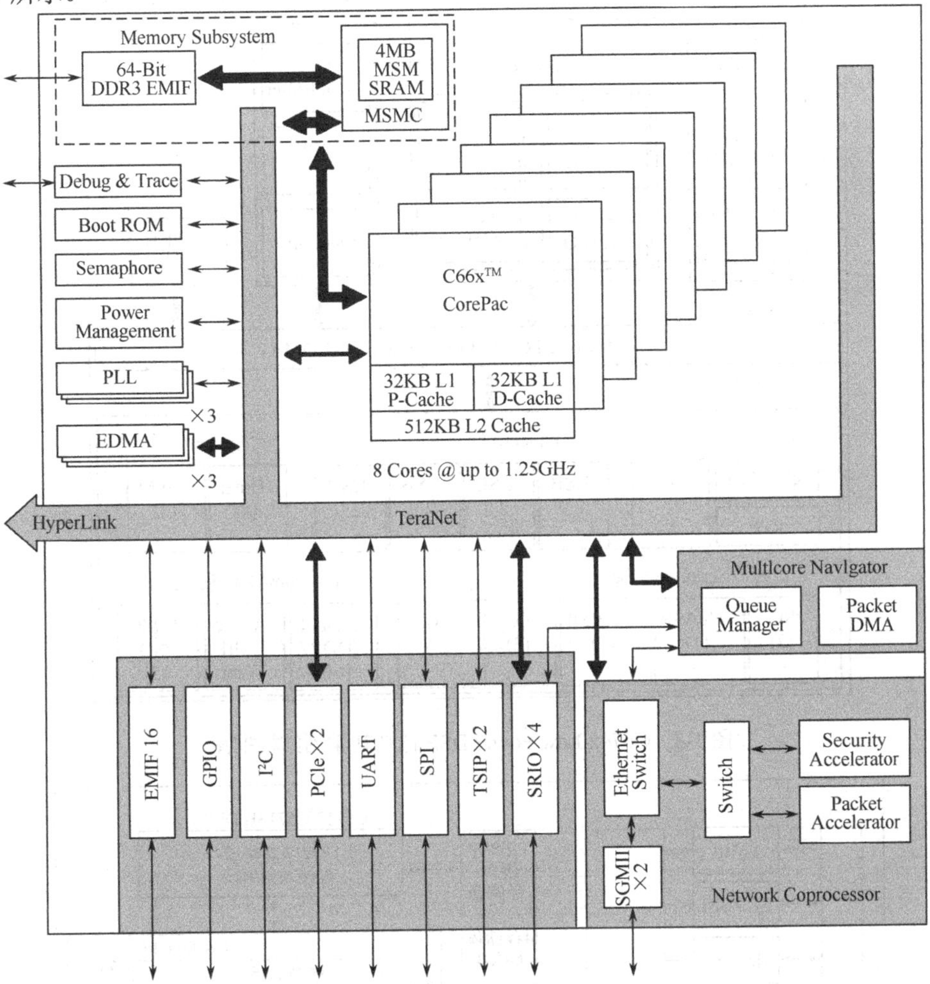

图 1-7　C66x Multicore DSP 多核系列结构框图

C674x CPU 在 C64x CPU 的基础上增加了 C67x CPU 的浮点运算功能，兼容 C67x+和 C64x+的指令集的目标代码。C674x DSP 总体框架包括：第一级程序存储空间控制器、第一级数据存储空间控制器、第二级存储空间控制器、内部 DMA、带宽管理、中断控制器、省电管理、扩展存储器管理，其结构如图 1-8 所示。

C6000 系列 DSP 还有其他 4 个子系列。

- C62x 子系列：32 位定点 DSP、1200～2400MIPS，代表器件：TMS320C6211。
- C64x 子系列：32 位定点 DSP，4000～5760MIPS，代表器件：TMS320C6416。
- DM64x 子系列：32 位定点 DSP，4752MIPS，同时包含 C64x+和 ARM926 内核，面向数字多媒体应用，代表器件：TMS320DM6446。
- C67x 子系列：32 位浮点 DSP、1200～1800MIPS，900～1350MFLOPS，代表器件：TMS320C6713、C6727。

本书以 TMS320C6713 为例介绍浮点 DSP 芯片的工作原理，其结构如图 1-9 所示。

TMS320C6713 和 TMS320C6713B 是基于 TI 公司开发的高性能、高级甚长指令字(VLIW) C67xx

CPU，具有 8 个独立功能单元，包括 4 个算术逻辑运算单元(定点和浮点)、两个乘法器(定点和浮点)、32 个 32 位通用寄存器，使该芯片工作在 225MHz 时，最高性能达到每秒 1350 百万条浮点指令(MFLOPS)，每秒 1800 百万条指令(MIPS)，每秒高达 450 百万次乘累加运算(MMACS)。

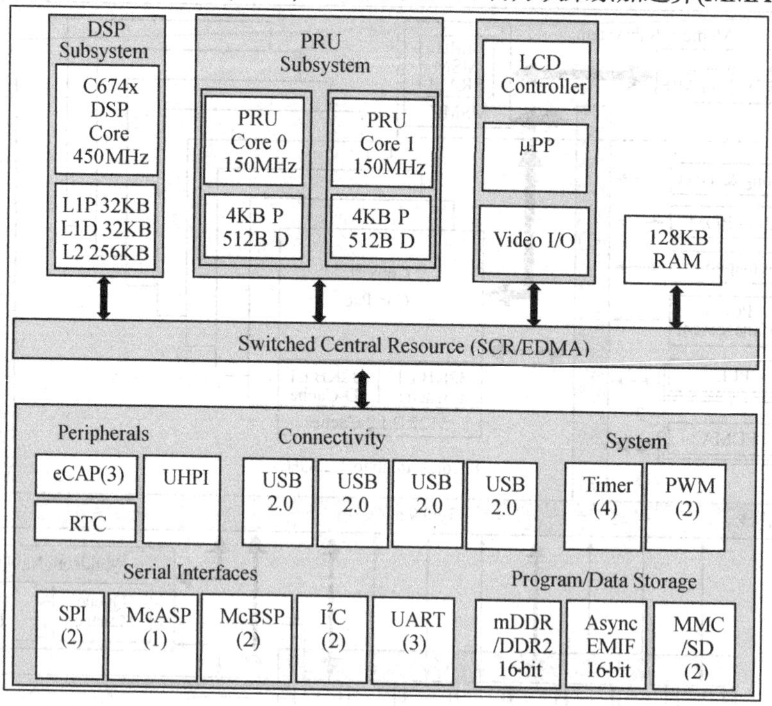

图 1-8 C674x Low Power DSP 低功耗系列结构框图

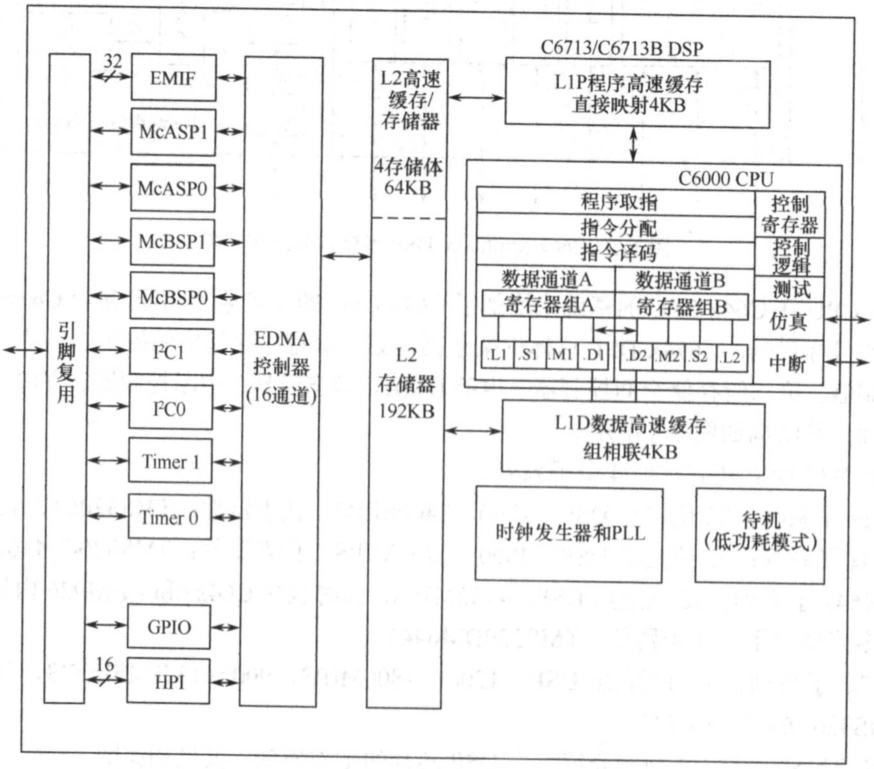

图 1-9 C67xx 系列 DSP 芯片结构框图

C6713 基于两级高速缓存(Cache)结构，一级程序高速缓存(L1P)是一个 4KB 的直接映射缓存，一级数据高速缓存(L1D)是一个 4KB 的高速缓存。二级存储器/高速缓存(L2)包含一个 256KB 的存储器空间，这个空间由程序和数据高速缓存共同使用。在 L2 存储器中的 64KB 可以由映射存储器、高速缓存，或者是两种的组合来配置。剩余的 192KB 担当映射存储器。

C6713 有丰富的外围设备，包括两个多通道缓冲串口(McBSP)、两个多通道音频串行端口(McASP)、两个 I^2C 总线接口、一个通用输入/输出模块(GPIO)、两个通用定时器、一个 16 位的主机接口(HPI)、基于时钟发生器模块的锁相环(PLL)、增强的直接存储器访问控制器(EDMA，16 个独立的通道)及一个外部存储器接口(EMIF)，能够无缝连接 SDRAM、SBARAM 和 FLASH 等器件。

TMS320C6713 芯片的封装形式包括：208 引脚表面封装(TMS320C6713BPYP-Plastic Quad Flatpack)，如图 1-10 所示，以及 272 引脚 BGA 封装(TMS320C6713BGDP-Plastic Ball Grid Array)，如图 1-11 所示。

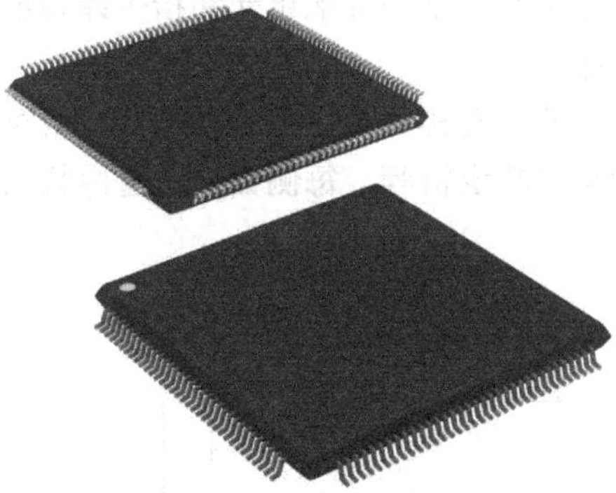

图 1-10　表面封装

图 1-11　BGA 封装

思考题与习题 1

1-1 论述通用微处理器和 DSP 芯片之间的共同点和主要区别。

1-2 论述 DSP 芯片结构上的主要特点。

1-3 为什么要采用数字信号处理器？它与模拟信号处理器相比有哪些优越性？

1-4 什么是定点 DSP？什么是浮点 DSP？简要论述它们之间的异同。

1-5 TI 公司的 DSP 芯片主要有哪几大类？

1-6 C67xx DSP 提供了哪些片上外设？其用途和特点是什么？

第 2 章　CPU 结构与指令集

TMS320C6000 系列 DSP 芯片均基于 VelociTI 结构，采用高性能的甚长指令字(VLIW)，使得该系列 DSP 适合于多通道和多任务的应用。本章首先讲述 DSP 的中央处理器(CPU)结构和指令集，然后讲解流水线和中断。

2.1 CPU 的结构

TMS320C67xx CPU 的结构框图如图 2-1 所示，其中 CPU 部分包括：

- 程序取指、指令分配和译码机构：包括程序取指单元、指令分配单元和指令译码单元，程序取指单元由程序总线与片内程序存储器相连。
- 程序执行机构：包括两个对称数据通道(A 和B)、两个对称的通用寄存器组、两组对称的功能单元(每组 4 个)、控制寄存器、控制逻辑及中断逻辑等。每侧数据通道由数据总线与片内数据存储器相连。
- 芯片测试、仿真端口及其控制逻辑。

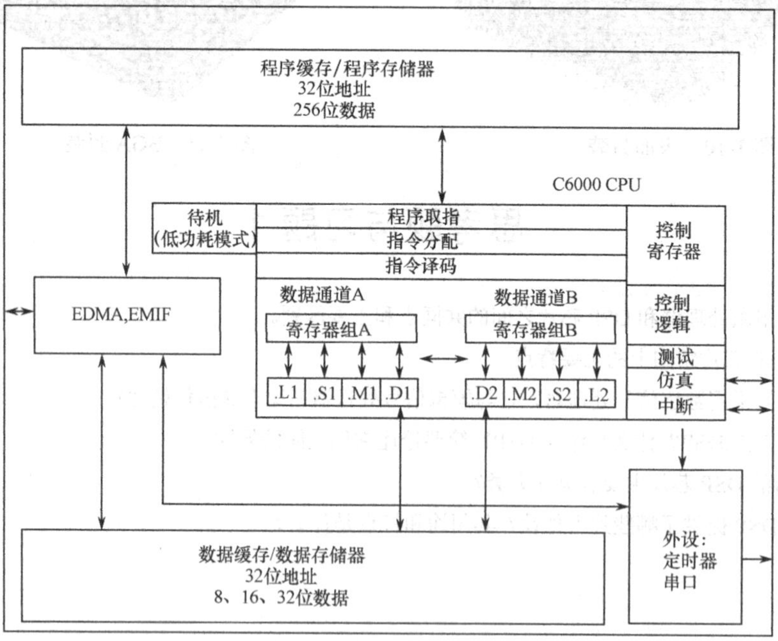

图 2-1　TMS320C67xx 的结构框图

C67xx 系列 CPU 采用哈佛结构，其程序总线与数据总线分开，可并行读取与执行指令。片内程序存储器保存指令代码，程序总线连接程序存储器与 CPU。C67xx 系列芯片的程序总线宽度为 256 位，每次取 8 条指令，称为一个取指包。

执行时，每条指令占用一个功能单元。取指、分配和译码单元都具备单周期读取并传递 8 条 32 位指令的能力。在两个数据通道(A 和 B)的功能单元内执行这些指令。控制寄存器控制操作方式。从程序存储器读取一个取指包时起，VLIW 处理流程开始。一个取指包可能分成几个执行包，详细处理过程见 2.4 节。

C67xx 系列 DSP 片内的程序总线与数据总线分开，程序存储器与数据存储器分开，但片外的存储器及总线都不分，二者是统一的。全部存储空间(包括程序存储器和数据存储器，片内和片外)以字节为单位统一编址。无论是从片外读取指令或与片外交换数据，都要通过 EDMA 与 EMIF，相关操作将在后续章节介绍。在片内，仅在取指令时用到程序总线。

TI 公司的数据手册常把在指令执行过程中使用的物理资源统称为数据通道，其中包括执行指令的 8 个功能单元、通用寄存器组及片内数据存储器交换信息所使用的数据总线等。

C67xx 系列 CPU 有两个类似的可进行数据处理的数据通道 A 和 B，每个通道有 4 个功能单元(.L、.S、.M 和.D)以及 1 组包括 16 个 32 位寄存器的通用寄存器组。功能单元执行指令指定的操作。除读取(Load)、存储(Store)类指令及程序转移类指令外，其他所有算术逻辑运算指令均以通用寄存器为源操作数和目的操作数，使程序能够高速运行。读取和存储类指令用于在通用寄存器与片内数据存储器之间交换数据，此时两个数据寻址单元(.D1 和.D2)负责产生数据存储器地址。每个数据通道的 4 个功能单元有单独的数据总线连接到 CPU 另一侧的寄存器上(见图 2-2)，使得两组寄存器组可以交换数据。

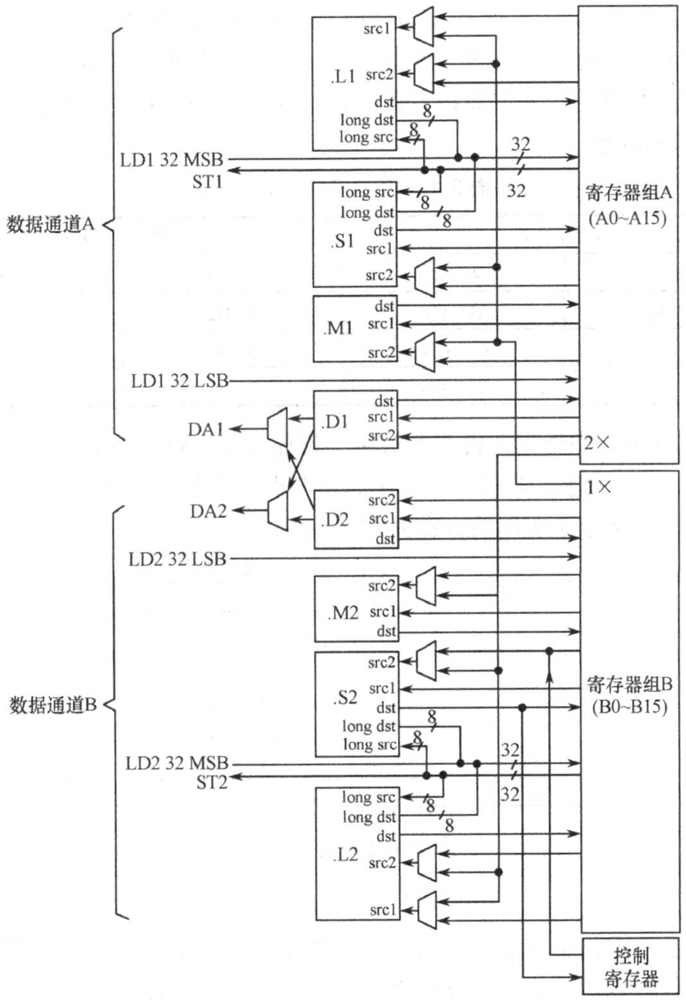

图 2-2　TMS320C67xx CPU 的数据通道

C67xx CPU 的数据通道如图 2-2 所示，由图可见，数据通道包括下述物理资源：

- 两个通用寄存器组(A 和 B)，分别包括 16 个寄存器；
- 8 个功能单元(.L1、.L2、.S1、.S2、.M1、.M2、.D1、.D2)；
- 两个数据读取通路(LD1 和 LD2)，每侧有两个 32 位读取总线；
- 两个数据存储通路(ST1 和 ST2)，每侧有一个 32 位存储总线；
- 两个寄存器组交叉通路(1×和 2×)；
- 两个数据寻址通路(DA1 和 DA2)。

1．通用寄存器组

在 C67xx CPU 数据通道中有两个通用寄存器组(A 和 B)，每个寄存器组包括 16 个 32 位寄存器，通用寄存器的作用是：

① 存放数据，作为指令的源操作数和目的操作数。图 2-2 中 src1、src2、long src、dst 和 long dst 表示通用寄存器与功能单元之间的数据联系、传送方向和数据字长。

② 作为间接寻址的地址指针，寄存器 A4～A7 和 B4～B7 还能够以循环寻址方式工作。

③ A1、A2、B0、B1 和 B2 可用作条件寄存器。

C67xx 所有芯片都支持 32 位和 40 位定点运算。32 位数据可放在任一通用寄存器内，40 位数据需存放在一个寄存器对内。一个寄存器对由一个偶寄存器及序号比它大 1 的奇寄存器组成，书写时奇寄存器在前面，两个寄存器之间加比号，C67xx 有效的寄存器对见表 2-1。数据的低 32 位放在偶寄存器，数据的高 8 位放在奇寄存器的低 8 位。C67xx DSP 芯片也以上述方式用寄存器对存放 64 位双精度数。

表 2-1　40 位/64 位寄存器对

寄存器组 A		寄存器组 B	
A1:A0	A9:A8	B1:B0	B9:B8
A3:A2	A11:A10	B3:B2	B11:B10
A5:A4	A13:A12	B5:B4	B13:B12
A7:A6	A15:A14	B7:B6	B15:B14

图 2-3 给出了 40 位长型数据在寄存器对中的存储方式。对长型数据进行读操作时，忽略掉行寄存器中的高 24 位；进行写操作时，用 0 填充奇寄存器的高 24 位。在指令操作码中指定所用的偶寄存器编码，就指定了所用的寄存器对。

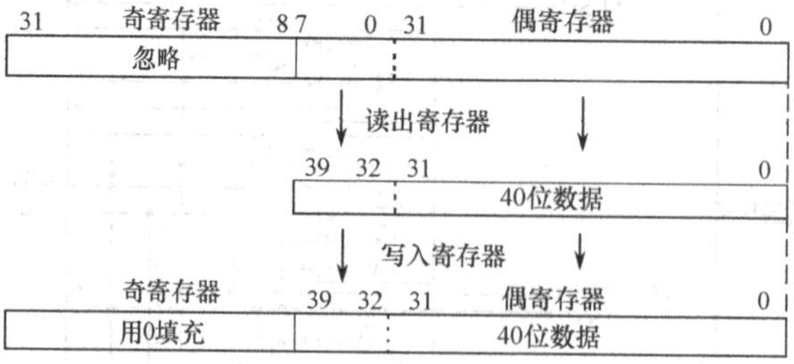

图 2-3　40 位长型数据在寄存器对中的存储方式

2. 功能单元

C67xx 每个数据通道有 4 个功能单元。两个数据通道具有功能基本相同的功能单元。.M 单元主要完成乘法运算，.D 单元是唯一能产生地址的功能单元，.L 与.S 单元是主要的算术逻辑运算单元(ALU)。表 2-2 描述了各功能单元的功能。

表 2-2　功能单元及其能执行的操作

功能单元	定点操作	浮点操作
.L 单元	32 位/40 位算术和比较操作 32 位最左边 1 或 0 的位数计数 32 位和 40 位归一化操作 32 位逻辑操作	算术操作 数据类型转换操作 DP(双精度)→SP(单精度) INT(整型)→DP，INT→SP
.S 单元	32 位算术操作 32 位/40 位移位和 32 位位域操作 32 位逻辑操作 转移 常数产生 寄存器与控制寄存器数据传递(仅.S2)	比较 倒数和倒数平方根操作 绝对值操作 SP→DP 数据类型转换
.M 单元	16×16 位乘法操作	32×32 位乘法操作 浮点乘法操作
.D 单元	32 位加、减、线性及循环寻址计算 带 5 位常数偏移量的字读取与存储 带 15 位常数偏移量的字读取与存储(仅.D2)	带 5 位常数偏移量的双字读取

CPU 内的数据总线支持 32 位操作数，有些支持长型(40 位)操作数。双精度操作数则分成最高位(MSB)、最低位(LSB)两组 32 位总线。图 2-2 中每个功能单元都有各自到通用寄存器的读/写端口。其中 A 组的功能单元(以 1 结尾)写到寄存器组 A 中，B 组的功能单元(以 2 结尾)写到寄存器组 B 中。每个功能单元都有两个 32 位源操作数 src1 和 src2 的读入口。为了实现长型(40 位)操作数的读/写，4 个功能单元(.L1、.L2、.S1 和.S2)分别配有额外的 8 位写端口和读端口。由于每个功能单元都有自己的 32 位写端口，所以在每个周期 8 个功能单元可以并行使用。

3. 寄存器组交叉通路

每个功能单元可以直接与所处数据通道的寄存器组进行读/写操作，即.L1、.S1、.D1 和.M1 可以直接读/写寄存器组 A，而.L2、.S2、.D2 和.M2 可以直接读/写寄存器组 B。两个寄存器组通过 1×和 2×交叉通路也可以与另一侧的功能单元相连。1×交叉通路允许数据通道 A 的功能单元从寄存器组 B 读它的源操作数，2×交叉通路则允许数据通道 B 的功能单元从寄存器组 A 读它的源操作数。

从图 2-2 中可以看出，.D 单元与交叉通路不连，只有其余 6 个单元可以访问另一侧的寄存器组。其中，.M1、.M2、.S1 和.S2 单元的源操作数 src2 在交叉通路和自身通路的寄存器组之间可选，.L1 和.L2 的两个源操作数 src1 和 src2 都可在交叉通路和自身通路的寄存器组之间选择。

在 C67xx 的 CPU 中仅有两个交叉通路 1×和 2×，在 1 个周期内只能从另一侧寄存器组读取 1 次源操作数，即在 1 个周期内总共只能进行两个交叉通路的源操作数读入，每个执行包的每个数据通道仅有 1 个功能单元可从对侧获得源操作数。

4. 数据存储器及读取存储通路

在 C67xx 的 CPU 中，有两个 32 位通路(每侧 1 个)把数据从存储器读取到寄存器(Load 指令)中，读入到寄存器组 A 中的通路为 LD1，读入到寄存器组 B 中的通路为 LD2。C67xx 除此之外，还有第 2 个 32 位读取通路，图 2-2 中标注为 LD1 32 MSB 和 LD2 32 MSB。C67xx 的 LDDW 指令一次可读取 64 位数据到 A 侧寄存器或到 B 侧寄存器中。C67xx 有两个 32 位写数据通道 ST1 和 ST2，可分别将各组寄存器的数据存储到数据存储器(Store 指令)中。

5. 数据地址通路

数据地址通路 DA1 和 DA2 来自数据通道的.D 功能单元，地址通路与两侧数据通道都相连，这使得一个寄存器组产生的数据地址能够支持任意一侧寄存器组对数据存储器的读/写操作。

在汇编语句内，数据通道(读数据线 LD、写数据线 ST)以.T1、.T2 表示。在 Load 和 Store 指令的汇编语句里.T1、.T2 与.D1、.D2 一起出现在功能单元区，用以说明产生地址的功能单元和读/写操作所用的数据通道。例如，下面的 Load 指令使用.D1 产生地址，用 LD2 数据通道读入数据到 B1 寄存器中：

```
LDW.D1T2   *A0[3]，B1
```

6. 控制寄存器组

用户可以通过控制寄存器组编程来选用 CPU 的部分功能。编程时应注意，仅功能单元.S2 可通过搬移指令 MVC 访问控制寄存器，从而对控制寄存器进行读/写操作。流水线 E1 节拍程序计数器(PCE1)，保留当前处于 E1 节拍取指包的 32 位地址。中断管理的 7 个寄存器将在 2.5 节中介绍。C67xx CPU 除上述控制寄存器外，为支持浮点运算，还另外配置了 3 个寄存器控制浮点运算。表 2-3 列出了 C67xx 的控制寄存器组，并对每个控制寄存器做了简单描述。

表 2-3　C67xx DSP 的控制寄存器组

寄存器	缩写	功能描述
寻址模式寄存器	AMR	指定是否使用线性或循环寻址。如果是循环寻址，还包括循环寻址的尺寸
控制状态寄存器	CSR	包括全局中断使能位，高速缓冲存储器控制位和其他各种控制和状态位
浮点加法配置寄存器	FADCR	指定.L 单元的溢出方式，舍入方式，记录 NaN 及其他异常
浮点辅助配置寄存器	FAUCR	记录.S 单元 NaN 及其他异常
浮点乘法配置寄存器	FMCR	指定.M 单元的溢出方式，舍入方式，记录 NaN 及其他异常
中断清除寄存器	ICR	允许软件清除挂起的中断
中断使能寄存器	IER	允许使能/禁止个别中断
中断标志寄存器	IFR	显示中断状态
中断返回指针	IRP	保存从可屏蔽中断返回时的地址
中断设置寄存器	ISR	允许软件控制设置中断
中断服务表指针	ISTP	指向中断服务表的起始地址
不可能屏蔽中断返回指针	NRP	保存从不可屏蔽中断返回时的地址
程序计数器	PCE1	保存处于流水线 E1 节拍的取指包地址

控制状态寄存器(CSR)包括控制位和状态位，如图 2-4 所示。控制状态寄存器各字段功能列于表 2-4 中。对于 EN，PWRD，PCC 和 DCC 字段，要查看有关数据手册来确定所用的芯片是否支持这些字段控制选择。

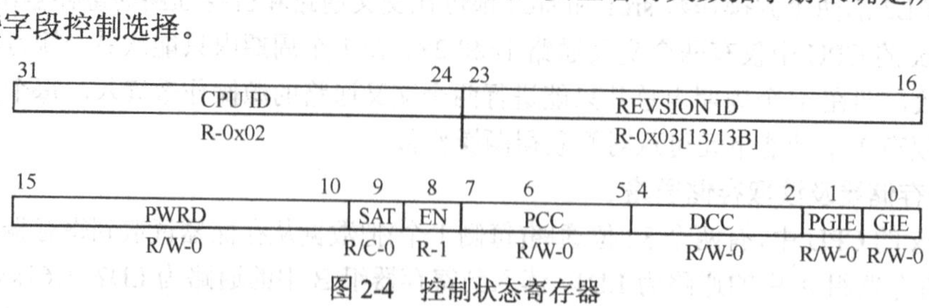

图 2-4　控制状态寄存器

图 2-4 中 TI 公司文献图表符号说明：R 代表可读，对控制寄存器须用 MVC 指令才能读；W 代表可写，对控制寄存器须用 MVC 指令才可写；x 代表复位后数值不定；0 代表复位后数值为 0(若为 1，则代表复位后数值为 1)；c 代表可清零，对控制寄存器须用 MVC 指令清零。

表 2-4　控制状态寄存器字段描述

字 段 名 称	功 能 描 述
CPU ID	CPU ID(识别号)，00b 代表 C62x，10b 代表 C67xx，1000b 代表 C64x
REVISION ID	修订版号
PWRD	控制低功耗模式，该值读时总为零
SAT	饱和位。任一功能单元执行一个饱和操作时被置 1，饱和位只能用 MVC 指令清除。当在同一周期内发生清除和置位时，功能单元对它的置位优先。饱和位在饱和发生一个周期后被置位
EN	字节存储次序：1=小端存储，0=大端存储
PCC	程序高速缓存控制模式
DCC	数据高速缓存控制模式
PGIE	当一个中断发生时，保存以前的全局中断使能位 GIE
GIE	全局中断使能位，它控制除复位和不可屏蔽中断之外的所有可屏蔽中断使能：GIE=1 时，可屏蔽中断使能；GIE=0 时，可屏蔽中断禁止

2.2　存储器映射

C67xx 系列 DSP 的存储空间(包括片内、片外存储器和控制寄存器)以字节为单位统一编址，地址宽度为 32 位，存储器映射见表 2-5，表中列出了每个存储区域的大小，以及起始地址和终止地址。

表 2-5　C67xx DSP 的存储器映射

描　　述	区域大小(B)	起 始 地 址	终 止 地 址
内部 RAM(L2)	192K	0x00000000	0x0002 FFFF
内部 RAM/Cache	64K	0x00030000	0x0003 FFFF
EMIF 寄存器	256K	0x01800000	0x0183 FFFF
L2 寄存器	128K	0x01840000	0x0185 FFFF
HPI 寄存器	256K	0x01880000	0x018B FFFF
McBSP 0 寄存器	256K	0x018C0000	0x018FFFFF
McBSP 1 寄存器	256K	0x01900000	0x0193 FFFF
Timer 0 寄存器	256K	0x01940000	0x0197 FFFF
Timer 1 寄存器	256K	0x01980000	0x019B FFFF
中断选择寄存器	512	0x019C0000	0x019C01FF
设备配置寄存器	4	0x019C0200	0x019C 0203
EDMA RAM and EDMA 寄存器	256K	0x01A00000	0x01A3FFFF
GPIO 寄存器	16K	0x01B00000	0x01B03FFF
I^2C 0 寄存器	16K	0x01B40000	0x01B43FFF
I^2C 1 寄存器	16K	0x01B4 4000	0x01B4 7FFF
McASP 0 寄存器	16K	0x01B4 C000	0x01B4 FFFF
McASP 1 寄存器	16K	0x01B5 0000	0x01B5 3FFF
PLL 寄存器	8K	0x01B7 C000	0x01B7 DFFF
仿真寄存器	256K	0x01BC 0000	0x01BF FFFF

（续表）

描　　述	区域大小(B)	起 始 地 址	终 止 地 址
QDMA 寄存器	52	0x0200 0000	0x0200 0033
McBSP 0 数据端口	64M	0x3000 0000	0x33FF FFFF
McBSP 1 数据端口	64M	0x3400 0000	0x37FF FFFF
McASP 0 数据端口	1M	0x3C00 0000	0x3C0F FFFF
McASP 1 数据端口	1M	0x3C10 0000	0x3C1F FFFF
EMIF CE 0(SDRAM 空间)	256M	0x8000 0000	0x8FFF FFFF
EMIF CE 1(FLASH 空间)	256M	0x9000 0000	0x9FFF FFFF
EMIF CE 2	256M	0xA000 0000	0xAFFF FFFF
EMIF CE 3	256M	0xB000 0000	0xBFFF FFFF

从应用的角度来看，处理器的速度较存储器的更快，因此大容量高速片上存储器是理想之选，但目前的高速存储器比低速存储器体积大且价格高。若采用扁平存储器结构，CPU 和内部存储器均工作在 300MHz 时钟频率，这样可以避免存储器阻塞现象的发生，如图 2-5(a)所示。但是，在访问外部存储器时，需要 CPU 暂停。在这种情况下，实际的 CPU 处理速度接近于较慢的存储器速度。

解决上述问题的方法是采用分级存储器体系结构，如图 2-5(b)所示。在 CPU 附近放置一个高速、小容量的存储器，使 CPU 访问时无须暂停；下一级放置一个速度较慢、体积增加的存储器，其与 CPU 距离较远。在分级结构中，地址由大容量存储器映射到小容量高速存储器中。较高级别的存储器即为高速缓冲存储器(Cache)，采用这种分级结构，可以使存储器的平均访问时间接近最快的存储器访问时间。

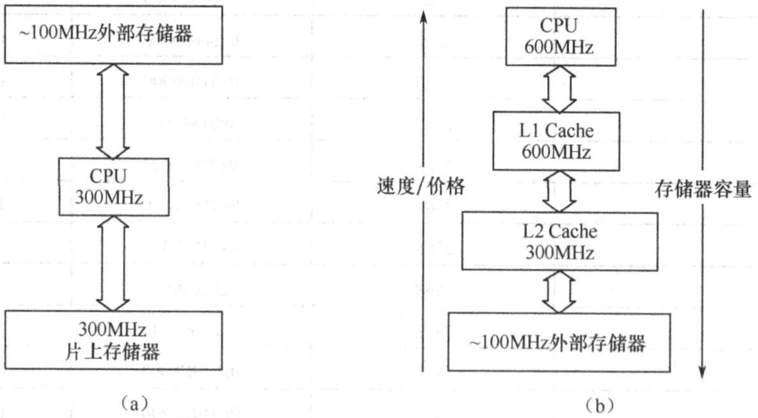

图 2-5　扁平和分级的存储器体系结构

C67xx 的片内 RAM 就是采用两级高速缓冲存储器结构，程序和数据拥有各自独立的高速缓存。第一级程序高速缓存称为 L1P，第 1 级数据高速缓存称为 L1D。第二级存储器/高速缓存称为 L2，由程序和数据高速缓存共同使用。片内两级高速缓存的结构如图 1-5 所示。

C67xx 的 L1P 是容量为 4KB 的直接映射缓存，L1P 操作由 CPU 控制状态寄存器(CSR)、L1P 冲洗基地址寄存器(L1PFBAR)、L1P 冲洗字计数寄存器(L1PFWC)及缓存配置寄存器(CCFG)控制。

C67xx 的 L1D 是容量为 4KB 的组相联高速缓存，L1D 操作由 CPU 控制状态寄存器(CSR)、

L1D 冲洗基地址寄存器(L1DFBAR)、L1D 冲洗字计数寄存器(L1DFWC)和缓存配置寄存器(CCFG)控制。

数据访问如果命中 L1D，将在一个周期内返回数据，不阻塞 CPU。L1D 缺失而 L2 命中将使 CPU 阻塞 4 个周期。若 L1D 缺失，L2 也缺失，则 CPU 将一直阻塞，直到 L2 从外部存储器中得到数据并将其传输到 L1D，L1D 再把数据返回到 CPU。

C67xx 的 L2 容量为 64KB，由 CCFG 寄存器的 L2MODE 字段配置为 5 种模式，如图 2-6 所示。L2 操作由缓存配置寄存器(CCFG)、L2 冲洗基地址寄存器(L2FBAR)、L2 冲洗字计数寄存器(L2FWC)、L2 清除基地址寄存器(L2CBAR)、L2 清除字寄存器(L2CWC)、L2 冲洗寄存器(L2FLUSH)、L2 清除寄存器(L2CLEAN)控制。

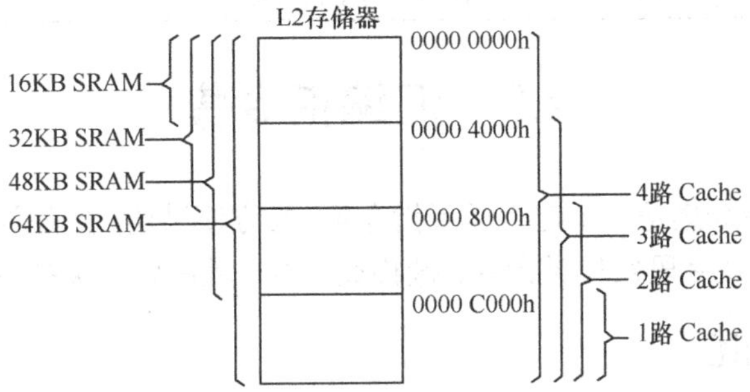

图 2-6　C67xx 的 L2 存储器配置模式

除了上述缓存控制寄存器外，存储器属性寄存器(MAR)控制外存某一段空间的高速缓存使能。如果某一段片外地址范围设置为不可高速缓存，对该地址的访问将略过所有的高速缓存，直接访问外部存储器，这种访问称为远距离访问。设置为可高速缓存时，访问外存会返回整个高速缓存行大小的数据。表 2-6 列出了与高速缓存有关的控制寄存器。

表 2-6　C67xx 内部高速缓存控制寄存器

寄存器缩写	寄存器名称
CCFG	缓存配置寄存器
L2FBAR	L2 冲洗基地址寄存器
L2FWC	L2 冲洗字计数寄存器
L2CBAR	L2 清除基地址寄存器
L2CWC	L2 清除字计数寄存器
L1PFBAR	L1P 冲洗基地址寄存器
L1PFWC	L1P 冲洗字计数寄存器
L1DFBAR	L1D 冲洗基地址寄存器
L1DFWC	L1D 冲洗字计数寄存器
L2FLUSH	L2 冲洗寄存器
L2CLEAN	L2 清除寄存器
MAR0	控制 CE0 范围为 80000000h～80FFFFFFh
MAR1	控制 CE0 范围为 81000000h～81FFFFFFh
MAR2	控制 CE0 范围为 82000000h～82FFFFFFh
MAR3	控制 CE0 范围为 83000000h～83FFFFFFh
MAR4	控制 CE1 范围为 90000000h～90FFFFFFh
MAR5	控制 CE1 范围为 91000000h～91FFFFFFh
MAR6	控制 CE1 范围为 92000000h～92FFFFFFh

（续表）

寄存器缩写	寄存器名称
MAR7	控制 CE1 范围为 93000000h～93FFFFFFh
MAR8	控制 CE2 范围为 A0000000h～A0FFFFFFh
MAR9	控制 CE2 范围为 A1000000h～A1FFFFFFh
MAR10	控制 CE2 范围为 A2000000h～A2FFFFFFh
MAR11	控制 CE2 范围为 A3000000h～A3FFFFFFh
MAR12	控制 CE3 范围为 B0000000h～B0FFFFFFh
MAR13	控制 CE3 范围为 B1000000h～B1FFFFFFh
MAR14	控制 CE3 范围为 B2000000h～B2FFFFFFh
MAR15	控制 CE3 范围为 B3000000h～B3FFFFFFh

2.3 汇编指令集

C67xx CPU 公共指令集是一个定点运算指令集。为方便讲述，将它们分为读取/存储类指令、算术运算类指令、逻辑及字段操作类指令、搬移类指令、程序转移类指令及浮点运算类指令等。

2.3.1 指令集概述

1. 指令和功能单元之间的映射

C67xx CPU 的汇编语言每条指令只能在一定的功能单元执行，因此就形成了指令和功能单元之间的映射关系。表 2-2 列出了功能单元所能执行的操作。因此可以相应地给出指令到功能单元的映射，指出每条指令可在哪些功能单元运行；也可以给出功能单元到指令的映射，指出每个功能单元可以运行哪些指令。一般而言，与乘法相关的指令都在.M 单元执行；而需要产生数据存储器地址的指令则要用到.D 功能单元；算术逻辑运算大多在.L 与.S 单元执行。

2. 延迟间隙

C67xx CPU 采用流水线结构，从指令进入 CPU 的取指单元到指令执行完毕，需要多个时钟周期。所谓的单指令周期是指它最高的流水处理速度。由于指令复杂程度的不同，各种指令的执行周期也不相同，因此程序员就需要了解指令执行的相对延迟，以掌握每条指令的执行结果何时可以被后续指令利用。指令的执行速度可以用延迟间隙(Delay Slots)来说明。延迟间隙在数量上等于从指令的源操作数被读取，直到执行的结果可以被访问所需要的指令周期数。对于单周期类型指令(如 ADD)，源操作数在第 i 周期被读取，计算结果在第(i+1)周期即可被访问，等效于无延迟。对乘法指令，若源操作数在第 i 周期被读取，计算结果在第(i+2)周期才能被访问，延迟周期为 1。表 2-7 列出了各类指令的延迟间隙和功能单元的等待时间。

表 2-7　C67xx 公共指令集的延迟间隙和功能单元的等待时间

指令类型	延迟间隙	功能单元等待时间	读周期	写周期
NOP	0	1		
存储指令 STx	0	1	i	i
读取指令 LDx	4	1	i	$i, i+4$
跳转指令 B	5	1	i	$i+5$
2 周期 DP 指令	1	1	i	$i, i+1$
4 周期指令	3	1	i	$i+3$
INT 到 DP 转换	4	1	i	$i+3, i+4$
DP 比较指令	1	2	$i, i+1$	$i+1$

（续表）

指令类型	延迟间隙	功能单元等待时间	读周期	写周期
ADDDP/SUBDP	6	2	$i, i+1$	$i+5, i+6$
MPYSP2DP	4	2	i	$i+3, i+4$
MPYSPDP	6	3	$i, i+1$	$i+5, i+6$
MPYI	8	4	$i, i+1, i+2, i+3$	$i+8$
MPYID	9	4	$i, i+1, i+2, i+3$	$i+8, i+9$
MPYDP	9	4	$i, i+1, i+2, i+3$	$i+8, i+9$

表 2-7 中第 4、5 列以进入流水线 E1 节拍为第 i 周期，列出了各类指令做读/写操作所需要的周期数。对于转移类指令，如果是转移到标号地址的指令或是由中断 IRP 和 NRP 引起的转移，则没有读操作；对于 Load 指令，在第 i 周期读地址指针并且在该周期内修改基地址，在第 i+4 周期向寄存器写，使用的是不同于.D 单元的另一个写端口。

C67xx 所有的公共指令都只有一个功能单元等待时间，这意味着每个周期功能单元都能够开始一个新指令。单周期功能单元等待时间的另一术语是单周期吞吐量。

3. 指令操作码映射图

C67xx 的每条指令都是 32 位。每条指令都有自己的代码，详细指明指令的内容。图 2-7 给出了指令操作码映射图(opcode map)。其中，op 为指令操作代码，creg 指定条件寄存器的代码，z 指定条件，src、dst 分别指定源操作数及目的操作数代码，s 选择寄存器组 A 或 B 作为目的操作数，x 指定源操作数 2 是否使用交叉通道，p 指定是否并行执行等。把汇编语句变成机器代码，由汇编器(assembler)完成，把机器代码反汇编成汇编语句也是由专用工具程序实现的。

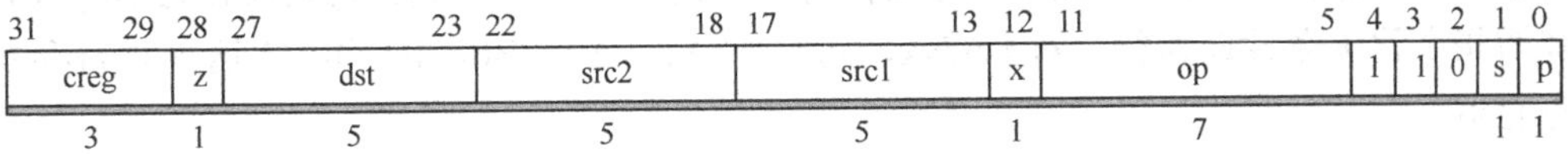

图 2-7　指令操作码映射图

4. 并行操作

CPU 运行时，总是一次取 8 条指令，组成一个取指包，取指包的基本格式如图 2-8 所示。取指包一定在地址的 256 位(8 个字)边界定位。

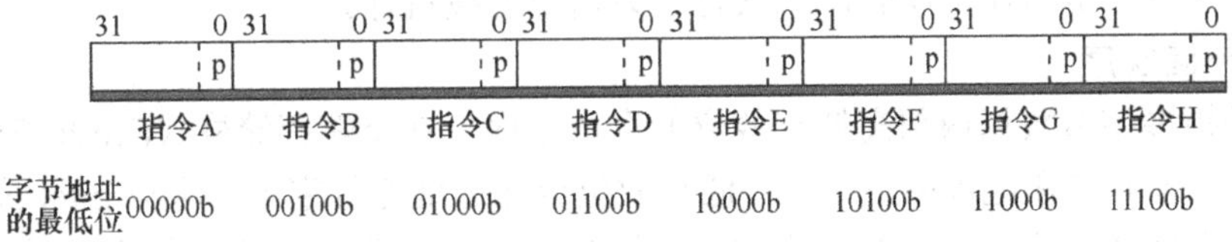

图 2-8　取指包的基本格式

每条指令的最后一位是并行执行位(p 位)，p 位决定本条指令是否与取指包中的下一条指令并行执行。CPU 对 p 位从左至右(从低地址到高地址)进行扫描：如果指令 i 的 p 位是 1，则指令 i+1 就将与指令 i 在同一周期内并行执行；如果指令 i 的 p 位是 0，则指令 i+1 将在指令 i 的下一周期内执行。所有并行执行的指令组成一个执行包，其中最多可以包括 8 条指令。执行包中的每条指令使用的功能单元必须各不相同。执行包不能超出 256 位边界，因此，取指包最后一条指令的 p 位必须设定为 0，而每一取指包的开始也将是一个执行包的开始。

一个取指包中 8 条指令的执行顺序可能有几种不同形式：完全串行，即每次执行一条指令；完全并行，即 8 条指令是一个执行包；部分串行，即分成几个执行包。图 2-9 给出指令部分串行执行的例子，根据 p 位的数值，此取指令包将按表 2-8 所列的顺序执行。

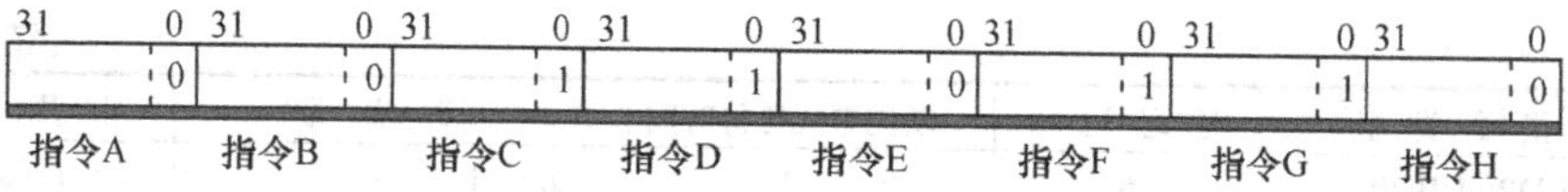

图 2-9 指令包的并行标志位

注意：指令 C，D，E 和 F，G，H 不能使用相同的功能单元、交叉通路或其他的路径资源。

表 2-8 指令执行包

周期/执行包	指 令	周期/执行包	指 令
1	A	3	C, D, E
2	B	4	F, G, H

如果有转移指令使程序在执行过程中向外跳转到某一执行包中间的某一条指令，则程序从该条指令继续执行，该执行包中跳转目标之前的指令将被忽略。在上例中，如果跳转目标是指令 D，则只有指令 D 和 E 将被执行。虽然指令 C 与 D 处于同一执行包中，但也得不到执行。至于指令 A 和 B，由于处于前一执行包中，更不会得到执行。如果程序的运行结果依赖于指令 A、B 或 C 的执行结果，这样直接向指令 D 的跳转将会产生错误。

5．条件操作

所有的 C67xx 指令都可以是有条件执行的，反映在指令代码的 4 个最高有效位(见图 2-7)。其中，3 位操作码字段 creg 指定条件寄存器，1 位字段 z 指定是零测试还是非零测试。在流水操作的 E1 节拍，对指定的条件寄存器进行测试：如果 z=1，进行零测试，即条件寄存器的内容为 0 是真；如果 z=0，进行非零测试，即条件寄存器的内容非零是真。如果设置为 creg=0，z=0，则意味着指令将无条件地执行。对 C67xx，可使用 A1、A2、B0、B1 和 B2 这 5 种寄存器作为条件寄存器。

在书写汇编程序时，以方括号对条件操作进行描述，方括号内是条件寄存器的名称。下面所示的执行包中含有两条并行的 ADD 指令：

```
      [B0]     ADD.L1   A1,A2,A3
   || [!B0]    ADD.L2   B1,B2,B3
```

第 1 条 ADD 指令在寄存器 B0 非零的条件下执行，第 2 条 ADD 指令在 B0 为零的条件下执行。以上两条指令是相互排斥的，即只有一条指令会被执行。

6．字节存储次序

Endian 是指多字节数据内部高低有效位的存放顺序。在小端存储格式(Little-Endian)下，数据的高有效位字节存放在地址高位字节，低有效位放在地址低位字节，这与 Intel 公司数据存放惯例相同。大端存储格式(Big-Endian)则相反，与 Motorola 等公司的数据存放惯例相同。字节存储次序由芯片的相应引脚 HD8 的电平决定，并反映在 CSR 寄存器的 EN 位。HD8=1 为小端存储，HD8=0 为大端存储。

2.3.2 寻址方式

寻址方式指 CPU 如何访问其数据存储空间，C67xx DSP 全部采用间接寻址，所有寄存器都可以作为线性寻址的地址指针。表 2-9 列出了读取/存储类指令访问数据存储器地址的汇编语法格式。其中，ucst5 代表无符号二进制 5 位常数偏移量。对寄存器 B14 和 B15 可用 ucst15(无符号二进制 15 位常数偏移量)。变址计算的符号与常用的 C 语言惯例相同。

表 2-9　读取/存储类指令访问数据存储器地址

寻 址 方 式	不修改地址寄存器	先修改地址寄存器	后修改地址寄存器
寄存器间接寻址	*R	*++R *--R	*R++ *R--
寄存器相对寻址	*+R[ucst5] *-R[ucst5]	*++R[ucst5] *--R[ucst5]	*R++[ucst5] *R--[ucst5]
基地址+变址	*+R[offseR] *-R[offseR]	*++R[offseR] *--R[offseR]	*R++[offseR] *R--[offseR]
带 15 位常数偏移量的寄存器相对寻址	*+B14/B15[ucst15]		

除作为线性寻址指针外，A4～A7、B4～B7 这 8 个寄存器还可作为循环寻址的地址指针，由寻址模式寄存器 AMR 控制地址修改方式：线性方式(默认方式)或循环方式。图 2-10 给出了寻址模式寄存器各个字段的定义，表 2-10 给出了由模式(Mode)的两位数值所确定的选择。

31　　26	25　　21	20　　16
保留	块尺寸BK1	块尺寸BK0
R-0	R/W-0	R/W-0

15　14	13　12	11　10	9　8	7　6	5　4	3　2	1　0
B7模式	B6模式	B5模式	B4模式	A7模式	A6模式	A5模式	A4模式
R/W-0	R/W-0	R/W-0	R/W-0	R/W-0	R/W-0	R/W-0	R/W-0

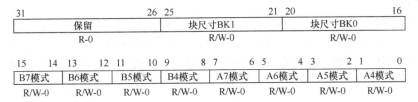

图 2-10　寻址模式寄存器各个字段的定义

表 2-10　寻址模式寄存器模式选择字段编码

模式	描　述	模式	描　述
00	线性寻址(复位后默认值)	10	循环寻址使用 BK1 字段
01	循环寻址使用 BK0 字段	11	保留

在线性寻址方式下，基地址按照指定的加减量线性修改；在循环寻址方式下，地址在块尺寸范围内循环修改。块尺寸字段 BK0 和 BK1 含有 5 位数值，用于计算循环寻址的块尺寸，块尺寸与 BK0/BK1 内 5 位数值 N 的关系为：

$$\text{块尺寸} = 2^{(N+1)} \text{ 字节}$$

例如，设 N 的二进制数为 00010，等于十进制数 2，则块尺寸为 $2^{(2+1)} = 8$ 字节。

2.3.3　读取/存储类指令

读取指令可从数据存储器读取数据送到通用寄存器，存储指令可把通用寄存器的内容送到数据存储器中保存。这些指令包括：

- 读取指令：LDB/LDBU/LDH/LDHU/LDW/LDDW
- 存储指令：STB/STH/STW

在 C67xx 的读取/存储指令里，数据长度有单字节(B)、双字节(半字 H)和四字节(字 W)等多种。双字节型数据的地址必须从偶数开始，即其地址最低位为 0，四字节数据地址最低 2 位必须为 0，分别称为半字、字边界。在计算或书写地址时，均以它们的最低位地址作为存储单元地址的代表。在汇编语言或 C 语言中开辟数据或变量区时，需要根据数据类型调节其地址起始点，称为边界调整(alignment)。LDB(U)/LDH(U)/LDW 指令分别读入字节/半字/字，因为地址均以字节为单位，所以在计算地址修正量时，要分别乘以相应的比例因子 1、2 和 4。STB/STH/STW 同样计算地址。

LDB/LDH 指令读入的是有符号数(补码数)，将字节/半字写入寄存器时，应对高位做符号扩展。LDBU/LDHU 指令读入的是无符号数，将字节/半字写入寄存器时，应对高位补零。

【例 2-1】 线性寻址方式下的地址计算：

```
LDW.D1   *++A4[1],   A6
```

此例为先修改地址，地址偏移量按 1×4 计算，计算结果如下所示：

	执行LDW之前	执行LDW 1个周期之后	执行LDW 5个周期之后
A4	0000 0100h	0000 0104h	0000 0104h
A6	1234 5678h	1234 5678h	0217 6991h
AMR	0000 0000h	0000 0000h	0000 0000h
存储器104h	0217 6991h	0217 6991h	0217 6991h

【例 2-2】 循环寻址方式下的地址计算：

```
LDW.D1   *++A4[9],   A1
```

假设寻址模式寄存器 AMR=0x00030001，则 A4 已被设定为循环寻址方式，块尺寸为16=10h(*N*=3)。因为是以字为单位读取的，所以变址偏移量为 9×4=24h。线性寻址时，地址应为0x00000124h；循环寻址时，24h 对 10h 取模，余数为 4，故实际寻址地址为 0x00000104h，计算结果如下所示：

	执行LDW之前	执行LDW 1个周期之后	执行LDW 5个周期之后
A4	0000 0100h	0000 0104h	0000 0104h
A1	xxxx xxxxh	xxxx xxxxh	1234 5678h
AMR	0003 0001h	0003 0001h	0003 0001h
存储器 104h	1234 5678h	1234 5678h	1234 5678h

2.3.4 算术运算类指令

1. 加、减运算指令及溢出问题

加、减运算指令可分为以下几类。

① 有符号数加、减运算指令，包括操作数为整型(32 位)或长整型(40 位)的 ADD、SUB 指令，以及操作数为半字(16位)的 ADD2/SUB2 指令。ADD2/SUB2 指令的特点是同时进行两个 16位补码数的加、减运算，高半字与低半字之间没有进/借位，各自独立进行。

② 无符号数加、减运算指令 ADDU 和 SUBU，操作数为 32 位或 40 位无符号数。

③ 带饱和的有符号数加、减运算指令 SADD 和 SSUB，操作数为 32 位或 40 位有符号数。

④ 与 16 位常数进行加法操作的指令 ADDK。

⑤ 按寻址方式的加、减运算类指令 ADDAB/ADDAH/ADDAW/ADDAD，SUBAB/SUBAH/SUBAW。

采用补码的形式表示所有参与运算的操作数，最高位为符号位，0 表示“正”，1 表示“负”，其余为数值位。正数的补码与原码相同，最高位为 0，其余位为数值；负数用补码表示，最高位为 1，可先写出该负数对应的正数，再将其按位取反，最后在末位加 1 得到。

【例 2-3】 若字长为 32 位，求十进制数 365 和−365 的补码。

[+365]$_{补}$=0000 0000 0000 0000 0000 0001 0110 1101$_B$ = 0000 016D$_H$

按位取反：1111 1111 1111 1111 1111 1110 1001 0010

末位加 1：1111 1111 1111 1111 1111 1110 1001 0011

[−365]$_{补}$=1111 1111 1111 1111 1111 1110 1001 0011$_B$ = FFFF FE93$_H$

操作数可能是整数或小数，小数有两种表示方法：定点数表示法和浮点数表示法。定点数就是小数点位置固定的数，若小数点位于数据第 n 位的右侧，则称为 Q_n 格式数，当小数点的位置固定在数据的最高位之前时为定点小数，当固定在最低位之后时为定点整数。对 32 位 DSP 来说，其 Q_n 格式数有 Q_0、Q_1、…、Q_n、…、Q_{31}，共 32 种。

定点小数(Q_0)：定点小数是纯小数，小数点位置在符号位之后、有效数值最高位之前，形式为 $x = x_0.x_1x_2\cdots x_n$ (其中 x_0 为符号位，x_1～x_n 是有效数值，x_1 为最高有效位)，如图 2-11 所示，表示的数据范围为 $2^{-n} \leqslant |x| \leqslant 1-2^{-n}$。

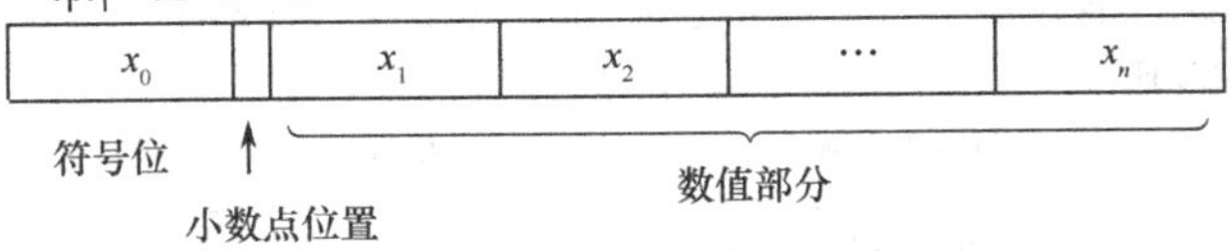

图 2-11　定点小数(Q_0)

定点整数：定点整数是纯整数，小数点位置在有效数值部分最低位之后，形式为 $x=x_0x_1x_2\cdots x_n$，如图 2-12 所示，表示的数据范围为 $1 \leqslant |x| \leqslant 2^n-1$。

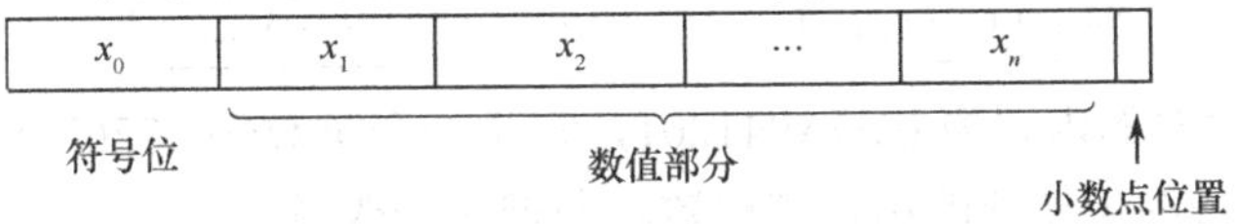

图 2-12　定点整数

浮点数是用科学计数法来表示的数据，小数点的位置可按数值大小自动变化，浮点数的定义见 2.3.8 节。

如果运算结果超出目的操作数字长所能表示的范围，造成运算结果的高位丢失，使保存的运算结果不正确，称为溢出。由于定点数以全字长表示一个整数，其能覆盖的数据动态范围较小，定点加减运算指令(无论是无符号或有符号加减运算指令)易产生溢出。例如，若目的操作数选定为半字(16 位字长)，它所能表示的补码数范围是−32768～+32767，能表示的无符号数范围是 0～65535。如果运算结果超出此范围，它将只保留运算结果的低 16 位，高位丢失，运算结果不正确。有符号数(补码数)在产生溢出时，会改变运算结果的符号。这两种情况都是十分有害的。在 C67xx 的指令里，普通加减运算指令产生溢出时在 CPU 内不会留下任何标志，所以对此要充分重视。通常有 3 种办法解决溢出问题。

① 用较长的字长来存放运算结果，使目的操作数字长超出源操作数的字长。超出源操作数字长的部分称为保护位。例如，两个 32 位整型数的加、减，用 40 位存放结果，有 8 个保护位。但增加保护位要占用系统资源，还可能会降低运算速度(例如，有些系统存储 40 位整数要比存 32 位整数占用较多时间)，使用时必须综合考虑。

② 用带饱和的加减运算指令 SADD、SSUB 做补码数加、减运算。当产生溢出时这类指令将使目的操作数置为同符号的最大值(绝对值)，即保持运算结果的符号不变，同时使 CPU 的状态寄存器 CSR 内的 SAT 位置 1，提醒用户注意。

③ 对整个系统乘一个小于 1 的比例因子，即将所有参与运算的数值减小，以保持运算过程不产生溢出，但这种方法会降低计算精度。

【例 2-4】 减法运算举例，对相同的 src1、src2 使用不同的减法指令说明饱和减法指令与减法指令的差别以及保护位对防止溢出的作用。

```
        SSUB.L2    B1, B2, B3
```

计算结果如下所示：

寄存器	执行SSUB之前		执行SSUB 1个周期之后		执行SSUB 2个周期之后	
B1	5A2E 51A3h	1512984995	5A2E 51A3h		5A2E 51A3h	
B2	802A 3FA2h	-2144714846	802A 3FA2h		802A 3FA2h	
B3	xxxx xxxxh		7FFF FFFFh	2147483647	7FFF FFFFh	
CSR	0001 0100h		0001 0100h		0001 0300h	饱和

这里用带饱和的减法运算保证了结果的符号不变。存放到目的寄存器 B3 中的内容为 32 位正最大值。CSR 寄存器的饱和位置 1，提示已产生了溢出。若改用普通减法指令，将产生溢出。

```
SUB.L2   B1, B2, B3
```

寄存器	执行SUB之前		执行SUB 1个周期之后
B1	5A2E 51A3h	1512984995	5A2E 51A3h
B2	802A 3FA2h	-2144714846	802A 3FA2h
B3	xxxx xxxxh		DA04 1201h
CSR	0001 0100h		0001 0100h

此时存入 B3 寄存器的内容为 0xDA041201，它是一个负数(-637267455)，得数的正负号及数值全错了。如果把目的操作数改用长型整数，即把指令改成：

```
SUB.L2   B1, B2, B5:B4
```

执行SUB之前			执行SUB 1个周期之后	
B1	5A2E 51A3h	1512984995	B1	5A2E 51A3h
B2	802A 3FA2h	-2144714846	B2	802A 3FA2h
B3	xxxx xxxxh		B4	DA04 1201h
CSR	0001 0100h		B5	0000 0000h
			CSR	0001 0100h

则得数为 B5:B4＝0x00DA041201，存放在 B5 寄存器中的内容为 0x00，存放在 B4 寄存器中的内容为 0xDA041201。它是一个 40 位有符号数(+3657699841)，结果正确。

在数字信号处理中，经常要计算累加和，这时更要特别注意溢出问题。例 2-4 是一个简单的求多个整型数累加和的汇编程序，它用 40 位的长型数存放和数，防止溢出。

【例 2-5】 计算累加和的程序，用长型数存放和数，有 8 位保护位。

下述程序在进入 loop 循环前，已使寄存器 A4 指向存放数据的基地址，寄存器 B1 存放欲累加的个数，寄存器组 A3:A2 用来存放累加和，进入循环前已清零。

```
Loop: LDW.D1    *A4++, A0
      NOP   4
      ADD.L1    A3:A2, A0, A3:A2
      SUB.L2    B1, 1, B1
[B1]  B.S1   Loop
      NOP   5
```

在求多个同字长数的累加和时，如果存放结果的字长增加 N 位，可以保证 2^N-1 次累加运算不溢出。例 2-5 中，源操作数字长 32 位，用 40 位字长存放累加结果，有 8 个保护位，可以确保 255 次 32 位字的累加运算无溢出。这个估计是比较保守的，只有在所有源操作数同符号，且绝对值都较大时，才会达到限度。如果两个源操作数有不同符号，或绝对值都较小，可以保证更多次累加运算不产生溢出。

一般而言，用与源操作数相同字长的数据类型来保存累加和是非常危险的。通常的选择是在计算过程(循环)内用较长的数据类型保存和数，最后根据具体情况选取适当字长。总之，应根据源操作数及运算次数，谨慎选择数据类型和运算方法，防止溢出。

2．乘法运算指令

C67xx 公共指令集内的乘法指令以 16×16 位的硬件乘法器为基础，可分为以下两大类：

- 适用于整数乘法的指令(见表 2-18 中以 MPY 为首字母的 22 条指令)；
- 适用于 Q 格式数相乘的 3 条指令(SMPY/SMPYLH/SMPYHL)。

整数乘法的两个源操作数都是 16 位字长，目的操作数为 32 位的寄存器。根据源操作数为有/无符号数以及源操作数是寄存器的低/高半字，可以组合出 16 种不同的乘法指令。除了两个无符号源操作数相乘外，只要有一个源操作数是有符号数，其结果就认定是有符号数。由于目的操作数为 32 位，乘法指令不存在溢出问题。

【例 2-6】 整数乘法运算举例。

下面两条指令的源操作数形式相同，MPYH 指令认定两个源操作数为有符号数，其结果是有符号数。MPYHU 指令认定两个源操作数为无符号数，其结果是无符号数。

```
MPYH.M1    A1, A2, A3
```

运算结果如下所示：

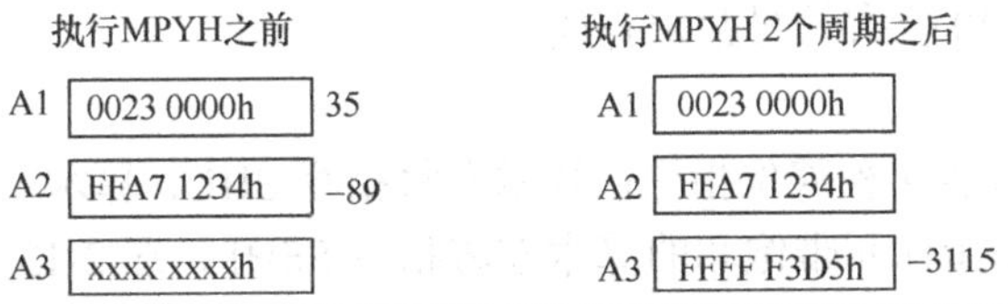


```
MPYHU.M1    A1, A2, A3
```

运算结果如下所示：

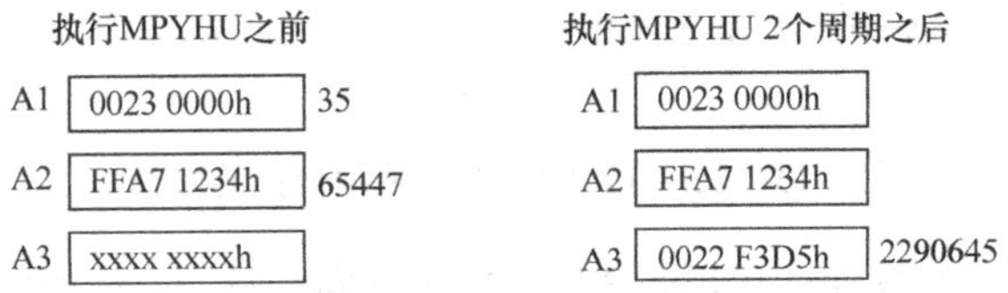

在两个 Q 格式数相乘时，用有符号整数乘法指令，其结果有两个符号位，其小数点位置也需重新判定。C67xx 提供了一类带左移及饱和的乘法指令 SMPY/SMPYLH/SMPYHL，它将两个有符号数相乘的结果左移 1 位，使之只有 1 位符号位。如果原来是两个 Q0 格式数，则该类乘法指令运算结果为 Q1 格式数。

SMPY/SMPYLH/SMPYHL 指令有一个特殊情况，那就是当两个源操作数都是 8000h 时，按上述处理将出现错误。C67xx 规定，当 SMPY/SMPYLYLH/SMPYHL 指令的两个源操作数都是 8000h 时，则将运算结果置为 32 位有符号数的最大正值，并将 CSR 寄存器的饱和位(SAT)置位。

【例 2-7】 SMPY 类指令的例子。

本例中如果用不带左移的乘法指令 MPY，则 A3 寄存器的内容应为 0xFFF9C0A3 (−409437)。采用带左移的乘法指令，结果是 0xFFF38146 (−818874)。

A1 和 A2 本来是 Q0 定标，因此乘积也应是 Q0 定标，由于 SMPY 指令自动将乘积左移一位，使结果 A3 成为 Q1 定标，所以结果就是−409437×2 =−818874。在使用 A3 时必须将其右移一位，即除以 2。

```
SMPY.M1    A1, A2, A3
```

运算结果如下所示：

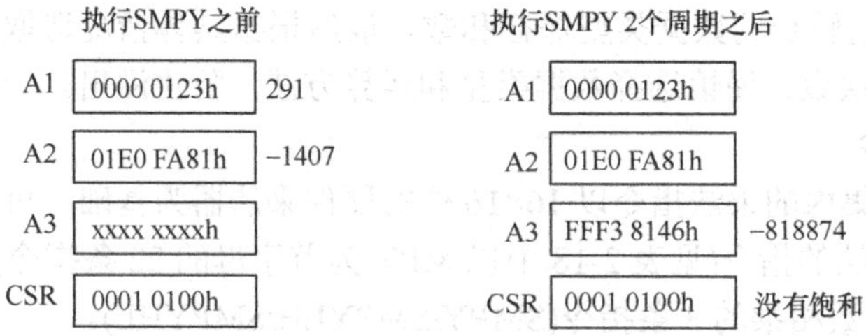

3．其他算术运算类指令

C67xx CPU 还提供了 ABS(取绝对值)和 SAT(将 40 位长型有符号数转换为 32 位有符号数)等算术运算指令。SAT 指令在转换时，如果被转换数超出了 32 位有符号数所能表示的范围，则取 32 位的饱和值，并将 CSR 寄存器中的 SAT 位置 1。

2.3.5 逻辑及字段操作类指令

1．逻辑运算指令

C67xx CPU 支持典型的布尔代数运算指令 AND、OR 和 XOR。这类指令都是对两个操作数按位做“与”、“或”和“异或”运算，并将结果写入目的寄存器。C67xx 还提供求补码的指令 NEG，可用于对 32 位、40 位有符号数求补码。

2．移位指令

C67xx 公共指令集共有 4 种移位指令：算术左移指令 SHL、算术右移指令 SHR、逻辑右移(无符号扩展右移)指令 SHRU 和带饱和的算术左移指令 SSHL。图 2-13 所示为一个长型数据(40 位)执行 SHR 指令操作的示意图。

```
SHR    src2, src1, dst
```

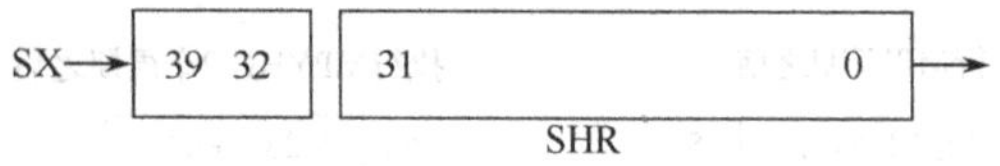

图 2-13 SHR 指令对 40 位长型数据的操作

在 SHR 指令里，源操作数 src2 可以是 32 或 40 位有符号数，src1 的低 6 位指定右移位数，将 src2 右移，得数放到 dst 中。移位时，最高位按符号位扩展。其他移位指令格式与 SHR 相似，其中 SHL 指令在左移时用 0 填补低位，SHRU 指令把 src2 视作无符号数，右移时，用 0 填补最高位。

算术左移指令 SHL 在左移过程中，其符号位有可能改变。带饱和的算术左移指令 SSHL 可用于防止这个问题产生。在 SSHL 指令情况下，src2 是 32 位有符号数，只要被 src1 指定移出的数位中有一位与符号位不一致，它就用与 src2 同符号的极大值填入 dst，并使 CSR 寄存器中的 SAT 位置位。

3．字段操作指令

在 C67xx 公共指令集内对定点数的字段操作指令可分为 3 类：

- 字段清零/置位指令 CLR/SET；
- 带符号扩展与无符号扩展的字段提取指令 EXT/EXTU；
- LMBD 与 NORM 指令。

CLR、SET、EXT 和 EXTU 等指令的操作及指定操作域的方法相似。下面以 CLR 指令为例说明。CLR 指令的汇编语言有两种形式：

```
CLR(.S)    src2, csta, cstb, dst
CLR(.S)    src2, src1, dst
```

前一种形式以常数 csta、cstb 指定位操作域，后一种形式以 src1 的位 0～4 代替 cstb，以 src1 的位 5～9 代替 csta，这样用 src1 可动态地指定操作域。CLR 指令操作内容可用图 2-14 表示，在指定范围内的位全被清零。

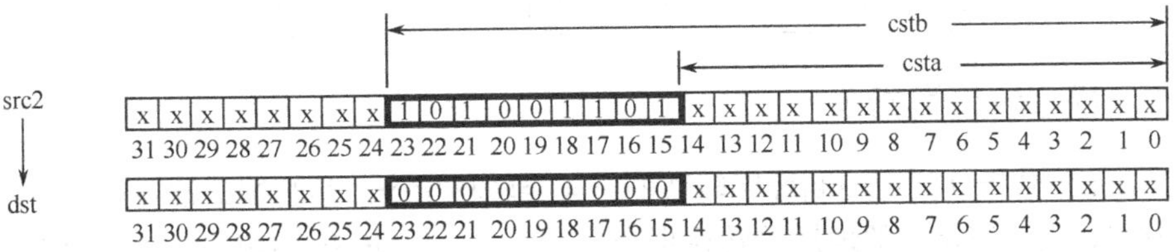

图 2-14　CLR 指令操作内容

LMBD 指令的汇编格式为：

```
LMSD[.L]    src1,src2,dst
```

其功能是寻找 src2 中与 src1 最低位(LSB)相同的最高位位置，并将其值(从左计起)返回送入 dst。图 2-15 是两个例子，两例都假设 src1 的 LSB 是 0，src2 分别如图 2-15(a)、(b)所示。在图 2-15(a)情况下，返回值为 0；在图 2-13(b)情况下，返回值为 32。

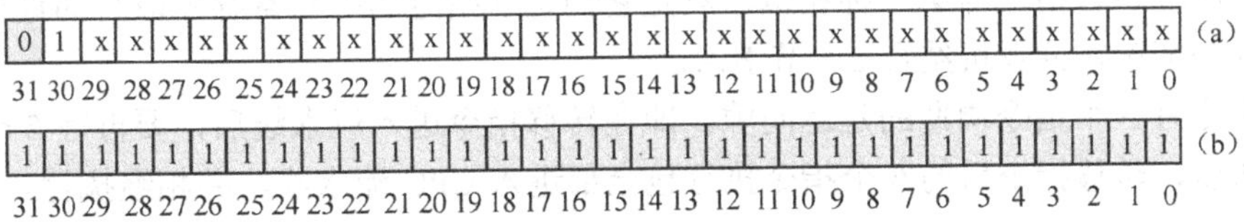

图 2-15　LMBD 指令举例

NORM 指令用来检测源操作数中有多少个冗余的符号位。其指令格式为：

```
NORM(.L)    src2,dst
```

图 2-16 中 NORM 指令的执行结果为 3。

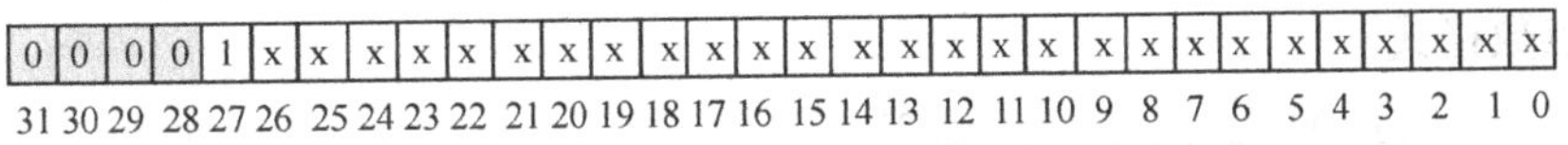

图 2-16　NORM 指令举例

4．比较及判别指令

CMPEQ/CMPGT(U)/CMPLT(U)指令用于比较两个有/无符号数是否相等、大于和小于。若为真，则目的寄存器置 1；反之，目的寄存器置 0。

注意：比较有符号数与无符号数大小的指令是不同的，要根据被比较对象的不同来选择不同的指令。

2.3.6　搬移类指令

搬移指令共有 3 种：

- MV 指令用于在通用寄存器之间传送数据；
- MVC 指令用于在通用寄存器与控制寄存器之间传送数据，此指令只能使用.S2 功能单元；
- MVK 类指令用于把 16 位常数送入通用寄存器。可使用 MVKL 指令向寄存器送入低 16 位常数，用 MVKH 或 MVKLH 指令向寄存器的高 16 位送数。

注意：必须先使用 MVKL 指令，再使用 MVKH 或 MVKLH 指令向寄存器搬移数据。

【例 2-8】　数据搬移指令的例子。

```
MVKL    0x1234FABC, A1
MVKH    0x1234FABC, A1
```

	执行指令前		执行指令1个周期之后		执行指令2个周期之后
A1	xxxx xxxxh	A1	FFFF FABCh	A1	1234 FABCh

2.3.7 程序转移类指令

在 C67xx 公共指令集内控制程序转移的有 4 类转移指令，其汇编语法格式如下：

- 用标号 label 表示目的地址的转移指令　　B.Sx label
- 用寄存器表示目的地址的转移指令　　B.S2 src2
- 从可屏蔽中断寄存器取目的地址的转移指令　　B.S2 IRP
- 从不可屏蔽中断寄存器取目的地址的转移指令　　B.S2 NRP

这 4 种转移指令只是目的地址不同，其执行过程相同。对用标号 label 表示目的地址的转移指令，在汇编阶段，汇编器(Assembler)将计算从当前指令执行包到标号地址的相对值，并将它填入指令代码。用寄存器表示目的地址的转移指令，其指定的通用寄存器的内容就是目标的绝对地址。后两种转移指令与第二种相似，只是它们是从指定的中断寄存器取目的地址，适用于从中断返回的情况，读者可结合 2.5 节学习。

转移指令有 5 个指令周期的延迟间隙。即在转移指令进入流水线后，要再等 5 个周期才发生跳转。所以，转移指令后的 5 个指令执行包全部进入 CPU 流水线，并相继执行。

2.3.8 浮点运算指令

浮点运算指令主要是单/双精度浮点运算指令及双精度数据的读取与存储指令。

1. IEEE 标准的浮点数表示法

C67xx 采用与 IEEE 标准相同的浮点数表示法，有 32 位单精度与 64 位双精度两种。图 2-17 是单精度浮点数格式。

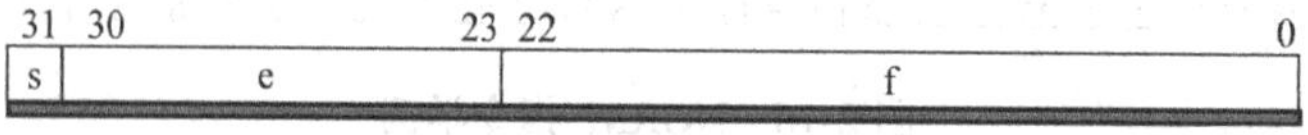

图 2-17　IEEE 标准单精度浮点数格式

图 2-17 中各个符号意义如下：s 代表数的符号，0 为正，1 为负；e 是指数阶码，8 位，视作无符号数($0<e<255$)；f 是尾数的分数部分，共 23 位。按照 IEEE 单精度浮点数格式标准，它定义了 4 种情况，如表 2-11 所示，其中非规格化数代表比最小的规格化浮点数还要小的数。

表 2-11　IEEE 单精度浮点数格式定义的 4 种情况

数 的 格 式	符号位(s)	指数阶码(e)	尾数的分数(f)	代表的数值
规格化数	X	0<e<255	x	$(-1)^s \times 2^{(e-127)} \times 1.f$
非规格化数	X	0	非零	$(-1)^s \times 2^{(-126)} \times 0.f$
无穷大数	0	255	0	正无穷大(+Inf)
	1	255	0	负无穷大(−Inf)
无效数	X	255	非零	NaN(非数值)
	X	255	1xx…x	QnaN(Quiet NaN)
	X	255	0xx…x 和非零	SnaN(Signal NaN)

特殊数的单精度浮点数的符号和十六进制值与十进制数值的对照情况见表 2-12。

表 2-12　一些特殊数的单精度浮点数的符号

符　号	十六进制值	十 进 制 值	备　注
NaN_out	0x7FFFFFFF	QnaN(Quiet NaN)	
0	0x00000000	0.0	
−0	0x80000000	−0.0	
1	0x3F800000	1.0	
2	0x40000000	2.0	
LFPN	0x7F7FFFFF	3.40282347e+38	单精度规格化浮点数最大值
SFPN	0x00800000	1.17549435e−38	单精度规格化浮点数正最小值
LDFPN	0x0007FFFF	1.17549421e−38	单精度非规格化浮点数最大值
SDFPN	0x00000001	1.40129846e−45	单精度非规格化浮点数正最小值

双精度浮点数用 64 位字长，在 C67xx 内表示一个双精度浮点数须用一对寄存器。这一对寄存器的组成与定点数中表示长型(40 位)整数一样，由序号相邻的两个寄存器组成，如 A3:A2，B1:B0 等，奇数寄存器代表高有效位，偶数寄存器代表低有效位。图 2-18 是双精度浮点数格式。

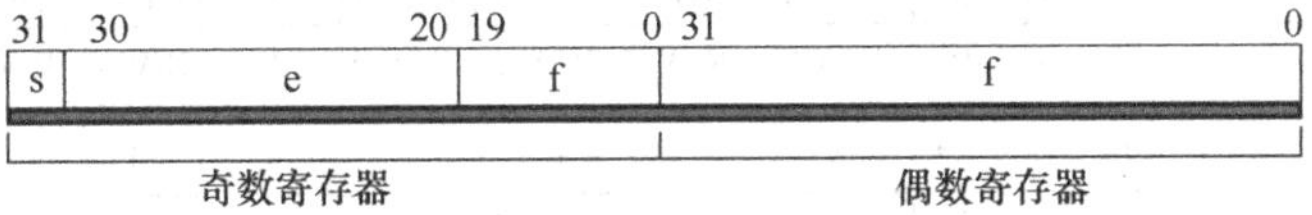

图 2-18　IEEE 标准双精度浮点数格式

s 代表数的符号，0 为正，1 为负；e 是指数阶码，为 11 位，视作无符号数($0<e<2047$)；f 是尾数的分数部分，共 52 位。同样 IEEE 双精度浮点数格式标准也定义了 4 种情况，如表 2-13 所示，其中非规格化数代表比最小的规格化浮点数还要小的数。

表 2-13　IEEE 双精度浮点数格式定义的 4 种情况

数 的 格 式	符号位(s)	指数阶码(e)	尾数的分数(f)	代表的数值
规格化数	X	$0<e<2047$	x	$(-1)^s\times2^{(e-1023)}\times1.f$
非规格化数	X	0	非零	$(-1)^s\times2^{(-1022)}\times0.f$
无穷大数	0	2047	0	正无穷大(+Inf)
	1	2047	0	负无穷大(−Inf)
无效数	X	2047	非零	NaN(非数值)
	X	2047	1xx…x	QnaN(Quiet NaN)
	X	2047	0xx…x 和非零	SnaN(Signal NaN)

特殊数的双精度浮点数的符号和十六进制值与十进制值的对照情况见表 2-14。

表 2-14　一些特殊数的双精度浮点数的符号

符　号	十六进制值	十 进 制 值	备　注
NaN_out	0x7FFFFFFF FFFFFFFF	QnaN(Quiet NaN)	
0	0x00000000 00000000	0.0	
−0	0x80000000 00000000	−0.0	
1	0x3F800000 00000000	1.0	
2	0x40000000 00000000	2.0	
LFPN	0x7F7FFFFF FFFFFFFF	1.7976931348623157e+308	单精度规格化浮点数最大值
SFPN	0x00800000 00000000	2.2250738585072014e−308	单精度规格化浮点数正最小值
LDFPN	0x0007FFFF FFFFFFFF	2.2250738585072009e−308	单精度非规格化浮点数最大值
SDFPN	0x00000000 00000001	4.9406564584124654e−324	单精度非规格化浮点数正最小值

2. C67xx 的浮点运算控制寄存器

C67xx 配置了 3 个浮点运算控制寄存器，这些寄存器为.L、.S 和.M 单元的运算确定浮点舍入方式，见表 2-15。浮点运算控制寄存器中还包括一些用来记录指令执行中遇到的问题的字段，以便检查下列情况：源操作数 src1 和 src2 是否是无效数 NaN 或非规格化数；结果是否上溢、下溢、不准确、无穷大或者无效；是否执行了除以 0 的操作；是否用了 NaN 源操作数做比较等。当指令是条件执行，且因为条件不成立而指令未执行时，这 3 个浮点运算控制寄存器的写入字段的内容不修改。

（1）浮点加法配置寄存器

浮点加法指令以及与浮点数据类型转换有关的多数指令都在.L 单元执行。浮点加法配置寄存器(FADCR)用来指定.L 单元的舍入方式，并记录.L 单元在执行浮点指令中的问题：上溢、下溢、操作数为 NaN、非规格化数或运算结果不准确等。FADCR 分成两段，一段对应于.L1，另一段对应于.L2。图 2-19 所示为 FADCR 各字段名称。表 2-15 列出了 FADCR 各字段字段的功能。

.L2使用	31　　27	26　25	24	23	22	21	20	19	18	17	16
	保留	RMode	UNDER	INEX	OVER	INFO	INVAL	DEN2	DEN1	NAN2	NAN1
	R-0	R/W-0	R/W-0	R/W-0	R/W-0	R/W-0	R/W-0	R/W-0	R/W-0	R/W-0	R/W-0

.L1使用	15　　11	10　9	8	7	6	5	4	3	2	1	0
	保留	RMode	UNDER	INEX	OVER	INFO	INVAL	DEN2	DEN1	NAN2	NAN1
	R-0	R/W-0	R/W-0	R/W-0	R/W-0	R/W-0	R/W-0	R/W-0	R/W-0	R/W-0	R/W-0

图 2-19　浮点加法配置寄存器

表 2-15　浮点加法配置寄存器字段功能描述

字段名称	功　能
RMode	00：舍入到最接近的能被表示的浮点数
	01：向 0 舍入(截断)
	10：向无穷大舍入(向上舍入)
	11：向负无穷大舍入(向下舍入)
UNDER	结果下溢时置 1
INEX	如果结果超出指数范围和精度界限，与实际的计算结果不同时置 1，从不与 INVAL 置位
OVER	结果上溢时置 1
INFO	结果为有符号的无穷大时置 1
INVAL	当有符号的 NaN 是源操作数，或 NaN 的浮点到整型转换中是一个源操作数，或无穷大减无穷大时置 1
DEN2	src2 是一个非规格化数
DEN1	src1 是一个非规格化数
NAN2	src2 是 NaN
NAN1	src1 是 NaN

（2）浮点辅助配置寄存器

浮点比较、求倒数和求平方根等指令在.S 功能单元执行。浮点辅助配置寄存器(FAUCR)记录使用.S 功能单元指令运行中出现的问题。FAUCR 被分为两段，分别对应于.S1 和.S2 功能单元。图 2-20 所示为 FAUCR 各字段名称，表 2-16 列出了各字段功能。

.S2使用

31 27	26	25	24	23	22	21	20	19	18	17	16
保留	DIV0	UNORD	UND	INEX	OVER	INFO	INVAL	DEN2	DEN1	NAN2	NAN1
R-0	R/W-0	R/W-0	R/W-0	R/W-0	R/W-0	R/W-0	R/W-0	R/W-0	R/W-0	R/W-0	R/W-0

.S1使用

15 11	10	9	8	7	6	5	4	3	2	1	0
保留	DIV0	UNORD	UND	INEX	OVER	INFO	INVAL	DEN2	DEN1	NAN2	NAN1
R-0	R/W-0	R/W-0	R/W-0	R/W-0	R/W-0	R/W-0	R/W-0	R/W-0	R/W-0	R/W-0	R/W-0

图 2-20　浮点辅助配置寄存器

表 2-16　浮点辅助配置寄存器字段功能描述

字段名称	功　能
DIV0	当 0 作为求倒数操作的源操作数时置 1
UNORD	当 NaN 作为比较操作的源操作数时置 1
UND	结果下溢时置 1
INEX	如果结果超出指数范围和精度界限，与实际的计算结果不同时置 1，从不与 INVAL 置位
OVER	结果上溢出时置 1
INFO	结果为有符号的无穷大时置 1
INVAL	当有符号的 NaN 是源操作数，或 NaN 的浮点到整型转换中是一个源操作数，或无穷大减无穷大时置 1
DEN2	src2 是一个非规格化数
DEN1	src1 是一个非规格化数
NAN2	src2 是 NaN
NAN1	src1 是 NaN

（3）浮点乘法配置寄存器

浮点乘法在.M 单元执行。浮点乘法配置寄存器(FMCR)指定.M 单元的舍入方式，并记录指令运行中出现的问题：上溢、下溢、操作数为 NaN、非规格化数或运算结果不准确等。FMCR 分成两段，一段对应于.M1，另一段对应于.M2。FMCR 各字段名称如图 2-21 所示，各字段功能见表 2-17。

.M2使用

31 27	26 25	24	23	22	21	20	19	18	17	16
保留	RMODE	UNDER	INEX	OVER	INFO	INVAL	DEN2	DEN1	NAN2	NAN1
R-0	R/W-0	R/W-0	R/W-0	R/W-0	R/W-0	R/W-0	R/W-0	R/W-0	R/W-0	R/W-0

.M1使用

15 11	10 9	8	7	6	5	4	3	2	1	0
保留	RMODE	UNDER	INEX	OVER	INFO	INVAL	DEN2	DEN1	NAN2	NAN1
R-0	R/W-0	R/W-0	R/W-0	R/W-0	R/W-0	R/W-0	R/W-0	R/W-0	R/W-0	R/W-0

图 2-21　浮点乘法配置寄存器

表 2-17　浮点乘法器配置寄存器字段功能描述

字段名称	功　能
RMode	00: 舍入到最接近的能被表示的浮点数
	01: 向 0 舍入(截断)
	10: 向无穷大舍入(向上舍入)
	11: 向负无穷大舍入(向下舍入)
UNDER	结果下溢时置 1
INEX	如果结果超出指数范围和精度界限，与实际的计算结果不同时置 1，从不与 INVAL 置位
OVER	结果上溢时置 1
INFO	结果为有符号的无穷大时置 1
INVAL	当有符号的 NaN 是源操作数，或 NaN 的浮点到整型转换中是一个源操作数，或无穷大减无穷大时置 1
DEN2	src2 是一个非规格化数
DEN1	src1 是一个非规格化数
NAN2	src2 是 NaN
NAN1	src1 是 NaN

3. C67xx 浮点运算指令

C67xx 特有的运算指令共 32 条(参照表 2-18)，可分为以下几类。

① 浮点加减法指令 ADDSP/ADDDP、SUBSP/SUBDP。

② 数据类型转换指令 10 条，除单精度浮点数转换的指令 SPDP 在.S 单元执行外，其他 9 条指令都在.L 功能单元执行。这些指令包括：

- 有/无符号 32 位整型数转换为单/双精度浮点数 INTSP(U)/INTDP(U)；
- 单/双精度浮点数转换为 32 位有符号整型数 SPINT/DPINT；
- 单/双精度浮点数相互转换 SPDP/SPTRUNC/DPSP/DPTRUNC。

③ 浮点乘法及 32 位整数乘法指令 6 条，这类指令都在.M 功能单元执行：MPYSP/MPYSPDP/MPYSP2DP/MPYDP/MPYI/MPYID。

④ 特殊的浮点运算指令 6 条，这类指令都在.S 功能单元执行，包括：

- 单/双精度浮点数取绝对值指令两条：ABSSP/ABSDP；
- 单/双精度浮点数的倒数的近似值指令两条：RCPSP/RCPDP；
- 单/双精度浮点数的平方根倒数的近似值两条：RSQRSP/RSQRDP。

⑤ 单/双精度浮点数的比较判决指令 6 条：CMPLTSP/CMPLTDP/ CMPGTSP/CMPGTDP/CMPEQSP/CMPEQDP。这类指令用于比较两个单/双浮点数的相等、大于和小于是否为真，为真则将 1 写入目的寄存器，为假则将 0 写入目的寄存器。

⑥ 双精度数据的读取/存储指令 LDDW/STDW。

理解浮点运算指令的关键是掌握浮点格式及浮点运算控制寄存器。这里仅举两个例子说明浮点运算指令，不再对每条浮点运算指令详加解释。

【例 2-9】 单精度浮点加法指令：

```
ADDSP.L1    A1, A2, A3
```

运算结果如下所示：

执行ADDSP之前			执行ADDSP 4个周期之后		
A1	C020 0000h	−2.5	A1	C020 0000h	−2.5
A2	4109 999Ah	8.6	A2	4109 999Ah	8.6
A3	xxxx xxxxh		A3	40C3 3334h	6.1

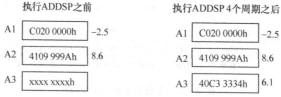

【例 2-10】 单精度浮点乘法指令：

```
MPYSP.M1    A1, B2, A3
```

运算结果如下所示：

执行MPYSP之前			执行MPYSP 4个周期之后		
A1	C020 0000h	−2.5	A1	C020 0000h	−2.5
B2	4109 999Ah	8.6	B2	4109 999Ah	8.6
A3	xxxx xxxxh		A3	C1AC 0000h	−21.5

2.3.9 资源对指令的约束

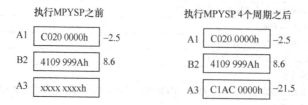

1. 浮点运算指令的延迟间隙及功能单元等待时间

除少数几条指令外，浮点运算指令大多需要执行多个周期，有延迟间隙。例如，单精度浮点数加法指令(ADDSP)，就需要比较两个源操作数的阶码，将它们化成相同阶码后尾数才能相加，然后再转换成适当的单精度浮点数形式。该指令需要 4 个周期完成，即有 3 个指令周期的延迟间隙。要使用该指令运行结果，必须在延迟间隙之后。表 2-7 列出了 C67x 各类指令的延迟间隙与功能单元等待时间。

注意：浮点指令与定点指令(C62x/C64x)有一个重要差别是浮点运算类指令的功能单元等待周期大于 1。此类指令进入功能单元后，要占用该单元直至结束。指令的功能单元等待周期就是指令需占用功能单元的周期数。如果提前分配了其他指令进入该功能单元，运行结果将不可预测。

2．资源对公共指令集的限制

指令执行过程会占用一定的资源，并行执行的指令所需资源不能冲突，例如，在同一个指令周期，不能有两条指令对同一寄存器执行写操作。指令间资源上的冲突，不仅要考虑同一个执行包内指令间的冲突，还要考虑前后指令间可能的冲突。这是因为 C67x 采用流水线结构，某些指令执行需要多个指令周期，有可能发生前后指令间的冲突。

3．资源对 C67x 指令附加的限制

除以上所述资源对公共指令的限制外，资源对 C67x 特有指令附加的限制有以下 4 种。

① 浮点运算类指令在其功能单元等待周期内必须锁定，该单元不得分配给其他指令使用。要特别注意，即使该指令是条件执行的，且由于条件为假，指令未执行时，也要满足这一限制。

② 浮点运算类指令如果使用交叉通道读入源操作数，则在其功能单元等待周期内，交叉通道不得分配其他指令使用。

③ C67x 指令多种延迟在读、写时可能产生资源冲突，有下述限制(对照表 2-7 后两列)：

- 2 周期 DP(双精度指令)：在 *i*+1 指令周期，不能对同一功能单元安排单周期指令及 2 周期双精度指令，因为这样都会在 *i*+1 指令周期引起写端口资源冲突。
- 4 周期指令：在 *i*+3 指令周期，不能对同一功能单元安排单周期指令；在 *i*+2 指令周期，不能对同一功能单元安排 16×16 乘法指令，因为这样都会 *i*+3 指令周期引起写端口资源冲突。
- INTDP 指令：在 *i*+3 和 *i*+4 指令周期，不能对同一功能单元安排单周期指令，否则在 *i*+3、*i*+4 指令周期引起写端口资源冲突。在 *i*+1 指令周期，不能对同一功能单元安排 INTDP 指令或 4 周期指令，否则会在 *i*+1 周期引起写端口资源冲突。
- MPYI 指令：在 *i*+4、*i*+5、*i*+6 周期，不能对同一功能单元安排 4 周期指令和 MPYDP 指令。在 *i*+7 指令周期，不能对同一功能单元安排 16×16 乘法指令。
- MPYID 指令：在 *i*+4、*i*+5 和 *i*+6 周期，不能对同一功能单元安排 4 周期指令和 MPYDP 指令。在 *i*+7、*i*+8 周期，不能对同一功能单元安排 16×16 乘法指令。
- MPYDP 指令：在 *i*+4、*i*+5 和 *i*+6 周期，不能对同一功能单元安排 4 周期指令、MPYI 指令和 MPYID 指令。在 *i*+7、*i*+8 周期，不能对同一功能单元安排 16×16 乘法指令。
- ADDDP/SUBDP 指令：在 *i*+5 和 *i*+6 指令周期，不能对同一功能单元安排单周期指令。在 *i*+2 和 *i*+3 指令周期，不能对同一功能单元安排 4 周期指令和 INTDP 指令。

④ C67x 的.L 和.S 功能单元的共有长型定点数据写端口与 LDDW 指令使用的高 32 位读入口共享部分资源。所以，若向同一寄存器组写，它们就不能出现在同一指令周期，LDDW 指令在 E5 节拍向寄存器写，而长型定点数据在 E1 节拍写，因此，在 LDDW 指令后，向同一例寄存器组的写长型数据指令应在 4 个指令周期之后。

2.3.10 乘累加示例程序

数字信号处理算法通常需要执行大量的乘累加(Sum of Products，SoP)运算，如式(2-1)所示，该示例程序不仅给出了乘累加运算的汇编代码，而且说明了汇编程序的优化方法。

$$Y = \sum_{i=1}^{N} a_i \times b_i \tag{2-1}$$

打开工程 Examples\0208_SoP，示例程序汇编源代码如下，在循环 Loop1 中对数据进行初始化，分别在内部存储器地址 0x20000 和 0x21000 处，连续存放 10 个数据，相当于构造数组 a_i 和 b_i，如图 2-22 所示。

```
_main
    MVKL    0x2, A2
    MVKL    0x20, A8
    MVKL    0x40, A9
    MVKL    0x20000, A5
    MVKH    0x20000, A5
    MVKL    0x21000, A6
    MVKH    0x21000, A6
    MVKL    0x22000, A7
    MVKH    0x22000, A7
    MVKL    0xA, B0
    ZERO    A4
    MVC     A4, AMR   ;clear AMR
    MVC     A4, CSR   ;clear CSR
    ;Initialization
    ;Loop1
    Loop1:
    STW     A8, *A5++
    STW     A9, *A6++
    MPY     A8, A2, A8
    MPY     A9, A2, A9
    SUB     B0, 1, B0
    [B0] B  Loop1
    NOP     5
```

a(i)

0x00020000	0x00000020	0x00000040
0x00020008	0x00000080	0x00000100
0x00020010	0x00000200	0x00000400
0x00020018	0x00000800	0x00001000
0x00020020	0x00002000	0x00004000

b(i)

0x00021000	0x00000040	0x00000080
0x00021008	0x00000100	0x00000200
0x00021010	0x00000400	0x00000800
0x00021018	0x00001000	0x00002000
0x00021020	0x00004000	0x00008000

图 2-22 构造的数组 a_i 和 b_i

在循环 Loop2 中，分别从地址 0x20000 和 0x21000 连续读取 10 个数据，进行乘法运算，再累加到寄存器 A4 中，最终结果存储到 A7 指向的地址 0x22000，如图 2-23 所示。

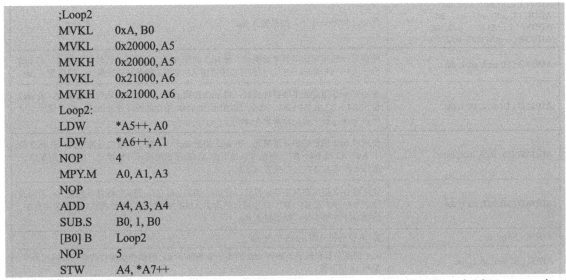

0x00022000	0xEAAAA800	0x00000000
0x00022008	0x00000000	0x00000000
0x00022010	0x00000000	0x00000000
0x00022018	0x00000000	0x00000000

图 2-23　乘累加运算结果

```
;Loop2
MVKL     0xA, B0
MVKL     0x20000, A5
MVKH     0x20000, A5
MVKL     0x21000, A6
MVKH     0x21000, A6
Loop2:
LDW      *A5++, A0
LDW      *A6++, A1
NOP      4
MPY.M    A0, A1, A3
NOP
ADD      A4, A3, A4
SUB.S    B0, 1, B0
[B0] B   Loop2
NOP      5
STW      A4, *A7++
```

Loop2 的程序没有优化，每执行一次循环 Loop2，需要 16 个时钟周期。在循环 Loop3 中，使用并行指令读取源操作数，每次循环减少了 1 个时钟周期。Loop2 的程序存在大量延迟间隙，为了填充延迟间隙，对程序进行优化，把减法指令 SUB 和跳转指令 B 搬移到加载指令 LDW 后面，使 LDW 之后的延迟间隙 NOP 由 4 降为 2，并消除了 B 之后的 NOP。优化之后，每次循环只需要 8 个时钟周期，提高了程序的运行速度，优化结果如图 2-24 所示。

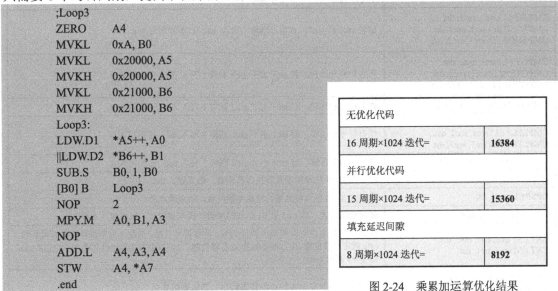

```
;Loop3
ZERO     A4
MVKL     0xA, B0
MVKL     0x20000, A5
MVKH     0x20000, A5
MVKL     0x21000, B6
MVKH     0x21000, B6
Loop3:
LDW.D1   *A5++, A0
||LDW.D2 *B6++, B1
SUB.S    B0, 1, B0
[B0] B   Loop3
NOP      2
MPY.M    A0, B1, A3
NOP
ADD.L    A4, A3, A4
STW      A4, *A7
.end
```

无优化代码	
16 周期×1024 迭代=	**16384**
并行优化代码	
15 周期×1024 迭代=	**15360**
填充延迟间隙	
8 周期×1024 迭代=	**8192**

图 2-24　乘累加运算优化结果

2.3.11 汇编指令集汇总

C67xx CPU 支持的所有汇编指令见表 2-18。

表 2-18 TMS320C67xx 的汇编指令集

汇编指令	描 述
ABS (.L) src2, dst ABSSP (.S) src2, dst ABSDP(.S) src2, dst	取 src2 的绝对值置入 dst
ADD (.L or.S) src1, src2, dst ADDU (.L or.S) src1, src2, dst ADDSP (.L or.S) src1, src2, dst ADDDP (.L or.S) src1, src2, dst	将 src2 加到 src1 上，结果置入 dst
ADDAB (.D) src2, src1, dst	使用对 src2 指定的字节寻址模式，将 src2 加到 src1 上。默认为线性寻址模式，若 src2 位于 A4～A7 或 B4～B7，则也可以使用由 AMR 指定的循环寻址模式，结果置入 dst
ADDAH (.D) src2, src1, dst	使用对 src2 指定的半字寻址模式，将 src2 加到 src1 上。默认为线性寻址模式，若 src2 位于 A4～A7 或 B4～B7，则也可以使用由 AMR 指定的循环寻址模式，由于使用半字所以 src1 左移 1 位，结果置入 dst
ADDAW (.D) src2, src1, dst	使用对 src2 指定的字寻址模式，将 src2 加到 src1 上。默认为线性寻址模式，若 src2 位于 A4～A7 或 B4～B7，则也可以使用由 AMR 指定的循环寻址模式，由于使用半字，所以 src1 左移 2 位，结果置入 dst
ADDAD (.D) src2, src1, dst	使用对 src2 指定的双字寻址模式，将 src2 加到 src1 上。默认为线性寻址模式，若 src2 位于 A4～A7 或 B4～B7，则也可以使用由 AMR 指定的循环寻址模式，由于使用双字，所以 src1 左移 3 位，结果置入 dst
ADDK (.S) cst, dst	将 16 位有符号数 cst16 加到 dst 上
ADD2 (.S) src1, src2, dst	src1 的高字节和低字节加到 src2 的高字节和低字节，源操作数和目的操作数均视为有符号 16 字节数
AND (.L or.S) src1, src2, dst	在 src1 和 src2 之间执行与操作，结果置入 dst
B (.S) label B (.S) src2	跳转指令，由标号或寄存器 src2 指定跳转地址
B IRP B NRP	跳转指令，使用中断或 NMI 返回指针
CLR (.S) src2, csta, cstb, dst CLR (.S) src2, src1, dst	清除指令，csta 指定起始位置，由 cstb-csta 指定清除长度。可以由寄存器 src1 的位 4～0 代替 csta，位 3～5 代替 cstb
CMPEQ (.L) src1, src2, dst CMPEQSP (.L) src1, src2, dst CMPEQDP (.L) src1, src2, dst	比较 src1 和 src2，若相等则将 1 写入 dst，若不等则写入 0
CMPGT (.L) src1, src2, dst CMPGTSP (.L) src1, src2, dst CMPGTDP (.L) src1, src2, dst	作有符号数比较，若 src1 大于 src2 则将 1 写入 dst，否则写入 0
CMPGTU (.L) src1, src2, dst	作无符号数比较，若 src1 大于 src2 则将 1 写入 dst，否则写入 0
CMPLT (.L) src1, src2, dst CMPLTSP (.L) src1, src2, dst CMPLTDP (.L) src1, src2, dst	作有符号数比较，若 src1 小于 src2 则将 1 写入 dst，否则写入 0
CMPLTU (.L) src1, src2, dst	作无符号数比较，若 src1 小于 src2 则将 1 写入 dst，否则写入 0
DPINT (.L) src2, dst	将 src2 里 64 位双精度数转换成整型数，结果置入 dst
DPSP (.L) src2, dst	将 src2 里 64 位双精度数转换成单精度数，结果置入 dst
DPTRUNC (.L) src2, dst	使用截断模式，将 src2 里 64 位双精度数转换成整型数，结果置入 dst
EXT (.S) src2, csta, cstb, dst EXT (.S) src2, src1, dst	在 src2 里提取由 csta 和 cstb 指定的域，并做符号扩展。提取先做左移再做带符号右移，csta 指定左移位数，由 cstb-csta 指定右移位数。也可以由寄存器 src1 的位 4～0 代替 csta，位 3～5 代替 cstb
EXTU (.S) src2, csta, cstb, dst EXTU (.S) src2, src1, dst	在 src2 里提取由 csta 和 cstb 指定的域，并作零扩展
IDLE	在遇到中断前，无限期执行 NOP 指令

（续表）

汇编指令	描　述
INTDP (.L) src2, dst INTDPU (.L) src2, dst	将 src2 里整型数转换成 64 位双精度数，结果置入 dst
INTSP (.L) src2, dst INTSPU (.L) src2, dst	将 src2 里整型数转换成 32 位单精度数，结果置入 dst
LDB (.D) *+baseR[offsetR], dst LDB (.D) *+baseR[ucst5], dst LDBU (.D) *+baseR[offsetR], dst LDBU (.D) *+baseR[ucst5], dst	将一个字节数据从存储器载入通用寄存器 dst
LDDW (.D) *+baseR[offsetR], dst LDDW (.D) *+baseR[ucst5], dst	将一个双字数据从存储器载入通用寄存器对 dst_o: dst_e
LDH (.D) *+baseR[offsetR], dst LDH (.D) *+baseR[ucst5], dst LDHU (.D) *+baseR[offsetR], dst LDHU (.D) *+baseR[ucst5], dst	将一个半字数据从存储器载入通用寄存器 dst
LDW (.unit) *+baseR[offsetR], dst LDW (.unit) *+baseR[ucst5], dst	将一个字数据从存储器载入通用寄存器 dst
LMBD (.L) src1, src2, dst	src1 的最低位决定在 src2 里查找 1 或 0，左边数为 1 或 0 的序数存入 dst
MPY (.M) src1, src2, dst	16 位有符号数 src1(低半字)与有符号数 src2(低半字)的乘积置入 dst
MPYDP (.M) src1, src2, dst	32 位双精度浮点数 src1 与 src2 的乘积置入 dst
MPYH (.M) src1, src2, dst	16 位有符号数 src1(高半字)与有符号数 src2(高半字)的乘积置入 dst
MPYHL (.M) src1, src2, dst	16 位有符号数 src1(高半字)与有符号数 src2(低半字)的乘积置入 dst
MPYHLU (.M) src1, src2, dst	16 位无符号数 src1(高半字)与无符号数 src2(低半字)的乘积置入 dst
MPYHSLU (.M) src1, src2, dst	16 位有符号数 src1(高半字)与无符号数 src2(低半字)的乘积置入 dst
MPYHSU (.M) src1, src2, dst	16 位有符号数 src1(高半字)与无符号数 src2(高半字)的乘积置入 dst
MPYHU (.M) src1, src2, dst	16 位无符号数 src1(高半字)与无符号数 src2(高半字)的乘积置入 dst
MPYHULS (.M) src1, src2, dst	16 位无符号数 src1(高半字)与有符号数 src2(低半字)的乘积置入 dst
MPYHUS (.M) src1, src2, dst	16 位无符号数 src1(高半字)与有符号数 src2(高半字)的乘积置入 dst
MPYI (.M) src1, src2, dst	32 位操作数 src1 与 src2 相乘，结果的低 32 位置入 dst
MPYID (.M) src1, src2, dst	32 位操作数 src1 与 src2 相乘，64 位结果置入寄存器对 dst
MPYLH (.M) src1, src2, dst	16 位有符号数 src1(低半字)与有符号数 src2(高半字)的乘积置入 dst
MPYLHU (.M) src1, src2, dst	16 位无符号数 src1(低半字)与无符号数 src2(高半字)的乘积置入 dst
MPYLSHU (.M) src1, src2, dst	16 位有符号数 src1(低半字)与无符号数 src2(高半字)的乘积置入 dst
MPYLUHS (.M) src1, src2, dst	16 位无符号数 src1(低半字)与有符号数 src2(高半字)的乘积置入 dst
MPYSP (.M) src1, src2, dst	32 位单精度浮点数 src1 与 src2 的乘积，单精度结果置入 dst
MPYSPDP (.M) src1, src2, dst	32 位单精度浮点数 src1 与 64 位双精度浮点数 src2 的乘积，双精度结果置入 dst
MPYSP2DP (.M) src1, src2, dst	32 位单精度浮点数 src1 与 src2 的乘积，双精度结果置入 dst
MPYSU (.M) src1, src2, dst	16 位有符号数 src1(低半字)与无符号数 src2(低半字)的乘积置入 dst
MPYU (.M) src1, src2, dst	16 位无符号数 src1(低半字)与无符号数 src2(低半字)的乘积置入 dst
MPYUS (.M) src1, src2, dst	16 位无符号数 src1(低半字)与有符号数 src2(低半字)的乘积置入 dst
MV (.L or .S or .D) src2, dst	从寄存器搬移数据到寄存器
MVC (.S2) src2, dst	从寄存器组写数据到控制寄存器组

（续表）

汇编指令	描　述
MVK (.S) cst, dst	搬移有符号常量数据到寄存器并做符号扩展
MVKH (.S) cst, dst MVKLH (.S) cst, dst	搬移 16 位常量数据到 dst 的高 16 位，dst 的低 16 位不变。MVKH 取 cst 的高 16 位数据，MVKLH 取 cst 的低 16 位数据
MVKL (.S) cst, dst	搬移有符号常量数据到寄存器并做符号扩展。与 MVKH 指令一起生成 32 位常量
NEG (.L or .S) src2, dst	求补码，结果置于 dst
NOP [count]	空操作，count 最大为 9
NORM (.L) src2, dst	将 src2 里的冗余符号位置入 dst
NOT (.L or .S) src2, dst	按位取反，结果置于 dst
OR (.L or .S) src1, src2, dst	按位取或，结果置于 dst
RCPDP (.S) src2, dst	取双精度浮点数的倒数，结果置入 dst
RCPSP (.S) src2, dst	取单精度浮点数的倒数，结果置入 dst
RSQRDP (.S) src2, dst	取双精度浮点数的平方根倒数，结果置入 dst
RSQRSP (.S) src2, dst	取单精度浮点数的平方根倒数，结果置入 dst
SADD (.L) src1, src2, dst	带饱和的有符号整型数加法，结果置入 dst
SAT (.L) src2, dst	将 40 位数 src2 转换成 32 位数置入 dst，若 src2 的位数多于 32 位，则饱和，写入 dst 后，置位 src2 的饱和位
SET (.S) src2, csta, cstb, dst SET (.S) src2, src1, dst	将 src2 里以 csta 起始，cstb 终止的一段全置为 1
SHL (.S) src2, src1, dst	将 src2 算数左移，由 src1 指定移位数(0～40)
SHR (.S) src2, src1, dst	将 src2 算数右移，符号位扩展，由 src1 指定移位数(0～40)
SHRU (.S) src2, src1, dst	将 src2 逻辑右移，左端补 0，由 src1 指定移位数(0～40)
SMPY (.M) src1, src2, dst	16 位有符号数 src1(低半字)与 src2(低半字)带饱和相乘，结果左移一位置入 dst
SMPYH (.M) src1, src2, dst	16 位有符号数 src1(高半字)与 src2(高半字)带饱和相乘，结果左移一位置入 dst
SMPYHL (.M) src1, src2, dst	16 位有符号数 src1(高半字)与 src2(低半字)带饱和相乘，结果左移一位置入 dst
SMPYLH (.M) src1, src2, dst	16 位有符号数 src1(低半字)与 src2(高半字)带饱和相乘，结果左移一位置入 dst
SPDP (.S) src2, dst	将单精度浮点数转换成双精度浮点数，结果置入 dst
SPINT (.L) src2, dst	将单精度浮点数转换成整型数，结果置入 dst
SPTRUNC (.L) src2, dst	将单精度浮点数转换成整型数，带截断，结果置入 dst
SSHL (.S) src2, src1, dst	将 src2 带饱和左移，由 src1 指定移位数(0～31)
SSUB (.L) src1, src2, dst	两整数带饱和相减，结果置入 dst
STB (.D) src, *+baseR[offsetR] STB (.D) src, *+baseR[ucst5] STB (.D2) src, *+B14/B15[ucst15]	从通用寄存器存储字节到数据存储器
STH (.D) src, *+baseR[offsetR] STH (.D) src, *+baseR[ucst5] STH (.D2) src, *+B14/B15[ucst15]	从通用寄存器存储半字到数据存储器
STW (.D) src, *+baseR[offsetR] STW (.D) src, *+baseR[ucst5] STW (.D2) src, *+B14/B15[ucst15]	从通用寄存器存储字到数据存储器
SUB (.D) src2, src1, dst	两个有符号整型数相减，无饱和，结果置入 dst
SUBAB (.D) src2, src1, dst	使用字节寻址模式，两数相减，结果置入 dst
SUBAH (.D) src2, src1, dst	使用半字寻址模式，两数相减，结果置入 dst
SUBAW (.D) src2, src1, dst	使用字寻址模式，两数相减，结果置入 dst
SUBC (.L) src1, src2, dst	从 src1 中减去 src2，若结果大于等于 0，左移 1 位并加 1 置入 dst。若结果小于 0，将 src1 左移 1 位置入 dst

（续表）

汇编指令	描　述
SUBDP (.L or.S) src1, src2, dst	两个双精度浮点数相减，结果置入 dst
SUBSP (.L or.S) src1, src2, dst	两个单精度浮点数相减，结果置入 dst
SUBU (.L) src1, src2, dst	两个无符号整型数相减，无饱和，结果置入 dst
SUB2 (.S) src1, src2, dst	src2 的高低半字与 src1 的高低半字相减，结果置入 dst
XOR (.L or .S) src1, src2, dst	取异或，结果置入 dst
ZERO (.L or .S or .D) dst	用 0 填充寄存器 dst

2.4 流 水 线

现代微处理器是通过结构的复杂性来提高速度的。它把指令的处理分成几个子操作，每个子操作在微处理器内部由不同的部件来完成。对微处理器的每个部件来说，每隔一个时钟周期即可进入一条新指令，这样在同一时间内，就有多条指令交叠地在不同部件内进行处理，这种工作方式称为流水线(Pipeline)工作方式。C67xx 的特殊结构又可使多个指令包(每包最多可达 8 条指令)交叠地在不同部件内处理，大大提高了数据吞吐量。

C67xx 中所有指令均按照取指(Fetch)、译码(Decode)和执行(Execute)三级(Stage)流水线运行，每级又包含几个节拍(Phase)。所有指令取指级有 4 个节拍，译码级有两个节拍。执行级对不同类型的指令有不同数目的节拍。流水线操作以 CPU 周期为单位，1 个执行包在流水线 1 个节拍的时间就是 1 个 CPU 周期。CPU 周期边界总是发生在时钟周期边界。随着节拍，代码流经 C67xx 内部流水线各个部件，各部件根据指令代码进行不同处理。图 2-25 是流水线取指各节拍的一个例子。

流水线取指级的 4 个节拍如下：

- PG　程序地址产生(Program Address Generate)；
- PS　程序地址发送(Program Address Send)；
- PW　程序访问等待(Program Access Ready Wait)；
- PR　程序取指包接收(Program Fetch Packet Receive)。

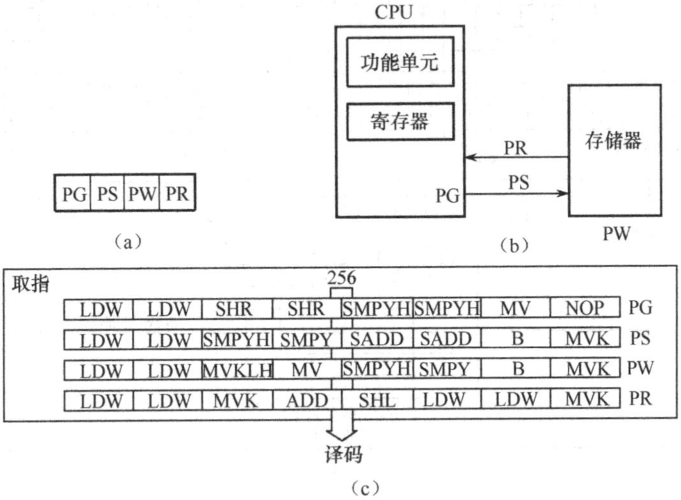

图 2-25　流水线取指各节拍的示例

流水线译码级的两个节拍如下：

- DP　指令分配(Instruction Dispatch)；
- DC　指令译码(Instruction Decode)。

在流水线的DP节拍中，1个取指包的8条指令根据并行性被分成几个执行包，执行包由1～8条并行指令组成。在DP节拍期间1个执行包的指令被分别分配到相应的功能单元。同时，源寄存器、目的寄存器和有关通路被译码以便在功能单元完成指令执行。图2-26(a)从左到右表示出了译码两个节拍的顺序。图2-26(b)表示出一个流水线译码实例，它包含由两个执行包组成的1个取指包：取指包的前两条并行指令(阴影部分)形成1个执行包，这个执行包在前1个时钟周期处在DP节拍，它包含两条乘法指令，当前处于DC节拍；取指包后6条指令是并行的，组成第2个执行包(EP)，该执行包在译码阶段的DP节拍。图2-26(b)中箭头指出的是每条指令将被分配到的功能单元。指令NOP由于与功能单元无关，因此不分配功能单元。

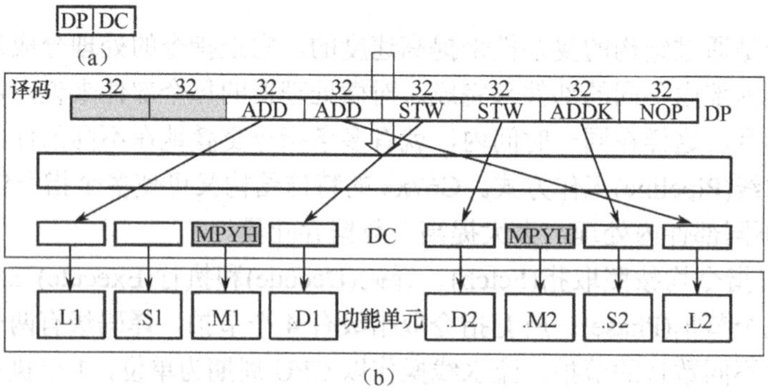

图2-26　流水线译码阶段的两个节拍

执行级根据定点和浮点流水线分成不同的节拍，定点流水线的执行级最多有5个节拍(E1～E5)，浮点流水线的执行级最多有10个节拍(E1～E10)。不同类型的指令为完成它们的执行需要不同数目的节拍。图2-27为流水线执行过程的功能框图。

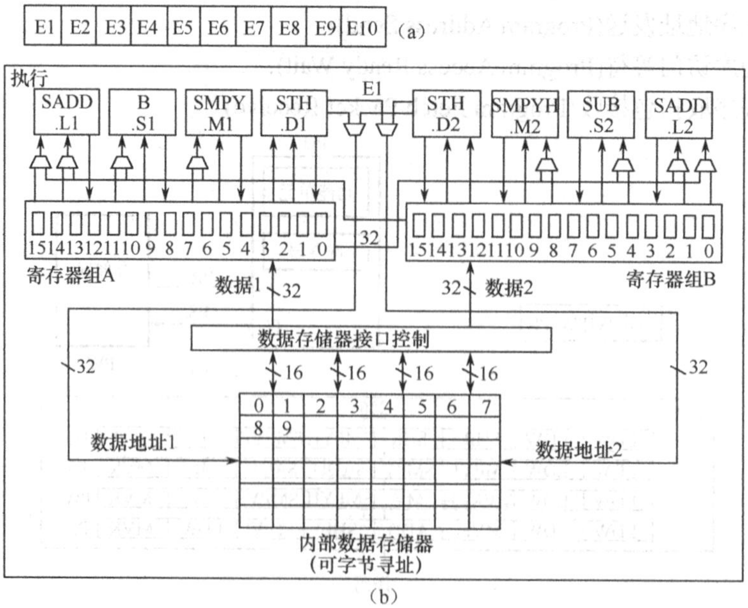

图2-27　流水执行过程的功能框图

图 2-28 以一个浮点流水线流程图说明了流水线连续运行的时序。其中连续的各个取指包都包含 8 条并行指令，即每个取指包只有 1 个执行包。各个指令包以每个时钟 1 个节拍的方式通过流水线。可以看出，在周期 7，取指包 FP*n* 的指令达到 E1 节拍，取指包 FP*n*+1 的指令正在译码节拍，取指包 FP*n*+2 处在 DP 节拍，取指包 FP*n*+3、FP*n*+4、FP*n*+5 和 FP*n*+6 等分别处在取指的 4 个不同节拍阶段。定点指令流水线指令包如能以每个时钟 1 个节拍的方式运行，它的运行时序图也类似。但是，它们在运行中都可能会有流水线阻塞的情况产生，1 个取指包也不一定只有 1 个执行包，这些都将影响流水线时序。

取指包	时钟周期 1	2	3	4	5	6	7	8	9	10	11	12	13	14	15	16	17
n	PG	PS	PW	PR	DP	DC	E1	E2	E3	E4	E5	E6	E7	E8	E9	E10	
n+1		PG	PS	PW	PR	DP	DC	E1	E2	E3	E4	E5	E6	E7	E8	E9	E10
n+2			PG	PS	PW	PR	DP	DC	E1	E2	E3	E4	E5	E6	E7	E8	E9
n+3				PG	PS	PW	PR	DP	DC	E1	E2	E3	E4	E5	E6	E7	E8
n+4					PG	PS	PW	PR	DP	DC	E1	E2	E3	E4	E5	E6	E7
n+5						PG	PS	PW	PR	DP	DC	E1	E2	E3	E4	E5	E6
n+6							PG	PS	PW	PR	DP	DC	E1	E2	E3	E4	E5
n+7								PG	PS	PW	PR	DP	DC	E1	E2	E3	E4
n+8									PG	PS	PW	PR	DP	DC	E1	E2	E3
n+9										PG	PS	PW	PR	DP	DC	E1	E2
n+10											PG	PS	PW	PR	DP	DC	E1

图 2-28　流水线连续运行时序

通常所说的 C67xx 指令周期都是指它的执行周期。例如，单周期指令是指它的执行周期只有 1 个指令周期。如果从指令进入 CPU 开始计算，则远远超过 1 个周期。以时钟频率 200MHz 计，指令周期为 5ns，单周期指令从进入 CPU 开始到执行完需用 7 个周期，即 35ns，单周期指令从指令进入 CPU，流水地执行，其等效的处理速度可以用它的执行周期来反映。

2.5　中　断

中断是为使 CPU 具有对外界异步事件的处理能力而设置的。通常 DSP 工作在包含多个外界异步事件环境中，当这些事件发生时，DSP 应及时执行这些事件所要求的任务。中断就是要求 CPU 暂停当前的工作，转而去处理这些事件，处理完以后，再回到原来被中断的地方继续原来的工作。显然，服务一个中断包括保存当前处理现场，完成中断任务，恢复各寄存器和现场，然后返回继续执行被暂时中断的程序。请求 CPU 中断的请求源称为中断源。这些中断源可以是片内的，如定时器等，也可以是片外的，如 A/D 转换及其他片外装置。片外中断请求连接到芯片的中断引脚，并且在这些引脚处产生电平的上升沿。如果这个中断被使能，则 CPU 开始处理这个中断，将当前程序流程转向中断服务程序。当几个中断源同时向 CPU 请求中断时，CPU 会根据中断源的优先级别，优先响应级别最高的中断请求。C67xx 有 8 个寄存器管理中断服务。

2.5.1　中断类型和中断信号

C67xx 的 CPU 有 3 种类型中断，即 $\overline{\text{RESET}}$（复位）、不可屏蔽中断(NMI)和可屏蔽中断(INT4～INT15)。3 种中断的优先级别不同，其优先顺序见表 2-19。

表 2-19 默认中断源及中断优先级

优 先 级	中 断 名 称	中 断 类 型	默认中断源
最高	INT_00	复位	$\overline{\text{RESET}}$
	INT_01	不可屏蔽中断	NMI
	INT_02	保留	保留
	INT_03	保留	保留
	INT_04	可屏蔽中断	外部中断(EXT_INT4)
	INT_05	可屏蔽中断	外部中断(EXT_INT5)
	INT_06	可屏蔽中断	外部中断(EXT_INT6)
	INT_07	可屏蔽中断	外部中断(EXT_INT7)
	INT_08	可屏蔽中断	EDMAINT
	INT_09	可屏蔽中断	EMUDTDMA
	INT_10	可屏蔽中断	SDRAM 时序中断(SD_INT)
	INT_11	可屏蔽中断	EMURTDXRX
	INT_12	可屏蔽中断	EMURTDXTX
	INT_13	可屏蔽中断	主机端口到 DSP 中断(DSPINT)
↓	INT_14	可屏蔽中断	定时器中断(TINT0)
最低	INT_15	可屏蔽中断	定时器中断(TINT1)

复位$\overline{\text{RESET}}$具有最高优先级，不可屏蔽中断为第 2 优先级，相应信号为 NMI 信号，最低优先级中断 INT15。$\overline{\text{RESET}}$、NMI 和一些 INT4～INT15 信号反映在 C67xx 芯片的引脚上，有些 INT4～INT15 信号被内设、外设所使用，有些可能无用，或在软件控制下使用，使用时请查看数据手册。这些中断信号默认的中断源见表 2-19。

1. 复位($\overline{\text{RESET}}$)

复位是最高级别中断，它被用来停止 CPU 工作，并使之返回到一个已知状态。与其他类型中断有以下几方面的区别：

- $\overline{\text{RESET}}$是低电平有效信号，而其他的中断则是在转向高电平的上升沿有效；
- 为了正确地重新初始化 CPU，在$\overline{\text{RESET}}$再次变成高电平之前必须保持 10 个时钟脉冲的低电平；
- 复位打断所有正在执行的指令，所有的寄存器返回到它们的默认状态；
- 复位中断服务取指包必须放在地址为 0 的内存中；
- 复位不受转移指令的影响。

2. 不可屏蔽中断(NMI)

NMI 优先级别为 2，它通常用来向 CPU 发出严重硬件问题的警报，如电源故障等。为实现不可屏蔽中断处理，在中断使能寄存器中的不可屏蔽中断使能位(NMIE)必须置 1。如果 NMIE 置 1，阻止 NMI 处理的唯一可能是不可屏蔽中断发生在转移指令的延迟间隙内。

NMIE 在复位时被清零，以防止复位被打断。当一个 NMI 发生时，NMIE 也被清零，这样就阻止了另一个 NMI 的处理。NMIE 不可人为地清零，但可以用程序置位，使嵌套 NMI 可以运行。在 NMIE 为 0 时，所有可屏蔽中断(INT4～INT15)也都被禁止。

3. 可屏蔽中断(INT4～INT15)

C67xx 的 CPU 有 12 个可屏蔽中断，它们被连接到芯片外部或片内外设，也可由软件控制或者不用。中断发生时将中断标志寄存器(IFR)的相应位置 1。假设一个可屏蔽中断发生在转移指令的延迟间隙内，它还须满足下列条件才能得到响应，受到处理：

- 控制状态寄存器(CSR)中的全局中断使能位 GIE 置 1；

- 中断使能寄存器(IER)中的 NMIE 位置 1；
- IER 中的相应中断使能位置 1；
- 在 IFR 中没有更高优先级别的中断标志(IF)位为 1。

2.5.2 中断服务表

中断服务表 IST(Interrupt Service Table)是包含中断服务代码取指包的一个地址表。当 CPU 开始处理一个中断时，它要参照 IST 进行。IST 包含 16 个连续取指包，每个中断服务取指包都含有 8 条指令。图 2-27 所示为 IST 的地址和内容。由于每个取指包都有 8 条 32 位指令字(或 32 字节)，因此中断服务表内的地址以 32 字节(即 20h)增长。

1. 中断服务取指包

中断服务取指包 ISFP(Interrupt Service Fetch Packet)是用于服务中断的取指包。当中断服务程序很小时，可以把它放在一个单独的取指包(FP)内，如图 2-29 所示。其中，为了中断结束后能够返回主程序，FP 中包含一条跳转到中断返回指针所指向地址的指令。接着是一条 NOP 5 指令，这条指令使跳转目标能够有效地进入流水线的执行级。若没有这条指令，CPU 将会在跳转之前执行下一个 ISFP 中的 5 个执行包。

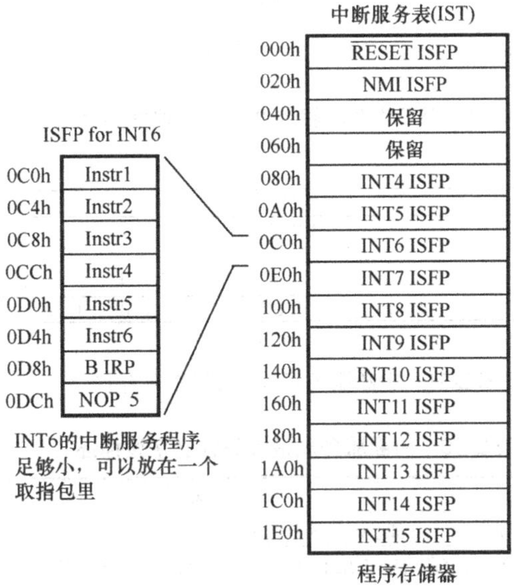

图 2-29 中断服务表(IST)

如果中断服务程序太长不能放在单一的 FP 内，这就需要跳转到另外中断服务程序的位置上。图 2-30 所示为一个 INT4 的中断服务程序例子。由于程序太长，一部分程序放在以地址 1234h 开始的内存内。因此，INT4 的 ISFP 内有一条跳转到 1234h 的跳转指令。因为跳转指令有 5 个延迟间隙，所以把 B 1234h 放在了 ISFP 中间。另外，尽管 1220h～1230h 与 1234h 的指令并行，但 CPU 不执行 1220h～1230h 内的指令。

2. 中断服务表指针寄存器

中断服务表指针 ISTP(Interrupt Service Table Pointer) 寄存器用于确定中断服务程序在中断服务表中的地址，ISTP 中的字段 ISTB 确定 IST 的地址基值，另一字段 HPEINT 确定当前响应的中断，并给出这一特定中断取指包在 IST 中的位置。ISTP 各字段的位置如图 2-31 所示，表 2-20 给出了这些字段的描述。

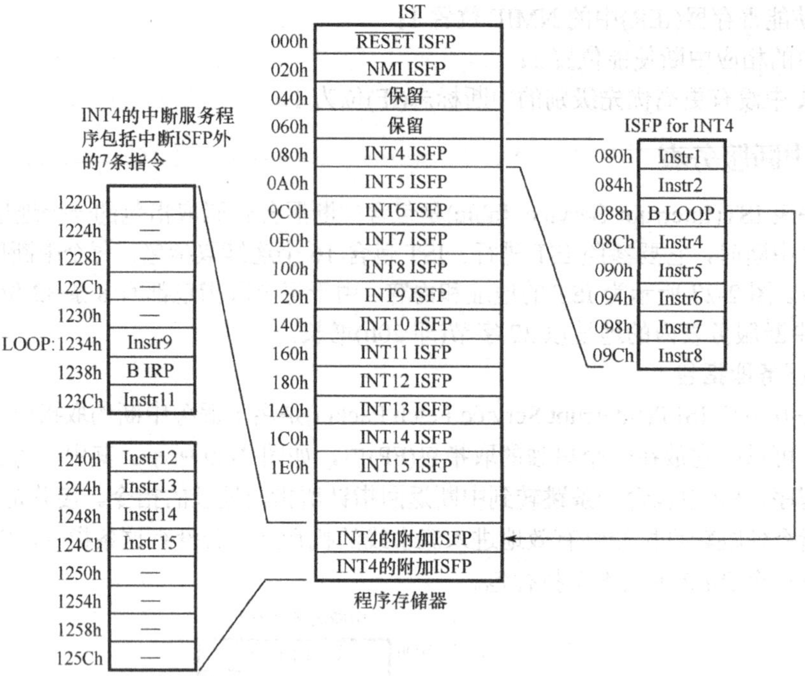

图 2-30　IST 中有跳转到 IST 外某地址的指令

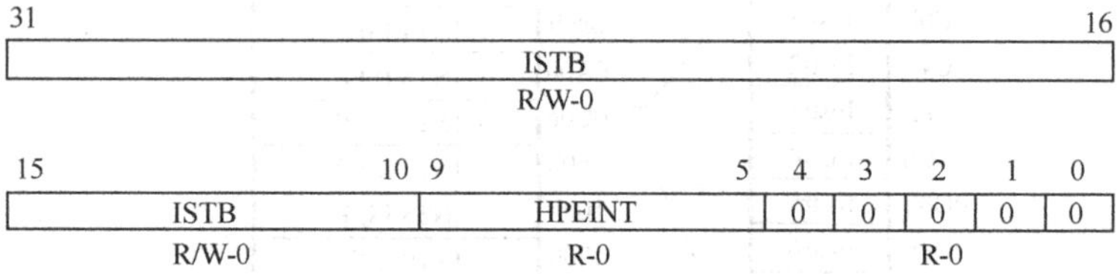

图 2-31　中断服务表指针(ISTP)寄存器

表 2-20　中断服务表指针寄存器字段描述

字段名称	描　述
	置 0（取指包必须界定在 8 个字即 256 位的范围内）
HPEINT	当前最高级使能中断。该字段给出了 IER 中使能的最高优先级中断的序号（相应为 IFR 的位数）。这样可利用 ISTP 手动跳转到最高级使能中断，如果没有中断挂起和使能，则 HPEINT 的值为 00000b，这个相应的中断不需要 NMIE（除非是 NMI）或 GIE 使能
ISTB	IST 是基地址，复位时置 0，这样在复位初始时 IST 必须放在 0 地址。复位后，可对 ISTB 写新的数值，重新定位 IST。如果重新定位，因为复位使 ISTB 置 0，第 1 个 ISFP(对应 $\overline{\text{RESET}}$)将从不执行

复位取指包必须放在地址为 0 的内存中，而 IST 中的其余取指包可放在符合 256 字边界调整要求的程序存储单元的任何区域内。IST 的位置由中断服务表基值(ISTB)确定。例 2-11 给出了一个将中断服务表重新定位的例子，图 2-32 所示为新的中断服务表基位 ISTB 与 IST 位置的关系。

【例 2-11】 中断服务表的重新定位。

① 将 IST 重定位到 800h

先将地址 0h～200h 的原 IST 复制到地址 800h～A00h，再将 800h 写到 ISTP 寄存器：

```
MVK   800h，A2
MVC   A2，ISTP
ISTP = 800h = 1000 0000 0000b
```

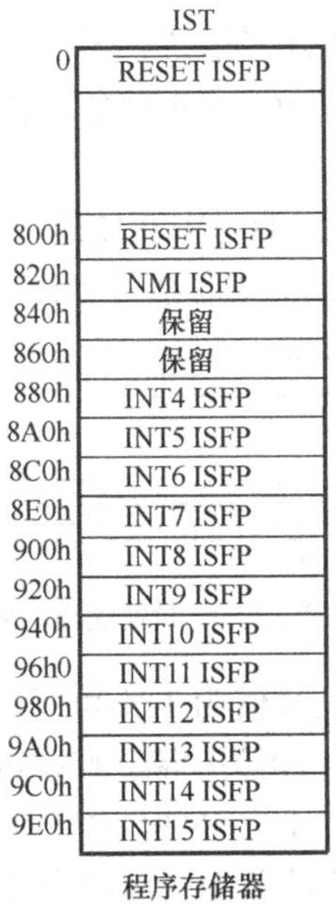

图 2-32　中断服务表的重新定位

② ISTP 引导 CPU 到重新定位的 IST 中确定相应的 ISFP，假设：

IFR = BBC0h　　= 1011 1011 1100 0000 b
IER = 1230h　　= 0001 0010 0011 0000 b

IFR 中的 1 表示挂起的中断(有中断请求，但尚未得到服务的中断)，IER 中的 1 表示被使能的中断。此处显然有两个已使能、尚在挂起的中断：INT9 和 INT12。因为 INT9 的优先级别高于 INT12，因此 HPEINT 的编码应为 INT9 的值 01001b，而 HPEINT 为 ISTP 中的位 9～5，故 ISTP＝1001 0010 0000b＝920h＝INT9 的地址。

2.5.3　中断控制寄存器

C67xx CPU 有 8 个中断控制寄存器，见表 2-21。

表 2-21　中断控制寄存器

寄存器名称	描　　述
控制状态寄存器(CSR)	控制全局使能或禁止中断
中断使能寄存器(IER)	使能或禁止中断处理
中断标志寄存器(IFR)	标志有中断请求但尚未得到服务的中断
中断设置寄存器(ISR)	设置 IFR 中的标志位
中断清零寄存器(ICR)	清除 IFR 中的标志位
中断服务表指针(ISTP)	指向中断服务表的起始地址
不可屏蔽中断返回指针(NRP)	包含从不可屏蔽中断返回的地址
中断返回指针(IRP)	包含从可屏蔽中断返回的地址

1. 控制状态寄存器

控制状态寄存器 CSR 中有两位用于控制中断：GIE 和 PGIE。CSR 中的其他字段服务于其他目的，这已在 2.1 节中介绍。图 2-4 所示为 CSR，表 2-4 列出了 CSR 中断控制字段的描述。全局中断使能位 GIE (Global Interrupt Enable)是 CSR 的 DI 第 0 位，控制 GIE 的值可以使能或禁止所有的可屏蔽中断。CSR 的第 1 位是 PGIE，PGIE 保存先前的 GIE 值，即在响应可屏蔽中断时，保存 GIE 的值，而 GIE 被清零。这样在处理一个可屏蔽中断期间，就防止了另外一个可屏蔽中断的发生。当从中断返回时，通过 B IRP 指令可使 PGIE 的值重新返回到 GIE。

2．中断使能寄存器

在 C67xx 中，每个中断源是否被使能受中断使能寄存器(IER)控制。IER 的格式如图 2-33 所示。通过 IER 中相应个别中断位的置 1 或者清零可以使能或禁止个别中断。

31～16
保留
R-0

15	14	13	12	11	10	9	8	7	6	5	4	3～2	1	0
IE15	IE14	IE13	IE12	IE11	IE10	IE9	IE8	IE7	IE6	IE5	IE4	保留	NMIE	1
R/W-0												R-0	R/W-0	R-1

图 2-33 中断使能寄存器

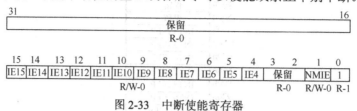

IER 的位 0 对应于复位，该位只可读(值为 1)不可写，由于位 0 总为 1，所以复位总被使能。位 IE4～IE15 写 1 或写 0 分别使能或禁止相关中断。NMIE=0 时，禁止所有非复位中断；NMIE=1 时，GIE 和相应的 IER 位一起控制 INT15～INT4 中断使能。对 NMIE 写 0 无效，只有复位或 NMI 发生时它才清零。NMIE 的置 1 靠执行 B NRP 指令和写 1 完成。

3．中断标志寄存器

中断标志寄存器(IFR)包括 INT4～INT15 和 NMI 的状态。当一个中断发生时，IFR 中的相应中断位被置 1，否则为 0。使用 MVC 指令读取 IFR，可检查中断状态。图 2-34 所示为 IFR 的格式，它们的高 16 位与 IER 一样，为厂商保留。

15	14	13	12	11	10	9	8	7	6	5	4	3～2	1	0
IE15	IE14	IE13	IE12	IE11	IE10	IE9	IE8	IE7	IE6	IE5	IE4	保留	NMIE	0
R-0												R-0	R-0	R-0

图 2-34 中断标志寄存器

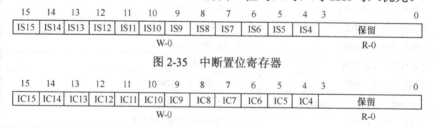

4．中断置位寄存器和中断清除寄存器

中断置位寄存器(ISR)和中断清除寄存器(ICR)可以用程序置位和清除IFR 中的可屏蔽中断位，其格式如图 2-35 和图 2-36 所示，它们的高 16 位与 IER 一样，为厂商保留。对 ISR 的 IS4～IS15 位写 1 会引起 IFR 对应中断标志位置 1；对 ICR 的 IC4～IC15 位写 1 会引起 IFR 对应中断标志位置 0。对 ISR 和 ICR 的任何位写 0 无效，置位、清除 ISR 和 ICR 的任何位都不影响 NMI 和复位。从硬件来的中断有优先权，它废弃任何对 ICR 的写入。另外，写入 ISR 和 ICR(靠 MVC 指令)有 1 个延迟间隙，当同时对 ICR 和 ISR 的同一位写入时，对 ISR 写入优先。

15	14	13	12	11	10	9	8	7	6	5	4	3～0
IS15	IS14	IS13	IS12	IS11	IS10	IS9	IS8	IS7	IS6	IS5	IS4	保留
W-0												R-0

图 2-35 中断置位寄存器

15	14	13	12	11	10	9	8	7	6	5	4	3～0
IC15	IC14	IC13	IC12	IC11	IC10	IC9	IC8	IC7	IC6	IC5	IC4	保留
W-0												R-0

图 2-36 中断清除寄存器

5．不可屏蔽中断返回指针寄存器

不可屏蔽中断返回指针寄存器 NRP 保存从不可屏蔽中断返回时的指针，该指针引导 CPU 返回到原来程序执行的正确位置。当 NMI 服务完成时，为返回到被中断的原程序中，在中断服务程序末尾必须安排一条跳转到 NRP 指令：

```
B NRP
NOP 5
```

NRP 是一个 32 位可读/写的寄存器，在 NMI 产生时它将自动保存被 NMI 打断而未执行的程序流程中第 1 个执行包的 32 位地址。因此，虽然可以对这个寄存器写值，但任何随后而来的 NMI 中断处理将刷新该写入值。

6．可屏蔽中断返回指针寄存器

可屏蔽中断返回指针寄存器(IRP)的功能与 NRP 基本相同，所不同的是中断源不同。对 IRP 的描述可参考 NRP，此处不再赘述。

2.5.4 中断性能和编程考虑事项

在考虑中断性能之前，首先应了解从中断请求产生到 CPU 响应中断并开始服务中断期间各有关信号的变化情况及流水线执行情况。图 2-37 所示为 C67xx 非复位中断(INTm)的响应过程。非复位中断信号每时钟周期被检测，且不受存储器阻塞影响。一个外部中断引脚电平 INTm 在时钟周期 1 由低电平转换为高电平，在时钟周期 3 到达 CPU 边界，周期 4 将被检测到并送入 CPU，周期 6 中断标志寄存器(IFR)中相应的标志位 IFm 被置 1。如果执行包 *n*+3(CPU 周期 4)中有对 ICR 的 m 位写 1 的指令(即清 IFm)，这时中断检测逻辑置 IFm 为 1 优先，指令清零无效。若 INTm 未被使能，IFm 将一直保持 1 直到对 ICR 的 m 位写 1 或 INTm 处理发生。若 INTm 为最高优先级别的挂起中断，且在 CPU 周期 4 有 GIE=1，NMIE＝1，IER 中的 IEm 为 1，则 CPU 响应 INTm 中断。在图 2-37 中 CPU 周期 6～14 期间，将发生下列中断处理：

- 紧接着的非复位中断处理被禁止；
- 如果中断是除 NMI 之外的非复位中断，GIE 的值会转入到 PGIE，GIE 被清零；
- 如果中断是 NMI，NMIE 被清零；
- *n*+5 以后的执行包被废除，在特定流水阶段废除的执行包不修改任何 CPU 状态；
- 被废除的第 1 个执行包(*n*+5)的地址送入 NRP(对于 NMI)或者 IRP(对于 INT4～INT15)；
- 跳转到 ISTP 指定的地址，由 INTm 对应的 ISFP 指向的指令被强制进入流水线；
- 在 CPU 周期 7 期间，IACK 和 INUMX 信号建立，通知芯片外部正在处理中断；
- 在 CPU 周期 8 期间，IFm 被清零。

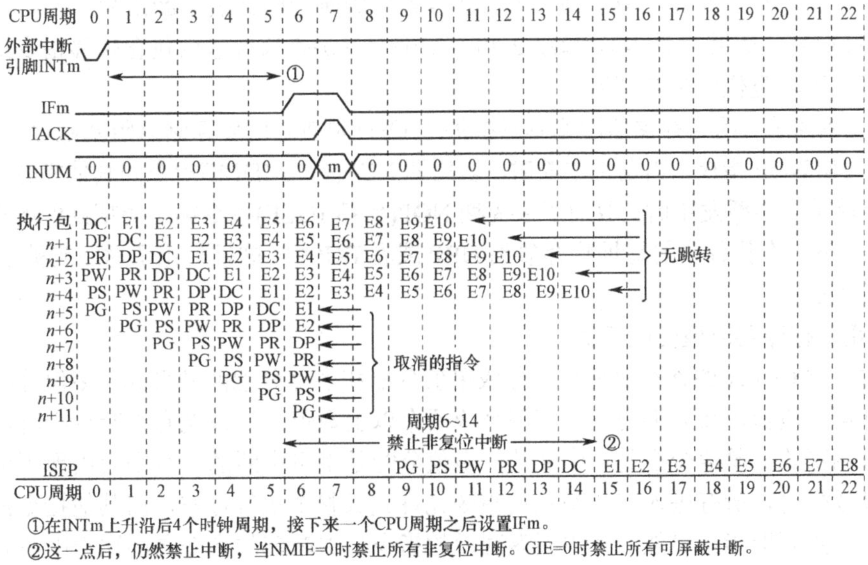

图 2-37 非复位中断检测处理的流水操作

复位过程如图 2-38 所示，它的分析类似非复位中断，这里不再赘述。

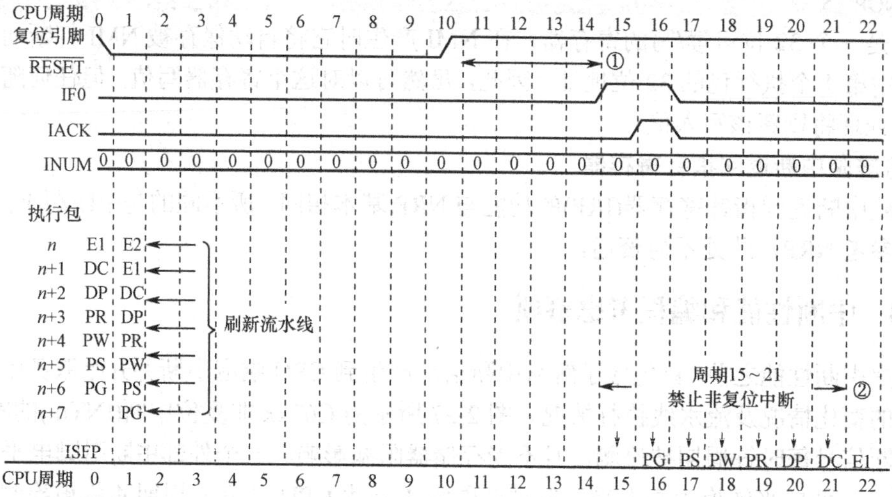

① 在$\overline{RESET}$上升沿后4个时钟周期后，接下来一个CPU周期之后设置IF0。

② 这一点后，仍然禁止中断。当NMIE=0时禁止所有非复位中断。GIE=0时禁止所有可屏蔽中断。

图 2-38　复位中断检测处理的流水操作

1．一般性能

中断的一般性能包括以下几个方面。

① 总开销：对于 C67xx，所有 CPU 响应中断的总开销是 9 个 CPU 周期(周期 6～14)，该周期期间没有新指令进入 E1 流水节拍。

② 等待时间：C67xx 的中断等待时间是 13 个周期(复位为 21 个周期)，即从中断激活到执行中断服务程序需要 13 个 CPU 周期。

③ 中断间的最小间隔：对于特定的中断，两次发生中断的最小间隔是两个时钟周期。两次处理间隔则取决于中断服务所需要的时间和嵌套中断是否使能。

2．流水线与中断的相互影响

因为取指包中的串行或并行编码不影响流水线的 DC(指令译码)节拍及后来的各节拍，所以代码并行与中断不存在冲突。但下列 3 个操作或条件影响中断或被中断影响。

① 转移指令：如果在图 2-37 和图 2-38 中任何 n～n+4 执行包内包含转移指令或者处在跳转延迟期间，则非复位中断被延迟。

② 存储器阻塞：因为存储器阻塞本身扩展了 CPU 周期，所以存储器阻塞延迟了中断处理。

③ 多周期 NOP 指令：当发生中断时，多周期 NOP(包括 IDLE)指令同其他指令一样。但有一个例外，就是当中断发生时，取消了多周期 NOP(包括 IDLE)指令第 1 周期外的所有指令。在这种情况下，下一个执行包的地址将存放到 NRP 或者 IRP 中，这就阻止了返回到被中断的 NOP 或 IDLE 指令处。

3．使用寄存器要单值分配任务

编程时，对 C67xx 的寄存器使用可分成单值分配和多值分配两种形式。多值分配指某一寄存器在程序同一段流水线时期内被分配两个或两个以上数值。当系统有中断过程时，就要考虑寄存器的使用形式。单值分配是可中断的，多值分配是不可中断的，否则会出现不可预料的结果。当中断发生时，所有进入 E1 节拍的指令允许完成整个执行过程，而其他指令被暂停，持中断返回时再重新取指。显然，从中断返回后的指令与中断前的指令之间比无中断时有更长的延迟间隔。这样，如果寄存器不是单值分配就可能产生错误结果。

4．嵌套中断

通常当 CPU 进入一个中断服务程序时，其他中断均被禁止。然而，当中断服务程序是可屏蔽中断 INT4～INT15 中之一时，NMI 可以中断一个可屏蔽中断的执行过程，但 NMI 和可屏蔽中断均不可中断一个 NMI。

有时希望一个可屏蔽中断服务程序被另一个中断请求(通常是更高级别的)所中断。尽管中断服务程序不允许被 NMI 之外的中断所打断，但在软件控制下实现嵌套中断是可能的。这一过程要求做如下工作：保存原来的 IRP(或者 NRP)和 IER 到一个安全的存储区(下一个中断不使用的内存单元或寄存器)中，通过 ISR 建立一组新的使能位，保存 CSR 后将 GIE 置位，新中断即被使能。

5．人工介入的中断处理方式

中断响应过程除 CPU 自动检测、自动转入中断处理外，还可以通过中断查询，由程序实现这一过程。即通过程序检测 IFR 和 IER 的状态，然后跳转到 ISTP 指向的地址。

6．陷阱

某些微处理器有陷阱指令，它是一种软件中断。C67xx 没有陷阱指令，但它可由软件编程设置成类似的功能。陷阱的条件可以存储在 A1、A2、B0、B1 和 B2 的任何条件寄存器内，当陷阱条件为真，一条转移指令使 CPU 转入陷阱处理程序，处理结束后返回。

思考题与习题 2

2-1 C67xx 芯片的 CPU 包括哪些功能单元？

2-2 C67xx 芯片的 CPU 主要由哪几部分组成？

2-3 什么是甚长指令字(VLIW)结构？这种结构的主要特点和优点有哪些？

2-4 简述 C67xx DSP 的寻址方式。

2-5 按操作类型 C67xx 的指令可分为哪几种？

2-6 小端存储格式和大端存储格式有何区别？

2-7 常用溢出处理方法有哪些？各有什么特点？

2-8 IEEE 单精度浮点数格式是如何表示的？试用 IEEE 单精度浮点格式表示浮点数 1.25。

2-9 简述流水线操作的基本原理。

2-10 C67xx DSP 的指令流水线有哪些操作阶段？每个阶段执行什么任务？

2-11 C67xx DSP 对中断是如何处理的？

第3章 集成软件开发环境

本章首先介绍DSP的集成软件开发环境(Integrated Development Environment，IDE)，然后说明基本CCS工程的构成，并讲述混合语言编程、芯片支持库和系统自启动等内容。

3.1 CCS的使用

3.1.1 CCS介绍

Code Composer Studio(CCS)是TI公司为开发DSP推出的集成软件开发环境，是DSP应用领域第一个完整的、开放型的集成开发环境。CCS功能强大，提供了配置、建立、调试、跟踪和分析的工具，包括应用程序开发所必需的功能，便于对实时信号处理程序的编制和测试，能够加速开发进程，提高工作效率。CCS基于Eclipse开源软件框架开发，用户可以将其他厂商的Eclipse插件或TI公司的工具拖放到Eclipse环境中获得扩展功能，并集成代码分析、源代码控制等工具，适用于Windows和Linux操作系统。本章以CCS 5.3版为例介绍其使用方法，CCS分为编辑界面（CCS Edit）和调试界面（CCS Debug），分别如图3-1和图3-2所示。

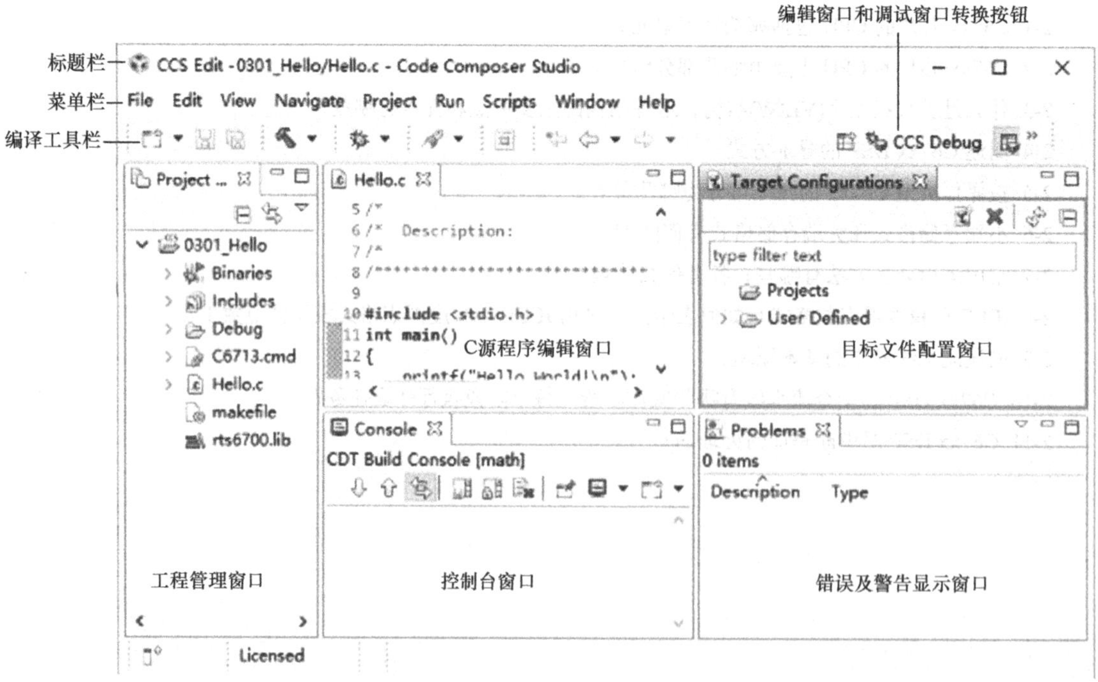

图3-1 CCS编辑界面及功能

CCS直观、易用，具有实时分析、观察DSP的信息等功能。在CCS中，能对数据进行图形化可视分析，有多种专业的画图工具，可以对信号进行时域/频域的分析、快速傅里叶变换(FFT)等，如图3-3所示。

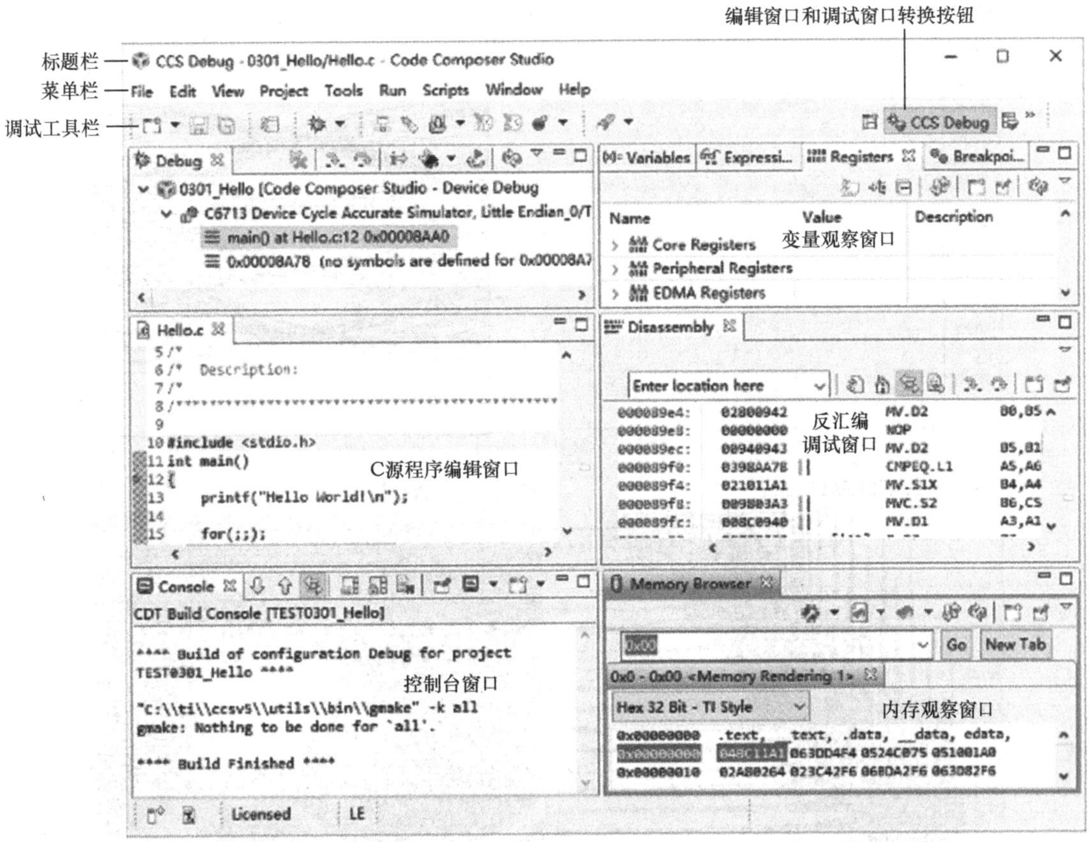

图 3-2 CCS 调试界面及功能

CCS 由以下 5 部分组件组成：代码生成工具；CCS 集成开发环境；DSP/BIOS 实时操作系统及其应用程序接口 API；实时数据交换的 RTDX 插件和相应的程序接口 API；由第三方提供的应用模块插件。CCS 的构成及接口如图 3-4 所示。

CCS 的代码生成工具奠定了集成开发环境的基础，图 3-5 所示为 DSP 开发的软件流程，其中阴影部分是 C/C++代码开发的常规流程，其他功能用以辅助和加速开发过程。如单片机开发一样，首先使用 C/C++语言编写源文件(.c/.cpp)，C/C++编译器对源文件进行编译，生成汇编文件(.asm)，汇编器再对汇编文件进行汇编，生成目标文件(.obj)，最后链接器对目标文件进行链接，并同时链接相应的库文件(.lib)生成最终的可执行文件(.out)。

图 3-5 中列出的工具描述如下：

- C/C++编译器(C/C++ Compiler)：用于把符合 ANSI 标准的 C/C++代码转换为目标 DSP 的汇编代码，编译器的输入是 C/C++源代码，输出为 DSP 汇编代码。
- 汇编器(Assembler)：用于把汇编语言文件转换为机器语言的目标文件。汇编器的输入可以是 C 编译器产生的汇编文件、汇编优化器产生的汇编文件或是文档管理器管理的宏库内的宏，输出是可重新分配地址的 COFF 格式目标文件。汇编代码内除了有汇编指令，还可以有汇编伪指令。利用汇编伪指令可对汇编过程进行控制，如源列表格式、数据对齐方式及代码段和数据段的内容等。

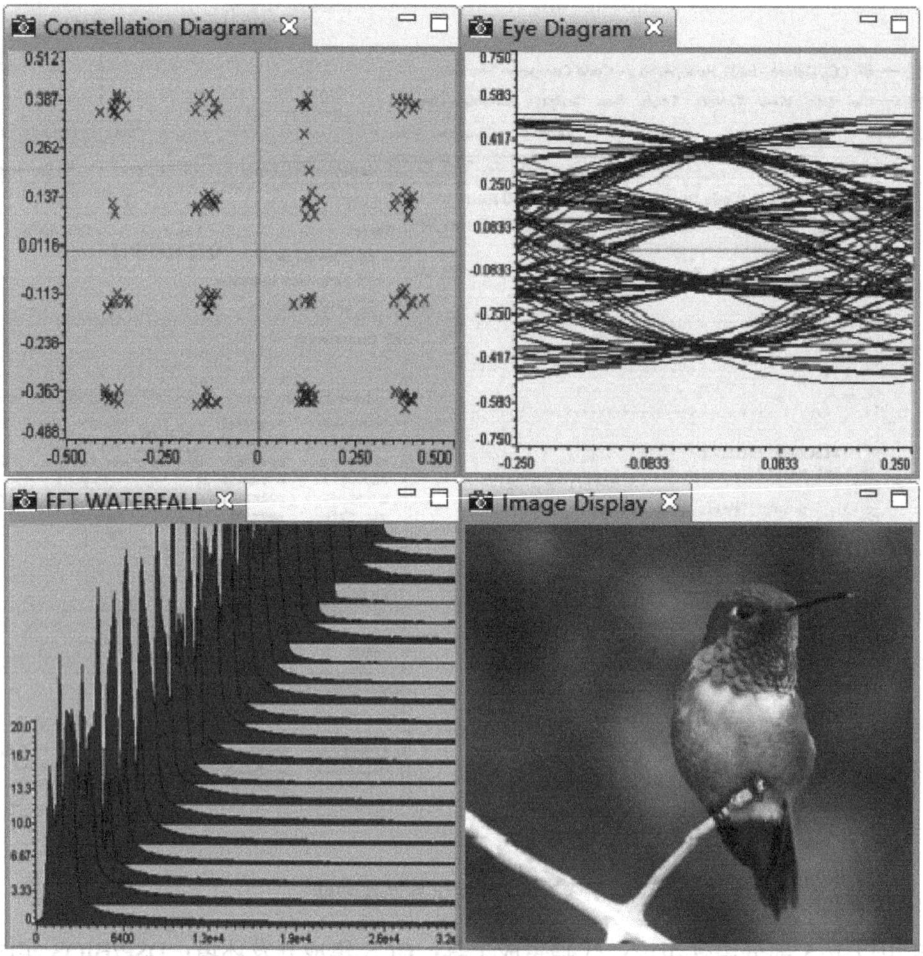

图 3-3　CCS 绘制的可视化图形

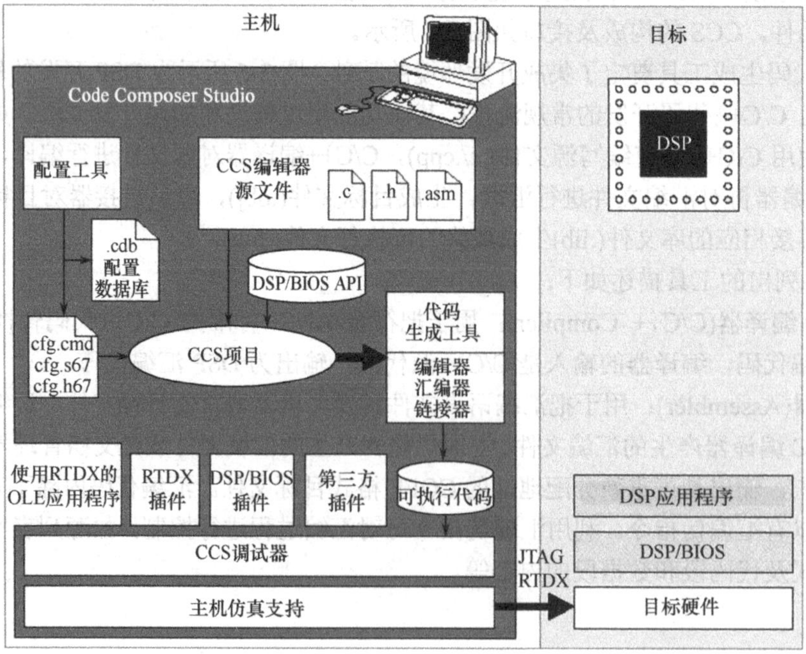

图 3-4　CCS 构成及接口

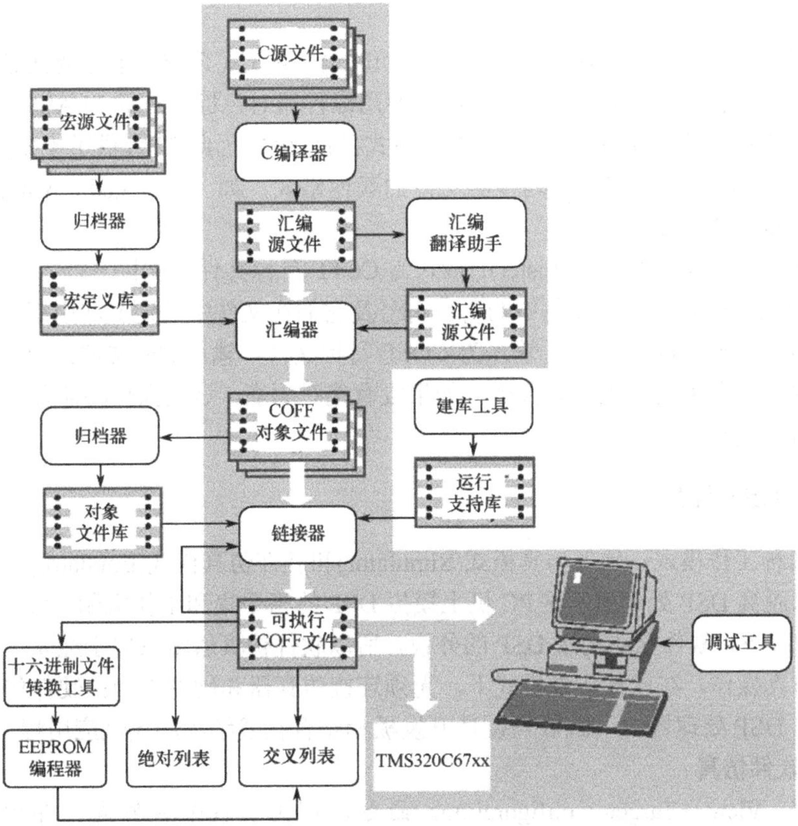

图 3-5　CCS 软件开发流程

- 链接器(Linker)：链接器以汇编器创建的可重新分配地址的 COFF 目标文件(.obj)作为输入，或者以之前链接器生成的输出模块及文档管理器下的库对应的目标文件为输入，生成可执行的 COFF 目标文件(.out)。链接器能够根据用户指定的数据和程序的存放地址，把汇编器产生的浮动地址代码和数据映射到用户系统的实际地址空间。
- 归档器(Archiver)：用于管理一组文件，这些文件可以是源文件，也可以是目标文件。文档管理器把这组文件放入一个称为库的文档内，库中的每个文件称为一个库成员。使用文档管理器，可以方便地删除、替换、提取或是增加库成员。根据库成员的种类，文档管理器所管理的库又称为宏库或目标库。文档管理器生成的目标库可以作为链接器的输入。
- 助记符到代数汇编语言转换公用程序(Mnemonic to Algebraic Assembly Translator Utility)：把含有助记符指令的汇编语言源文件转换成含有代数指令的汇编语言源文件。
- 建库工具(Library-Build Utility)：在代码生成工具里，TI 不仅提供了标准的 ANSI C 运行支持库，还提供了运行支持库的源代码(rts.src)，用户可以按照自己的编译选项生成符合用户系统要求的运行支持库。
- C 运行支持库(C Run-Time-Support Libraries)：包括 C 编译器所支持的 ANSI 标准运行支持函数、编译器公用程序函数、浮点运算函数和 C 编译器支持的 I/O 函数，用于实现符合 ANSI 标准的运行支持功能，如 math.h、stdio.h、time.h 等。C 运行库的头文件和库文件分别位于 CCS 安装目录下的\ccsv5\tools\compiler\c6000_7.4.1\include 和\ccsv5\tools\compiler\c6000_7.4.1\lib。C 运行库的源代码 rts.src 在 CCS 安装目录下的\ccsv5\tools\

compiler\c6000_7.4.1\lib 子目录。

- 十六进制文件转换工具(Hex Conversion Utility)：嵌入式系统要求将调试成功的程序固化在目标系统的 FLASH 芯片内，因此需要用编程器对目标系统的 FLASH 芯片进行编程。由于一般的编程器不支持 TI 的 COFF 格式目标文件，因此 TI 提供了十六进制转换工具，用于将 COFF 格式转换为编程器支持的其他格式，如 TI-Tagged、ASCII-hex、Intel、Motorola-S 或 Tektronix。
- 交叉列表(Cross-Reference Lister)：输入为 COFF 目标文件，输出一个交叉引用列表文件。在列表文件中列出目标文件中的所有符号及它们在文件中的定义和引用情况。
- 绝对列表(Absolute Lister)：输入为 COFF 目标文件，输出.abs 文件，通过汇编.abs 文件可产生含有绝对地址的列表文件。如果没有绝对列表，这些操作将需要冗长乏味的手工操作才能完成。

3.1.2 CCS 配置

CCS 有两种工作模式：软件仿真模式(Simulator)和硬件仿真模式(Emulator)。软件仿真模式下，CCS 可以脱离 DSP 处理器，在 PC 机上模拟 DSP 的指令集和工作机制，可以调试、运行程序。但一般情况下，软件无法构造 DSP 的外设，所以软件仿真通常只用于纯软件算法的调试和效率分析等仿真操作。在软件仿真模式下，无须连接仿真器和硬件平台；硬件仿真模式下，程序实时运行在 DSP 处理器上，CCS 与硬件开发板相结合在线编程和调试应用程序。

1．配置软件仿真

（1）单击 View→Target Configurations 命令，调出仿真配置界面，在出现的“Target Configurations”窗口中，右键单击“User Defined”选项，选择“New Target Configuration”命令，新建一个目标配置文件，此时弹出一个“New Target Configuration”窗口，命名配置文件的名称为 C6713-Simulator，单击“Finish”按钮，出现配置文件的设置界面，如图 3-6 所示。

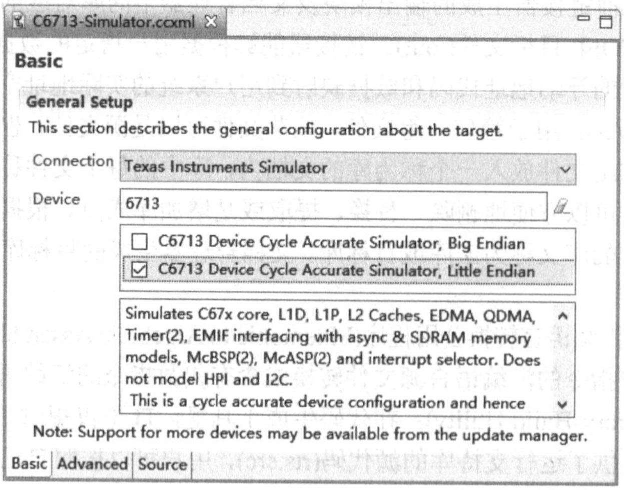

图 3-6　CCS 软件仿真的设置界面

（2）配置软件仿真器和目标芯片的型号，在“Connection”栏中，单击下拉箭头，选择“Texas Instruments Simulator”；在“Device”栏中，输入“6713”，此时会过滤出带相应关键字的选项，选择“C6713 Device Cycle Accurate Simulator, Little Endian”，单击右侧的“Save”保存设置。在“Target Configurations”窗口中，单击“User Defined”，可以看到配置文件“C6713-Simulator.ccxml”。

2．配置硬件仿真

硬件仿真需要使用仿真器连接目标板，新建硬件仿真配置文件的方法与软件仿真配置文件的方法相同。新建目标文件后，接下来配置硬件仿真器和目标芯片的型号，如图 3-7 所示。在“Connection”栏中，单击下拉箭头，选择“Texas Instruments XDS2xx USB Emulator”；在“Device”栏中，输入“6713”，此时会过滤出带相应关键字的选项，选择“TMS320C6713”，单击右侧的“Save”保存设置。在“Target Configurations”窗口中，单击“User Defined”，可以看到配置的文件“C6713-Emulator.ccxml”。完成目标文件配置，即可连接目标板进行仿真。

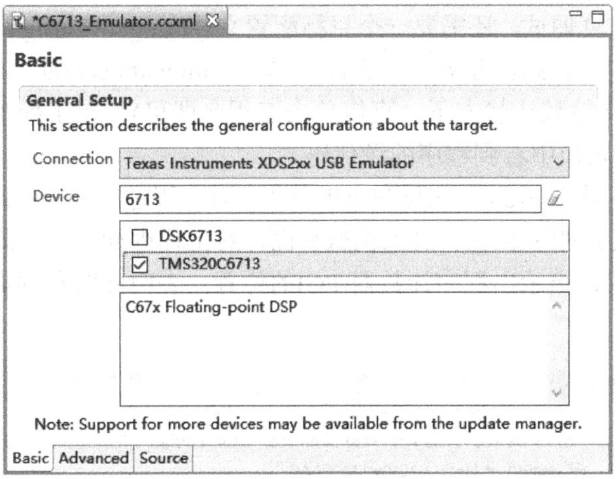

图 3-7　CCS 硬件仿真的设置界面

3．定义工作区目录

CCS 5.3 版要求定义一个工作区，即用来保存程序开发过程中用到的所有文件的目录。默认情况下，会在 C:\Users\Administrator\workspace 目录下创建工作区，如图 3-8 所示，但也可以选择其他位置。每次执行 CCS 都会要求指定工作区目录，也可单击 File→Switch Workspace→other 命令，更改工作区目录。

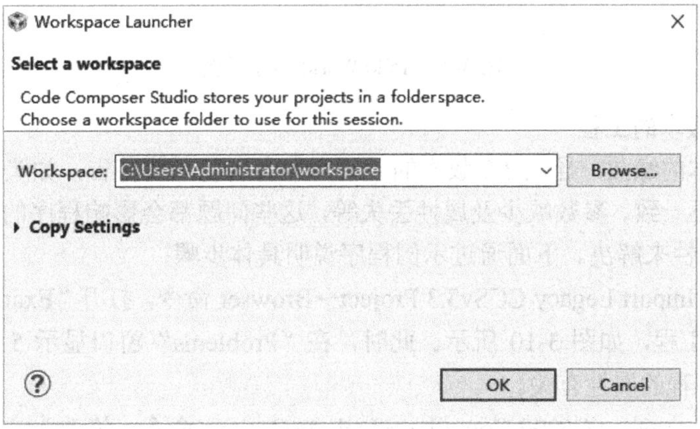

图 3-8　工作目录窗口

3.1.3 新建和导入工程

1. 新建 Hello World 工程

单击 View→Project Explorer 命令，打开工程查看界面，在“Project Explorer”窗口的空白地方右键单击 New→CCS Project 命令，在弹出的窗口中设置工程名称和工程的设备类型，新建工程“hello”，Device 型号为 TMS320C6713，单击“Finish”按钮完成创建。当创建完工程后，在“Project Explorer”窗口可以查看该工程的各个文件。

在工程名上右键单击选择“Add Files…”，在弹出的窗口中找到“Examples\0301_Hello”，将 hello.c 和 rts6700.lib 文件添加到工程中，并删除 main.c 文件。上述过程仅添加了工程所需的各个文件，但要进行仿真调试，还需要一个目标配置文件(Target Configuration File)。在“Target Configurations”窗口中，找到已配置好的文件 C6713-Simulator.ccxml，右键单击 Link File To Project→hello(在目标文件默认状态下，直接单击工程名即可)。在工程管理窗口中，双击文件 hello.c，可在右侧编辑窗口中看到程序的源代码。

工程编译与调试：单击 Project→Build All 命令，对工程进行编译；编译通过，单击 Run→Debug 命令，或单击工具栏按钮，进入调试界面，对工程进行调试。此时在 C 源程序编辑窗口出现一个蓝色的箭头，指示出程序计数器(PC)的位置，表明此时程序调试成功，可以运行，如图 3-9 所示。

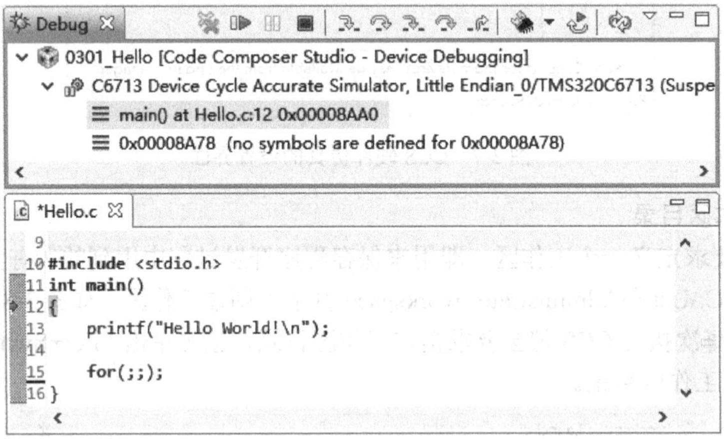

图 3-9　Hello World 程序示例

2. 导入 3.3 版本的工程

由于 CCS 版本的缘故，导入 3.3 版本的工程后，会出现一些警告，如头文件和库文件路径与 CCS 默认路径不一致、参数缺少及属性丢失等，这些问题都会影响程序的运行调试，因此需要通过修改工程属性来解决。下面通过示例程序说明具体步骤：

单击 Project→Import Legacy CCSv3.3 Project→Browser 命令，打开“Examples\0302_Math”，选择.pjt 文件导入工程，如图 3-10 所示。此时，在“Problems”窗口显示 5 项 warnings，这 5 项 warnings 都与工程的属性有关。

单击 File→Properties→C6000 Compiler→Include Options 命令，修改头文件路径。头文件路径包括 Workspace 及 File System 中默认路径(包含芯片支持库的工程还需要添加其自身的头文件路径)，如图 3-11 所示。

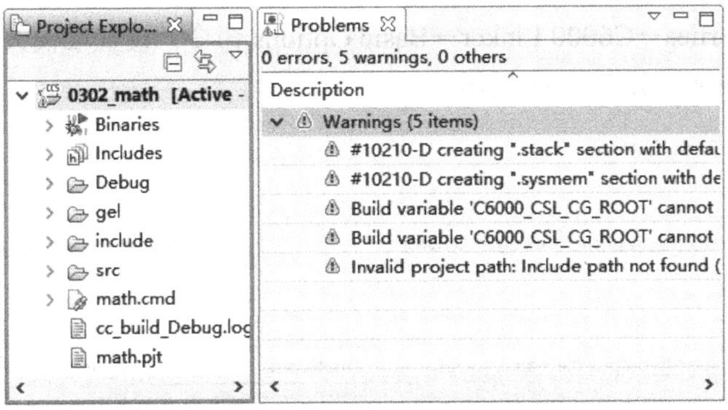

图 3-10　导入 CCS3.3 版工程

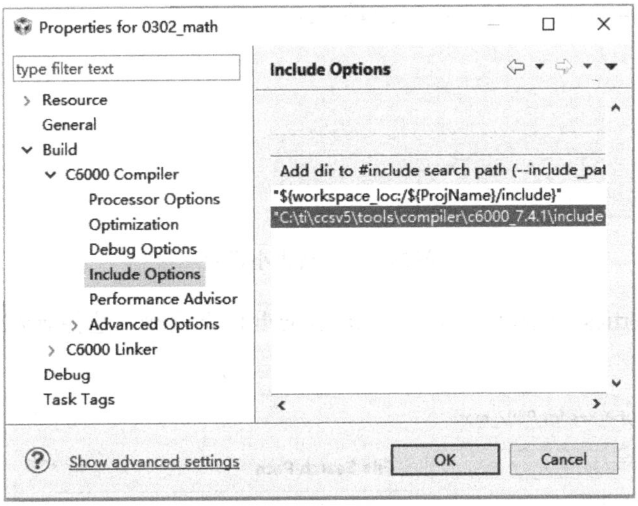

图 3-11　头文件路径修改

单击 File→Properties→C6000 Compiler→Advanced Options→Directory Specifier 命令，添加目标文件目录，或设置为默认格式，如图 3-12 所示。

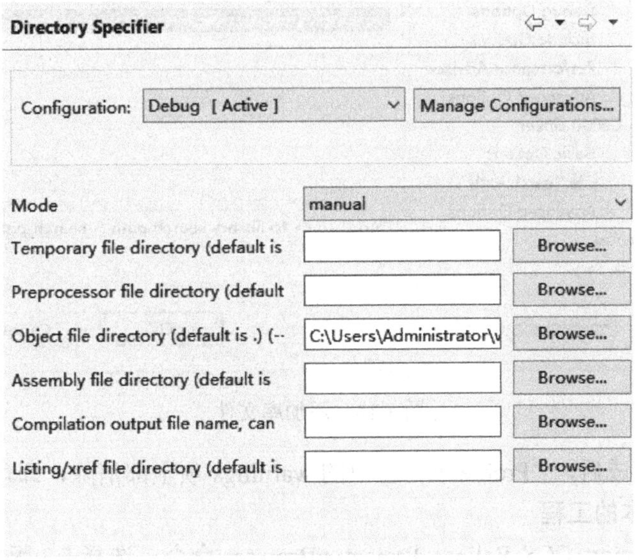

图 3-12　目标文件目录设置

单击 File→Properties→C6000 Linker→Basic Options 命令，设置堆栈大小。这里设置堆栈大小分别为 0x800、0x800，如图 3-13 所示。

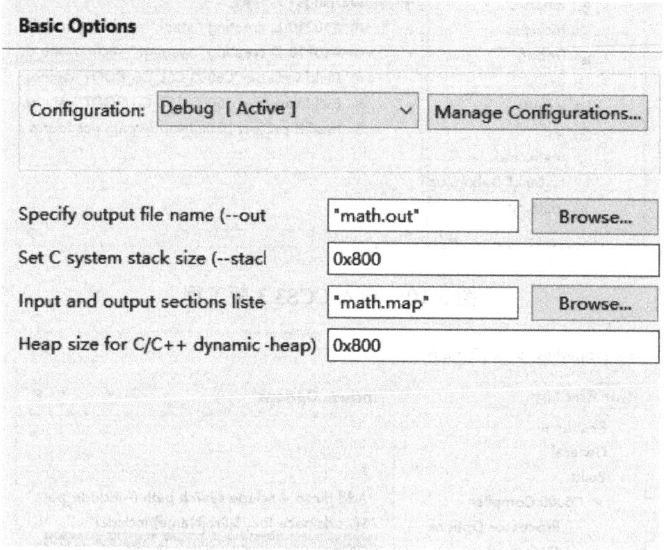

图 3-13　堆栈大小设置

单击 File→Properties→C6000 Linker→File Search Path 命令，选择 rts6700.lib，添加库文件，如图 3-14 所示。

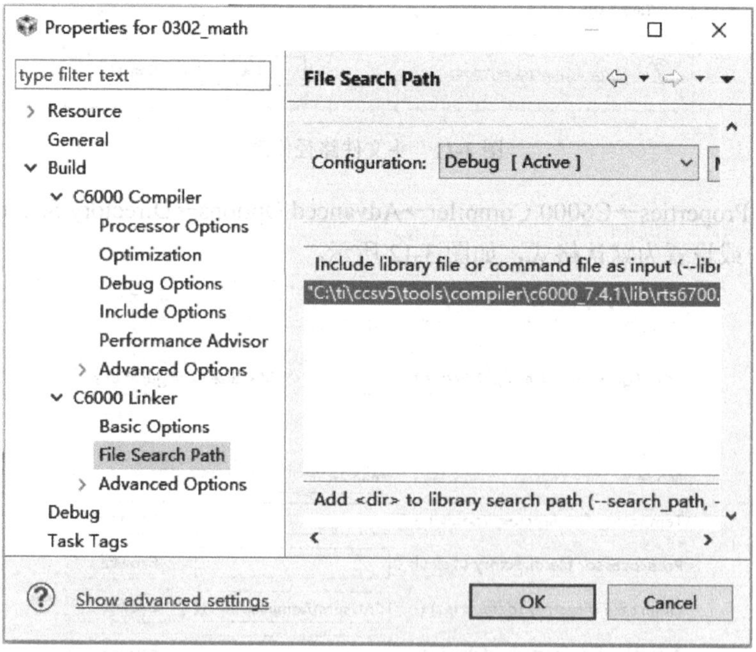

图 3-14　添加库文件

工程属性配置完成后，“Problems”窗口的 warnings 项全部消除，即可运行调试程序。

3．导入 5.3 版本的工程

单击 Project→Import CCS Eclipse Project→Browser 命令，选择 5.3 版本的工程，单击工程名选择添加，如图 3-15 所示。

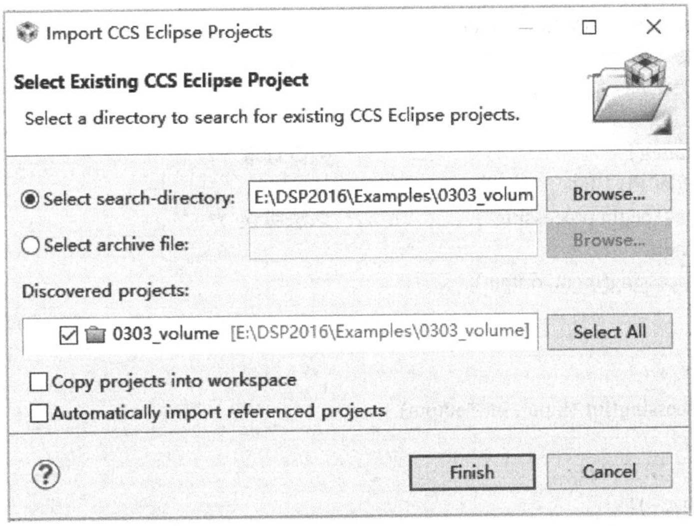

图 3-15　导入 5.3 版本的工程

3.1.4　程序调试与性能分析

打开工程“Examples\0303_Volume”，主程序说明及程序源代码如下：

- main()函数输出完信息后，应用程序处于无限循环状态。在此循环中，主函数调用 dataIO()和 processing()函数。
- dataIO()函数是一个空函数，其作用类似于 return 语句，可在此插入断点，把主机文件中的数据读取到 inp_buffer 缓存区。
- processing()函数将增益与输入缓存区中的各值相乘并将结果存入输出缓存区；同时也调用汇编 load 子程序，该子程序占用的指令周期取决于传递给它的 processingLoad 值。

```
#include <stdio.h>
#include "volume.h"
/* 全局声明 */
int inp_buffer[BUFSIZE];                    /* 数据缓冲处理 */
int out_buffer[BUFSIZE];
int gain = MINGAIN;                         /* 控制变量 */
unsigned int processingLoad = BASELOAD;
struct PARMS str =
{
    2934,
    9432,
    213,
    9432,
    &str
};
/* 子函数 */
extern void load(unsigned int loadValue);
static int processing(int *input, int *output);
static void dataIO(void);
/* 主函数 */
void main()
{
    int *input = &inp_buffer[0];
    int *output = &out_buffer[0];
```

```
        puts("volume example started\n");
        /* 无限循环 */
        while(TRUE)
        {
            dataIO();                           /* 数据读取 */
            #ifdef FILEIO
            puts("begin processing")            /* 语法错误 */
            #endif
            processing(input, output);
        }
    }
    /* 数据处理 */
    static int processing(int *input, int *output)
    {
        int size = BUFSIZE;
        while(size--){
            *output++ = *input++ * gain;
        }
        load(processingLoad);
        return(TRUE);
    }
    /* 数据读取 */
    static void dataIO()
    {
        return;
    }
```

1．程序执行方式

CCS 提供了多种不同的方法来执行程序。

- 单击 Run→Resume 命令，或调试工具栏按钮，连续运行程序，直到遇到断点为止。
- 单击 Run→Suspend 命令，或调试工具栏按钮，暂停运行中的程序。
- 单击 Run→Terminate 命令，或调试工具栏按钮，终止运行中的程序。
- 单击 Run→Step Into 命令，或调试工具栏按钮，遇到子函数就进入并且继续单步执行，进入内部调试。
- 单击 Run→Step Over 命令，或调试工具栏按钮，将函数或子函数当作一条语句执行，不进入内部调试。
- 单击 Run→Reset CPU 命令，或调试工具栏按钮，暂停运行中的程序并初始化所有的寄存器内容。使用此命令后，要重新装载.out 文件，再执行程序。
- 单击 Run→Restart 命令，或调试工具栏按钮，将 PC 值恢复到当前载入程序的入口地址。
- 单击 Run→Go Main 命令，将程序运行到主程序的入口处暂停。
- 单击 Run→Assembly Step Into 命令，或调试工具栏按钮，进入子程序。
- 单击 Run→Assembly Step Over 命令，或调试工具栏按钮，将程序从子程序中跳出。
- 单击 Run→Step Return 命令，或调试工具栏按钮，执行完子函数余下部分，并返回上一层函数。
- 单击 Run→Run to Line 命令，将程序运行到光标处。
- 单击 Run→Free Run 命令，禁止所有断点，运行程序。

2．查看内存与变量

在工程管理窗口中，双击 volume.c 文件，单击 Debug 命令；调试成功后，单击 View→Expressions 命令打开观察窗口，单击“Add new expression”选项，输入结构体变量“str”，列出该结构体的所有元素及它们的值，如图 3-16 所示，也可以加入其他变量。

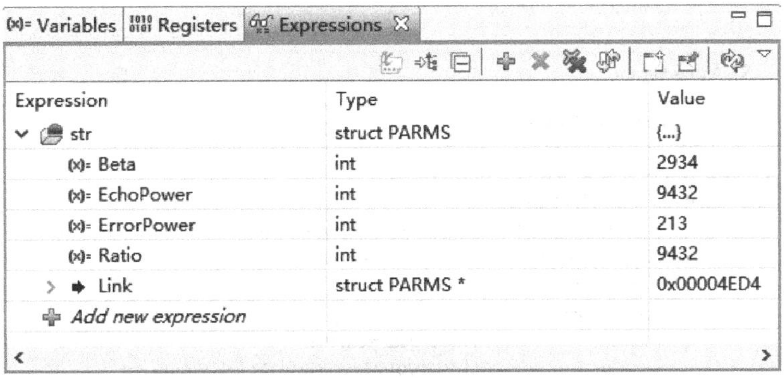

图 3-16　变量观察窗口

单击 View→Registers→Core Registers 命令，打开寄存器观察窗口，可以查看寄存器当前值，如图 3-17 所示。

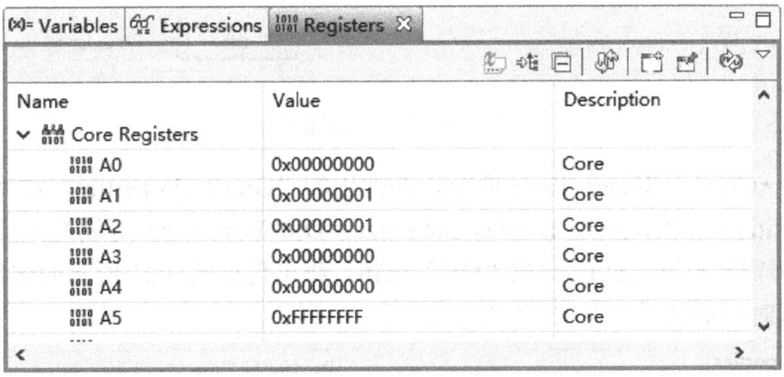

图 3-17　寄存器观察窗口

单击 View→Memory 命令，打开内存观察窗口，可以观察内存数据的变化，如图 3-18 所示。

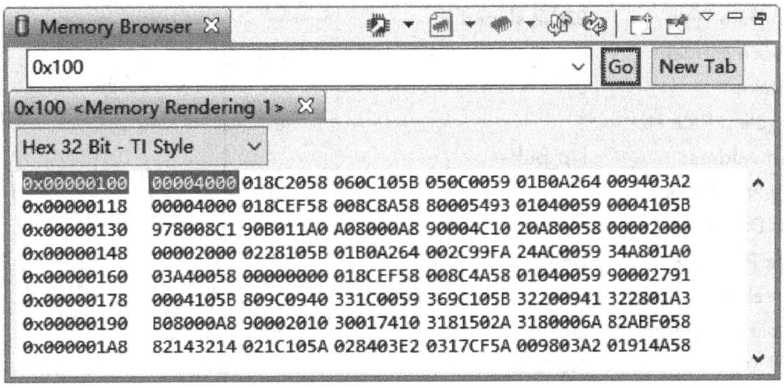

图 3-18　内存观察窗口

3．设置断点及绘制图形

将光标置于主函数中的 dataIO()这一行上，单击 Run→Toggle Breakpoint 命令，或在行号前双击，即可完成一个断点的设置。插入断点后，一个蓝色圆点出现在程序行左边的空白区。单击 View→Breakpoints 命令，在断点管理窗口右键单击，选择 Breakpoint properties 命令，设定断点的动作为“Read Data from File”，在弹出的对话框里选择数据文件 sine.dat(该文件包含正弦波形的十六进制值)，将 Start Address 修改为 inp_buffer，Length 修改为 100，选中 Wrap Around，如图 3-19 所示。

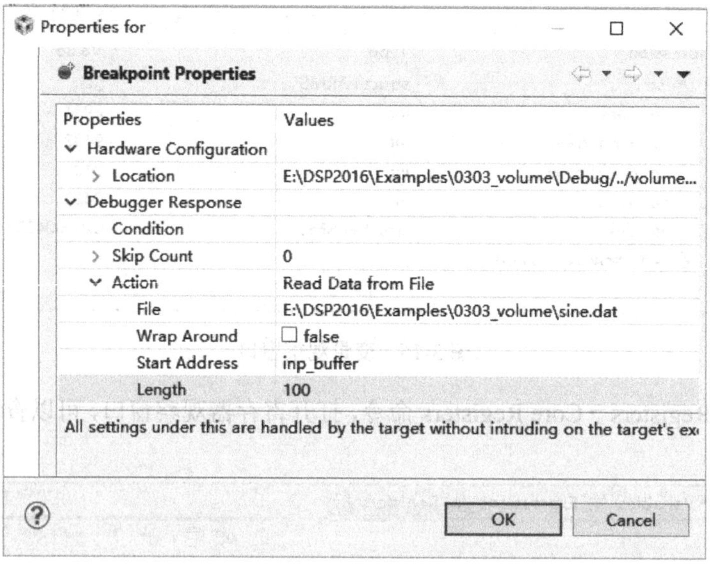

图 3-19　断点管理窗口

单击 Tools→Graph→Singer Time 命令，在弹出的“Graph Properties”对话框中，将 Start Address，Acquisition Buffer Size，Display Data Size，DSP Data Type 等属性改变为如图 3-20 所示(也可根据具体需要设置属性)。单击“OK”按钮，将出现如图 3-21 所示的图形窗口。可以在标题上双击，这时图形将浮现在主窗口中，以便于观察。

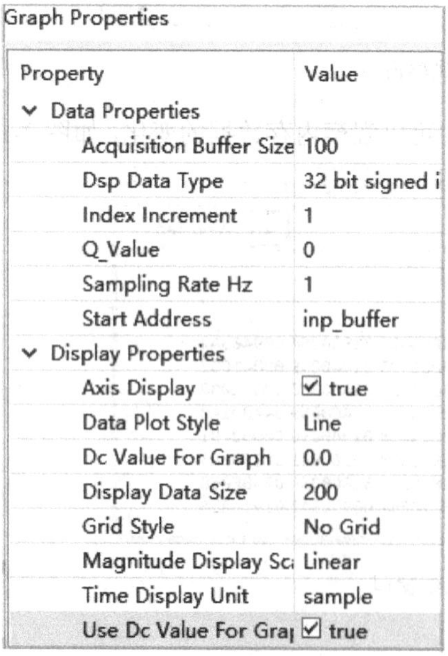

图 3-20　图形显示属性对话框

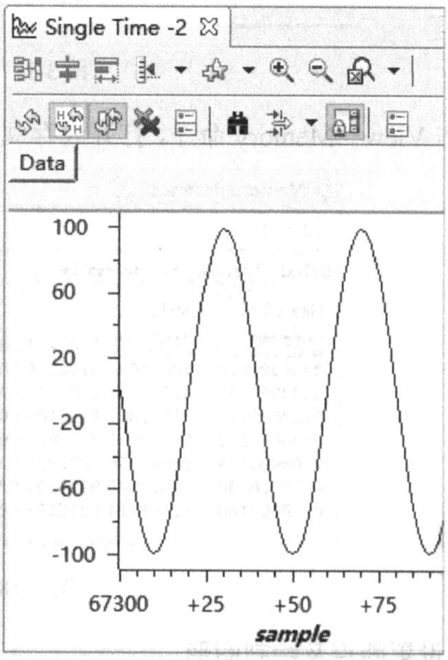

图 3-21　正弦曲线图形窗口

在 processing(input，output)这一行上插入断点，在断点管理窗口设定该断点的动作为“Refresh All Windows”，单击工具栏按钮运行程序，程序每次运行到 dataIO()这行断点时，CCS 从 sine.dat 文件中读取 100 个值，再将这 100 个值写入输入缓冲区 inp_buffer。在 processing(input, output)这一行断点，将计算结果写入输出缓冲区，再刷新图形窗口。

单击 Run→Remove All Breakpoints 命令，可清除所有的断点。

4．调节增益

processing()函数在一个 While 循环中用如下语句，将增益与输入缓存区中的各值相乘并将结果存入输出缓存区：

```
*output++ = *input++ * gain;
```

增益 gain 初始化为 MINGAIN，而 MINGAIN 已经在 volume.h 中定义为 1，要改变输出幅度需要修改 gain 值。修改 gain 值的一种方法是利用变量观察窗口，将变量 gain 加入观察窗口，并修改 gain 值为 10，如图 3-22 所示，重新运行程序，注意观察图形窗口中输出信号幅度的变化。

5．使用 GEL 文件

GEL 全称为 General Extended Language，即通用扩展语言文件。GEL 文件由类似 C 语言的代码构成，是一种解释性语言，文件扩展名为.gel；GEL 文件用于扩展 CCS 功能(比如菜单选项等)和访问目标板的存储器。

CCS 提供了修改变量的另一种方法，该方法使用 GEL 语言来创建可修改变量的窗口。在调试状态下，单击 Tools→GEL Files 命令，在“Load GEL...”对话框中选择 volume.gel 文件并单击“打开”。再单击 Scripts→Application Control→Gain 命令，弹出增益调节窗口，如图 3-23 所示。

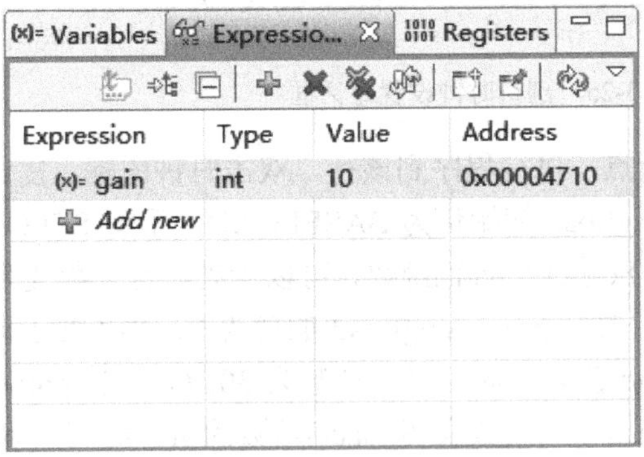

图 3-22　修改变量的值

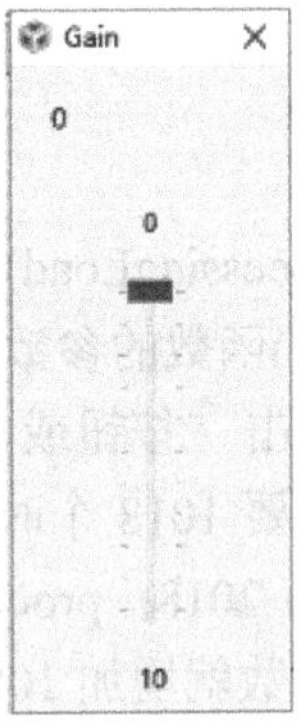

图 3-23　增益调节窗口

单击工具栏按钮运行程序，在 Gain 窗口中用滑动指针改变 gain 值，则在“Single Time”输出窗口中的正弦波形幅度相应改变。此外，无论任何时候移动滑动指针，在“Expressions”窗口的变量 gain 的值将随之改变。

双击 Volume 工程中的 volume.gel 文件可查看其内容：

```
menuitem "Application Control"
dialog Load(loadParm "Load")
{
   processingLoad = loadParm;
}
slider Gain(0, 10 ,1, 1, gainParm)
{
   gain = gainParm;
}
```

Gain()函数定义的滑动指针范围为：0～10，其步长为 1。当移动滑动指针时，变量 gain 的值将随滑动指针的改变而改变。

6. 调节和测试 processing()函数

在调试状态下单击 Run→Clock→Enable 命令，确保使能时钟。在 CCS 下方出现时钟图标，双击该图标可以复位时钟计数，如图 3-24 所示。

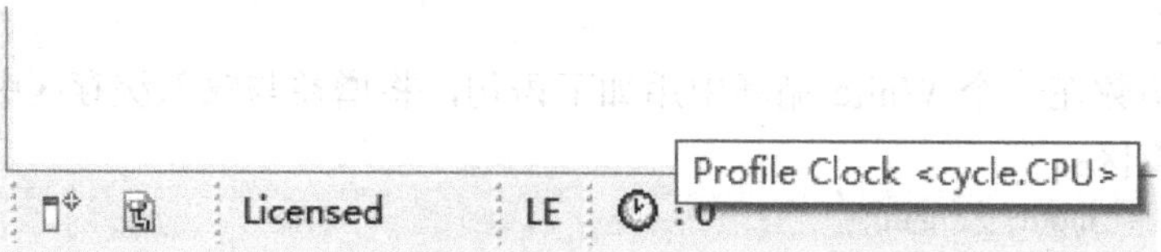

图 3-24 剖析时钟

单击 Run→Clock→Setup...命令，在出现的对话框中设置计数类型为“cycle.CPU”，如图 3-25 所示。

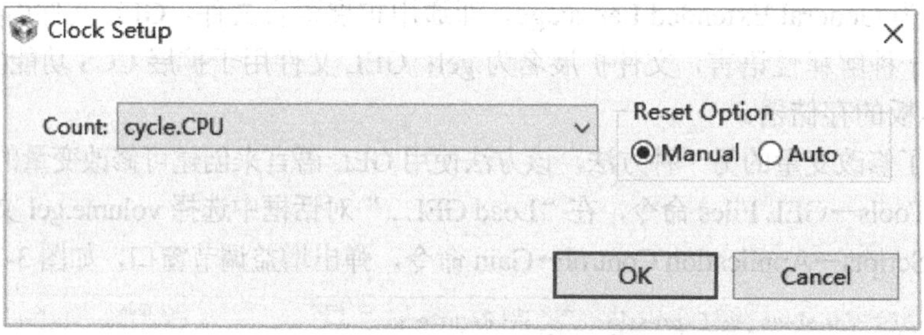

图 3-25 剖析时钟设置对话框

在 load(processingLoad)行插入断点，执行程序到该行，双击时钟图标，复位时钟，使时钟计数为 0。Load()函数的参数 processingLoad 初始化为 BASELOAD，而 BASELOAD 在 volume.h 中定义为 1，单击按钮或按快捷键 F6 执行 load()函数，可以看到时钟计数变为 1018，表明执行 load()函数需要 1018 个时钟周期。改变 processingLoad 的值为 2，再重复上面的步骤，可以看到时钟计数为 2018；processingLoad 值为 3 时，时钟计数为 3018。每当 processingLoad 增加 1 时，指令周期数就增加 1000。这些指令周期数表明 load()函数的执行时间，load()函数包含在 load.asm 文件中，如下所示：

```
_load:
        MV      A4, B0      ;b0 作为循环次数计数器
[!B0]   B lend              ;如果 b0=0,直接跳转到 lend 行
        MVK     N,B1        ;N=1000
        MPY     B1,B0,B0
        NOP
        SHRU    B0,3,B0     ;逻辑右移 3 位,循环次数(loop counter)=(#loops)/8
loop:
        SUB     B0,1,B0
        NOP
[B0]    B loop
        NOP 5
lend:   B B3
        NOP 5               ;返回主函数
```

7. 纠正语法错误

由于没有定义宏 FILEIO，预处理器命令(#ifdef 和#endif)之间的程序没有运行。在 main()函数前面添加宏定义：#define FILEIO，当重新编译该程序时，程序中#ifdef FILEIO 语句后的源代码就包含在内了。

工程进行编译时，无论何时，只要工程选项改变，就必须重新编译所有文件。此时在“Problems”窗口(如果界面没有，单击 View→Problems 命令)出现一条编译错误消息，在 Console 区域移动滚动条，就可以看到一条语法出错信息，如图 3-26 所示。

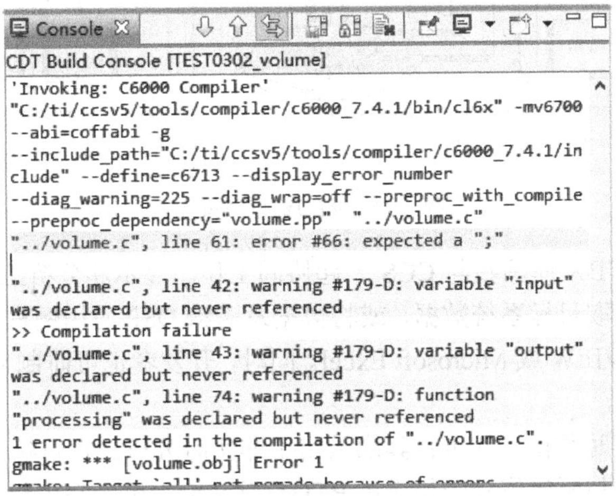

图 3-26　控制台显示错误信息

描述语法错误位置的红色文字，光标会落在该行上：

```
puts(“begin processing”)
```

修改语法错误(缺少分号)。注意，紧挨着编辑窗口题目栏的文件名旁出现一个星号(*)，表明源代码已被修改过。单击 File→Save 命令或按 Ctrl+S 组合键可将所做的改变存入 volume.c。当文件被保存时，星号随之消失。重新编译已被更新的文件，不再出现错误提示。

3.1.5　硬件仿真和实时数据交换

TI DSP 提供片上仿真支持，它使得 CCS 能够控制程序的执行，实时监视程序运行。为方便起见，目标板提供板上 JTAG 仿真接口，片上仿真硬件提供多种功能：

- DSP 的启动、停止或复位功能；
- 向 DSP 下载代码或数据；
- 检查 DSP 的寄存器或存储器；
- 硬件指令或依赖于数据的断点；
- 包括周期的精确计算在内的多种记数能力；
- 主机和 DSP 之间的实时数据交换(RTDX)。

RTDX 通过主机和 DSP API 提供主机和 DSP 之间的双向实时数据交换，它能够使开发者实时连续地观察到 DSP 应用的实际工作方式。在目标系统应用程序运行时，RTDX 也允许开发者在主机和 DSP 设备之间传送数据，而且这些数据可以在使用自动 OLE 的客户机上实时显示和分析，从而缩短研发时间。

RTDX 系统组成如图 3-27 所示，RTDX 由目标系统和主机两部分组成。小的 RTDX 库函数在目标系统 DSP 上运行。开发者通过调用 RTDX 软件库的 API 函数将数据输入或输出目标系统的 DSP，库函数通过片上仿真硬件和增强型 JTAG 接口将数据输入或输出主机平台，数据在 DSP 应用程序运行时实时传送给主机。

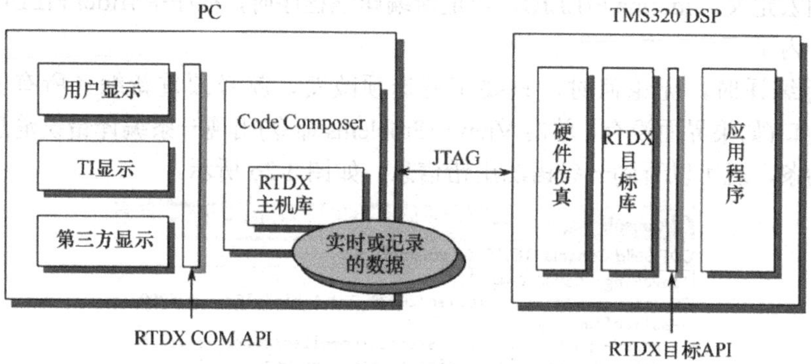

图 3-27　RTDX 系统组成

在主机平台上，RTDX 库函数与 CCS 一起协同工作。显示和分析工具可以通过 COM API 与 RTDX 通信，从而获取目标系统数据，或将数据发送给 DSP 应用例程。开发者可以使用标准的显示软件包，如 LabVIEW 或 Microsoft Excel。同时，开发者也可研制他们自己的 Visual Basic 或 Visual C++应用程序。

RTDX 能够记录实时数据，并可将其回放用于非实时分析。在目标系统上，一个原始信号通过 FIR 滤波器，然后与原始信号一起通过 RTDX 发送给主机。在主机上，LabVIEW 显示屏通过 RTDX COM API 获取数据，并将它们显示在显示屏的左边。利用信号的功率谱可以检验目标系统中 FIR 滤波器是否正常工作。处理后的信号通过 LabVIEW，将其功率谱显示在右上部分；目标系统的原始信号通过 LabVIEW 的 FIR 滤波器，再将其功率谱显示在右下部分。比较这两个功率谱便可确认目标系统的滤波器是否正常工作。

RTDX 适合于各种控制、伺服和音频应用。例如，无线电通信产品，可以通过 RTDX 捕捉语音合成算法的输出以检验语音应用程序的执行情况；嵌入式系统也可从 RTDX 获益；硬磁盘驱动设计者，可以利用 RTDX 测试他们的应用软件，不会因不正确的信号加到伺服电机上而与驱动发生冲突；引擎控制器设计者可以利用 RTDX 在控制程序运行的同时分析随环境条件而变化的系数。对于这些应用，用户都可以使用可视化工具，而且可以根据需要选择信息显示方式。未来的 TI DSPs 将增加 RTDX 的带宽，为更多的应用提供更强的系统可视性。

3.1.6　DSP/BIOS

DSP/BIOS 是 CCS 的重要组成部分，它实质上是一种基于 TMS320C6000 系列 DSP 平台的规模可控实时操作系统内核，也是 TI 公司实时软件技术 eXpressDSP 技术的核心部分。DSP/BIOS 主要包含 3 方面的内容：DSP/BIOS API、DSP/BIOS 分析工具、DSP/BIOS 配置工具。

1．DSP/BIOS API

传统调试(Debuging)相对于正在执行的程序是外部的，而 DSP/BIOS API 要求将目标系统程序和特定的 DSP/BIOS API 模块连接在一起。通过在配置文件中定义 DSP/BIOS 对象，一个应用程序可以使用一个或多个 DSP/BIOS 模块。在源代码中，这些对象声明为外部的，并调用 DSP/BIOS API 功能。

每个 DSP/BIOS 模块都有一个单独的 C 头文件或汇编宏文件，它们可以包含在应用程序源文件中，这样能够使应用程序代码最小化。为了尽量少地占用目标系统资源，必须优化(C 和汇编源程序)DSP/BIOS API 调用。DSP/BIOS API 划分为下列模块，模块内的任何 API 调用均以下述代码开头。

CLK：片内定时器模块，控制片内定时器并提供高精度的 32 位实时逻辑时钟，它能够控制中断的速度，使之快则可达单指令周期时间，慢则需若干毫秒或更长时间。

HST：主机输入/输出模块，管理主机通道对象，它允许应用程序在目标系统和主机之间交流数据。主机通道通过静态配置为输入或输出。

HWI：硬件中断模块，提供对硬件中断服务例程的支持，可在配置文件中指定当硬件中断发生时需要运行的函数。

IDL：休眠功能模块，管理休眠函数，休眠函数在目标系统程序没有更高优先权的函数运行时启动。

LOG：日志模块，管理 LOG 对象，LOG 对象在目标系统程序执行时实时捕捉事件。开发者可以使用系统日志或定义自己的日志，并在 CCS 中利用它实时浏览信息。

MEM：存储器模块，允许指定存放目标程序的代码和数据所需的存储器段。

PIP：数据通道模块，管理数据通道，它被用来缓存输入和输出数据流。这些数据通道提供一致的软件数据结构，可以使用它们驱动 DSP 和其他实时外围设备之间的 I/O 通道。

PRD：周期函数模块，管理周期对象，它触发应用程序的周期性执行。周期对象的执行速率可由时钟模块控制或 PRD_tick 的规则调用来管理，而这些函数的周期性执行通常是为了响应发送或接收数据流的外围设备的硬件中断。

RTDX：实时数据交换，允许数据在主机和目标系统之间实时交换，在主机上使用自动 OLE 的客户都可对数据进行实时显示和分析。

STS：统计模块，管理统计累积器，在程序运行时，它存储关键统计数据并能通过 CCS 浏览这些统计数据。

SWI：软件中断模块，管理软件中断。软件中断与硬件中断服务例程(ISRs)相似。当目标程序通过 API 调用发送 SWI 对象时，SWI 模块安排相应函数的执行。软件中断可以有高达 15 级的优先级，但这些优先级都低于硬件中断的优先级。

TRC：跟踪模块，管理一套跟踪控制比特，它们通过事件日志和统计累积器控制程序信息的实时捕捉。如果不存在 TRC 对象，则在配置文件中就无跟踪模块。

2. DSP/BIOS 分析工具

在软件开发周期的分析阶段，调试依赖于时间的例程时，传统调试方法效率低下。DSP/BIOS 插件支持实时分析，它们可用于探测、跟踪和监视具有实时性要求的应用例程，图 3-28 显示了一个执行了多个线程的应用例程时序。

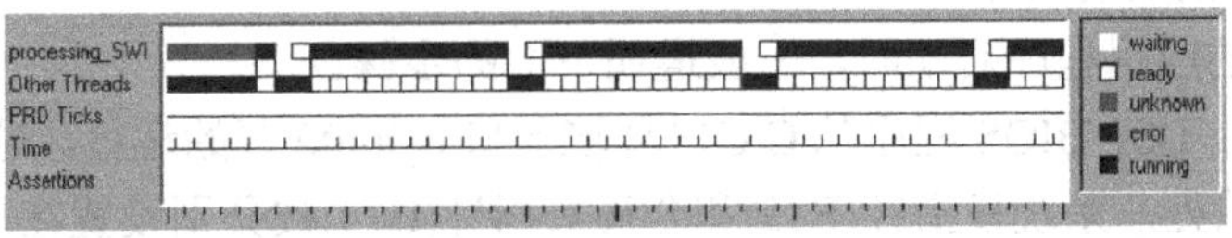

图 3-28　应用例程中各线程时序

在 CCS5.3 中，调试成功后，可以单击 Tools→RTOS Analyzer→RTA(Legacy)命令调出 DSP/BIOS 分析工具。

DSP/BIOS API 具有下列实时分析功能：

程序跟踪(Program Tracing)：显示写入目标系统日志(Target Logs)的事件，反映程序执行过程中的动态控制流。

性能监视(Performance Monitoring)：跟踪反映目标系统资源利用情况的统计表，诸如处理器负荷和线程时序。

文件流(File streaming)：把常驻目标系统的 I/O 对象捆绑成主机文档。

DSP/BIOS 也提供基于优先权的调度函数，它支持函数和多优先权线程的周期性执行。

3. DSP/BIOS 配置工具

在 CCS 环境中，可以利用 DSP/BIOS API 定义的对象创建配置文件，这类文件简化了存储器映像和硬件 ISR 矢量映像，所以，即使不使用 DSP/BIOS API 时，也可以使用配置文件。配置文件有两个任务：

① 设置全局运行参数；

② 可视化创建和设置运行对象属性，这些运行对象由目标系统应用程序的 DSP/BIOS API 函数调用，它们包括软中断、I/O 引脚和事件日志。

在 CCS 中打开一个配置文件时，其显示窗口如图 3-29 所示。

DSP/BIOS对象是静态配置的，并限制在可执行程序空间范围内，而运行时创建对象的API调用需要目标系统额外的开销(尤其是代码空间)。静态配置策略通过去除运行代码能够使目标程序存储空间最小化，能够优化内部数据结构，在程序执行之前能够通过确认对象所有权来及早地检测出错误。

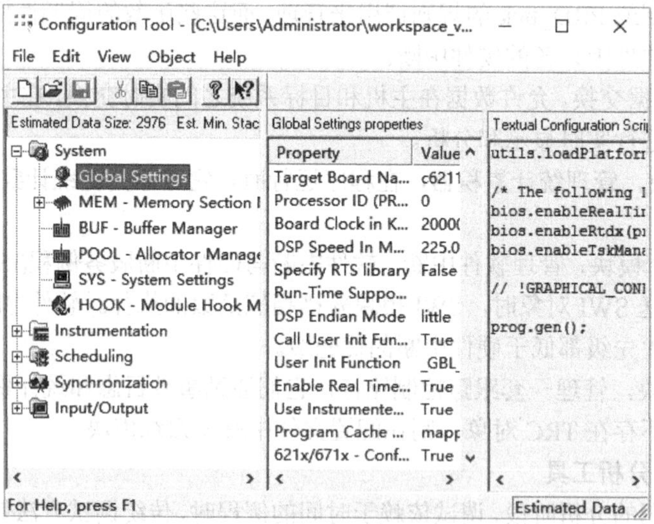

图 3-29 DSP/BIOS 配置窗口

4. DSP/BIOS 的启动顺序

当 DSP/BIOS 的应用程序启动时，一般遵循下面的步骤。

- 初始化 DSP：DSP/BIOS 程序从 C/C++环境入口 c_int00 开始运行。对于 C6000 平台，在 c_int00 开始处，系统栈指针(B15)和全局页指针(B14)被分别设置在堆栈段的末尾和.bss 段的开始。控制寄存器 AMR、IER、CSR 等被初始化。
- 初始化.bss 段：当堆栈被设置完成后，初始化任务被调用，利用.cinit 的记录对.bss 段的变量进行初始化。
- 调用 BIOS_init 初始化用到的各个模块：BIOS_init 调用 MOD_init 对配置用到的各个模块进行初始化，包括 HWI_init、HST_init、IDL_init 等。
- 处理.pinit 表：.pinit 表包含一些指向初始化函数的指针，对 C++程序，全局对象类的创建也在此时完成。

- 调用用户程序的 main 函数：用户 main 函数可以是 C/C++函数或者汇编语言函数，对于汇编函数，使用_main 的函数名。由于此时的硬件、软件中断还没有被使能，所以在用户主函数的初始化中需要注意，可以使能单独的中断屏蔽位，但是不能调用类似 HWI_enable 的接口来使能全局中断。
- 调用 BIOS_start 启动 DSP/BIOS：BIOS_start 在用户 main 函数退出后被调用，它负责使能使用的各个模块并调用 MOD_startup 启动每个模块，包括 CLK_startup、PIP_startup、SWI_startup、HWI_startup 等。当 TSK 管理模块在配置中被使用时，TSK_startup 被执行，并且 BIOS_start 将不会结束返回。
- 执行 idle 循环：有两种方式进入 idle 循环。当 TSK 管理模块使能时，任务调度器运行的 TSK_idle 任务调用 IDL_loop 在其他任务空闲时进入 idle 循环；当 TSK 模块未被使用时，BIOS_start 调用将返回，并执行 IDL_loop 进入永久的 idle 循环，此时硬件和软件中断可以抢占 idle 循环得到执行。由于 idle 循环中管理和主机的通信，因此主机和目标机之间的数据交互可以进行了。

3.2 CCS 程序设计基础

由 3.1 节的示例程序可见，基本的 CCS 工程至少包含如下几个文件。

- 主程序文件(filename.c)：这个文件必须包含一个 main()函数作为 C 程序的入口点。
- 链接器命令文件(link.cmd)：这个文件定义了 DSP 的存储空间以及代码段、数据段是如何分配到这些存储空间的。
- C 运行库(rts6700.lib)：C 运行库提供了标准 C 函数，以及 C 环境下的初始化函数 c_int00()。库文件及其源代码位于 CCS 安装目录下的\ccsv5\tools\compiler\c6000_7.4.1\lib 子目录下。
- 中断向量表文件(vectors.asm)：这个文件的代码作为中断服务表，必须由链接命令文件分配到 0 地址，或由 ISTP 指向的地址。DSP 复位后，首先从 0 地址开始运行，然后跳转到 rts6700.lib 库内 C 运行环境的入口点_c_int00，完成初始化操作，再调用 main()函数，执行用户的程序。

当使用标准 C 语言编制程序时，CCS 首先将其编译成相应的汇编语言程序，再编译成可执行的 COFF 格式文件(扩展名为.out)，可以将该文件直接下载到芯片中。可执行文件包括段头、可执行代码、初始化数据、可重定位信息和符号表字符串表等信息。由于使用 C 语言编制程序，其中调用的标准 C 库函数由专门的库提供，在编译链接时编译系统还负责构建 C 运行环境，所以用户工程中必须包括相应的函数库和运行支持库。CCS 工程中常用的文件类型及描述见表 3-1。

表 3-1　CCS 工程中常用文件

文　件　名	描　　述
filename.c	C 程序源文件
filename.asm	汇编程序源文件
filename.sa	线性汇编程序源文件
filename.h	C 程序的头文件，包含 DSP/BIOS API 模块的头文件
filename.lib	库文件
vectors.asm	中断向量表

（续表）

文 件 名	描 述
link.cmd	链接器命令文件
filename.obj	由源文件编译或汇编而得的目标文件
filename.out	经完整的编译、汇编以及链接后生成的可执行文件
filename.map	经完整的编译、汇编以及链接后生成的空间分配文件
project.pjt	存储环境设置信息的工程文件
project.wks	存储环境设置信息的工作区文件
program.cdb	配置数据库文件，采用 DSP/BIOS API 的应用程序需要这类文件，对于其他应用程序则是可选的

3.2.1 源文件和头文件

源文件(.c/.asm)是指源代码的集合，源代码则是一组具有特定意义的可以实现特定功能的字符。

头文件(.h)是函数的声明和一些数据类型的定义。头文件还有一个作用是当开发者需要调用某个库时，告知库包含的函数和调用格式，而实际上真正的目标代码已经存在于库文件中了。

3.2.2 库文件

CSL 芯片支持库(Chip Support Library)包含很多 TI 公司封装好的 API 和宏。设计 CSL 的目的是为了提供标准的方法访问和控制特定处理器类型对应的片上外设，免除用户编写配置和访问片上外设所必需的定义和代码。C6700 系列 DSP 用到的芯片支持库是 csl6713.lib。

某些 C/C++程序完成的任务(例如 I/O、动态存储器分配、字符串操作和三角函数)并不是 C/C++语言本身的一部分，然而 ISO C 标准定义了一组运行时支持库(Run-time Support Library)函数来完成这些任务。利用 ISO 标准库可以保证代码的兼容性，便于程序移植。TMS320C6000 提供的运行支持库还包括与处理器类型相关的命令和实现 I/O 请求的 C 语言程序。C6700 系列 DSP 用到的运行支持库是 rts6700.lib。

在程序中调用以上两种类型的库函数，首先要添加这些库，方法是：在工程名上单击右键，选择“Add File to Project”选项，然后添加库的路径，其中 csl6713.lib 的路径是“C:\Program Files\c6xCSL\lib_2x”，rts6700.lib 的路径是“C:\ti\ccsv5\tools\compiler\c6000_7.4.1\lib”。

3.2.3 公共目标文件

公共目标文件格式 COFF(Common Object File Format)是一种二进制可执行文件格式。COFF 格式支持模块化编程，能够提供灵活有效的管理代码段和目标系统存储空间的方法，COFF 在编写汇编语言程序时采用代码块和数据块的形式，而不是一条条指令或一个个数据，因此便于模块化编程。

COFF 文件的最小单元称为段(section)。一个段是在存储器映像中占据连续空间的一块代码或数据。COFF 文件的每个段都是独立的，COFF 目标文件总是包含 3 个默认段：

- .text 段，包含可执行代码；
- .data 段，包含已初始化的变量；
- .bss 段，为未初始化的变量保留空间。

此外，汇编器和链接器允许用户创建、命名和链接自定义的段，这些段的使用与.data、.text 和.bss 段相同。

COFF 目标文件有两种基本类型的段：

① 已初始化段：包含真实的数据和代码，存放在程序存储空间。包括.text 段、.data 段以及用汇编伪指令.sect 产生的自定义段。

② 未初始化段：为未初始化的数据保留存储空间，存放在数据存储空间中，数据存储空间多为 RAM 存储单元。包括.bss 段和由汇编器伪指令.usect 产生的自定义段。

汇编器输出的目标文件由各种段组成，而链接器的功能之一是将段重新定位到目标系统的存储器映射，这一功能称作链接器的重定位功能。因为大多数系统包含几种类型的存储器，使用段可以更有效地使用目标系统。因为所有的段都可以独立地重定位，可以把任何段分配到目标系统的任意块中。图 3-30 说明了目标文件中的段和目标系统中各种存储器之间的关系。

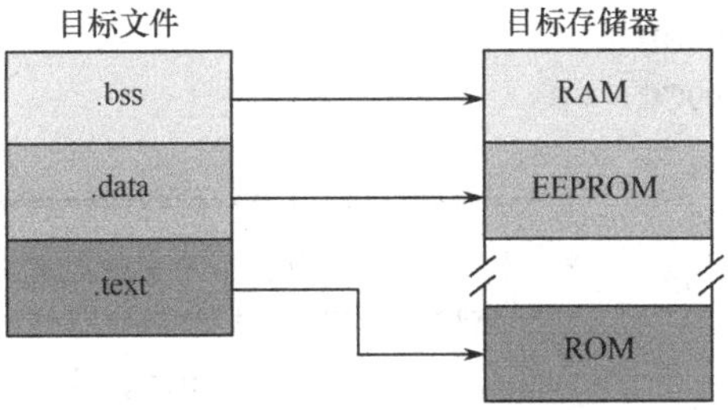

图 3-30 段到目标存储器的定位

下面的程序段说明了汇编器如何根据段伪指令在段之间来回交换从而逐渐增加地建立 COFF 段的过程。文件的每行分 4 个区域(field)，field1 为源代码的行号，field2 为段程序计数器，field3 为目标代码，field4 为源代码。

```
field1   field2     field3   field4
   1                         ***********************************************************
   2                         **                 汇编一个初始化表到.data 段              **
   3                         ***********************************************************
   4     00000000            .data
   5     00000000   0011     coeff        .word     011h,   022h,   033h
         00000001   0022
         00000002   0033
   6
   7                         ***********************************************************
   8                         **                 在.bss 段中为变量保留空间               **
   9                         ***********************************************************
  10     00000000            .bss     buffer,   10
  11
  12                         ***********************************************************
  13                         **                     仍然在.data 段中                    **
  14                         ***********************************************************
  15     00000003   0123     ptr          .word     0123h
  16
  17                         ***********************************************************
  18                         **                   汇编代码到.text 段                    **
  19                         ***********************************************************
  20     00000000            .text
```

```
21  00000000  28A1  add:        mov     ar1,  #0Fh
    00000001  000F
22  00000002  0BA1  aloop:      dec     ar1
23  00000003  0009  banzaloop,  ar1--
    00000004  FFFF
24
25                  *******************************************************
26                  **        汇编另一个初始化表到.data 段                  **
27                  *******************************************************
28  00000004        .data
29  00000004  00AA  1vals       .word   0AAh,  0BBh,  0CCh
    00000005  00BB
    00000006  00CC
30
31                  *******************************************************
32                  **          为更多的变量自定义一个段                    **
33                  *******************************************************
34  00000000        var2        .usect"Tables",  1
35  00000001        1nbuf       .usect"Tables",  7
36
37                  *******************************************************
38                  **            汇编更多代码到.text 段                    **
39                  *******************************************************
40  00000005        .text
41  00000005  28A1  end_mpy:    mov     ar1,  #0Ah
    00000006  000A
42  00000007  33A1  mloop:      mpy     p,  t,  ar1
43  00000008  28AC  mov     t,  #0Ah
    00000009  000A
44  0000000a  3FA1  mov     ar1,  p
45  0000000b  6BFB  sbend_mpy,  OV
```

汇编器汇编时，首先遇到.data 伪指令，于是将第 5 行中的数据汇编进.data 段中；之后继续汇编，当遇到.bss 伪指令时，汇编器并不停止对当前段的汇编，而是在.bss 段中为 Buffer 变量保留 10 个字的存储空间后重新回到.data 段中来；因此在第 15 行出现的数据尽管没有使用.data 伪指令进行指示，该数据仍然被汇编进.data 段中；在第 20 行遇到了.text 伪指令，于是汇编器将第 21、22、23 行的代码汇编进.text 段中；在第 28 行再次遇到了.data 伪指令，于是将第 29 行的数据顺序汇编到.data 段中；在第 34 行出现了.usect 伪指令，此处创建了一个自定义的未初始化段 Tables，并为变量 var2 在该段中保留了 1 个字的存储空间；第 35 行将变量 inbuf 在 Tables 段中保留 7 个字的存储空间；在第 49 行再次出来.text 伪指令，于是将第 41～45 行的代码依次顺序汇编进.text 段中。

以上程序最终创建了 4 个段，如图 3-31 所示，.text 段包含 12 个 16 位的目标代码；.data 段包含 7 个 16 位的目标代码；.bss 段在存储器中保留 10 个字的空间；Tables 段为用.usect 伪指令创建的自定义段，它在存储器中保留 8 个字的存储空间。

汇编器将每个文件中的各个同名段汇集起来，并将文件以.obj 的形式输出，此时的.obj 文件是 COFF 格式，之后链接器再对各个.obj 文件进行进一步处理。

汇编器对 file1.asm 进行汇编得到 file1.obj，同时也会对其他源文件进行汇编得到对应的.obj 文件。假设该工程包含两个文件 file1.asm 和 file2.asm，汇编后分别得到 file1.obj 和 file2.obj，则链接器对 file1.obj 和 file2.obj 文件的链接处理分两个阶段，如图 3-32 所示。

（1）链接器对各个 COFF 文件中段的组合

file1.obj 和 file2.obj 作为链接器的输入，两个文件都包含了.text、.data 和.bss 段；此外 file1.obj 包含了自定义段 Tables，file2.obj 包含了自定义段 Init；链接器将 file1 的 text 和 file2 的 text 段组合形成一个.text 段，然后组合.data 段，再组合.bss 段，组后将自定义段放在可执行文件的结尾，其中 Tables 段和 Init 段的链接顺序取决于对 file1.obj 和 file2.obj 的链接顺序。存储器图表明了段在存储器中的放置情况。

（2）链接器对段在存储器中的重新再定位。

若不使用链接器默认的分配方式，可自己指定组合方法。由于存储系统中通常包含各种类型的存储器如 RAM、ROM 和 EPROM 等，因此通常不使用链接器的默认分配方式，而是自己重新指令各个段的定位方法。这个功能通过.cmd 文件中的 MEMORY 和 SECTIONS 伪指令实现。

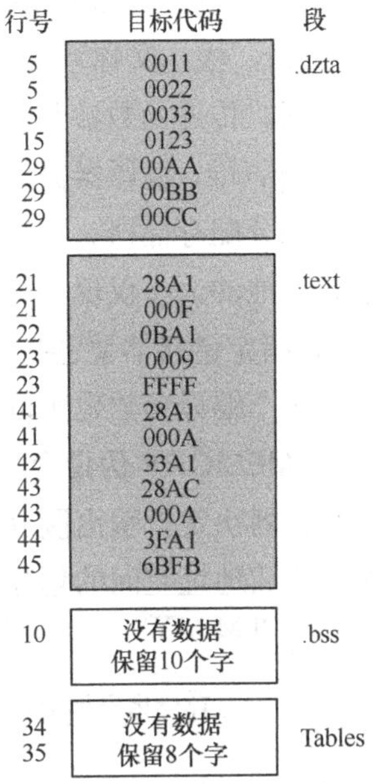

图 3-31 汇编器对 file1.asm 各个段的处理结果

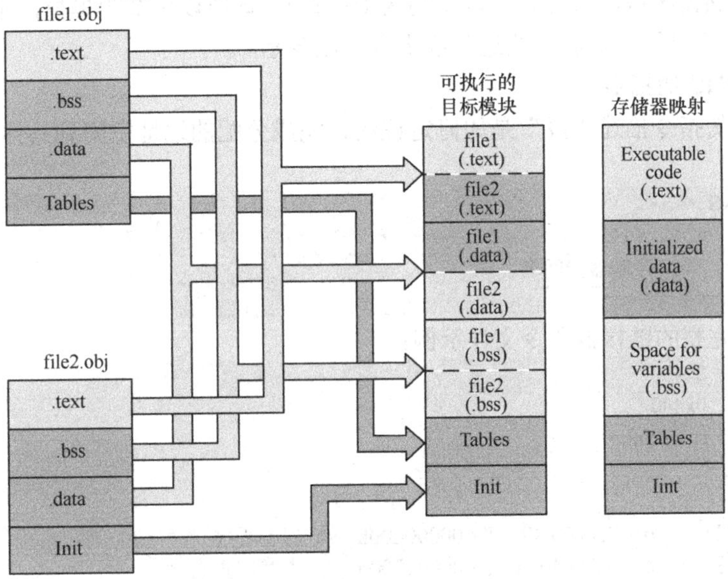

图 3-32 链接器对输入段的处理

3.2.4 链接器命令文件

链接器命令文件(Linker Command Files)，以后缀.cmd 结尾，简称为 CMD 文件。链接器命令文件使用伪指令 MEMORY 和 SECTIONS 指定存储器结构，用于程序代码在存储空间的定位，由以下 3 部分组成。

1. 输入/输出定义

```
-heap      0x400
```

```
-stack          0x400
-l              rts6700.lib
```

-stack，栈，又称系统栈(system stack)，用于保存函数调用后的返回地址、给局部变量分配存储空间、传递函数参数及保存临时结果。

-heap，堆，编译器提供的运行时支持库的一些函数(如 malloc/calloc/realloc)，允许运行时为变量动态分配存储器。这些存储器就放置在.system 段的堆(heap)或全局池(global pool)中，这个动态存储池的大小仅仅受限于系统中实际的存储容量。

-l，指定链接器要链接的库文件。

这 3 个编译参数也可以在“Project→Properties→C6000 Linker”的选项中设置。

2．MEMORY 伪指令

链接器决定把输出段分配到存储器的什么位置，而 MEMORY 伪指令描述系统实际的硬件资源，完成地址空间的划分，其语法格式如下：

```
MEMORY
{
      存储器空间名：  origin =存储器起始地址, length =  存储器长度
}
```

参数说明如下：

- origin：存储区域的起始地址，可以简写为 org 或 o。该值以字节为单位，是一个 22 位的二进制常量，可以用十进制、八进制或十六进制表示。
- length：存储器区域的长度。可以简写为 len 或 l。该值以字节为单位，是一个 22 位的二进制常量，可以用十进制、八进制或十六进制表示。

3．SECTIONS 伪指令

SECTIONS 伪指令描述“段”是如何定位的，完成分配的地址空间到具体用途，其语法格式如下：

```
SECTIONS
{
      段名   >   存储器空间名
}
```

下面是一个完整的链接器命令文件示例：

```
-heap          0x400
-stack         0x400
-l             rts6700.lib
MEMORY
{
    BOOT:      o = 00000000h   l = 00000400h   /*  启动程序  */
    VECS:      o = 00000400h   l = 00000200h   /*  中断向量表  */
    IRAM:      o = 00000600h   l = 00020000h   /*  应用程序  */
    SDRAM:     o = 80000000h   l = 01000000h   /*  外部存储器  */
}
SECTIONS
{
    Bootload       >       BOOT
    Vectors        >       VECS
    .cinit         >       IRAM
    .text          >       IRAM
    .stack         >       IRAM
```

```
        .bss        >       IRAM
        .const      >       IRAM
        .data       >       IRAM
        .far        >       IRAM
        .switch     >       IRAM
        .sysmem     >       IRAM
        .tables     >       IRAM
        .cio        >       IRAM
}
```

注意：CMD文件支持块注释符“/*”和“*/”，但不支持行注释符“//”。

链接器命令文件常用段名的含义见表3-2。

表3-2　链接器命令文件常用段名含义

段　名	描　述
.cinit	存放C程序中的变量初值和常量
.const	存放C程序中的字符常量、浮点常量和用const声明的常量
.text	存放C程序的代码
.bss	为C程序中的全局和静态变量保留存储空间
.far	为C程序中用far声明的全局和静态变量保留空间
.stack	为C程序系统堆栈保留存储空间，用于保存返回地址、函数间的参数传递、存储局部变量和保存中间结果
.sysmem	用于C程序中malloc、calloc和realloc函数动态分配存储空间

3.2.5　#pragma 伪指令

#pragma是标准C中保留的预处理命令，它告诉编译器的预处理器如何处理函数和数据。#pragma必须在符号被定义和使用之前使用，且不能在函数体内声明#pragma。通过使用#pragma伪指令，也可在C程序中自定义代码段和数据段。

（1）#pragma CODE_SECTION伪指令

#pragma CODE_SECTION伪指令为函数在指定的段中分配空间，使用该伪指令创建的段可与.text段分配到不同的区域。它的语法为：

```
#pragma CODE_SECTION (func, "section name")
```

其中，func为函数名，section name是用户自己定义在程序空间的段名。

（2）#pragma DATA_SECTION伪指令

#pragma DATA_SECTION伪指令为数据在指定的段中分配空间，采用该伪指令可将数据链接到与.bss段不同的区域，它的语法为：

```
#pragma DATA_SECTION (symbol, "section name")
```

其中，symbol为全局变量名，section name是用户自定义在数据空间的段名。

在下面的示例程序中，分别创建了一个代码段“mycode”和一个数据段“mydata”，将函数adder分配到新建的代码段中，将全局数组mybuffer分配到新建的数据段中。

```
#include <stdio.h>
char mybuffer[80];
#pragma CODE_SECTION(adder,"mycode");
#pragma DATA_SECTION(mybuffer,"mydata");

int main()
{
    int result;
```

```
        result=adder(3,5);
        for(;;);
}

int adder(int a,int b)
{
        int c;
        c=a+b;
        return c;
}
```

对使用#pragma伪指令创建的代码和数据段，要在链接命令文件中指定其分配的存储区。下面的链接命令文件中将mycode和mydata段分别分配到MYCODEMEM和MYDATAMEM存储区中。

```
MEMORY
{
        PMEM:          o = 00000000h  l = 00010000h
        BMEM:          o = 00010000h  l = 00010000h
        MYCODEMEM:  o = 00020000h  l = 00010000h
        MYDATAMEM:  o = 00030000h  l = 00010000h
        SDRAM:         o = 80000000h  l = 01000000h
}

SECTIONS
{
        .text       >     PMEM
        .stack      >     PMEM
        .far        >     PMEM
        .data       >     BMEM
        .bss        >     BMEM
        .cinit      >     PMEM
        mycode      >     MYCODEMEM
        mydata      >     MYDATAMEM
}
```

将该工程编译链接后，查看生成的存储映射文件(*.map)，如下：

```
MEMORY CONFIGURATION
   name                 origin      length      used        unused      attr      fill
--------------------  --------    ---------   --------    ------------  --------  ------
   PMEM               00000000    00010000    00000b48    0000f4b8      RWIX
   BMEM               00010000    00010000    00000000    00010000      RWIX
   MYCODEMEM          00020000    00010000    00000040    0000ffc0      RWIX
   MYDATAMEM          00030000    00010000    00000050    0000ffb0      RWIX
   SDRAM              80000000    01000000    00000000    01000000      RWIX
SECTION ALLOCATION MAP
output                                        attributes/
section    page   origin        length        input sections
--------   ----   ----------    ----------    ----------------
......
mycode     0      00020000      00000040
                  00020000      00000040      Hello.obj (mycode)
mydata     0      00030000      00000050      UNINITIALIZED
                  00030000      00000050      Hello.obj (mydata)
```

在源代码混合显示模式下“Mixed source/ASM”，可以看到 adder 函数的代码实际分配到了

mycode 段所在的 0x00020000 区域开始的地方，如图 3-33 所示。

通过内存查看器，可以看到数组 mybuffer 被分配到了 0x00030000 开始的存储区域，该区域正是 mydata 段所在的存储区，如图 3-34 所示。

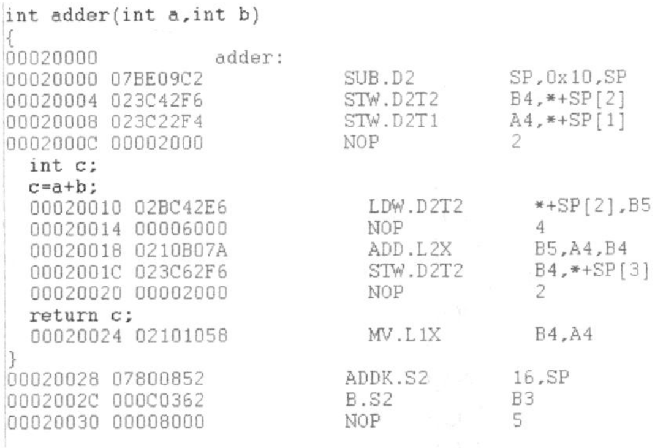

```
int adder(int a,int b)
{
00020000          adder:
00020000 07BE09C2        SUB.D2        SP,0x10,SP
00020004 023C42F6        STW.D2T2      B4,*+SP[2]
00020008 023C22F4        STW.D2T1      A4,*+SP[1]
0002000C 00002000        NOP           2
  int c;
  c=a+b;
  00020010 02BC42E6        LDW.D2T2      *+SP[2],B5
  00020014 00006000        NOP           4
  00020018 0210B07A        ADD.L2X       B5,A4,B4
  0002001C 023C62F6        STW.D2T2      B4,*+SP[3]
  00020020 00002000        NOP           2
  return c;
  00020024 02101058        MV.L1X        B4,A4
}
00020028 07800852        ADDK.S2       16,SP
0002002C 000C0362        B.S2          B3
00020030 00008000        NOP           5
```

图 3-33　adder 函数在存储器中的位置

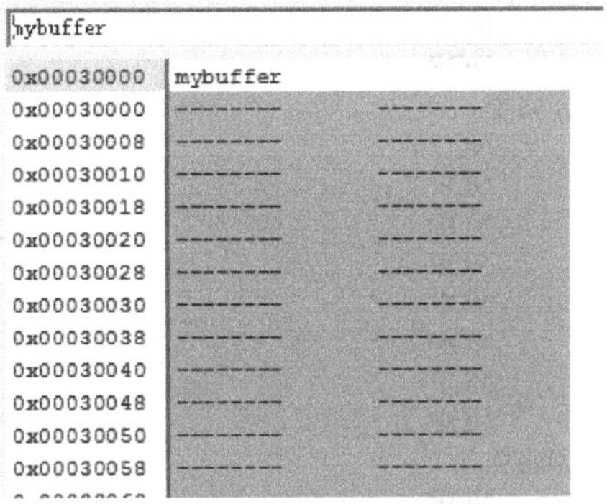

图 3-34　mybuffer 数组在存储器中的位置

3.2.6　中断向量表

DSP 利用中断向量表将中断服务程序的地址装载到存储器的合适区域。一般采用汇编语言编写中断向量表，这个表包含中断向量的地址和转移指令。因为中断向量的标识符在汇编语言模块外部使用，所以标识符用.ref 或.global 定义。下面是一个完整的中断向量表示例：

```
        .ref        _timer0_isr
        .ref        _c_int00
        .global     RESET_RST
        .sect       "vectors "
    RESET_RST:
        MVKL .S2    _c_int00, B0
        MVKH .S2    _c_int00, B0
        B .S2       B0
        NOP
        NOP
        NOP
        NOP
        NOP
    NMI_RST:
        NOP
        NOP
        NOP
        NOP
        NOP
        NOP
        NOP
        NOP
    RESV1:
        NOP
        NOP
        NOP
        NOP
        NOP
        NOP
        NOP
        NOP
    RESV2:
        NOP
        NOP
        NOP
        NOP
        NOP
        NOP
        NOP
        NOP
    INT4:
        NOP
        NOP
        NOP
        NOP
        NOP
        NOP
        NOP
        NOP
    INT5:
        NOP
        NOP
        NOP
        NOP
        NOP
        NOP
        NOP
        NOP
    INT6:
        NOP
        NOP
        NOP
        NOP
        NOP
        NOP
        NOP
        NOP
    INT7:
```

```
        NOP
        NOP
        NOP
        NOP
        NOP
        NOP
        NOP
        NOP
INT8:
        NOP
        NOP
        NOP
        NOP
        NOP
        NOP
        NOP
        NOP
INT9:
        NOP
        NOP
        NOP
        NOP
        NOP
        NOP
        NOP
        NOP
INT10:
        NOP
        NOP
        NOP
        NOP
        NOP
        NOP
        NOP
        NOP
INT11:
        NOP
        NOP
        NOP
        NOP
        NOP
        NOP
        NOP
        NOP
INT12:
        NOP
        NOP
        NOP
        NOP
        NOP
        NOP
        NOP
        NOP
INT13:
        NOP
        NOP
        NOP
        NOP
        NOP
        NOP
        NOP
        NOP
INT14:
        B    _timer0_isr
        NOP
        NOP
        NOP
        NOP
        NOP
        NOP
        NOP
INT15:
        NOP
        NOP
        NOP
        NOP
        NOP
        NOP
        NOP
        NOP
```

3.3 混合语言编程

混合编程是指以 C 语言为主，汇编语言为辅的一种编程方法。由于 C 语言语法接近自然语言，其可读性强、便于理解，易于移植，在编制、修改、实现算法方面比用汇编语言开发容易，并可利用大量现存的算法。但 C 语言也存在着代码量大、难以优化、程序执行效率较低的缺点。

汇编语言掌控系统硬件的能力强于 C 语言，设计出来的程序更加贴近硬件特性，往往能将硬件效能发挥到极致。同时汇编代码精练，效率高。但汇编语言可读性差，不利于复杂算法的开发和实现，可移植性差；容易产生流水线冲突，由于排除冲突需要靠人来辅助完成，这要求编程人员有较为丰富的开发经验和对硬件工作机制的深刻理解。

所以一般情况下用 C 语言设计应用程序的总体框架、解决人机接口和对速度效率要求不太高的复杂算法，用汇编语言设计强调速度的算法。

3.3.1 混合编程的方法

C 语言和汇编语言的混合编程有 3 种形式。

① 在编写 C 语言代码中插入汇编语句，只需在汇编语句两边加上双引号和括号，在括号前面加上标识 asm，如 asm(" NOP   5")。

② 在编写 C 代码的过程中调用内联函数，CCS 中有一些直接映射为内联的 C6000 指令的特殊函数，内联函数前加下画线表示，使用时同调用 C 语言的库函数一样调用它，如 m = _int_abs(n)。详细内容请参考附录 B。

③ 用汇编代码编写独立的函数，在 C 代码中直接调用。

3.3.2 混合编程的接口规范

采用汇编语言编写核心代码，可以大大提高代码的执行效率，而 C 语言程序可以像调用 C 程序的一个函数那样去调用这个汇编函数。为了实现 C 语言和汇编语言的混合编程，需要注意一些规定的接口规范和标准。

① 采用 C 语言和汇编语言混合编程时，CCS 定义了一套严格的寄存器规则。这个寄存器规则表明了编译器如何使用这些寄存器以及在函数调用过程中如何保护这些寄存器。调用函数保护了寄存器 A0～A9 和 B0～B9，这就使得在编写汇编程序时可以任意使用这几个寄存器而不需保护它们。但当使用到寄存器 A10～A15 或 B10～B15 时，则必须自行对它们进行保护。长型、双精度型或者是长双精度型的数据对象要放在一个奇/偶寄存器对(如 A1:A0)里，奇数寄存器存放着数据的符号位、指数位和最高有效位，而偶数寄存器则存放着低有效位。

在默认情况下，A3 用作返回结构指针寄存器，B3 用作被调用函数返回地址寄存器，A15 用作帧指针寄存器，B14 用作数据页指针寄存器，B15 用作堆栈指针寄存器。这些寄存器在被调用的汇编函数中用到时都要进行保护。

② 调用函数将参数传递到被调用函数中，前 10 个参数将被从左到右依次放入寄存器 A4、B4、A6、B6、A8、B8、A10、B10、A12 和 B12，如果传递的参数是长型、双精度型或者是长双精度型，则将参数依次放入寄存器组 A5:A4、B5:B4、A7:A6 等，并将剩下的变量按相反的顺序放在堆栈里。

注意：如果传递的参数是一个结构类型的参数，则传递的是该结构类型的地址。

③ 如果在 C/C++调用函数中做了正确的函数返回声明，则被调用的汇编函数可以返回有效值。如果返回值是整型或 32 位的浮点型，则放在寄存器 A4 中返回；如果返回值是双精度或是长双精度型，则放在 A5:A4 中返回；如果返回值是一个结构类型，则将其结构的地址放在 A3 中返回。

④ 编译器为所有的外部对象指定一个链接时的名字。当编写汇编语言代码时，必须用与这个名字相同的名字。对于只在汇编语言模块中用到的变量的标识符，不能从下画线开始。任何一个在汇编语言中声明的对象都要使其在 C/C++中是可访问的，那么在汇编语言中必须用.def 或.global 将其声明为外部变量。同样在汇编语言中要引用 C/C++函数或对象时，必须用.ref 或.global 将 C/C++对象声明，这将产生一个在汇编语言函数中没有定义的由链接器辨识的外部引用。

还有一些细节也需要注意，如中断子程序必须把该子程序将要用到的所有寄存器进行入栈处理；除了全局变量的初始化外，汇编语言的模块不得因为任何目的而使用.cinit 段；汇编代码的结束需用指令“B   B3”将程序执行从被调用函数返回到 C 语言调用函数中。

3.3.3 混合编程示例程序

打开工程 Examples\0304_Complex，该工程使用一个简单的状态机，实现不同的程序功能。

程序启动后，首先进行初始化配置，便进入一个死循环，在循环程序里依次读取系统命令代码，并根据命令代码转入相应的程序功能模块。不同的程序功能模块对应着不同的任务，即图 3-35 中所标注的任务 1、任务 2、任务 *n* 等。在系统命令定义中，还定义了空闲命令 IDLE，在 IDLE 任务中检查是否有键盘输入信息等。

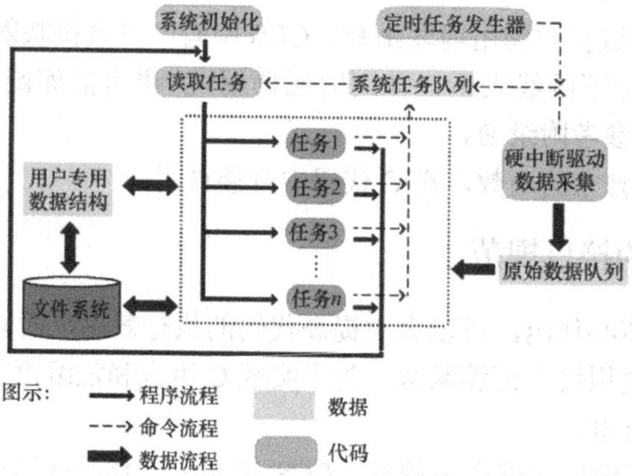

图 3-35　混合编程示例程序流程框图

程序源代码如下：

```
#include "stdio.h"
extern __cregister volatile unsigned int ISTP;
extern __cregister volatile unsigned int CSR;
extern __cregister volatile unsigned int IER;
void asm_delay();
int asm_add();
/*      主函数      */
int main()
{
        int num=1;
        int sum=0;
        ISTP=0x0400;
        CSR =0x0001;
        IER =0x4003;
        while(1)
        {
                switch(num)
                {
                        case 1:
                                num = 2;
                                asm_delay(100);
                        break;
                        case 2:
                                num = 1;
                                sum = asm_add(10,5);
                        break;
                        default:
                        break;
                }
        };
}
```

```
interrupt void timer0_isr()
{
        int i;
        i++;
        i--;
}
```

文件 delay.asm 中包含汇编语言编写的延时函数_asm_delay。

```
.global              _asm_delay ;声明为全局变量
_asm_delay:
        MV           A4,B0 ;第 1 个参数通过寄存器 A4 传递
_loop:
        SUB          B0,1,B0
        [B0]         B _loop
        NOP          5
        B            B3 ;B3 指向被调用函数返回地址
        NOP          5
```

在 delay.asm 函数里加入断点，编译下载运行程序，在寄存器窗口可以看到延时函数的参数 100 经过 A4 传递到汇编程序中，此时寄存器 A4=0x00000064，如图 3-36 所示。继续运行程序，在汇编语言里循环 100 个周期后，又返回到 main()函数中。

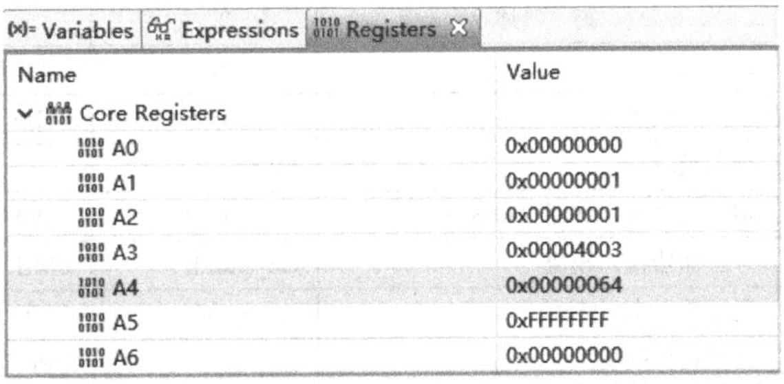

图 3-36　混合编程

文件 add.asm 中包含汇编语言编写的求和函数_asm_add。

```
.global       _asm_add ;声明为全局变量
_asm_add:
        ADD        A4,B4,B0 ;前两个参数通过寄存器 A4、B4 传递
        MV         B0,A4 ;返回值存入寄存器 A4
        B          B3 ;B3 指向被调用函数返回地址
        NOP        5
```

在 add.asm 函数里加入断点，编译下载运行程序，在寄存器窗口可以看到求和函数的参数 10 和 5 经过 A4、B4 传递到汇编程序中，此时寄存器 A4=0x0000000A，B4=0x00000005，返回值存入寄存器 A4，此时寄存器 A4=0x0000000F，如图 3-37 所示。继续运行程序，又返回到 main()函数中，此时查看变量 sum 的值为 15。

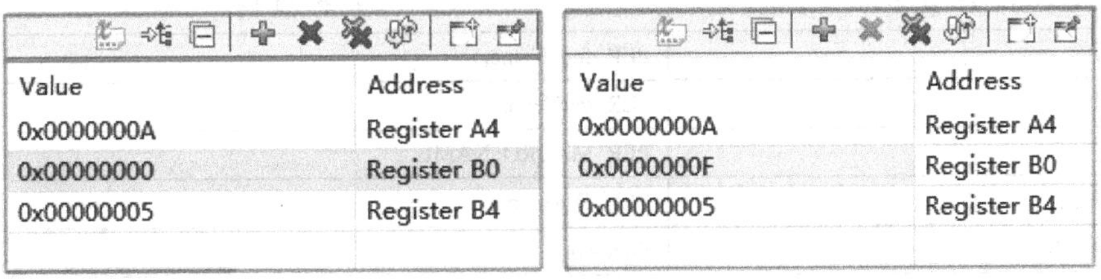

图 3-37　混合编程

3.4 芯片支持库

芯片支持库(CSL)提供了一个用于配置和控制片上外设的 C 语言接口。它由各个分立的模块组成，并被编译保存为库文件，除了个别提供通用编程支持的模块，如中断请求模块(IRQ)外，每个模块对应一个独立的外设。采用 CSL 可以方便地使用片上的外设，缩短开发周期，提高程序的可移植性。CCS5.3 版本不再提供芯片支持库，需要从官方网站下载。

1. CSL 的体系结构

在芯片支持库中每个外设都有一个 API 模块与之对应，比如，一个多通道缓冲串口 API 模块对应于 McBSP 外设。图 3-38 列举了一些 API 模块，这样的构架考虑了 CSL 以后的扩展，如果有新的外设出现，只需要再加入相应的 API 模块即可。表 3-4 列出了常用 CSL 模块及所在文件。

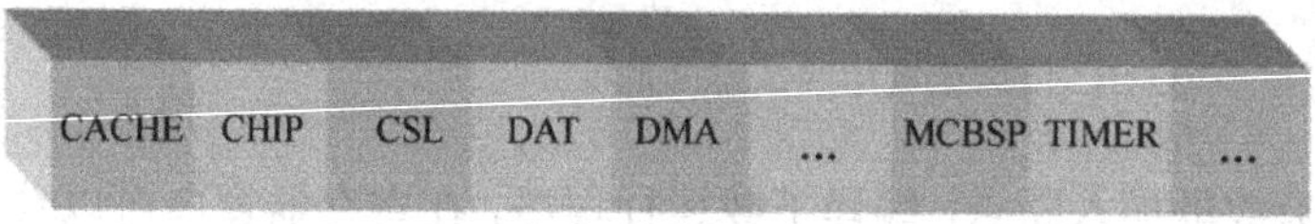

图 3-38　API 模块的构架

表 3-4　CSL 模块及所在文件

外设模块(PER)	描　　述	所 在 文 件	模块支持符号
CACHE	缓存模块	csl_cache.h	CACHE_SUPPORT
CHIP	芯片相关模块	csl_chip.h	CHIP_SUPPORT
CSL	顶层模块	csl.h	
EDMA	增强的直接存储器存取模块	csl_edma.h	EDMA_SUPPORT
EMIF	外存储器接口模块	csl_emif.h	EMIF_SUPPORT
GPIO	通用输入/输出模块	csl_gpio.h	GPIO_SUPPORT
HPI	主机接口模块	csl_hpi.h	HPI_SUPPORT
I2C	I^2C 模块	csl_i2c.h	I2C_SUPPORT
IRQ	中断控制模块	csl_irq.h	IRQ_SUPPORT
McBSP	多通道缓冲串口	csl_mcbsp.h	MCBSP_SUPPORT
TIMER	定时器模块	csl_timer.h	TIMER_SUPPORT

注意：并非所有的器件支持所有的 API 模块，这依赖于器件实际所拥有的外设。例如 C6201 不支持增强的直接存储器存取(EDMA)API 模块，因为该芯片没有 EDMA 外设。所有芯片上都支持中断请求模块。尽管每个 API 模块是独立的，但它们之间还是有一定的相关性。比如 DMA 模块依赖于 IRQ 模块，并在链接代码时起作用。当使用 DMA 模块时，IRQ 模块会自动被链接。

2. CSL 的命名规则

芯片支持库定义了函数、宏和数据的命名规则，如表 3-5 所示。

表 3-5　CSL 函数、宏和数据的命名规则

对 象 类 型	命 名 规 则
函数	PER_funcName()
变量	PER_varName
宏	PER_MACRO_NAME
类型定义	PER_Typename
函数参数	FuncArg
结构体成员	memberName

注意： PER 代表模块或外设名，所有函数、变量、宏、数据类型都以大写字母“PER”开头，函数名跟在 PER 后面，以小写字母表示。当函数名由多个单词构成时，后面的单词首字母大写，如 PER_getConfig()。宏名跟在 PER 后面，全部用大写字母表示。如 DMA_PRICTL_RMK。数据类型首字母大写，后面的字母小写。如 DMA_Handle。CSL 宏和常数名在每个包含文件中已经定义，所以，不要用类似的名字重新定义宏。同样，在定义自己的函数名时要格外小心，因为很多 CSL 函数在 CSL 库中已经预先定义了。

3. CSL 的数据类型

CSL 库在 stdinc.h 文件中定义了自己的数据类型，见表 3-6。这些数据类型适用于所有 CSL 模块，增加的数据类型在每个模块中单独定义。

表 3-6　CSL 数据类型

数据类型	说明	数据类型	说明
Uint8	unsigned char	Int8	char
Uint16	unsigned short	Int16	short
Uint32	unsigned int	Int32	int
Uint40	unsigned long	Int40	long

4. CSL 的函数

表 3-7 列出了通用的 CSL 函数，表中的约定：方括号[…]中的参数为可选参数；[handle]只用在基于句柄的外设，如 TIMER、EDMA、GPIO 等；[priority]只用在 DAT 外设上。

表 3-7　CSL 的函数

函　　数	说　　明
handle=PER_open(channelNumber, [priority], flags)	打开一个外设通道，并按标志位做相应的操作，返回一句柄。该操作必须在使用该通道之前调用
PER_config([handle], *configStructure)	将配置结构体的数值写入外设寄存器，可以采用下列方式初始化配置结构体： • 整型常量 • 整型变量 • CSL 符号常数，PER_REG_DEFAULT • 由 PER_REG_RMK 宏创建的合并字段值
PER_configArgs([handle], regval_1,…regval_n)	将单个值写入外设寄存器，写入值可以是下列形式： • 整型常量 • 整型变量 • CSL 符号常数，PER_REG_DEFAULT • 由 PER_REG_RMK 宏创建的合并字段值
PER_reset([handle])	复位外设到初始上电状态
PER_close(handle)	关闭一个由 PER_open()打开的外设通道，其寄存器复位到初始上电状态，并清除所有被挂起的中断

注意： 句柄是指使用的一个唯一的整数值，即一个 4 字节长的数值，来标志应用程序中的不同对象和同类对象中的不同实例，例如，TIMER0，应用程序能够通过句柄访问相应对象的信息。

CSL 提供两种函数来初始化外设寄存器：PER_config()和 PER_configArgs()。PER_config()函数需要一个地址参数来指出外设寄存器的地址。每个模块的配置结构数据类型定义中包含 PER_config()函数。PER_configArgs()将单个寄存器值写入寄存器中。

【例 3-1】 PER_config()函数的使用。

```
PER_Config MyConfig=
(reg0，reg1，…
);
```

```
…
PER_config(&Myconfig);
```

PER_configArgs()函数的使用：

```
PER_configArgs(reg0, reg1, …);
```

可以交替使用这两个初始化函数。为了简化外设寄存器值的定义，CSL 提供了 PER_REG_RMK(make)宏合并参数列表的值。

5．CSL 的宏

表 3-8 提供了通用 CSL 宏的一般描述，表中的约定：PER 表示一个外设(如 EDMA)；PEG 表示一个寄存器名(如 PRICTL0)；FIELD 表示一个寄存器字段(如 ESIZE)；regval 表示一个整型常量、整型变量、符号常数或由 PER_FMK 宏创立的合并字段值；fieldval 表示一个整型常量、整型变量或符号常数，所有的字段值均右对齐；x 表示一个整型常量、整型变量；sym 表示一个符号常数。

表 3-8　CSL 定义的宏

宏	说　明
PER_REG_RMK(fieldval_n, …, fieldval_0)	创建一个存储寄存器值的对象，_RMK使这样的操作更加便捷，使用_RMK宏应遵循以下规则： • 只能包含可写字段 • 指定字段值高位在前 • 不管是否使用必须包含所有的可写字段 • 如果传递的比特数超过允许的比特数，_RMK 将舍去多余部分
PER_RGET(REG)	返回寄存器中的值
PER_RSET(REG,regval)	将值写入寄存器
PER_FMK(REG,FIELD,fieldval)	将字段值fieldval移位，并与其他_FMK宏进行与操作初始化寄存器，这允许用户初始化几个字段值，而_RMK宏必须初始化寄存器所有的字段
PER_FGET(REG,FIELD)	返回指定的寄存器字段中的值
PER_FSET(REG,FIELD,fieldval)	将fieldval值写入指定的寄存器字段中
PER_REG_ADDR(REG)	如果可以，获取寄存器的存储地址
PER_FSETS(REG,FIELD,sym)	将符号值写入指定的字段
PER_FMKS(REG,FIELD,sym)	将符号值sym移位，并与其他_FMK宏进行与操作初始化寄存器
PER_ADDRH(h,REG)	返回给定句柄的存储器映射寄存器地址
PER_RGETH(h,REG)	返回给定句柄的寄存器值
PER_RESTH(h,REG,x)	将给定句柄的寄存器值置为x
PER_FGETH(h,REG,FIELD)	返回给定句柄的字段值
PER_FSETH(h,REG,FIELD,x)	将给定句柄字段值设为x
PER_FSETSH(h,REG,FIELD, sym)	将给定句柄的字段值设为符号值

CSL 还提供另外一些宏，使用句柄值而不是寄存器名来确定寄存器属于哪个通道，句柄值由 PER_open()返回。基于句柄的宏可以应用到下列外设中：EDMA、GPIO、McBSP、McASP、TIMER 和 I2C。

6．CSL 符号常数值

为了方便，CSL 为寄存器和可写字段提供了符号常量。表 3-9 列出了这些符号常量，其中 SYMVAL 表示寄存器字段中的符号值。

表 3-9　CSL 符号常数值

常　数	说　明
PER_REG_DEFAULT	寄存器符号常数，指定寄存器默认值：为系统复位值或0(如果复位对其无效)
PER_REG_FIELD_SYMVAL	字段符号常数，指定寄存器某字段的符号常数
PER_REG_FIELD_DEFAULT	字段符号常数，指定字段的默认值：为系统复位值或0(如果复位对其无效)

7．资源管理

在 CSL 中，对资源的管理是通过调用 PER-open()和 PER-close()函数来完成的。PER-open()函数通常需要一个设备编号和复位标记作为首选参数，并返回一个指向句柄结构的指针，其中包含某个通道或端口被打开的信息，然后设定句柄结构中定义的“分配”标志为 1，意味着这个通道或端口正在使用。当指定一个具体设备编号时，PER-open()函数会检查全局“分配”标志来确定该设备是否可用。如果这个设备/通道可用，那么将返回一个指针，指向预先定义的句柄结构。如果这个设备已经被其他进程打开，那么将返回一个无效的句柄 INV (CSL 符号常量)。

注意：CSL 只是从 PER-open()函数返回一个无效的句柄，用户必须使用这个句柄来确保已分配资源，防止冲突。通过调用 PER-close()函数来释放设备/通道，PER-close()函数清除分配标志，并复位设备/通道。

句柄只用于多通道或多端口的外设，例如，EDMA、GPIO、McBSP、TIMER 和 I^2C。句柄能够唯一确定一个打开的外设通道/端口或设备。首先在 C 语言中声明句柄，用 PER-open()函数来初始化，然后其他 API 函数才可以调用该句柄。如果该资源已经分配，那么 PER-open()函数返回无效句柄 INV。

【例 3-2】 设备句柄的使用：

```
DMA_Handle   myDma;
myDma = DMA_open(DMA_CHA0, DMA_OPEN_RESET);
if(myDma != INV)
{
    DMA_start(myDma);
    ……
    DMA_close(myDma);
}
```

8．芯片支持库模块

下面简要介绍 CSL、IRQ 和 EMIF 模块的函数，并举例说明这些函数的使用方法。

（1）CSL 模块

CSL 模块是顶层 API 模块，在调用其他 API 函数之前，必须调用 CSL_init()函数初始化芯片支持库。

（2）IRQ 模块

IRQ 模块用来管理 CPU 的中断，表 3-10 列出了 IRQ 模块的结构体和函数。

表 3-10　IRQ 模块的结构体和函数

名　称	类　型	说　明
IRQ_Config	结构体	用来设置 EMIF 寄存器的结构体
IRQ_clear()	函数	清除 IFR 中断标志寄存器
IRQ_config()	函数	动态配置中断向量表
IRQ_configArgs()	函数	动态配置中断向量表
IRQ_disable()	函数	禁用指定的中断
IRQ_enable	函数	使能指定的中断
IRQ_globalDisable	函数	禁用全局中断
IRQ_globalEnable	函数	使能全局中断
IRQ_globalRestore	函数	恢复全局中断的使能状态
IRQ_reset	函数	禁用并清除(复位)指定的中断
IRQ_restore	函数	恢复指定中断的使能状态
IRQ_setVecs	函数	设置中断向量的基地址

（续表）

名　称	类　型	说　明
IRQ_test	函数	测试指定的中断，判断是否设置了 IFR 寄存器
IRQ_getArg	函数	读取用户自定义的中断服务程序变量
IRQ_getConfig	函数	返回当前 IRQ 的设置
IRQ_map	函数	通过配置中断选择寄存器 MUX 映射指定中断到物理中断
IRQ_nmiDisable	函数	禁用不可屏蔽中断
IRQ_nmiEnable	函数	使能不可屏蔽中断
IRQ_resetAll	函数	通过设置 GIE 为 0，禁用并清除中断使能寄存器相应字段，复位所有中断
IRQ_set	函数	通过写 ISR 寄存器，设置指定中断
IRQ_setArg	函数	设置用户自定义的中断服务程序变量

【例 3-3】 中断使能：

```
IRQ_globalEnable();
IRQ_enable(IRQ_EVT_TINT1);
```

（3）EMIF 模块

EMIF 模块把 EMIF_Config 结构体传给函数 EMIF_config()或者把寄存器的值传给函数 EMIF_configArgs()来设置 EMIF 寄存器。表 3-11 列出了 EMIF 模块的函数。

表 3-11　EMIF 结构体和函数

名　称	类　型	说　明
EMIF_Config	结构体	用来设置 EMIF 寄存器的结构体
EMIF_config()	函数	使用结构体设置 EMIF 寄存器
EMIF_configArgs()	函数	使用寄存器值设置 EMIF 寄存器
EMIF_getConfig()	函数	读取当前 EMIF 寄存器的数值

【例 3-4】 使用函数 EMIF_config 初始化 EMIF：

```
EMIF_Config MyConfig = {
    0x00003060,
    0x00000040,
    0x404F0323,
    0x00000030,
    0x00000030,
    0x72270000,
    0x00000410,
    0x00000000
};
...
EMIF_config(&MyConfig );
```

或使用函数 EMIF_configArgs 初始化 EMIF：

```
EMIF_configArgs(
    0x00003060,
    0x00000040,
    0x404F0323,
    0x00000030,
    0x00000030,
    0x72270000,
    0x00000410,
    0x00000000);
```

（4）EDMA 模块

EDMA 模块把 EDMA_Config 结构体传给函数 EDMA_config()或者把寄存器的值传给函数 EDMA_configArgs()来设置 EDMA 的入口参数，表 3-12 列出了 EDMA 模块的结构体和函数。

表 3-12　EDMA 模块的结构体和函数

名　称	类　型	说　明
EDMA_Config	结构体	用于设置 EDMA 通道的 EDMA 配置结构体
EDMA_close()	函数	关闭已打开的 EDMA 通道
EDMA_config()	函数	使用配置结构体设置 EDMA 通道
EDMA_configArgs()	函数	使用 EDMA 参数变量设置 EDMA 通道
EDMA_open()	函数	打开 EDMA 通道
EDMA_reset()	函数	复位指定的 EDMA 通道

【例 3-5】使用函数 EDMA_config 初始化 EDMA：

```
EDMA_Config myConfig = {
0x41200000, /* opt */
0x80000000, /* src */
0x00000040, /* cnt */
0x80010000, /* dst */
0x00000004, /* idx */
0x00000000 /* rld */
};
…
EDMA_config(hEdma,&myConfig);
```

或使用函数 EDMA_configArgs 初始化 EDMA：

```
EDMA_configArgs(hEdma,
0x41200000, /* opt */
0x80000000, /* src */
0x00000040, /* cnt */
0x80010000, /* dst */
0x00000004, /* idx */
0x00000000 /* rld */
);
```

（5）GPIO 模块

GPIO 模块用来管理 GPIO 引脚，表 3-13 列出了 GPIO 模块的结构体和函数。

表 3-13　GPIO 模块的结构体和函数

名　称	类　型	说　明
GPIO_Config	结构体	用于设置 GPIO 全局控制寄存器的配置结构体
GPIO_close()	函数	关闭已打开的 GPIO 端口
GPIO_config()	函数	使用配置结构体设置 GPIO 全局控制寄存器
GPIO_configArgs()	函数	使用寄存器值设置 GPIO 全局控制寄存器
GPIO_open()	函数	打开 GPIO 端口
GPIO_reset	常数	复位指定的 GPIO 通道

【例 3-6】 使用函数 GPIO_config 初始化 GPIO：

```
GPIO_Config MyConfig = {
0x00000031, /* gpgc */
0x000000F9, /* gpen */
0x00000070, /* gdir */
0x00000082, /* gpval */
```

```
0x00000000, /* gphm */
0x00000000, /* gplm */
0x00000030 /* gppol */
};
…
GPIO_config(hGpio,&MyConfig);
```

或使用函数 GPIO_configArgs 初始化 GPIO：

```
GPIO_configArgs(hGpio,
0x00000031, /* gpgc */
0x000000F9, /* gpen */
0x00000070, /* gdir */
0x00000082, /* gpval */
0x00000000, /* gphm */
0x00000000, /* gplm */
0x00000030 /* gppol */
);
```

（6）HPI 模块

HPI 模块用来设置 HPI 寄存器，表 3-14 列出了 HPI 模块的结构体和函数。

表 3-14 HPI 模块的结构体和函数

名　称	类　型	说　明
HPI_getDspint()	函数	从 HPIC 寄存器读取 DSPINT 位
HPI_getEventId()	函数	获得 HPI 设备相关的 IRQ 事件
HPI_getFetch()	函数	从 HPIC 寄存器读 FETCH 标志位并返回其值
HPI_getHint()	函数	返回 HPIC 寄存器 HINT 位的值
HPI_getHrdy()	函数	返回 HPIC 寄存器 HRDY 位的值
HPI_getHwob()	函数	返回 HPIC 寄存器 HWOB 位的值
HPI_setDspint()	函数	写值到 HPIC 寄存器的 DSPINT 位
HPI_setHint()	函数	写值到 HPIC 寄存器的 HINT 位

（7）McBSP 模块

McBSP 模块用来设置 McBSP 寄存器，表 3-15 列出了 McBSP 模块的结构体和函数。

表 3-15 McBSP 模块的结构体和函数

名　称	类　型	说　明
MCBSP_Config	结构体	设置 McBSP 端口
MCBSP_close()	函数	关闭通过 MCBSP_open()函数打开的 McBSP 端口
MCBSP_config()	函数	使用配置结构体设置 McBSP 端口
MCBSP_configArgs()	函数	使用寄存器值设置 McBSP 端口
MCBSP_open()	函数	打开 McBSP 端口
MCBSP_start()	函数	启动 McBSP 设备

【例 3-7】 使用函数 MCBSP_config 初始化 MCBSP：

```
MCBSP_Config MyConfig = {
0x00012001, /* spcr */
0x00010140, /* rcr */
0x00010140, /* xcr */
0x00000000, /* srgr */
0x00000000, /* mcr */
0x00000000, /* rcer */
0x00000000, /* xcer */
```

```
0x00000000 /* pcr */
};
...
MCBSP_config(hMcbsp,&MyConfig);
```

或使用函数 MCBSP_configArgs 初始化 MCBSP：

```
MCBSP_configArgs(hMcbsp,
0x00012001, /* spcr */
0x00010140, /* rcr */
0x00010140, /* xcr */
0x00000000, /* srgr */
0x00000000, /* mcr */
0x00000000, /* rcer */
0x00000000, /* xcer */
0x00000000, /* pcr */
);
```

（8）I^2C 模块

I^2C 模块用来设置 I^2C 寄存器，表 3-16 列出了 I^2C 模块的结构体和函数。

表 3-16　I^2C 模块的结构体和函数

名　　称	类　型	说　　明
I2C_Config	结构体	配置 I^2C 接口的结构体
I2C_close()	函数	关闭已打开的 I^2C 设备
I2C_config()	函数	使用配置结构体配置 I^2C 接口
I2C_configArgst()	函数	使用寄存器值配置 I^2C 接口
I2C_open()	函数	打开 I^2C 设备
I2C_reset()	函数	复位 I^2C 设备
I2C_resetAll()	函数	复位所有 I^2C 设备寄存器
I2C_sendStop()	函数	产生停止条件
I2C_start()	函数	产生启动条件

【例 3-8】 使用函数 MCBSP_configArgs 初始化 MCBSP：

```
I2C_Handle hI2c;
I2C_configArgs(hI2c,0x10,0x00,0x08,0x10,0x05,0x10,0x6E0,0x19,0x1, 0x2);
```

（9）TIMER 模块

TIMER 模块用来设置 TIMER 寄存器，表 3-17 列出了 TIMER 模块的结构体和函数。

表 3-17　TIMER 模块的结构体和函数

名　　称	类　型	说　　明
TIMER_Config	结构体	配置定时器的结构体
TIMER_close()	函数	关闭已打开的定时器
TIMER_config()	函数	使用结构体配置定时器
TIMER_configArgs()	函数	使用寄存器值配置定数器
TIMER_open()	函数	打开定时器
TIMER_pause()	函数	暂停定时器
TIMER_reset()	函数	复位句柄指定的定时器
TIMER_resume()	函数	暂停后重启定时器
TIMER_start()	函数	启动并运行定时器

【例 3-9】 使用函数 EMIF_config 初始化 TIMER：

```
TIMER_Config MyConfig = {
```

```
        0x000002C0, /* ctl */
        0x00010000, /* prd */
        0x00000000, /* cnt */
    };
    …
    TIMER_config(hTimer,&MyConfig);
```

或使用函数 EMIF_configArgs 初始化 TIMER：

```
    TIMER_configArgs (LTimer, 0x000002C0, 0x00010000, 0x00000000);
```

（10）PLL 模块

PLL 模块用来设置 PLL 寄存器，表 3-18 列出了 PLL 模块的结构体和函数。

表 3-18　PLL 模块的结构体和函数

名　称	类　型	说　明
PLL_Config	结构体	用来配置锁相环控制器的结构体
PLL_Init	结构体	用来初始化锁相环控制器的结构体
PLL_bypass()	函数	设置锁相环进入直通模式
PLL_clkTest()	函数	检查并返回振荡器输入稳定状态
PLL_config()	函数	使用结构体设置锁相环寄存器
PLL_configArgs()	函数	使用寄存器值配置锁相环寄存器
PLL_deassert()	函数	从复位状态释放锁相环
PLL_disableOscDiv()	函数	禁用振荡分频器 OD1
PLL_disablePllDiv	常数	禁用指定的分频器
PLL_enable()	函数	使能锁相环
PLL_enableOscDiv()	函数	使能振荡分频器 OD1
PLL_enablePllDiv()	函数	使能指定的分频器
PLL_getConfig()	函数	读取当前锁相环控制器的配置值
PLL_getMultiplier()	函数	返回锁相环乘法器的值
PLL_getOscRatio()	函数	返回振荡分频器比值
PLL_getPllRatio()	函数	返回锁相环分频器比值
PLL_init()	函数	使用 PLL_Init 结构体初始化锁相环
PLL_operational()	函数	设置锁相环进入运行模式
PLL_pwrdwn()	函数	设置锁相环进入低功耗状态
PLL_reset()	函数	复位锁相环
PLL_setMultiplier()	函数	设置锁相环乘法器的值
PLL_setOscRatio()	函数	设置振荡分频器比值(CLKOUT3)
PLL_setPllRatio()	函数	设置锁相环分频器比值

【例 3-10】 使用函数 PLL_configArgs 初始化锁相环：

```
    PLL_configArgs(0x8000,0x01,0x800A,0x800B,0x800C,0x800D,0x0009);
```

3.5　系统自启动

由于 C6000 DSP 内部不带程序存储器，所以它在上电或复位后，必须将外部程序存储器中的程序加载到内部 RAM 之中才能启动运行。C6000 DSP 有两种启动方式：

- 主机启动模式，上电后 DSP 通过主机接口(HPI)搬移代码和启动；
- 并行 ROM 启动模式，上电后 DSP 通过 8、16 和 32 位 EMIF 接口搬移代码和启动。

并行启动模式简单，速度较快，因此在实际系统中应用广泛。当采用 EMIF 接口的并行启动模式时，C6000 DSP 只能从 CE1 空间向地址 0 处搬移 1KB 的代码，那么当应用程序大于 1KB 时，就需要两次代码搬移，这就是所谓的二级启动过程，如图 3-39 所示。

- DSP 上电或复位后，通过 EDMA 自动将 CE1 空间 0x9000 0000～0x9000 0400 区域内的 1KB 的启动程序(也称为 Bootloader)搬移到片内 RAM 的 0x0000 0000～0x0000 0400 的区域内。
- 搬移完成后自动跳转到地址 0 处执行搬移进来的启动程序。
- 启动程序将 CE1 空间 0x9000 0400 地址以后的全部应用程序搬移到内部 RAM 中，然后跳转到应用程序入口_c_int00 处运行。

那么现在要解决如下两个问题：

① 如何用 1KB 的启动程序把 FLASH 芯片中的应用程序搬移到 DSP 内部 RAM 中，并且运行搬移进来的应用程序；

② 如何把应用程序写进 FLASH 芯片。

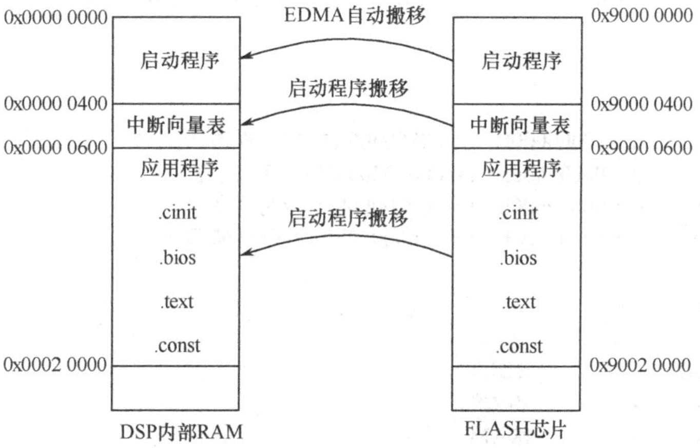

图 3-39　DSP 从 FLASH 的启动过程

可以使用 CCS 自带的 FlashBurn 工具将应用程序写进 FLASH 芯片，但该方法需要先把应用程序转换成 HEX 文件，转换过程比较麻烦。本书采用直接将应用程序写进 FLASH 的方法。

首先，打开应用程序，编译、链接，生成.out 文件，通过 JTAG 下载到 DSP 内部 RAM 中，但是不要运行。注意首先要对应用程序做如下两个方面的修改，再编译生成.out 文件。

（1）编写启动程序，将存放在 FLASH 芯片中的应用程序移进 DSP 片内，搬移完成之后从程序的入口地址_c_int00 开始运行，实现自启动。启动程序代码如下所示，注意要保证 CODE_SIZE 的数值大于应用程序的长度。

```
    FLASH_START    .equ    0x90000400  ;FLASH 起始地址
    CODE_START     .equ    0x00000400  ;应用程序起始地址
    CODE_SIZE      .equ    0x00010000  ;应用程序代码长度(字节)

    .sect   "bootloader"
    _boot_start:
      MVKL   FLASH_START,B4   ;FLASH 起始地址赋给 B4
      MVKH   FLASH_START,B4
      MVKL   CODE_START,A4    ;应用程序起始地址赋给 A4
      MVKH   CODE_START,A4
      MVKL   CODE_SIZE,B6
      MVKH   CODE_SIZE,B6
      ZERO   A1
    _boot_loop1:
```

```
        LDW    *B4++,A0   ;搬移应用程序
        NOP    5
        STW    A0,*A4++   ;搬移应用程序
        NOP    5
        ADD    1,A1,A1
        CMPLT A1,B6,B0
        NOP
        [B0] b    _boot_loop1
        NOP    5
        B      _c_int00   ;跳转到应用程序入口
        NOP    5
```

（2）修改应用程序的链接器命令文件，将 bootloader 这段代码定位在片内 RAM 的首地址，长度是 1KB(0x0000 0000～0x0000 0400)，中断向量表定位在 0x0000 0400～0x0000 0600，并设置中断服务表指针寄存器 ISTP=0x0000 0400，与中断向量表的偏移量对齐，紧随其后放置应用程序代码，如下所示：

```
MEMORY
{
    BOOT:     o = 00000000h   l = 00000400h/*  启动程序  */
    VECS:     o = 00000400h   l = 00000200h/*  中断向量表  */
    IRAM:     o = 00000600h   l = 00020000h/*  应用程序  */
    SDRAM:    o = 80000000h   l = 01000000h/*  外部存储器  */
}
SECTIONS
{
    bootloader  >       BOOT
    vectors     >       VECS
    .cinit      >       IRAM
    .text       >       IRAM
    .stack      >       IRAM
    .bss        >       IRAM
    .const      >       IRAM
    .data       >       IRAM
    .far        >       IRAM
    .switch     >       IRAM
    .sysmem     >       IRAM
    .tables     >       IRAM
    .cio        >       IRAM
}
```

其次，将应用程序代码写进 FLASH 芯片，因为这时已经通过 JTAG 将应用程序的.out 文件下载到片内的 RAM 中了(可以在 CCS 窗口中查看)，可以直接将片内 RAM 中的这些代码数据写进 FLASH。这就需要另一个程序，这个程序完成的功能就是将刚下载到片内 RAM 的数据写进 FLASH。

打开工程 Examples\0305_FLASHBURN，这个工程就可以直接编程实现将片内 RAM 的数据写进 FLASH 中。

因为前面已经下载应用程序代码到片内 RAM 的开始位置，也就是占用了片内 RAM 的一部分空间，因此就要修改这个 flash_burn 工程的链接器命令文件，不要与前面应用程序代码的存放位置有冲突，可以打开前面下载的应用程序的 map 文件查看其占用了多少空间，如下所示：

```
MEMORY CONFIGURATION
    name                    origin      length      used        attr
    ----------------------  ----------  ----------  ----------  --------
    BOOT                    00000000    00000400    00000060    RWIX
```

```
        VECS                    00000400  00000200   00000200   RWIX
        IRAM                    00000600  00020000   00000c9c   RWIX
        SDRAM                   80000000  01000000   00000000   RWIX
```

可以看出，BOOT 占用了 0x0060 字节，中断向量表占用了 0x0200 字节，应用程序占用了 0x0c9c 字节。为了留出足够的空间，把 flash_burn 的代码放置在离前面应用程序代码很远的地方(注意：还在片内 RAM 中)，比如在 0x0003 0000 到 0x0003 1000 这段空间，这样，flash_burn 这个工程的.out 文件下载到 DSP 内存之后就不会把前面下载的应用程序的.out 文件覆盖了。flash_burn 工程的.cmd 文件如下所示：

```
MEMORY
{
    IRAM:       o=0x00030000,  l=0x00001000
}
SECTIONS
{
    .text       >    IRAM
    .data       >    IRAM
    .bss        >    IRAM
    .cinit      >    IRAM
    .far        >    IRAM
    .stack      >    IRAM
    .sysmem     >    IRAM
    .const      >    IRAM
    .cio        >    IRAM
}
```

由于应用程序的大小是 0x0c9c 字节，因此从 RAM 往 FLASH 搬移的字节数要大于 0x0c9c，可定义 CODE_SIZE=0x10000，这样在自启动时，bootloader 程序就知道要从 FLASH 搬移多少字节数据到内存了。然后，再把 RAM 中的数据写进 FLASH，具体写多少根据.map 文件决定。

至此，RAM 中从 0x00000000 开始存放的应用程序代码就全部写进 FLASH 了，可以通过 CCS 窗口去查看是不是一样。flash_burn 工程的主函数如下，写入 FLASH 的过程如图 3-40 所示。

```
main()
{
    unsigned short j;
    int i=0;
    init_emif();
    i= ReadID();
    EraseChip();
    for(i=0;i<0x10000;i++)
    {
            j=*(unsigned char *)i;
            WriteByte(0x90000000+i*4,j);
    }
    While(1){};
}
```

FLASH 烧写过程总结如下：

① 打开应用程序工程，编译、链接、加载，但是不运行；

② 打开 FLASH 烧写工程文件，编译、链接、加载、运行，将应用程序烧写到 FLASH 芯片中，退出 CCS；

③ 断电，拔掉仿真器，重新上电，CPU 复位，实验板上显示两个 LED 灯交替闪烁，烧写

成功，完成了自启动。

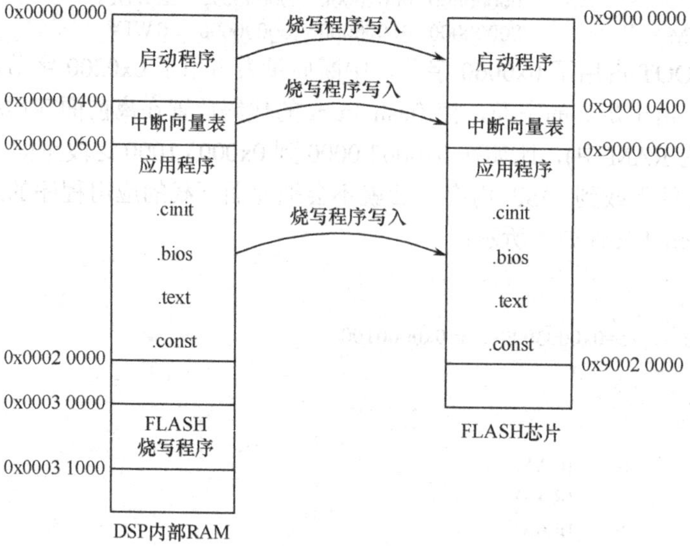

图 3-40　写入 FLASH 的过程

思考题与习题 3

3-1 CCS 的主要组成部分有哪些？

3-2 在利用 CCS 调试软件过程中，实现程序运行控制经常需要哪些操作？

3-3 CCS 的 Simulator 和 Emulator 有何区别？在哪些情况下适合使用 Simulator 调试程序？哪些情况下必须使用 Emulator 调试程序？

3-4 C 编译器生成的段有哪些？各段的作用是什么？

3-5 程序员如何定义自己的程序块？链接器对块是如何处理的？

3-6 MEMORY 和 SECTIONS 指令的作用是什么？

3-7 什么是断点？它的作用是什么？怎样设置断点？

3-8 关键字 interrupt 有什么作用？

3-9 为什么需要采用 C 语言和汇编语言的混合编程方法？

3-10 C 语言和汇编语言的混合编程方法主要有几种？各有什么特点？

3-11 在 C 语言程序中调用汇编子程序时，参数是如何传递的？

3-12 以下是一个平方根求解的级数展开公式：

$$\sqrt{x}=0.2075806+1.454895x-1.34491x^2+1.106812x^3-0.536499x^4+0.1121216x^5$$

其中，x 的范围为 $0.5\leqslant x\leqslant 1$。请在 C67xx DSP 下使用浮点数运算，编写程序实现该平方根计算，并完成下面的表格：

输入 x	0.5	0.6	0.7	0.8	0.9
DSP 计算的 $\sqrt{x}$					
计算器计算的 $\sqrt{x}$					
误差(%)					

第4章 锁 相 环

DSP 使用内部锁相环(Phase-Locked Loop，PLL)来产生所需的多路时钟信号，本章讲述锁相环的工作原理及其配置过程。

4.1 概 述

锁相环由锁相环乘法器(PLLM)、分频器(OSCDIV1、D0、D1、D2、D3)和复位控制器等部分组成，可通过软件进行配置，如图 4-1 所示。锁相环的输入参考时钟为来自 CLKIN 引脚的外部晶体振荡器的输入信号(CLKMODE0 引脚为高电平)，通过使用可配置的乘法器和分频器，在 DSP 内部，锁相环可灵活方便地修改输入的时钟信号，最后生成的时钟被传送到 DSP 内核、外围设备和其他的 DSP 内部模块，如下所示：

- SYSCLK1：分频器 D1 的输出，内部时钟，用于 DSP 内核。
- SYSCLK2：分频器 D2 的输出，内部时钟，用于 DSP 外围设备。
- SYSCLK3：分频器 D3 的输出，外部时钟，用于 EMIF 接口，生成 ECLKOUT 信号。
- CLKOUT3：分频器 OSCDIV1 的输出，外部时钟，用于系统其他设备。
- AUXCLK：直接来自于 CLKIN 的内部时钟信号，用于 McASP。

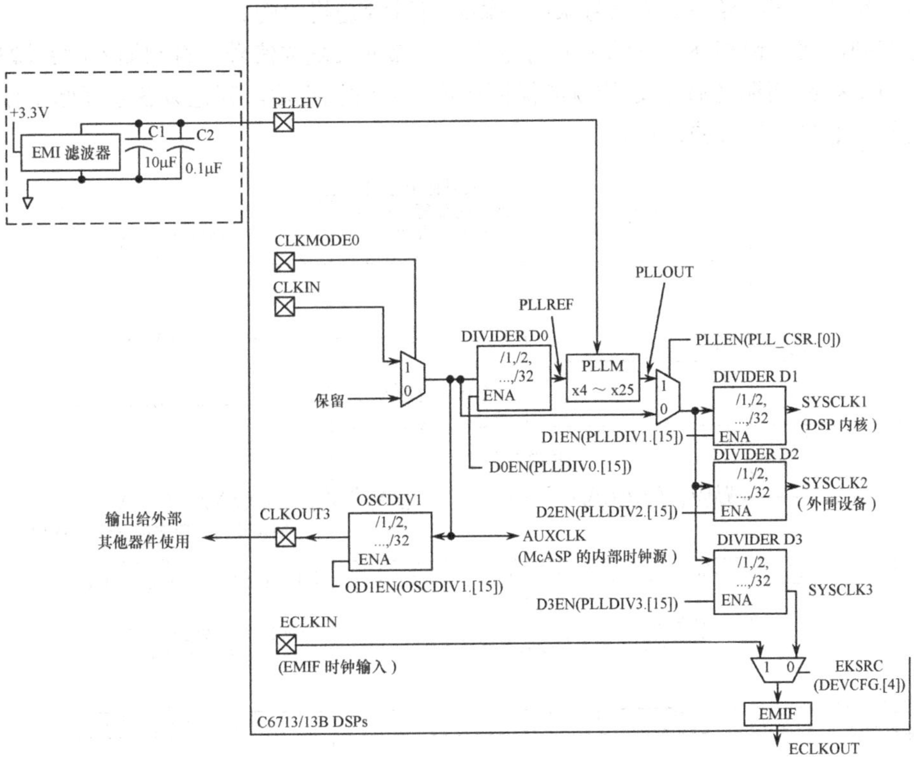

图 4-1 锁相环工作原理框图

4.2 功能描述

下面分别讲述锁相环内部的乘法器、分频器和复位控制器。

1．乘法器和分频器

通过编程锁相环乘法寄存器(PLLM)，锁相环能够进行4～25倍频。时钟分频器(OSCDIV1、D0、D1、D2、D3)可以编程实现1～32分频，或者可以禁用分频功能。当时钟分频器被禁用后，就没有时钟从此分频器输出。锁相环分频器只有在相应的分频寄存器(OSCDIV1或PLLDIVn)被使能的条件下才会输出时钟信号。

锁相环控制状态寄存器(PLLCSR)中的锁相环使能位(PLLEN)决定了锁相环的工作模式。当PLLEN=1时为锁相环模式，可以使用分频器D0和乘法器；当PLLEN=0时为直通模式，参考时钟信号绕过分频器D0和乘法器，直接输入到分频器D1、D2和D3。

在锁相环模式(PLLEN=1)，参考时钟信号输入分频器D0。此时，必须使能分频器D0(D0EN=1)，并在寄存器PLLDIV0中设置分频比例。分频器D0的输出信号接入乘法器，并在乘法控制寄存器PLLM中设置倍频数值。乘法器的输出信号接入分频器D1、D2和D3。

当使能分频器D1、D2和D3时(DnEN=1)，根据寄存器PLLDIVn中的数值，对乘法器的输出时钟进行分频。分频器D1、D2和D3的输出时钟具有50%的占空比，并且分别对应系统时钟SYSCLK1、SYSCLK2和SYSCLK3。

2．复位控制器

系统上电时，可能还没有等到片内或者片外振荡器稳定下来，复位信号($\overline{\text{RESET}}$)就已经结束了，此时，输入参考时钟可能还不是一个稳定的时钟信号。因此，当复位信号被撤销后，复位控制器延长了内部的异步复位信号来确保输入时钟源是稳定的。

复位控制器属于锁相环，它的主要功能是在内部延长复位信号，直到输入时钟源稳定下来(在512个CLKIN周期之后)。这样就能保证在输入时钟稳定后，其他设备才开始工作。图4-2展示了延长内部复位信号的过程。

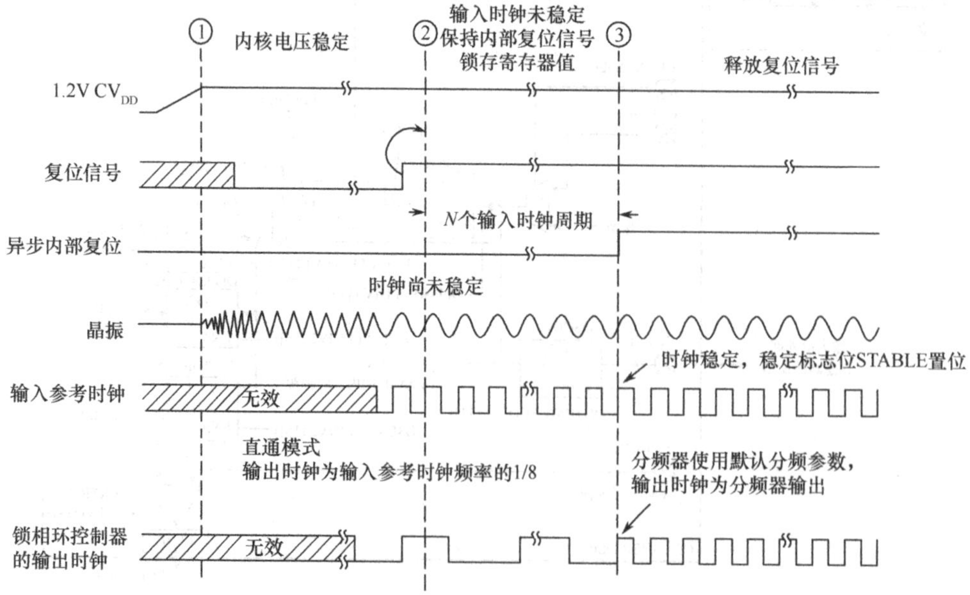

图4-2　复位控制器延长了内部复位信号

当内部复位信号为低时，乘法器和分频器被直通。锁相环的所有时钟输出频率都被固定为输入参考时钟的 1/8。经过 512 个 CLKIN 时钟周期后，复位控制器使设备脱离复位状态，并使锁相环控制状态寄存器(PLLCSR)内部的振荡器输入稳定标志位(STABLE)置位。此时刻后，使能分频器并且设置成默认的分频系数。

4.3 配置锁相环

下面讲述锁相环的初始化、关闭和唤醒的过程。

1．锁相环的初始化

在复位之后，由软件对锁相环初始化。锁相环控制寄存器只能被 CPU 或者仿真器修改，通用主机接口(HPI)不能直接访问锁相环控制寄存器。在用户程序初始化任何外围设备之前，尽可能早地对锁相环进行初始化。在 DSP 复位时，为了正确地配置锁相环及其控制器，必须执行下面两个初始化过程之一。

（1）锁相环模式(PLLEN=1)

当系统要使用分频器 D0 和乘法器时，进行此初始化过程：

- 在 PLLCSR 寄存器中，设置 PLLEN=0(禁用模式)；
- 等待 4 个周期的 PLLOUT 信号，CLKMODE = 1 时为 CLKIN；
- 在 PLLCSR 寄存器中，设置 PLLRST=1(PLL 被复位)；
- 对 PLLDIV0、PLLM 和 OSCDIV1 编程；
- 对 PLLDIV1-3 编程，必须执行此操作来使分频器更新比例系数；
- 等待锁相环正确地复位；
- 在 PLLCSR 寄存器中，设置 PLLRST=0，使锁相环退出复位状态；
- 等待锁相环锁定；
- 在 PLLCSR 寄存器中，设置 PLLEN=1 来使能锁相环模式。

（2）直通模式(PLLEN=0)

当系统需绕过分频器 D0 和乘法器时，进行此初始化过程：

- 在 PLLCSR 寄存器中，设置 PLLEN=0(禁止模式)；
- 等待 4 个周期的 PLLOUT 信号，CLKMODE = 1 时为 CLKIN；
- 在 PLLCSR 寄存器中，设置 PLLRST=1(PLL 被复位)；
- 对 OSCDIV1 编程；
- 对 PLLDIV1-3 编程，必须执行此操作来使分频器更新比例系数。

2．关闭锁相环

可以关闭锁相环。在这种情况下锁相环处于直通模式，DSP 工作在分频后的输入时钟下。此时，由于直通时钟一直存在(直接来自于 CLKIN)，虽然其处于一个比较低的频率，但 DSP 仍旧可以对事件作出响应。执行下列操作来关闭锁相环：

- 在寄存器 PLLCSR 中，令 PLLEN=0(直通模式)；
- 等待 4 个周期的 PLLOUT 信号，CLKMODE = 1 时为 CLKIN；
- 在寄存器 PLLCSR 中，令 PLLPWRDN=1 来关闭锁相环。

3．唤醒锁相环

执行下列操作从关闭模式唤醒锁相环：

- 在寄存器 PLLCSR 中，令 PLLEN=0(直通模式)；

- 等待 4 个周期的 PLLOUT 信号，CLKMODE = 1 时为 CLKIN；
- 在寄存器 PLLCSR 中，令 PLLPWRDN=0 来唤醒锁相环；
- 执行在初始化中讲述的锁相环复位顺序来复位锁相环，等待锁相环锁定，然后从直通模式切换到锁相环模式。

4.4 寄 存 器

锁相环控制寄存器配置锁相环的操作，见表 4-1，具体说明如下。

表 4-1 锁相环控制寄存器描述

缩 写	寄存器名称
PLLCSR	锁相环控制/状态寄存器
PLLM	锁相环乘法寄存器
PLLDIV0-3	锁相环分频寄存器
OSCDIV1	振荡分频 1 寄存器

1. 锁相环控制/状态寄存器

锁相环控制/状态寄存器(PLLCSR)各字段的定义，如图 4-3 所示，字段描述见表 4-2。

15～7	6	5～4	3	2	1	0
保留	STABLE	保留	PLLRST	保留	PLLPWRDN	PLLEN
R-0	R-1	R/W-0	R/W-1	R/W-0	R/W-0	R/W-0

图 4-3 PLLCSR 寄存器

表 4-2 PLLCSR 字段描述

字段名称	符号常量	取值	说 明
STABLE	OF(value)		标志输入时钟是否稳定
	—	0	CLKIN 输入不稳定，振荡计数器不停止计数
	DEFAULT	1	假定 CLKIN 输入稳定，振荡计数器停止计数
PLLRST	OF(value)		锁相环复位字段
	—	0	释放锁相环复位
	DEFAULT	1	复位锁相环
PLLPWRDN	OF(value)		锁相环关闭模式选择字段
	NO	0	锁相环处于活动状态
	YES	1	锁相环处于关闭状态
PLLEN	OF(value)		锁相环使能字段
	DEFAULT/BYPASS	0	直通模式，SYSCLK1，SYSCLK2 和 SYSCLK3 直接由输入时钟分频
	ENABLE	1	锁相环模式

2. 锁相环乘法寄存器

锁相环乘法寄存器(PLLM)如图 4-4 所示，字段描述见表 4-3。

15～5	4～0
保留	PLLM
R-0	R/W-xt

图 4-4 PLLM 寄存器

表 4-3　PLLM 字段描述

字段名称	说　明
PLLM	定义输入时钟的倍频系数(可以使用的倍数为 4～25 倍，其余保留)
	00100 = ×4 00101 = ×5 00110 = ×6 … 10111 = ×23 11000 = ×24 11001 = ×25

3．锁相环分频寄存器

锁相环分频寄存器(PLLDIV0-3)如图 4-5 所示，字段描述见表 4-4。

15	14　　5	4　　0
DnEN	保留	PLLDIVx
R/W-1	R-0	R/W-x

图 4-5　PLLDIV 寄存器

表 4-4　PLLDIV 字段描述

字段名称	符号常量	说　明
DnEN	OF(value)	分频器 Dn 使能位
	DISABLE	0—关闭分频器 Dn，没有时钟输出
	DEFAULT/ENABLE	1—使能分频器 Dn
PLLDIVx	OF(value) 0～1Fh	定义分频器的分频系数
		00000 = /1 00001 = /2 00010 = /3 … 11101 = /30 11110 = /31 11111 = /32

4．振荡分频 1 寄存器

振荡分频 1 寄存器(OSCDIV1)如图 4-6 所示，字段描述见表 4-5。

15	14　　5	4　　0
OD1EN	保留	OSCDIV1
R/W-1	R-0	R/W-x

图 4-6　OSCDIV1 寄存器

表 4-5　OSCDIV1 字段描述

字段名称	符号常量	说　明
OD1EN	OF(value)	振荡分频器使能位
	DISABLE	0—关闭振荡分频器，没有时钟输出
	DEFAULT/ENABLE	1—使能振荡分频器
OSCDIV1	OF(value) 0～1Fh	定义振荡分频器的分频系数
		00000 = /1 00001 = /2 00010 = /3 … 11101 = /30 11110 = /31 11111 = /32

4.5 锁相环示例程序

打开工程 Examples\0401_PLL，在主函数 main()里调用子函数 PLL_Init()初始化锁相环，子函数 PLL_Init()位于 pll.c 文件中，程序源代码如下：

```
void PLL_Init( void )
{
    *(PPLL)PLL_CSR   &= ~CSR_PLLEN;//锁相环进入直通模式 Bypass Mode
    PllDelay(20);//延时
    *(PPLL)PLL_CSR   |= CSR_PLLRST;//复位锁相环，需要 125ns
    PllDelay(20);
    // CLKIN=25MHz
    // PLLOUT = CLKIN/(DIV0+1) * PLLM
    // 500        = 25/1 * 20
    *(PPLL)PLL_DIV0       = DIV_ENABLE + 0;   // 1 分频
    *(PPLL)PLL_MULT       = 20;               // 20 倍频= 500MHz
#if defined( CE_TEST )
    *(PPLL)PLL_OSCDIV1 = 4;                   // 关闭 CLKOUT3
#else
    *(PPLL)PLL_OSCDIV1 = DIV_ENABLE + 4; // 打开 CLKOUT3，频率为 5MHz(25/5)
#endif
    // DSP 要求外围设备时钟频率总是小于 CPU 时钟频率的 1/2
    *(PPLL)PLL_DIV1       = DIV_ENABLE + 4; // 100MHz CPU CLK (500/5)
    PllDelay(20);
    *(PPLL)PLL_DIV2       = DIV_ENABLE + 9; // 50MHz Peripherals (500/10)
    PllDelay(20);
    *(PPLL)PLL_DIV3       = DIV_ENABLE + 9; // 50MHz EMIF (500/10)
    PllDelay(20);
    *(PPLL)PLL_CSR   &= ~CSR_PLLRST;// 至少延迟 187.5μs，理论上此时 CPU 运行在 25MHz
    PllDelay(1500);
    *(PPLL)PLL_CSR |= CSR_PLLEN;
    PllDelay(20);
}
```

CLKOUT3 引脚输出的时钟信号波形如图 4-7 所示。

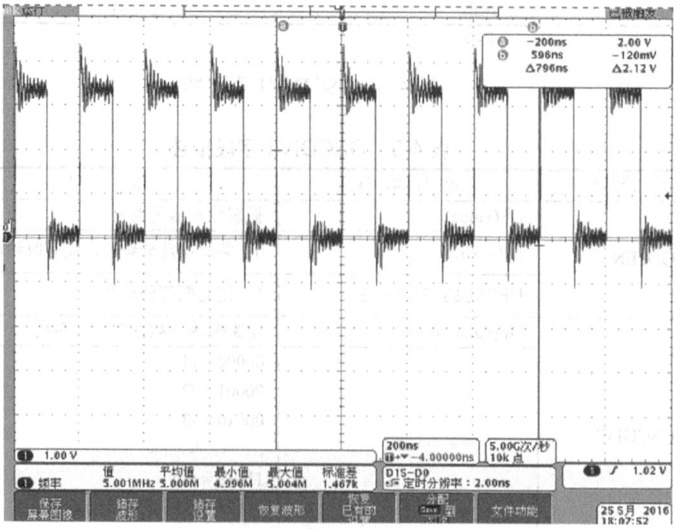

图 4-7　CLKOUT3 引脚输出的时钟信号波形(频率为 5MHz)

思考题与习题 4

4-1 论述 PLL 的配置过程。

4-2 假定输入时钟频率为 25MHz，若使 ECLKOUT 引脚输出时钟频率为 100MHz，该如何配置 PLL？

第5章　定　时　器

本章讲述 DSP 片内 32 位定时器(Timer)的工作原理及其配置过程。

5.1　概　述

C67xx DSP 集成了两个 32 位的通用定时器，可用于计时、事件计数，也可产生脉冲、CPU 中断信号及 EDMA 的同步信号等。

定时器的输入时钟可以由内部产生，也可以是外部时钟。定时器有输入/输出引脚(TINP/TOUT)，可配置为输入/输出时钟，也可以配置为通用 I/O 口。例如，利用内部时钟，用户可以让定时器为外部的 A/D 转换器提供采样启动信号，或是触发 EDMA 控制器开始一次数据传输任务；利用外部时钟，用户可以对外部事件进行计数，然后在一定的数目后向 CPU 发出中断。定时器的结构框图如图 5-1 所示。

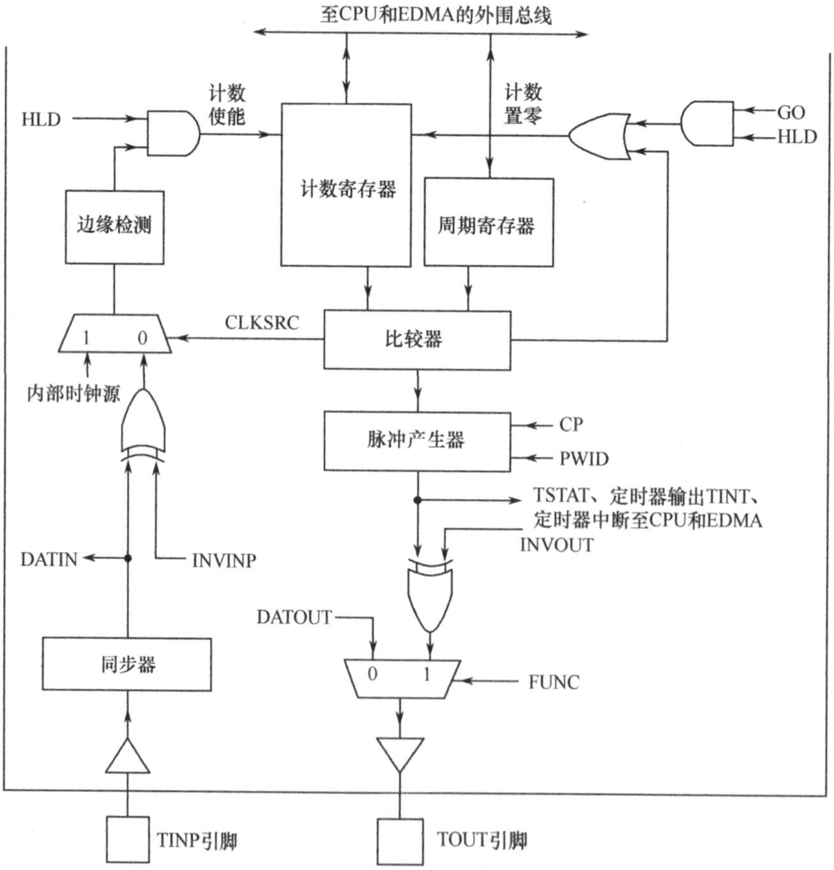

图 5-1　定时器的结构框图

5.2 控制寄存器

表 5-1 列出了定时器的有关控制寄存器。

表 5-1 定时器的控制寄存器

缩写	寄存器名称	说 明
CTL	定时器控制寄存器	设置定时器的工作模式，监视定时器的状态，设置 TOUT 引脚的功能
PRD	定时器周期寄存器	设置定时器的计数周期，决定 TSTAT 信号的频率
CNT	定时器计数寄存器	当前的计数值

表 5-1 中所列的 3 个寄存器都是 32 位寄存器，计数器的最大计数值是 65535。C6000 的定时器是加法计数器，真正的计数工作在定时器计数寄存器中进行，当计数寄存器的值达到周期寄存器的值时，会自动重置为 0。控制寄存器的内容如图 5-2 所示，各个字段的描述见表 5-2。

15–12	11	10	9	8
保留	TSTAT	INVINP	CLKSRC	CP
R-0	R-0	R/W-0	R/W-0	R/W-0

7	6	5	4	3	2	1	0
HLD	GO	保留	PWID	DATIN	DATOUT	INVOUT	FUNC
R/W-0	R/W-0	R-0	R/W-0	R-x	R/W-0	R/W-0	R/W-0

图 5-2 定时器控制寄存器

表 5-2 控制寄存器各字段的描述

字 段 名 称	符 号 常 量	取值	说 明
TSTAT			定时器状态位，其输出的数值
	0	0	
	1	1	
INVINP			TINP 翻转控制位，只有 CLKSRC = 0 时起作用
	NO	0	不翻转 TINP，驱动定时器
	YES	1	翻转 TINP，驱动定时器
CLKSRC			定时器输入时钟源
	EXTERNAL	0	外部时钟源驱动 TINP 引脚
	CUPOVR4	1	内部时钟源(CPU 频率的 1/4)
CP			方波/脉冲模式使能位
	PULSE	0	脉冲模式
	CLOCK	1	方波模式
HLD			挂起位
	YES	0	计数器关闭，并保留在当前状态
	NO	1	计数器允许计数
GO			GO 字段，复位并启动定时器
	NO	0	对定时器没有影响
	YES	1	如果 HLD=1，计数寄存器清空，并在下一个时钟周期开始计数
PWID			脉冲宽度位
	ONE	0	计数值等于周期值后，TSTAT 暂停一个时钟周期
	TWO	1	计数值等于周期值后，TSTAT 暂停两个时钟周期

(续表)

字段名称	符号常量	取值	说明
DATIN			数据输入位
	0	0	TINP 逻辑低
	1	1	TINP 逻辑高
DATOUT			数据输出位
	0	0	由 DATOUT 驱动
	1	1	由 TSTAT 驱动，INVOUT 字段控制翻转
INVOUT			TOUT 翻转控制位，只有 FUNC = 1 时起作用
	NO	0	不翻转 TSTAT 驱动 TOUT
	YES	1	翻转 TSTAT 驱动 TOUT
FUNC			控制 TOUT 的功能
	GPIO	0	TOUT 作为通用输入/输出引脚
	TOUT	1	TOUT 作为定时器输出引脚

5.3 计数器工作模式

1. 时钟源

定时器时钟信号可以是 DSP 的内部时钟，或由 TINP 引脚外部输入，由控制寄存器中的 CLKSRC 位进行选择。选择 DSP 内部时钟时，固定为 CPU 时钟频率的 1/4(CPU/4)。另外，用户可以利用 INVINP 位来控制计数动作由时钟信号的上升沿还是下降沿触发。

2. 计数

计数器的工作原理如图 5-1 所示。需要明确的是，计数器并不是被输入的时钟驱动进行计数操作的。实际上，计数器固定按 CPU 的时钟速度运行，输入计数器的时钟信号只是作为内部的计数使能信号的一个触发源。由一个边沿检测电路对该时钟进行检测，一旦检测到有效的边沿，就会产生宽度为一个 CPU 周期的计数使能脉冲。在计数使能由低变高时，才允许计数器进行计数操作。对于用户而言，计数器就像是由输入时钟产生的使能信号驱动进行计数。

当定时器计数达到定时器计数周期寄存器中设定的值后，会在下一个 CPU 时钟处立即复位为 0。因此计数器计数范围是从 0 到 N。如果设置计数周期为 2，时钟源为 CPU/4，那么启动后，定时器的计数状态是：

0，0，0，0，1，1，1，1，2，0，0，0，1，1，1，1，2，0，0，0

这里需注意的是，虽然整个计数过程中计数器的计数值达到了 2，但是周期是 8 个 CPU 时钟周期(2×4)，而不是 12 个 CPU 时钟周期(3×4)。所以，用户在计数周期寄存器中设置的值应该是定时周期数，而不是定时周期数加 1。

表 5-3　定时器工作状态控制

操　作	GO	HLD	说　明
定时器暂停	0	0	不允许计数，计数器暂停
定时器暂停之后重新启动	0	1	接着暂停时的数值继续计数
保留	1	0	未定义
启动定时器	1	1	计数器值归 0，重新计数

3. 启动与停止

定时器的运行状态包括启动、暂停、重新启动等，由 GO 和 HLD 两个控制位来决定，见表 5-3。

配置定时器需要以下 4 个步骤。

① 如果定时器没有暂停，将 HLD 字段置 0，挂起(hold)定时器。注意：复位后，定时器处于暂停状态。

② 将期望值写入定时器周期寄存器。

③ 将相应值写入定时器控制寄存器，不要改变 GO 和 HLD 字段的值。

④ 将 GO 和 HLD 字段置 1，启动定时器。

4．输出信号

定时器控制寄存器中 FUNC=0 时，TOUT 引脚被设置为通用输出口，此时它反映的是控制寄存器中 DATOUT 位的值。设置 FUNC=1 时，TOUT 作为定时器引脚，此时它反映的是控制寄存器中 TSTAT 位的值，即计数器的计数状态。作为定时器引脚时，由控制寄存器的 CP 位控制计数器输出的周期信号是方波形式还是脉冲形式。PWID 位控制了输出脉冲状态下，脉宽是 1 个时钟周期或者 2 个时钟周期。另外，还可以利用 INVOUT 位设定 TSTAT 值是否反向输出到 TOUT 引脚上。在图 5-3 和图 5-4 中可以看到这些设置的控制作用，表 5-4 给出了两种模式下 TSTAT 参数的计算公式，表中 PRD 为周期寄存器的设定值，f 为时钟源的频率。

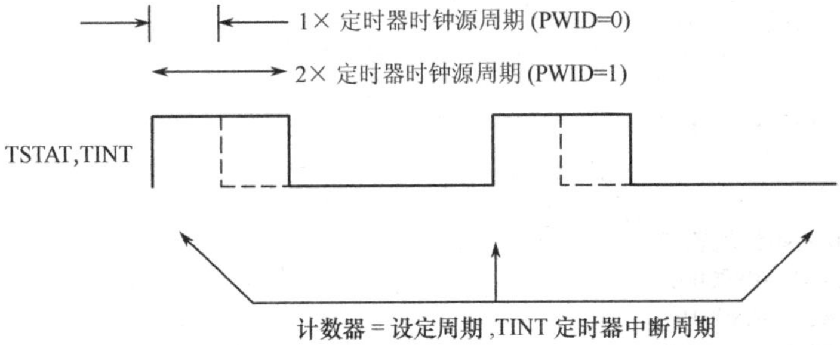

图 5-3　脉冲模式(CP=0)

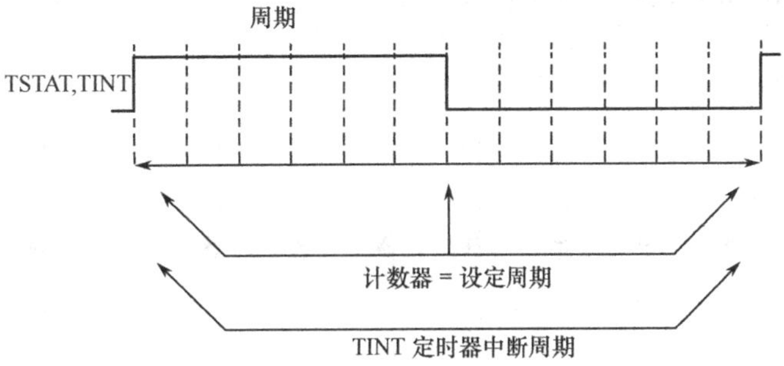

图 5-4　方波模式(CP=1)

表 5-4　脉冲和方波模式下 TSTAT 参数

模　式	频　　率	周　期	高脉冲宽度	低脉冲宽度
脉冲	f/ PRD	PRD / f	(PWID+1) / f	(PRD−(PWID+1)) / f
方波	f/ (2×PRD)	(2×PRD) / f	PRD / f	PRD / f

5．控制寄存器的边界条件

以下几种边界条件会对定时器的工作产生影响。

① 周期寄存器和计数寄存器的值都是 0：在芯片复位后定时器启动之前，TSTAT 保持默认值为 0。如果在周期寄存器和计数寄存器中值都是 0 的情况下启动定时器，TSTAT 的值会出

现几种情况。如果设置为脉冲工作模式，那么不论定时器是否被挂起，始终 TSTAT=1；在时钟模式下，如果 HLD=1，则 TSTAT 保持以前的值不变，如果 HLD=0，TSTAT 值会按 CPU/2 频率变化。

② 计数器溢出：如果定时器计数寄存器中初始化的值超过了定时器周期寄存器中的值，定时器在计数时，会首先计数到最大值(FFFF FFFFh)，然后恢复为 0，再继续计数。

③ 对工作中的定时器修改寄存器值：对于定时器计数寄存器，写入的值作为更新值；对于定时器控制寄存器，定时器的状态决定其更新值。

④ 脉冲模式下周期值设置太小：如果脉冲模式下设置的周期值≤PWID+1，那么 TSTAT 会保持为高。

5.4 定时器示例程序

打开工程 Examples\0501_Timer，程序源代码如下，TOUT 引脚输出信号波形如图 5-5 和图 5-6 所示。

```
int main()
{
  Int i,j;
  /* 系统、锁相环初始化 */
  Sys_Init();
  PLL_Init();
  /* 定时器 0 初始化配置 */
  TIMER0_CTRL =0x0000;
  TIMER0_PRD   =0x0019;
  TIMER0_COUNT=0x0000;
  TIMER0_CTRL =0x0201;
  TIMER0_CTRL =0x02C1;
}
```

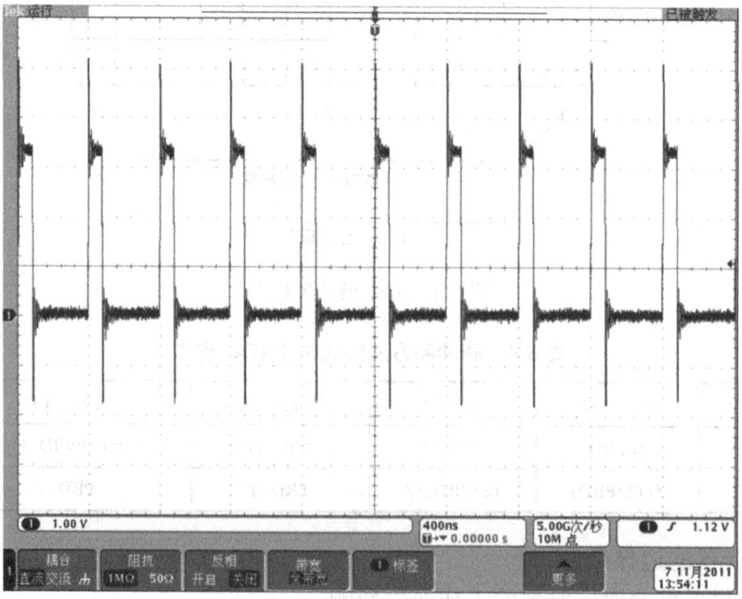

图 5-5 TOUT 引脚输出信号波形(f_{DSP}=100MHz, PRD=0xA,CP=0, PWID=1)

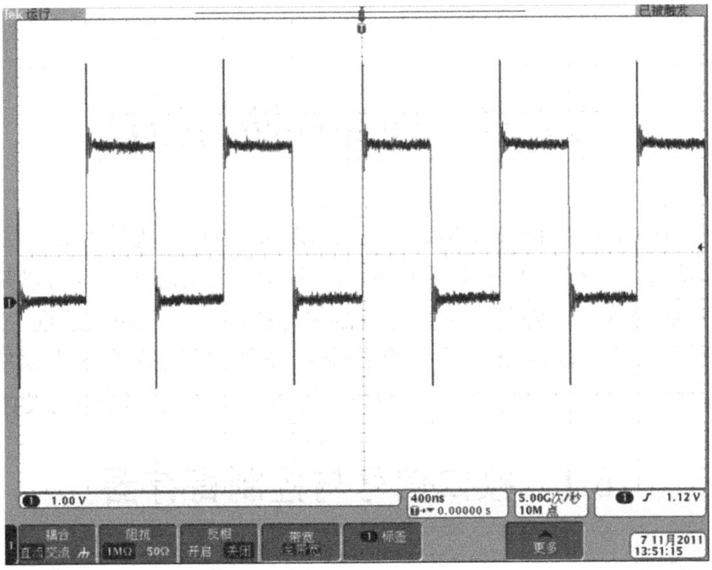

图 5-6　TOUT 引脚输出信号波形(f_{DSP}=100MHz, PRD=0xA, CP=1)

思考题与习题 5

5-1 假定 DSP 的 CPU 时钟频率为 200MHz，若在 TOUT0 引脚上产生一个 100kHz 的时钟，如何对定时器进行配置？

第 6 章　外部存储器接口

外部存储器接口(External Memory Interface，EMIF)的用途，就是为 DSP 芯片与众多外部设备之间提供一种连接方式。根据 DSP 器件的不同，EMIF 数据总线宽度可以是 16 位或 32 位。EMIF 性能优良，从而增强了与外部同步和异步器件连接的方便性和灵活性，EMIF 最常见的用途就是同时连接 FLASH 和 SDRAM 芯片，为 DSP 扩展外部程序和数据存储空间。本章首先介绍 EMIF 的接口信号和控制寄存器，然后详细介绍同步和异步接口时序的设计。

6.1　接口信号与控制寄存器

1. EMIF 接口信号

C67xx 的 EMIF 接口信号如图 6-1 所示，引脚详细描述见表 6-1，其特点是：

- EMIF 接口时钟信号 ECLKOUT 可由 ECLKIN 输入的外部时钟产生，或由内部锁相环电路(PLL)产生；
- SBSRAM 接口、SDRAM 接口和异步接口的信号合并复用，由于不需要进行后台刷新，系统中允许同时具有这 3 种类型的存储器；
- CE1 空间支持所有的 3 种存储器接口；
- 同步存储器接口提供 4 字突发访问模式；
- SDRAM 接口更灵活，支持更广泛的 SDRAM 配置。

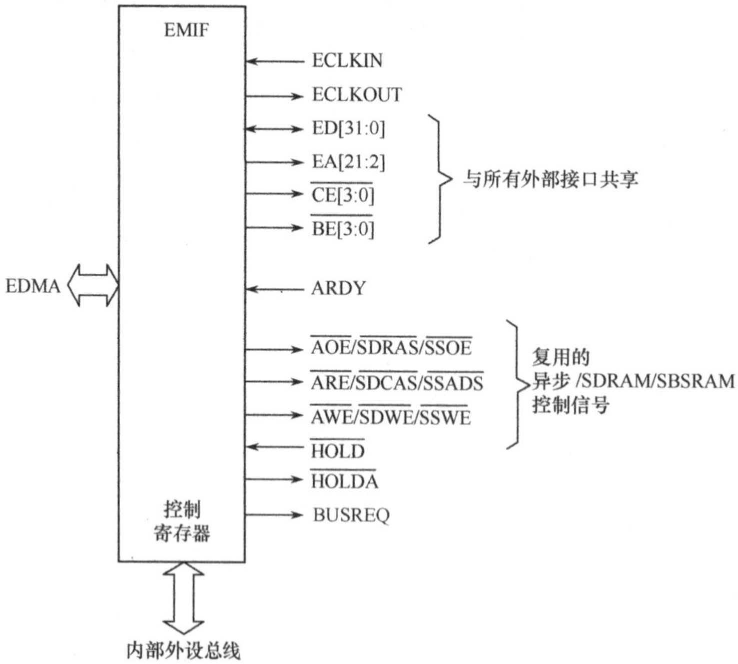

图 6-1　C67xx 的 EMIF 接口信号

表 6-1 EMIF 引脚详细描述

引 脚	输入/输出状态	说 明
ECLKIN	I	EMIF 时钟输入引脚
ECLKOUT	O	EMIF 时钟输出引脚
ED[31:0]	I/O/Z	EMIF 数据总线
EA[21:2]	O/Z	EMIF 地址总线
$\overline{\text{CE}[3:0]}$	O/Z	外部存储空间的选择引脚，低电平有效
$\overline{\text{BE}[3:0]}$	O/Z	字节使能引脚，低电平有效
ARDY	I	等待信号
$\overline{\text{AOE}}/\overline{\text{SDRAS}}/\overline{\text{SSOE}}$	O/Z	异步接口输出使能/SDRAM 行地址触发/SBSRAM 输出使能，低电平有效
$\overline{\text{ARE}}/\overline{\text{SDCAS}}/\overline{\text{SSADS}}$	O/Z	异步接口读使能/SDRAM 列地址触发/SBSRAM 地址使能，低电平有效
$\overline{\text{AWE}}/\overline{\text{SDWE}}/\overline{\text{SSWE}}$	O/Z	异步接口写使能/SDRAM 写使能/SBSRAM 写使能，低电平有效
$\overline{\text{HOLD}}$	I	外部总线保持请求信号，低电平有效
$\overline{\text{HOLDA}}$	O	外部总线保持应答信号，低电平有效
BUSREQ	O	总线请求信号，高电平有效

2. EMIF 接口地址

需要指出的是，虽然 C6000 提供 32 位地址寻址能力，但是经 EMIF 直接输出的地址信号只有 EA[21:2]。一般情况下，EA2 信号对应逻辑地址 A2，但这并不意味着 C6000 DSP 访问外部存储器时只能进行字(32 位)或双字(64 位)的存取。实际上内部 32 位地址的最低位经译码后由 BEx 输出，是能够控制字节访问的。某些情况下，EA2 还可能对应最低位逻辑地址 A0，甚至对应逻辑地址 A1。更高位逻辑地址经译码后由 $\overline{\text{CE}[3:0]}$ 输出。

C67xx 的 EMIF 可以访问 8/16/32 位宽度的存储器，支持小端和大端格式，对 ROM 和异步存储器不作区分。最低位逻辑地址规定由 EA 引脚输出，EMIF 内部会自动根据访问数据的字长，将逻辑地址作移位调整输出。表 6-2 总结了 C67xx EMIF 的寻址能力。

表 6-2 C67xx EMIF 的寻址能力

存储器类型	存储器宽度	每个 CE 空间最大可寻址范围	EA[21:2]输出的逻辑地址	说 明
ASRAM	×8	1MB	A[19:0]	字节地址
	×16	2MB	A[20:1]	半字地址
	×32	4MB	A[21:2]	字地址
SBARAM	×8	1MB	A[19:0]	字节地址
	×16	2MB	A[20:1]	半字地址
	×32	4MB	A[21:2]	字地址
SDRAM	×8	32MB	行列复用	字节地址
	×16	64MB	行列复用	半字地址
	×32	128MB	行列复用	字地址

C67xx 片内数据的存取总是按 32 位进行的，访问片外 8/16 位数据时，EMIF 会自动完成数据打包(packing)和解包(unpacking)处理。例如，向外部 8 位存储器写 1 个 32 位数据时，EMIF

会自动将数据解包为 4 个 8 位，依次写入目的地址 *N*、*N*+1、*N*+2 和 *N*+3。图 6-2 是不同端位模式下各字长数据在 32 位存储单元中的位置。

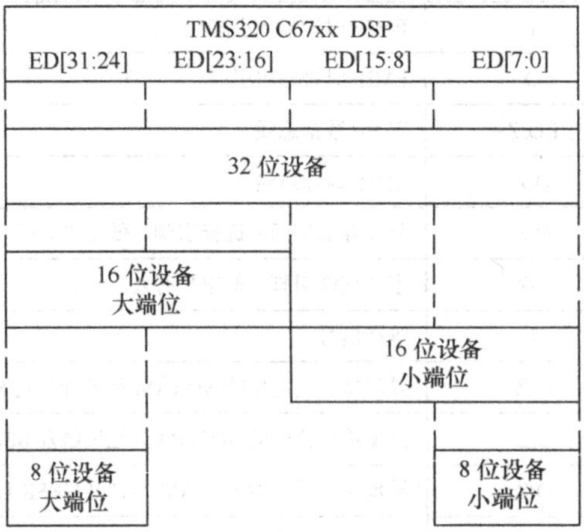

图 6-2 C67xx 在不同端位模式下的数据存放位置

3. EMIF 控制寄存器

EMIF 接口由一组寄存器进行控制与维护，包括配置各个空间的存储器类型和设置读/写时序等，见表 6-3。

表 6-3 EMIF 控制寄存器

寄存器名称	缩　写	功 能 描 述
EMIF 全局控制寄存器	GBLCTL	设置整个片外存储空间的公共参数
EMIF CE0 空间控制寄存器	CE0CTL	控制 CE0 存储空间的存储器类型和接口时序
EMIF CE1 空间控制寄存器	CE1CTL	控制 CE1 存储空间的存储器类型和接口时序
EMIF CE2 空间控制寄存器	CE2CTL	控制 CE2 存储空间的存储器类型和接口时序
EMIF CE3 空间控制寄存器	CE3CTL	控制 CE3 存储空间的存储器类型和接口时序
EMIF SDRAM 控制寄存器	SDCTL	控制 SDRAM 存储空间的参数，指定存储器类型
EMIF SDRAM 时序控制寄存器	SDTIM	控制 SDRAM 的刷新周期
EMIF SDRAM 扩展控制寄存器	SDEXT	控制 SDRAM 的扩展参数

图 6-3 至图 6-7 列出了这些控制寄存器的结构，表 6-4 至表 6-8 详细说明了各字段的含义。

15–12	11	10	9	8
保留	BUSREQ	ARDY	HOLD	HOLDA
R/W-0　R/W-0　R/W-1　R/W-1	R-0	R-0	R-0	R-0

7	6	5	4	3	2–0
NOHOLD	保留	EKEN	CLK1EN	CLK2EN	保留
R/W-0	R-1	R/W-1	R/W-1	R/W-1	R/W-0

图 6-3 GBLCTL 寄存器

表 6-4 GBLCTL 寄存器各字段的含义

字 段 名 称	取值	符 号 常 量	说　明
BUSREQ			总线请求位，标示 EMIF 进行数据访问/刷新
	0	LOW	BUSREQ 输出为低，没有数据访问/刷新过程
	1	HIGH	BUSREQ 输出为高，EMIF 正在进行数据访问/刷新

（续表）

字段名称	取值	符号常量	说明
ARDY			ARDY 输入位
	0	LOW	ARDY 输入为低，外部器件未准备好
	1	HIGH	ARDY 输入为高，外部器件准备就绪
HOLD			HOLD 输入位
	0	LOW	HOLD 输入为低，外部器件请求 EMIF 总线
	1	HIGH	HOLD 输入为高，没有外部总线请求
HOLDA			HOLDA 输出位
	0	LOW	HOLDA 输出为低，外部器件占用 EMIF 总线
	1	HIGH	HOLDA 输出为高，外部器件未占用 EMIF 总线
NOHOLD			外部 NOHOLD 使能位
	0	DISABLE	禁用 NOHOLD，HOLDA 输出信号应答 HOLD 输入的请求
	1	ENABLE	使能 NOHOLD，忽略 HOLD 输入的请求
EKEN			ECLKOUT 输出使能位
	0		ECLKOUT 输出为低电平
	1		ECLKOUT 输出时钟信号(默认)
CLK1EN			对 C6713、C6712C、C6711C 该位必须设置为 0
CLK2EN			CLKOUT2 输出使能位
	0	DISABLE	CLKOUT2 输出为高电平
	1	ENABLE	CLKOUT2 输出时钟信号

31–28	27–22	21–20	19–16
WRSETUP	WRSTRB	WRHLD	RDSETUP
R/W-1111	R/W-11 1111	R/W-11	R/W-1111

15–14	13–8	7–4	3	2–0
TA	RDSTRB	MTYPE	保留	RDHLD
R/W-11	R/W-11 1111	R/W-0010	R-0	R/W-011

图 6-4　CExCTL 寄存器

表 6-5　CExCTL 寄存器各字段的含义

字段名称	取值	符号常量	说明(时间单位为时钟周期数)
WRSETUP	0～Fh	OF(value)	写操作建立时间，写触发之前地址、片选和字节使能信号的时钟周期数
WRSTRB	0～3Fh	OF(value)	写操作触发时间
WRHLD	0～3h	OF(value)	写操作保持时间，写触发之后地址、片选和字节使能信号的时钟周期数
RDSETUP	0～Fh	OF(value)	读操作建立时间，读触发之前地址、片选和字节使能信号的时钟周期数
TA	0～3h	OF(value)	对外部 CE 空间两次访问的最小时间间距
RDSTRB	0～3Fh	OF(value)	读操作触发时间
MTYPE	0～Fh		相应外部 CE 空间的存储器类型
	0h	ASYNC8	8 位异步接口
	1h	ASYNC16	16 位异步接口
	2h	ASYNC32	32 位异步接口
	3h	SDRAM32	32 位 SDRAM
	4h	SBSRAM32	32 位 SBSRAM
	5～7h		保留
	8h	SDRAM8	8 位 SDRAM
	9h	SDRAM16	16 位 SDRAM
	Ah	SBSRAM8	8 位 SBSRAM
	Bh	SBSRAM16	16 位 SBSRAM
RDHLD	0～7	OF(value)	读操作保持时间，读触发之后地址、片选和字节使能信号的时钟周期数

31	30	29	28	27	26	25	24	23	20	19	16
保留	SDBSZ	SDRSZ		SDCSZ		RFEN	INIT	TRCD		TRP	
R/W-0	R/W-0	R/W-0		R/W-0		R/W-1	W-0	R/W-0100		R/W-1000	

15	12	11	0
TRC		保留	
R/W-1111		R/W-0	

图 6-5　SDCTL 寄存器

表 6-6　SDCTL 寄存器各字段的含义

字段名称	取值	符号常量	说　明
SDBSZ			SDRAM 存储阵列的数量
	0	2Banks	1 个存储阵列选择引脚(2 个存储阵列)
	1	4Banks	2 个存储阵列选择引脚(4 个存储阵列)
SDRSZ	0～3h		SDRAM 行数
	0	11ROW	11 个行地址引脚(每个存储阵列 2048 行)
	1h	12ROW	12 个行地址引脚(每个存储阵列 4096 行)
	2h	13ROW	13 个行地址引脚(每个存储阵列 8192 行)
	3h		保留
SDCSZ	0～3h		SDRAM 列数
	0	9COL	9 个列地址引脚(每行 512 单元)
	1h	8COL	8 个列地址引脚(每行 256 单元)
	2h	10COL	10 个列地址引脚(每行 1024 单元)
	3h		保留
RFEN			刷新使能位，如果不使用 SDRAM，确保 RFEN=0
	0	DISABLE	禁用 SDRAM 刷新
	1	ENABLE	使能 SDRAM 刷新
INIT			初始化位
	0	NO	不起作用
	1	YES	初始化 SDRAM
TRCD	0～Fh	OF(value)	设置 SDRAM 的 t_{RCD} 值(单位为 EMIF 时钟周期数)，TRCD=$t_{RCD}/t_{cyc}-1$
TRP	0～Fh	OF(value)	设置 SDRAM 的 t_{RP} 值(单位为 EMIF 时钟周期数)，TRP=$t_{RP}/t_{cyc}-1$
TRC	0～Fh	OF(value)	设置 SDRAM 的 t_{RC} 值(单位为 EMIF 时钟周期数)，TRC=$t_{RC}/t_{cyc}-1$

31	26	25	24	23	12	11	0
保留		XRFR		CNTR		PERIOD	
R/W-0		R/W-0		R-5DCh		R/W-5DCh	

图 6-6　SDTIM 寄存器

表 6-7　SDTIM 寄存器各字段的含义

字段名称	取值	符号常量	说　明
XRFR	0～3h	OF(value)	控制 SDRAM 额外刷新次数
	0		1 次刷新
	1h		2 次刷新
	2h		3 次刷新
	3h		4 次刷新
CNTR	0～FFFh	OF(value)	当前刷新计数器的值(单位为 EMIF 时钟周期数)
PERIOD	0～FFFh	OF(value)	刷新周期数(单位为 EMIF 时钟周期数)

31–21	20	19–18	17	16–15	14–12
保留	WR2RD	WR2DEAC	WR2WR	R2WDQM	RD2WR
R/W-0	R/W-1	R/W-10	R/W-1	R/W-11	R/W-101

11–10	9	8–7	6–5	4	3–1	0
RD2DEAC	RD2RD	THZP	TWR	TRRD	TRAS	TCL
R/W-11	R/W-1	R/W-10	R/W-01	R/W-1	R/W-111	R/W-1

图 6-7 SDEXT 寄存器

表 6-8 SDEXT 寄存器各字段的含义

字段名称	取值	符号常量	说明(单位为 EMIF 时钟周期数)
WR2RD	0～1h	OF(value)	设置 WRITE 到 READ 命令的最少周期数 WR2RD =(WRITE 到 READ 周期数)− 1
WR2DEAC	0～3h	OF(value)	设置 WRITE 到 DEAC/DCAB 命令的最少周期数 WR2DEAC =(WRITE 到 DEAC/DCAB 周期数)− 1
WR2WR	0～1h	OF(value)	设置 WRITE 到 WRITE 命令的最少周期数 WR2WR =(WRITE 到 WRITE 周期数)− 1
R2WDQM	0～3h	OF(value)	设置 WRITE 命令中断 READ 命令之前，BEx 信号保持高电平的周期数 R2WDQM =(BEx 高电平周期数)− 1
RD2WR	0～7h	OF(value)	设置 READ 到 WRITE 命令的最少周期数 RD2WR =(READ 到 WRITE 周期数)− 1
RD2DEAC	0～3h	OF(value)	设置 READ 到 DEAC/DCAB 命令的最少周期数 RD2DEAC =(READ 到 DEAC/DCAB 周期数)− 1
RD2RD		OF(value)	设置 READ 到 READ 命令的最少周期数
	0		READ to READ = 1 ECLKOUT 周期
	1		READ to READ = 2 ECLKOUT 周期
THZP	0～3h	OF(value)	设置 SDRAM 的 t_{HZP} 参数 THZP = $t_{HZP} / t_{cyc} - 1$
TWR	0～3h	OF(value)	设置 SDRAM 的 t_{WR} 参数 TWR = $t_{WR} / t_{cyc} - 1$
TRRD		OF(value)	设置 SDRAM 的 t_{RRD} 参数
	0		TRRD = 2 ECLKOUT 周期
	1		TRRD = 3 ECLKOUT 周期
TRAS	0～7h	OF(value)	设置 SDRAM 的 t_{RAS} 参数 TRAS = $t_{RAS} / t_{cyc} - 1$
TCL		OF(value)	设置 SDRAM 的 CAS 延迟
	0		CAS 延迟= 2 ECLKOUT 周期
	1		CAS 延迟= 3 ECLKOUT 周期

6.2 SDRAM 同步接口设计

SDRAM 是 Synchronous Dynamic Random Access Memory 的缩写，其特点：一是同步访问，读/写操作需要时钟；二是动态存储，芯片需要定时刷新。动态存储器中同步技术的出现，使得芯片的读/写速度从以往的 60～70ns 减少到目前的 6～7ns，提高了将近 10 倍。在图像处理等需要大容量存储器的应用场合，SDRAM 可以提供非常高的性价比。C6000 系列 DSP 的 EMIF 接口，能实现与 SDRAM 的无缝连接。

1. SDRAM 的结构

SDRAM 的内部包含多个存储阵列(Bank)，如图 6-8 所示，数据“填充”在阵列的单元格里，先指定行地址(RAS)，再指定列地址(CAS)，就可以准确找到所需要的单元格，进行数据的读/写。单元格称为存储单元，存储阵列也称作页(Bank)。单一的页将会造成非常严重的寻址冲突，大幅降低内存效率，所以 SDRAM 内部一般包含 4 个页。

在 SDRAM 芯片内部有一个逻辑控制单元，由模式寄存器(Mode Register)为其提供控制参数。SDRAM 初始化过程中，关键的阶段就在于模式寄存器的设置，在完成模式寄存器设置之后，SDRAM 就进入了正常工作状态。在寻址时要先确定是哪个页，再确定行地址，使之处于活动状态(Active)，然后再确定列地址。

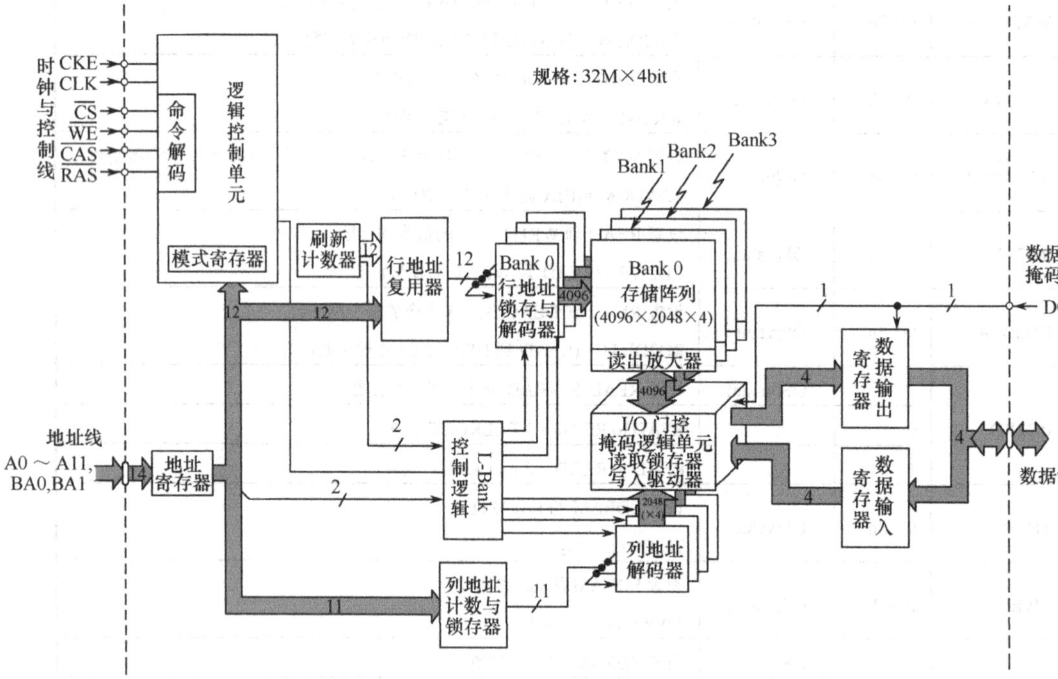

图 6-8　SDRAM 的内部结构

2. SDRAM 的控制

EMIF 接口可以灵活地设置 SDRAM 的参数，包括列地址数目、行地址数目及存储阵列的数量。通过设置上述参数，C67xx 最多能够同时激活 SDRAM 中 4 个不同的页，这些页可以集中在一个 CE 空间中，也可以跨越多个 CE 空间，一个存储阵列一次只能打开一个页。SDRAM 控制器对行/列地址的控制逻辑决定了芯片可以接口的 SDRAM 类型。

表 6-9 和表 6-10 分别给出了 EMIF 所支持的 SDRAM 控制命令及它们的信号真值表。

（1）SDRAM 的关闭(DCAB 和 DEAC)

DCAB 命令用于关闭存储器中当前的活动页。芯片复位，或 SDCTL 寄存器的 INIT 置 1(SDRAM 初始化)，以及在 REFR 和 MRS 命令之前，都会发出 SDRAM 的 DCAB 命令。执行 DCAB 期间，EA12 置高，以保证所有的 SDRAM 页都被关闭(deactivation)。C67xx 支持 DEAC 命令，可以关闭某个页。图 6-9 和图 6-10 给出了 DCAB 和 DEAC 命令的时序图。

表 6-9　SDRAM 控制命令

命令	功　能
DCAB	Deactivate，关闭所有的存储器，也称为 precharge
DEAC	关闭单个存储体
ACTV	激活所选的存储体，并选择存储器的某一行
READ	输入起始的列地址，开始读操作
WRT	输入起始的列地址，开始写操作
MRS	设置模式寄存器
REFR	使用内部地址自动进行周期性刷新
SLFREFR	自刷新模式

表 6-10　SDRAM 命令的真值表

SDRAM	CKE	CS	RAS	CAS	W	A[19:16]	A[15:11]	A10	A[9:0]
32 位 EMIF	SDCKE	CE	SDRAS	SDCAS	SDWE	EA[21:18]	EA[17:13]	EA12	EA[11:2]
ACTV	H	L	L	H	H	0001b 或 0000b	页/行	行	行
READ	H	L	H	L	H	×	页/列	L	列
WRT	H	L	H	L	L	×	页/列	L	列
MRS	H	L	L	L	L	L	L/模式	模式	模式
DCAB	H	L	L	H	L	×	×	H	×
DEAC	H	L	L	H	L	×	页/×	L	×
REFR	H	L	L	L	H	×	×	×	×
SLFREFR	L	L	L	L	H	×	×	×	×

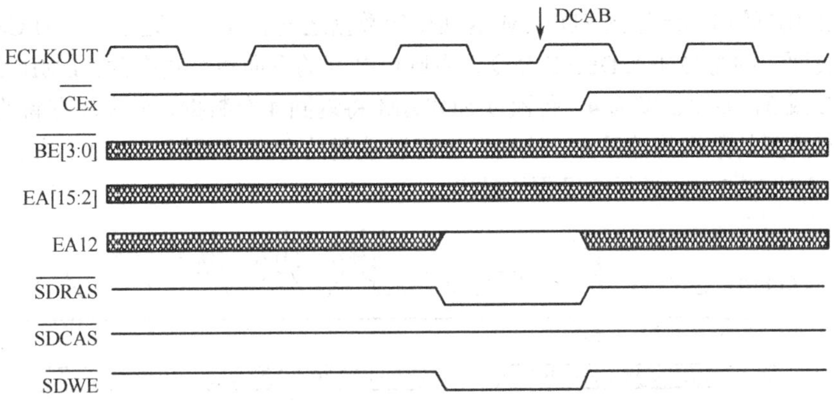

图 6-9　DCAB 命令的时序图

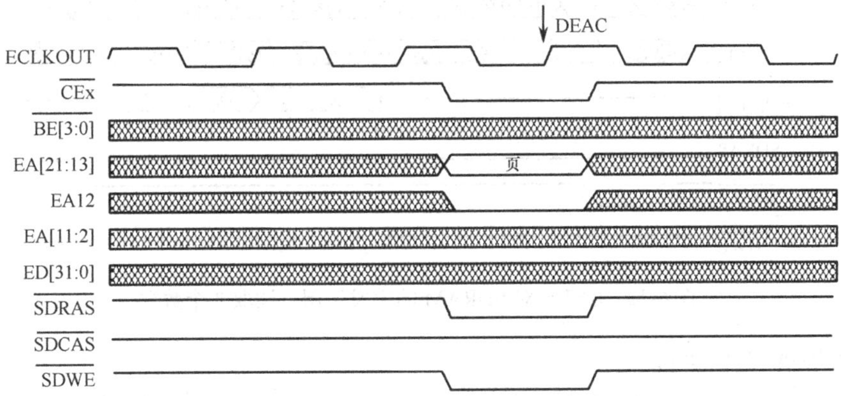

图 6-10　DEAC 命令的时序图

（2）Activate (ACTV)

ACTV 命令的作用是激活存储器中的相关页，以尽量降低后续访问的延迟。每次读/写 SDRAM 中新的一行之前，EMIF 会自动发出 ACTV 命令。图 6-11 给出了 ACTV 命令的时序图。

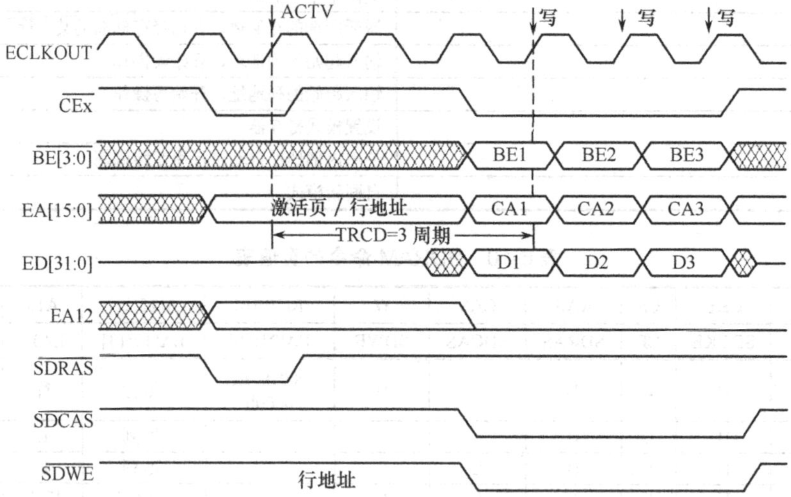

图 6-11 ACTV 命令的时序图

（3）SDRAM 读操作(READ)

在读操作之前，必须由 ACTV 预先激活 SDRAM 对应的存储体，然后送入列地址读取需要的数据。从 EMIF 输出列地址到 SDRAM 返回相应数据之间存在一个延迟，称为 CSA 延迟。如果访问新的页面，则需要插入 DEAC 命令，否则已打开的页面将一直有效。EMIF 的 CSA 延迟可以设置为 2 或 3，突发长度为 4。每次读 SDRAM 将返回 4 个数据，如果没有新的读命令，读突发结束，不需要的数据将被丢弃。读突发也可以被新的命令打断(由 SDEXT 寄存器控制)。如图 6-12 给出了对 SDRAM 进行读操作的时序。

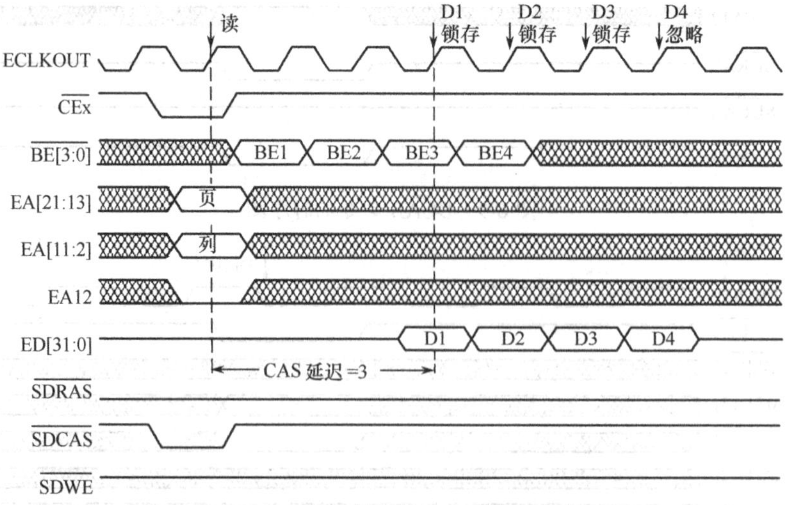

图 6-12 C67xx 对 SDRAM 的突发访问，读取 3 个数据

（4）SDRAM 写(WRT)

写操作之前，由于已经由 ACTV 命令激活了有关的行地址，因此 EMIF 会在输出列地址的

同时输出数据，没有延迟。最后一个写命令后，EMIF 会插入一个空闲周期(idle)，以满足 SDRAM 的时序需要。同样，写命令之后页面会保持激活状态，除非需要访问新的页，才会插入 DCAB 周期。C67xx 的写突发长度为 4(突发长度内多余的数据依靠 DQM 信号屏蔽写入)。图 6-13 给出了对 SDRAM 进行写操作的时序。

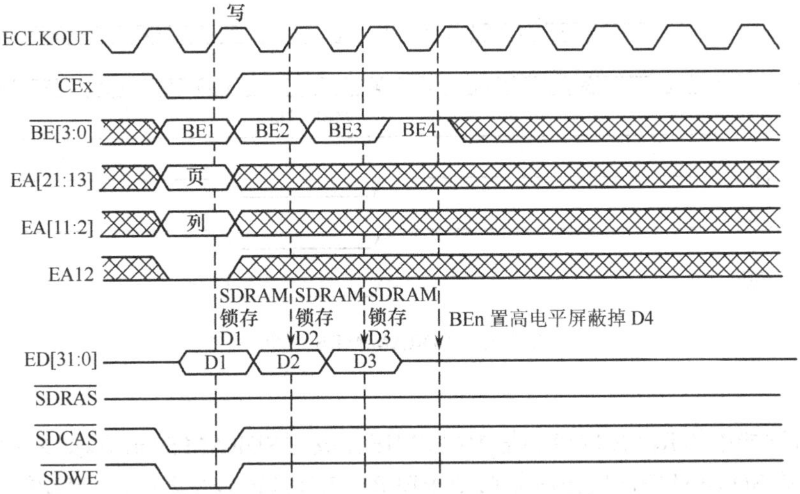

图 6-13　C67xx 对 SDRAM 写 3 个数据

（5）设置模式寄存器(MRS)

模式寄存器位于 SDRAM 存储芯片中，控制读/写操作的有关参数。在访问 SDRAM 之前，EMIF 必须先通过 MRS 命令设置该寄存器。与 DCAB 和 REFR 命令一样，MRS 命令会同时发给所有配置为 SDRAM 的 CE 空间。MRS 命令之后，SDCTL 寄存器中的 INIT 位立即被清零，以免产生多个 MRS 周期。根据 SDEXT 寄存器中 TCL 字段等于 1 或 0，在 MRS 命令中送入 0x0032 或 0x0022。MRS 命令的值是通过地址引脚写入的。图 6-14 和表 6-11 给出了模式寄存器的字段及说明。图 6-15 则给出了 MRS 命令对应的时序操作。

13	12	11	10	9	8	7
EA15	EA14	EA13	SDA10	EA11	EA10	EA9
保留				Write Burst Length	保留	
0000				0	00	

6	5	4	3	2	1	0
EA8	EA7	EA6	EA5	EA4	EA3	EA2
Read Latency			S/I	Burst Length		
01x			0	010		

图 6-14　模式寄存器

表 6-11　模式寄存器各字段说明

字段名称	说　明
Write Burst Length	写突发长度，4 个字
Read Latency	读延迟，TCL=0 时 2 个周期；TCL=1 时 3 个周期
S/I	连续/交叉突发类型，选择连续
Burst Length	突发长度，4 个字

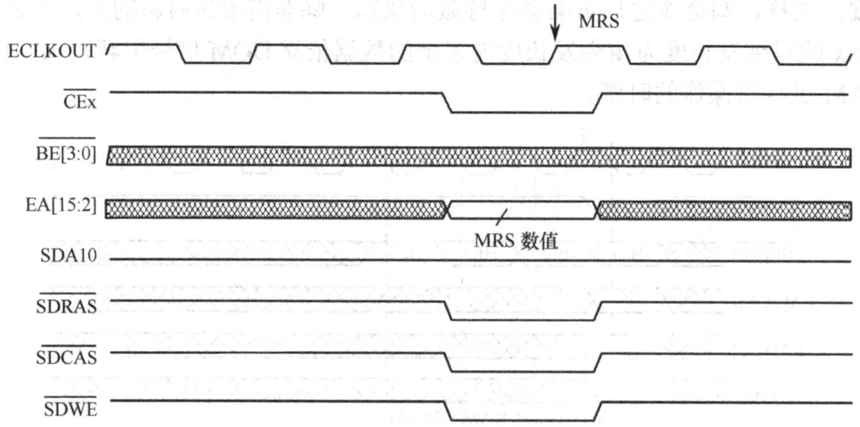

图 6-15 SDRAM MRS 命令

（6）刷新

SDCTL 寄存器中的 RFEN 位控制是否由 EMIF 完成对 SDRAM 的刷新。如果 RFEN=1，EMIF 会控制向所有的 SDRAM 空间发出刷新命令(REFR)。在 REFR 命令之前，会自动插入一个 DCAB 命令，以保证刷新过程中所有的 SDRAM 页面都处于未激活状态。DCAB 命令之后，EMIF 开始按照 SDTIM 寄存器中 PERIOD 字段设置的值进行定时刷新。刷新前后，页面信息会变为无效。对于 C67xx，刷新请求按照高优先级进行处理，对紧急刷新不作特殊处理。EMIF 的 SDTIM 寄存器的 XRFR 字段可以控制刷新计数器记到 0 时，执行刷新操作的次数。

（7）SDRAM 的初始化

当某个 CE 空间配置为 SDRAM 空间后，必须首先进行初始化。用户不需要控制初始化的每个步骤，只需要向 EMIF SDCTL 寄存器的 INIT 位写 1，申请对 SDRAM 作初始化，然后 EMIF 就会自动完成所需要的各步操作。初始化操作不能在进行 SDRAM 存取的过程中进行，初始化过程包括下面几个步骤：

- 对所有的 SDRAM 空间发出 DCAB 命令；
- 执行 3 个 REFR 命令；
- 对所有的 SDRAM 空间发出 MRS 命令。

（8）页面边界控制

SDRAM 属于分页存储器，EMIF 的 SDRAM 控制器会监测访问 SDRAM 时行地址的情况，避免访问时发生行越界(row boundaries crossed)。为了完成这一任务，EMIF 在内部有 4 个页面寄存器，自动保存当前打开的行地址，然后与后续存取访问的地址进行比较。需要说明的是，当前存取操作结束并不会引起 SDRAM 中已经激活的行被立即关闭，EMIF 的控制原则是维持当前行的打开状态，除非必须关闭。这样做的好处是可以减少关闭/重新打开之间的命令切换时间，使接口在存储器访问的控制过程中充分利用地址信息。

对于 C67xx，EMIF 最多可以同时打开 4 个页面，打开的页面可以属于同一个 CE 空间，也可以分布于多个 CE 空间。进行页面比较的逻辑地址位数取决于 SDCTL 寄存器中 SDCSZ、SDBSZ 和 SDRSZ 字段的设置。SDRAM 芯片中的每个块一次只允许打开一页，如果多个 CE 空间配置为 SDRAM 空间，而且总的块数超过了页面寄存器个数(4)，EMIF 在访问中会对页面寄存器采用一种随机置换的策略。如果总的块数不超过 4，则页面寄存器将采用固定的置换策略。一旦检测到页面缺失(访问同一个 CE 空间时)，或是跨 CE 空间访问时，EMIF 会自动执行 DEAC 操作，然后再开始访问新的行。

（9）访问地址的移位

由于 SDRAM 行逻辑地址与列逻辑地址复用相同的 EMIF 引脚，所以 EMIF 接口需要对行地址与列地址进行相应的移位处理。地址的移位处理由 SDCRL 寄存器中的 SDCSZ 字段控制。

另外，对于 SDRAM，因为输入地址也是控制信号，因此需注意：

① 行地址触发信号 RAS 有效期间的高位地址信号会被 EMIF 内部 SDRAM 控制器锁存，以保证执行 READ 和 WRT 命令时选通正确的页；

② READ/WRT 操作期间，EMIF 会保持 precharge 信号为低(C67xx 是 EA12)，以防止 READ/WRT 命令执行后发生 autoprecharge 操作。

3. SDRAM 接口时序设计

EMIF 与 SDRAM 的接口时序由 SDCTL 和 SDEXT 寄存器控制，表 6-12 给出了可以设置的 SDRAM 接口时序参数。

表 6-12　SDRAM 接口时序参数

参　数	说　　明	ECLKOUT 时钟周期数
t_{RC}	REFR 命令到 ACTV、MRS 或下一个 REFR 命令之间的时间	TRC+1
t_{RCD}	ACTV 命令到 READ 或 WRT 命令之间的时间	TRCD+1
t_{RP}	DCAB/DEAC 命令到 ACTV、MRS、REFR 命令之间的时间	TRP+1
t_{CL}	SDRAM 的 CAS 延迟时间	TCL+2
t_{RAS}	ACTV 命令到 DCAB/DEAC 命令之间的时间	TRAS+1
t_{RRD}	ACTV 块 A 到 ACTV 块 B 之间的时间	TRRD+2
t_{WR}	C6000 最后一个输出数据到 DCAB/DEAC 命令之间的时间	TWR+1
t_{HZP}	DCAB/DEAC 命令到 SDRAM 输出高阻之间的时间	THZP+1

SDEXT 寄存器中还包括 SDRAM 控制器的一些功能参数，这些参数在 SDRAM 芯片手册中一般不会给出明确的要求，但必须保证对它们进行正确的设置，表 6-13 给出了这些参数的推荐值。

表 6-13　SDRAM 命令到命令参数的推荐值

参　数	说　　明	ECLKOUT 时钟周期数	TCL=0 的推荐值	TCL=1 的推荐值
READ 到 READ	READ 命令到 READ 命令的间隔周期数，用于中断突发 READ，以便进行随机 READ 操作	RD2RD+1	RD2RD=0	RD2RD=0
READ 到 DEAC	与 t_{HZP} 一起使用，用于确定 READ 命令和 DCAB/DEAC 命令之间最短的时间	RD2DEAC+1	RD2DEAC=1	RD2DEAC=1
READ 到 WRITE	READ 命令到 WRITE 命令的间隔周期数，具体值取决于 t_{CL}，应为 CAS 延迟＋2，以便在 WRITE 命令前插入一个转换周期	RD2WR+1	RD2WR=3	RD2WR=4
BEn 保持高电平的时间	允许写操作中断读操作之前，BEn 信号保持高的周期数	R2WDQM+1	R2WDQM=1	R2WDQM=2
WRITE 到 WRITE	WRITE 命令到 WRITE 命令的间隔周期数，用于随机 WRITE 操作	WR2WR+1	WR2WR=0	WR2WR=0
WRITE 到 DEAC	WRITE 命令到 DCAB/DEAC 命令之间的周期数	WR2DEAC+1	WR2DEAC=1	WR2DEAC=1
WRITE 到 READ	WRITE 命令到 READ 命令的间隔周期数	WR2RD+1	WR2RD=0	WR2RD=0

在分析接口时序时，需要计算"富裕时间" t_{margin} 的大小，这是在考虑了器件手册提供的最坏情况之后得到的时序上的一个裕量。至于 t_{margin} 的大小，是系统设计层需要考虑的问题，其具体要求往往随不同的系统而各异，并且与印制电路板的实际布线及负载的情况密切相关。

总的来讲，读操作和写操作对于时间裕量的要求是不同的。写操作时，由于时钟以及数据控制信号都是由 DSP 输出到 SDRAM，需要的时间富裕量应当是最少的。因此，对于 t_{margin} 需要考虑的是信号之间(时钟与控制/数据信号)边沿斜率的差别。这通常是由于不同的负载效应及走线长短不同而造成的。对于一个精心设计的电路板而言，输出信号的建立时间及保持时间的富裕量一般需要 0.5ns 左右。

读操作需要的富裕时间情况要相对复杂些。读操作时，存储器输出的数据是与时钟相关的，而时钟信号来自 DSP，经过一段线上传输延迟之后才能到达存储器。存储器在时钟有效沿 t_{acc} 之后输出数据，输出的数据也需要再经过一个传输时间才返回 DSP。因此，读操作建立时间需要的富裕量必须考虑上述两个延迟，而需要的保持时间却因为这两个延迟而得到改善，甚至允许为负。对于一个精心设计的电路板而言，如果引线都比较短，输入信号建立时间的富裕量大概在 1ns 左右就够了，保持时间可以不需要额外的富裕量。

以 Micron 公司 SDRAM 产品 MT48LC4M32B2TG-6 为例，其容量为 1M×32×4 位，合计 128Mb，内部包括 4 个页，12 根行地址线，8 根列地址线，刷新周期为 64ms，ECLKOUT 时钟频率设定为 100MHz。读时序如图 6-16 所示，接口时序参数见表 6-14。

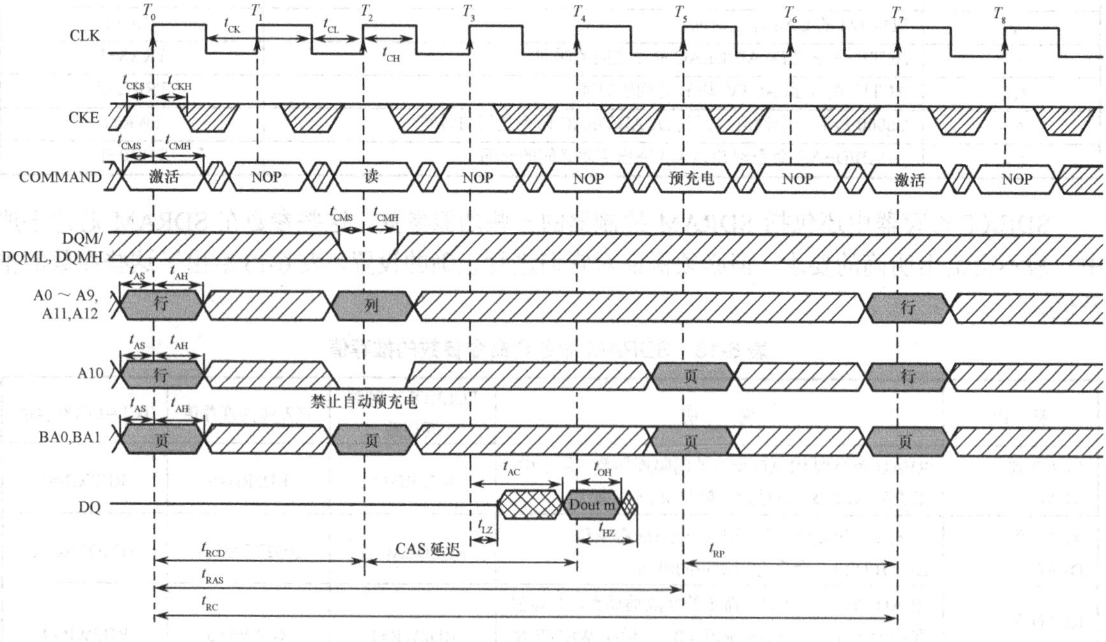

图 6-16　SDRAM 读时序(禁止自动预充电操作)

表 6-14　MT48LC4M32B2TG-6 的接口时序参数

参　数		符　号	最小(ns)	最大(ns)
数据可访问时间	TCL=3	$t_{AC}(3)$		5.5
	TCL=2	$t_{AC}(2)$		7.5
	TCL=1	$t_{AC}(1)$		17
地址保持时间		t_{AH}	1	

续表

参　数		符　号	最小(ns)	最大(ns)
地址建立时间		t_{AS}	1.5	
CLK 高电平宽度		t_{CH}	2.5	
CLK 低电平宽度		t_{CL}	2.5	
时钟周期	TCL=3	$t_{CK}(3)$	6	
	TCL=2	$t_{CK}(2)$	10	
	TCL=1	$t_{CK}(1)$	20	
CKE 保持时间		t_{CKH}	1	
CKE 建立时间		t_{CKS}	1.5	
CS/RAS/CAS/WE/DQM 保持时间		t_{CMH}	1	
CS/RAS/CAS/WE/DQM 建立时间		t_{CMS}	1.5	
输入数据保持时间		t_{DH}	1	
输入数据建立时间		t_{DS}	1.5	
输出数据高阻时间	TCL=3	$t_{HZ}(3)$		5.5
	TCL=2	$t_{HZ}(2)$		7.5
	TCL=1	$t_{HZ}(1)$		17
输出数据低阻时间		t_{LZ}	1	
输出数据保持时间		t_{OH}	2	
ACTIVE 到 PRECHARGE 命令时间		t_{RAS}	42	120k
ACTIVE 到 ACTIVE 命令时间		t_{RC}	60	
自动刷新(AUTO REFRESH)周期		t_{RFC}	60	
ACTIVE 到 READ 或 WRITE 延迟		t_{RCD}	18	
刷新周期(4096 行)		t_{REF}		64 ms
PRECHARGE 命令周期		t_{RP}	18	
ACTIVE 块 a 到 ACTIVE 块 b 命令		t_{RRD}	12	
转换时间		t_T	0.3	1.2
WRITE 恢复时间		t_{WR}	1CLK+6ns	
			12 ns	
退出 SELF REFRESH 到 ACTIVE 命令		t_{XSR}	70	

由表 6-14 并参考表 6-12 得到 SDCTL 控制寄存器各字段的数值：

31	30	29　28	27　26	25	24	23　20	19　16
保留	SDBSZ=1	SDRSZ=1	SDCSZ=1	RFEN=1	INIT=1	TRCD=3	TRP=3

15　12	11　0
TRC=7	保留

SDEXT 扩展控制寄存器各字段的数值：

31　21	20	19　18	17	16　15	14　12
保留	WR2RD=0	WR2DEAC=1	WR2WR=0	R2WDQM=1	RD2WR=3

11　10	9	8　7	6　5	4	3　1	0
RD2DEAC=1	RD2RD=0	THZP=2	TWR=2	TRRD=2	TRAS=5	TCL=1

SDTIM 时序控制寄存器 CNTR 和 PERIOD 字段初始值为 0x5DC(1500)，若 ECLKOUT 时钟频率为 100MHz，则 EMIF 时钟周期为 10ns，因此刷新周期为 15μs。典型 SDRAM 刷新周期为 15.625μs，刷新 4096 行需要 64ms，则 PERIOD 字段可设置为 0x61A。

综上可得：

```
SDCTL = 0x57337000;
SDTIM = 0x0000061A;
SDEXT = 0x00054529。
```

4. SDRAM 读/写示例

DSP 与 SDRAM 的硬件连接如图 6-17 所示，SDRAM 芯片型号为 MT48LC4M32B2TG-6。SDRAM 被映射到 C67xx 的 CE0 存储空间，地址范围 0x8000 0000～0x8FFF FFFF。在对 SDRAM 进行读/写访问前，使用上节计算的数值配置相应的寄存器：

- 配置 GBLCTL 寄存器，使用内部数字锁相环生成 EMIF 时钟信号 ECLKOUT；
- 配置 CE0CTL 寄存器，使 CE0 空间外扩 32 位 SDRAM，并设置相应的读/写参数；
- 配置 SDCTL 寄存器，各字段的值由 SDRAM 容量及 ECLKOUT 周期确定；
- 配置 SDTIM 寄存器，确定刷新周期；
- 配置 SDEXT 寄存器，确定 SDRAM 的扩展参数。

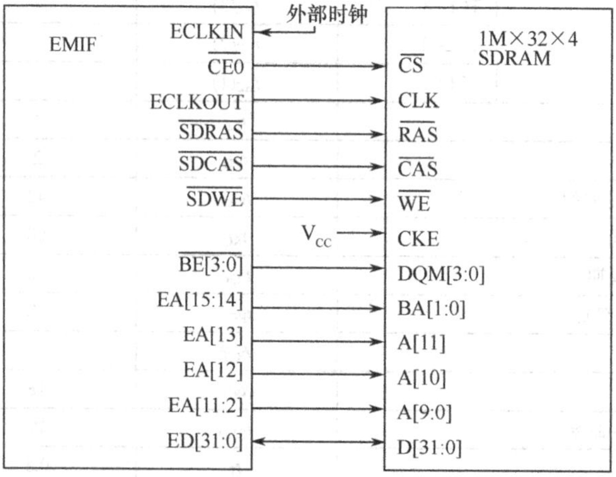

图 6-17　C67xx DSP 与 SDRAM 的连接示意图

打开工程 Examples\0601_SDRAM，在主函数 main()里调用子函数 Sys_init()，首先禁止所有中断，并清除中断标志位，然后配置 EMIF 接口的相关寄存器，最后再使能中断，程序源代码如下：

```
/*****************************************************************************\
\*  文件名称：c6x.c
\*  功    能：初始化 EMIF
\*****************************************************************************/
void Sys_init()
{
  CSR=0x0100;                    /* disable all interrupts                    */
  IER=0x0003;                    /* disable all interrupts except RESET & NMI*/
  ICR=0xffff;                    /* clear all pending interrupts              */
  EMIF_GCR = 0x00000320;         /* EMIF global control      0x3300           */
  EMIF_CE0 = 0x00000030;         /* EMIF CE0control                           */
  EMIF_CE1 = 0xffffff23;         /* EMIF CE1 control, 32bit async             */
  EMIF_CE2 = 0xffffff23;         /* EMIF CE2 control                          */
  EMIF_CE3 = 0xffffff23;         /* EMIF CE3 control                          */
  EMIF_SDCTL = 0x57337000;  /* EMIF SDRAM control       0x07227000       */
  EMIF_SDTIM= 0x0000061a;   /* EMIF SDRM refresh period                  */
```

```
    EMIF_SDEXT  = 0x00054529;/* EMIF SDRAM extension              */
    CSR=0x0101;              /* enable all interrupts             */
    IER=0x0003;              /* disable all interrupts except RESET & NMI */
}
```

在头文件 C6713dsk.h 里，定义了相关寄存器的地址，如下所示：

```
#define EMIF_GCR      *(unsigned volatile int *)0x1800000  /* Address of EMIF global control*/
#define EMIF_CE0      *(unsigned volatile int *)0x1800008  /* Address of EMIF CE0 control*/
#define EMIF_CE1      *(unsigned volatile int *)0x1800004  /* Address of EMIF CE1 control*/
#define EMIF_CE2      *(unsigned volatile int *)0x1800010  /* Address of EMIF CE2 control*/
#define EMIF_CE3      *(unsigned volatile int *)0x1800014  /* Address of EMIF CE3 control*/
#define EMIF_SDCTRL   *(unsigned  volatile  int *)0x1800018  /* Address of EMIF SDRAM control*/
#define EMIF_SDRP     *(unsigned  volatile  int *)0x180001c  /*Address of EMIF SDRM refresh period*/
#define EMIF_SDEXT    *(unsigned  volatile  int *)0x1800020  /* Address of EMIF SDRAM extension*/
```

在 main 函数中，完成 EMIF 接口初始化后，从地址 0x80000000 开始将一组数据写入 SDRAM，然后再从 SDRAM 读出数据，并与写入的数据进行比较，若相同则表明写入成功，否则写入失败，程序源代码如下：

```
/*************************************************************************\
\*  文件名称：SDRAM.c
\*  功    能：测试 SDRAM
\*************************************************************************/
main()
{
    Uint32 i;
    Src_StartAdd = (Uint32 *)0x80000000;
    Dst_StartAdd = (Uint32 *)0x80000000;
    Sys_init();//使用直接寄存器操作的 C 语言程序初始化 EMIF 接口
        /* Write data in the SOURCE address. */
    for(i=0;i<0x100;i++)
    {
        *(Src_StartAdd++) = i;
    }
    printf("\nFinish writing Source data.");
    /* Read data from the DESTINATION address. */
    for(i=0;i<0x100;i++)
    {
        TempData = *(Dst_StartAdd ++);
        if((TempData & 0xffff)!= i)
        {
            printf("\nTesting is failure");
            exit(0);
        }
        else continue;
    }
    while(1);
}
```

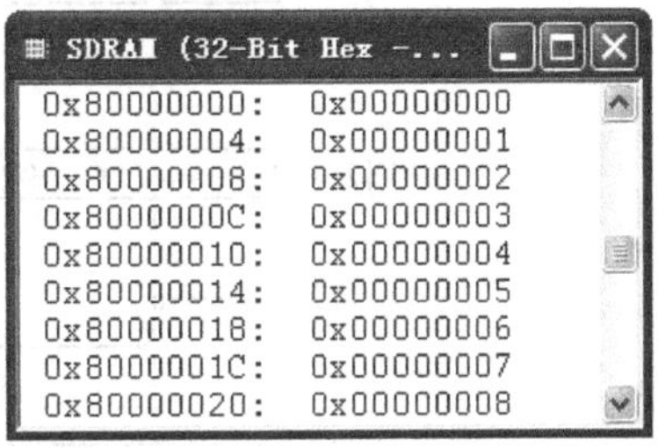

图 6-18　SDRAM 内部的数值

编译下载程序，打开 SDRAM.c 文件，在“printf("\nFinish writing Source data.");”行设置断点。运行程序，观察 SDRAM 的值，如图 6-18 所示。

6.3 异步接口设计

用户可以灵活地设置 DSP 异步接口的读/写时序，实现与不同速度、不同类型异步器件的连接。这些异步器件可以是 FLASH、ADC、DAC 以及 FIFO 等。

1. EMIF 异步接口时序

EMIF 异步接口提供了 4 个控制信号，见表 6-15。这 4 个控制信号可以通过不同的组合(并非都需要)实现与不同类型异步器件的无缝接口。EMIF 的 CExCTL 寄存器负责设置异步读/写操作的接口时序，以满足不同速度异步器件的存取。

表 6-15 EMIF 异步接口信号

接 口 信 号	用途/功能
AOE	输出使能，在整个读周期有效
AWE	写使能，在写周期的触发阶段保持有效
ARE	读使能，在读周期的触发阶段保持有效
ARDY	Ready 信号，插入等待

异步接口时序的可编程性高，每个读/写周期由 3 个阶段构成。

① 建立时间(Setup)：从存储器访问周期开始(片选、地址有效)到读/写选通有效之前。

② 触发时间(Strobe)：读/写选通信号从有效到无效。

③ 保持时间(Hold)：从读/写信号无效到该访问周期结束。

读/写操作可以在 CExCTL 寄存器中独立设置上述 3 个阶段的时间，单位是 ECLKOUT 的时钟周期。建立时间和触发时间可设置的最小值是 1，用户设置为 0 将当作 1 看待。保持时间可以设置为 0。图 6-19 和图 6-20 分别给出了异步读/写操作的时序。表 6-16 列出了读/写需要的时间及推荐值。

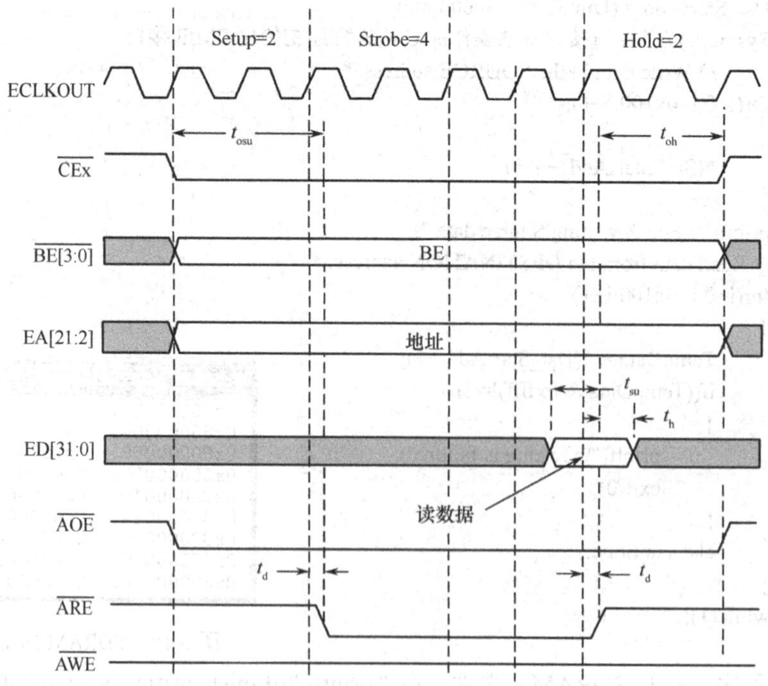

图 6-19 异步读时序

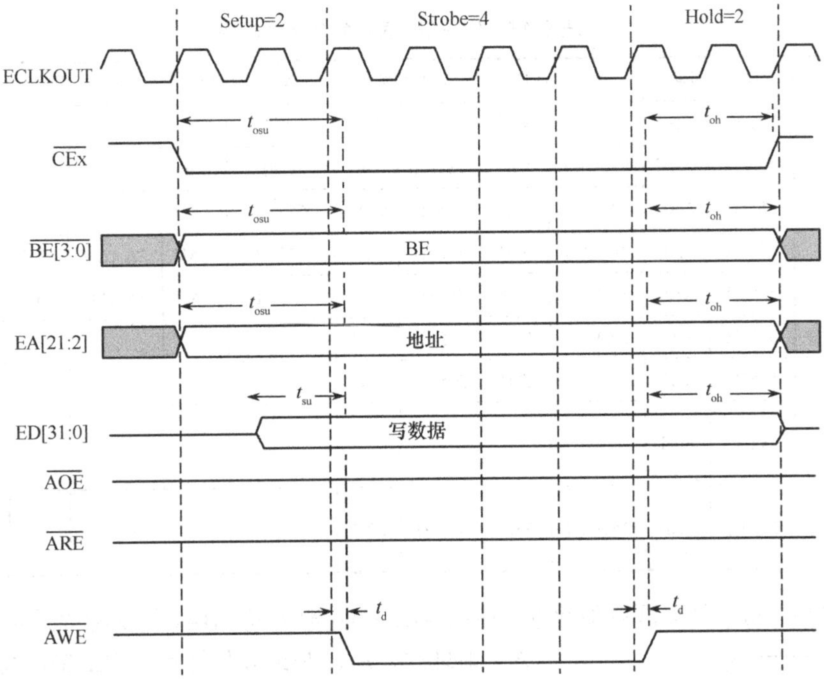

图 6-20　异步写时序

表 6-16　异步读/写需要的时间及推荐值

序号	时 序 参 数	说　　明	最小(ns)	最大(ns)
1	t_{osu}	输出建立时间，选择信号有效到 $\overline{ARE}$ 变低	RS×E−1.7	
2	t_{oh}	输出保持时间，$\overline{ARE}$ 高到选择信号无效	RH×E−1.7	
3	t_{su}	建立时间，$\overline{ARE}$ 高之前 EDx 有效	6.5	
4	t_h	保持时间，$\overline{ARE}$ 高之后 EDx 有效	1	
5	t_d	延迟时间，ECLKOUT 高到 $\overline{ARE}$ 有效	1.5	7
6	t_{osu}	输出建立时间，选择信号有效到 $\overline{AWE}$ 变低	WS×E−1.7	
7	t_{oh}	输出保持时间，$\overline{AWE}$ 高到选择信号和 EDx 无效	WH×E−1.7	
8	t_d	延迟时间，ECLKOUT 高到 $\overline{AWE}$ 有效	1.5	7
9	t_{su}	输出建立时间，ED 有效到 $\overline{AWE}$ 变低	(WS−1)×E−1.7	

注意：表中 RS 为读建立时间，RH 为读保持时间，WS 为写建立时间，WH 为写保持时间，这些参数在 CExCTL 寄存器内设置，E 为 ECLKOUT 周期，单位 ns。选择信号包括 $\overline{CEx}$，$\overline{BE[3:0]}$，EA[21:2] 和 $\overline{AOE}$。

2. FLASH 的控制

C6000 DSP 需要外置 FLASH 芯片来存放应用程序。FLASH 芯片的最大特点是，在读操作中，类似普通的 RAM，在写操作中需要按一定的顺序使用特殊的编程命令字，才能写入数据，编程命令见表 6-17。

表 6-17　FLASH 编程命令字及顺序

命令顺序	第 1 写周期		第 2 写周期		第 3 写周期		第 4 写周期		第 5 写周期		第 6 写周期	
	地址	数据	地址	数据	地址	数据	地址	数据	地址	数据	地址	数据
写入字	5555H	AAH	2AAAH	55H	5555H	A0H	写入地址	Data				
扇区擦除	5555H	AAH	2AAAH	55H	5555H	80H	5555H	AAH	2AAAH	55H	SA_X	30H
块擦除	5555H	AAH	2AAAH	55H	5555H	80H	5555H	AAH	2AAAH	55H	BA_X	50H
芯片擦除	5555H	AAH	2AAAH	55H	5555H	80H	5555H	AAH	2AAAH	55H	5555H	10H
软件 ID 入口	5555H	AAH	2AAAH	55H	5555H	90H						
CFI 查询入口	5555H	AAH	2AAAH	55H	5555H	98H						
软件 ID 退出/ CFI 退出	xxH	F0H										
软件 ID 退出/ CFI 退出	5555H	AAH	2AAAH	55H	5555H	F0H						

表 6-17 中，SA_X 是扇区擦除地址，使用 A_{MS}～A_{11} 地址线；BA_X 是块擦除地址，使用 A_{MS}～A_{15} 地址线，A_{MS} 是最高位地址，FLASH 型号不同，A_{MS} 也不同。

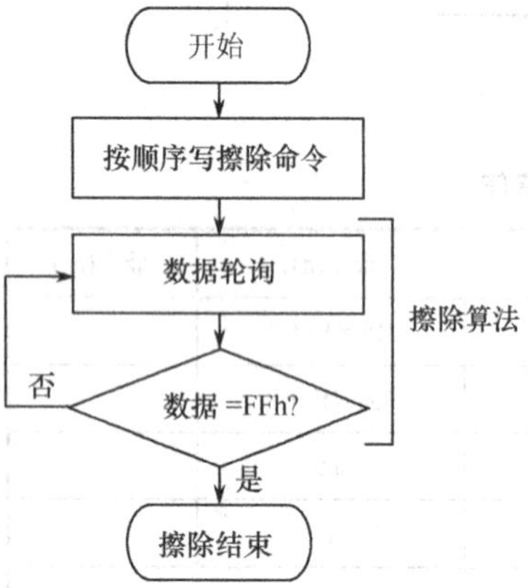

图 6-21　FLASH 擦除流程

对 FLASH 的擦除流程如图 6-21 所示，写入流程如图 6-22 所示。FLASH 芯片提供了两种方法来检测是否完成擦除和写数据等编程操作：数据轮询位(DQ7)和数据切换位(DQ6)。当芯片处于内部编程操作时，读 DQ7 会返回“0”，读 DQ6 的返回值在“0”和“1”之间切换；当内部编程操作完成后，读 DQ7 就会返回“1”，DQ6 停止切换。因此需要在编程操作的程序中插入两次读操作，如果两次读的结果都是有效数据，才说明器件完成了编程操作，查询流程如图 6-23 所示。

3．FLASH 接口时序设计

图 6-24 和图 6-25 是 AMD 公司生产的 AM29LV160BT-90R 型 FLASH 芯片的读/写时序，表 6-18 和表 6-19 列出了读/写数据的时间参数。

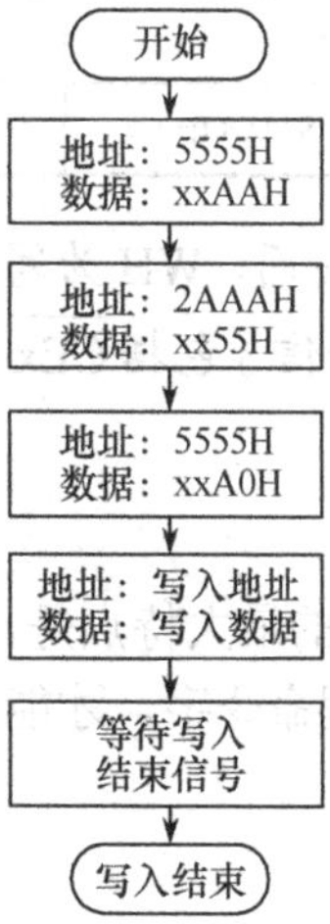

图 6-22　FLASH 写入流程

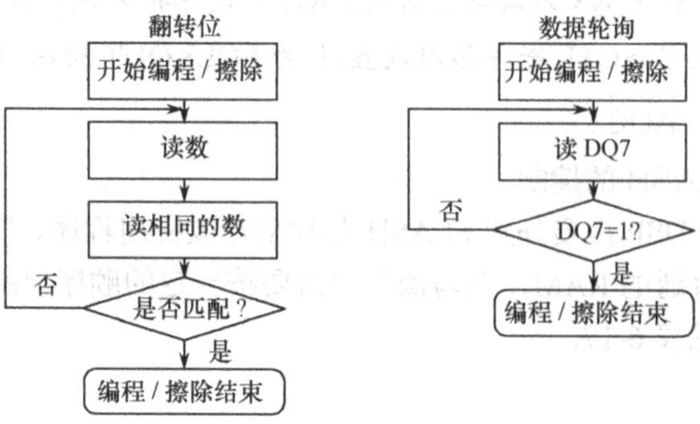

图 6-23　FLASH 操作查询流程

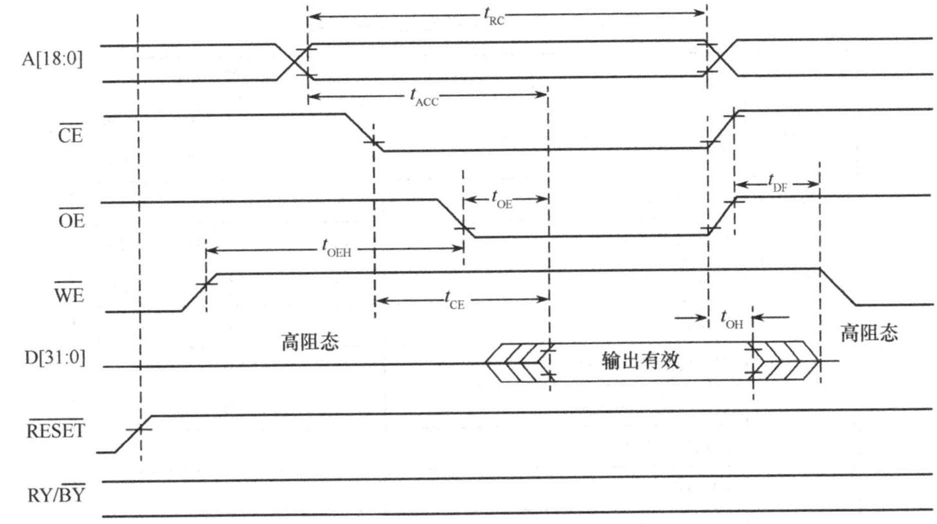

图 6-24　FLASH 的读时序

表 6-18　FLASH 读操作的时间参数

参数	描述		速度等级(ns)			
			70R	80	90	120
t_{RC}	读循环时间		70	80	90	120
t_{ACC}	地址到输出延迟		70	80	90	120
t_{CE}	芯片使能到输出延迟		70	80	90	120
t_{OE}	输出使能到输出延迟		30	30	35	50
t_{DF}	芯片使能到输出高阻态		25	25	30	30
t_{DF}	输出使能到输出高阻态		25	25	30	30
t_{OEH}	输出使能保持时间	读	0			
		切换和数据轮询	10			
t_{OH}	来自地址的输出保持时间		0			

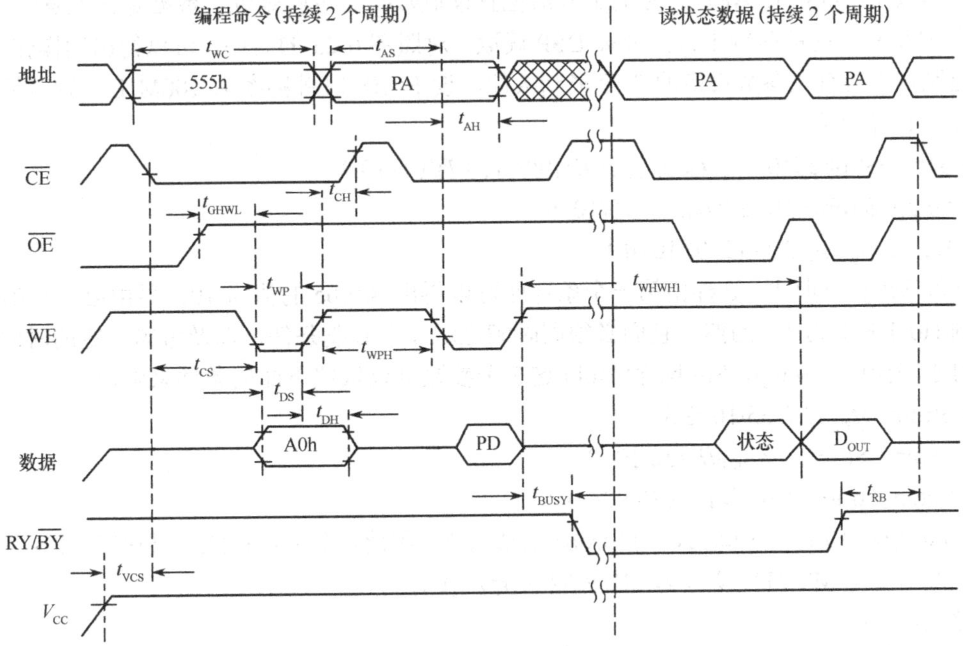

图 6-25　FLASH 的写时序

表 6-19　FLASH 写操作的时间参数

参数	描　述		速度等级(ns)			
			70R	80	90	120
t_{WC}	写循环时间		70	80	90	120
t_{AS}	地址建立时间		0			
t_{AH}	地址保持时间		45	45	45	50
t_{DS}	数据建立时间		35	35	45	50
t_{DH}	数据保持时间		0			
t_{OES}	输出使能建立时间		0			
t_{GHWL}	在写之前的读恢复时间		0			
t_{CS}	$\overline{CE}$ 建立时间		0			
t_{CH}	$\overline{CE}$ 保持时间		0			
t_{WP}	写脉冲宽度		35	35	35	50
t_{WPH}	写脉冲宽度(高电平)		30			
t_{WHWH1}	程序操作	字节	9μs			
		字	11μs			
t_{WHWH2}	扇区删除操作		0.7			
t_{VCS}	V_{CC} 建立时间		50μs			
t_{RB}	RY/$\overline{BY}$ 的复位时间		0			
t_{BUSY}	有效的程序/删除到 RY/$\overline{BY}$ 复位		90			

对于异步接口，时序设计的关键是计算 CExCTL 寄存器中建立、触发和保持(Setup/ Strobe/ Hold)这 3 个字段的数值，以及考虑时间裕量 t_{margin}。下面的叙述中用 E 代表 EMIF 时钟周期，下标 f 表示是 FLASH 的参数。

对读操作，DSP 在 ARE 信号的上升沿位置读取数据。也就是说，数据是在触发阶段结束，ARE 信号变高之前的时钟上升沿处被 DSP 读取。对照图 6-25 的时序，可以得出读操作中 $\overline{CE}$x 空间控制寄存器有关参数设定的 3 个限制条件。设 EMIF 时钟频率为 100MHz，则时钟周期 E 为 10ns，计算如下：

- Setup+Strobe$\geqslant(t_{acc(f)}+t_{su}+t_{EDMA})/E$=(90+6.5+7)/10=10.3
- Setup+Strobe+Hold$\geqslant t_{rc(f)}/E$=90/10=9
- Hold$\geqslant(t_h-t_{oh(f)})/E$=(1−0)/10=0.1

一般 Setup 可取 1，这样由第一个条件便可以得出 Strobe 的值为 10；再由第二和第三个条件得到 Hold 的值为 1。当然，它们必须同时满足这 3 个限制条件，以及考虑一定的时间裕量。

对于写操作，Setup、Strobe 和 Hold 这 3 个参数可以依照下面的条件来确定：

- Strobe$\geqslant t_{wp(f)}/E$=35/10=3.5
- Setup＋Strobe$\geqslant t_{wph(f)}/E$=30/10=3
- Setup+Strobe+Hold$\geqslant t_{wc(f)}/E$=90/10=9

Setup 值和 Hold 值均取 1，则 Strobe 的值为 7，因此得到 CE1CTL 控制寄存器各字段的值如图 6-26 所示，MTYPE 设为 2，对应 32 位异步接口。

综上可得：

```
CE1CTL= 0x11D1 8A21;
```

31–28	27–22	21–20	19–16
WRSETUP=0001	WRSTRB=000111	WRHLD=01	RDSETUP=0001

15–14	13–8	7–4	3	2–0
TA=10	RDSTRB=001010	MTYPE=0010	0	RDHLD=001

图 6-26　CE1CTL 控制寄存器各字段的值

4. FLASH 读/写示例

DSP 与 FLASH 的硬件连接如图 6-27 所示，FLASH 型号为 AM29LV160BT-90R，被映射到 C67xx 的 CE1 存储空间，地址范围 0x9000 0000～0x9FFF FFFF。在对 FLASH 进行读/写访问前，使用前面计算的各字段的值配置 CE1CTL 控制寄存器，然后从地址 0x90000000 开始将一组数据写入 FLASH，然后再从 FLASH 读出数据，并与写入的数据进行比较，若相同则表明写入成功，否则写入失败。选择 16 位数据总线时，FLASH 的 $\overline{\text{BYTE}}$ 输入端被固定为高电平。在这个例子中，FLASH 的 RY/$\overline{\text{BY}}$ 端口的输出信号没有被用来决定 FLASH 的状态，而是采用轮询法对 FLASH 编程和擦除。

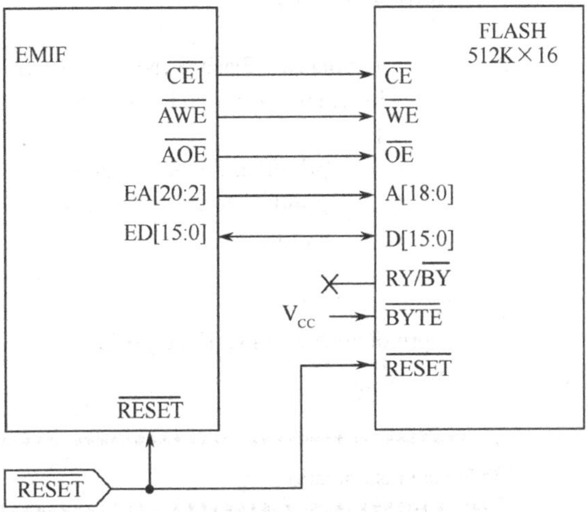

图 6-27　FLASH 接口配置实例

打开工程 Examples\0602_FLASH，程序源代码如下：

```
/****************************************************************************/
/*  文件名称：DEC6713_FLASH.h
/*  功    能：定义变量和宏
/****************************************************************************/
#define   FLASH_UL1    0xAA
#define   FLASH_UL2    0x55
#define   FLASH_UL3    0x80
#define   FLASH_UL4    0xAA
#define   FLASH_UL5    0x55
#define   FLASH_SECTOR_UL6     0x30
#define   FLASH_CHIP_UL6   0x10
#define   FLASH_PROGRAM  0xA0
#define   SECTOR_SIZE  0x0800
#define   BLOCK_SIZE   0x8000
#define   CHIP_SIZE    0x40000
volatile Uint16 *FLASH_5555 = (volatile Uint16 *) (0x90000000+(0x5555<<1));
volatile Uint16 *FLASH_2AAA = (volatile Uint16 *) (0x90000000+(0x2AAA<<1));
/****************************************************************************/
/*  文件名称：FLASH.c
/*  功    能：擦除 FLASH，将数据写入 FLASH，再读出并判断是否正确
/****************************************************************************/
void main()
{
    Src_StartAdd = 0x90000000;
```

```
        Sys_init();//使用直接寄存器操作的C语言程序初始化EMIF接口
        /* Erase flash memory. */
        Flash_Erase(0x90000000,0x10);
        printf("\nErase flash ok.");
        /* Write flash memory. */
        for(i=0;i<0x100;i++)
        {
            Flash_Writes(Src_StartAdd+2*i,fmod(i,0x10000));
        }
        printf("\nWrite flash ok.");
        /* Read flash memory. */
        for(i=0;i<0x100;i++)
        {
            TempData = Flash_Reads(Src_StartAdd+2*i);
            if(TempData != fmod(i,0x10000))
            {
                printf("\n Testing is Failure!");
                printf("\nAddress 0x%x is error!",i);
                exit(0);
            }
        }
        //printf("\nOpereation is success.");
        while(1);
}
/**********************************************************************************\
\* Flash erase function. *\
\**********************************************************************************/
Uint32 Flash_Erase(Uint32 addr,Uint16 type)
{
        Uint32 i,j;
        *FLASH_5555 = FLASH_UL1;    //first
        *FLASH_2AAA = FLASH_UL2; //second
        *FLASH_5555 = FLASH_UL3;    //third
        *FLASH_5555 = FLASH_UL4;
        *FLASH_2AAA = FLASH_UL5;
        switch(type)
        {
            case 0x50:          //block erase
                *(Uint16 *)addr = type;
                while((*(Uint16 *)addr & 0x80) != 0x80);
                for(i = 0; i < BLOCK_SIZE; i++)
                {
                    if(*(Uint16 *)(addr + i) != 0xffff)
                    {
                        j = 0;
                        break;
                    }
                }
                j = 1;
                break;
            case 0x30:          //sector erase
                *(Uint16 *)addr = type;
                while((*(Uint16 *)addr & 0x80) != 0x80);
```

```
                for(i = 0; i < SECTOR_SIZE; i++)
                {
                    if(*(Uint16 *)(addr + i) != 0xffff)
                    {
                        j = 0;
                        break;
                    }
                }
                j = 1;
                break;
            case 0x10:          //chip erase
                *FLASH_5555 = type;
                while((*FLASH_5555 & 0x80) != 0x80);
                for(i = 0; i < CHIP_SIZE; i++)
                {
                    if(*(Uint16 *)(addr + i) != 0xffff)
                    {
                        j = 0;
                        break;
                    }
                }
                j = 1;
                break;
            default:
                break;
        }
        return (j);
}
/****************************************************************************\
\*   Write a single data. *\
\****************************************************************************/
void Flash_Writes(Uint32 addr,Uint16 data)
{
        *FLASH_5555 = FLASH_UL1;
        *FLASH_2AAA = FLASH_UL2;
        *FLASH_5555 = FLASH_PROGRAM;
        *(Uint16 *)addr = data;
        while(*(Uint16 *)addr != data);
}
/****************************************************************************\
\* Write the certain length data. *\
\****************************************************************************/
void Flash_Writem(Uint32 addr,Uint16 *ptr,Uint32 length)
{
        Uint32 i;
        for(i    = 0; i < length; i++)
        {
            Flash_Writes(addr+2*i,*(ptr+i));
        }
}
/****************************************************************************\
\* Read a single data. *\
\****************************************************************************/
```

```
Uint32 Flash_Reads(Uint32 addr)
{
    return (*(Uint16 *)addr);
}
/*****************************************************************************\
\* Read the certain length data. *\
\*****************************************************************************/
void Flash_Readm(Uint32 addr,Uint16 *ptr,Uint32 length)
{
    Uint32 i;
    for(i = 0; i < length; i++)
    {
        *(ptr + i) = Flash_Reads(addr+2*i);
    }
}
```

编译下载程序，打开 FLASH.c 文件，分别在“printf("\nErase flask ok.");”行和“printf ("\nWrite flash ok.");”行设置断点。运行程序，观察 FLASH 的值，如图 6-28 和图 6-29 所示。

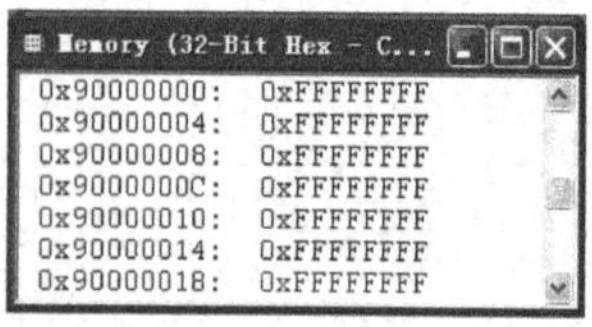

图 6-28 擦除后的 FLASH

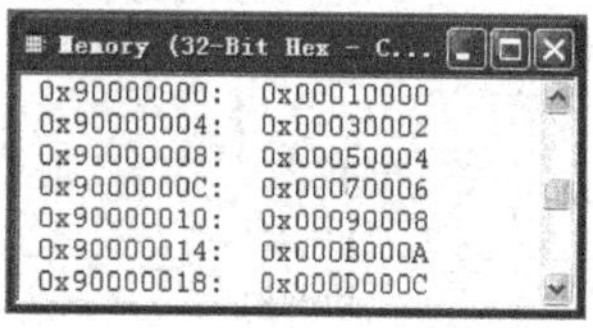

图 6-29 写入新数据后的 FLASH

FLASH 接口异步写数据实测波形如图 6-30 所示。

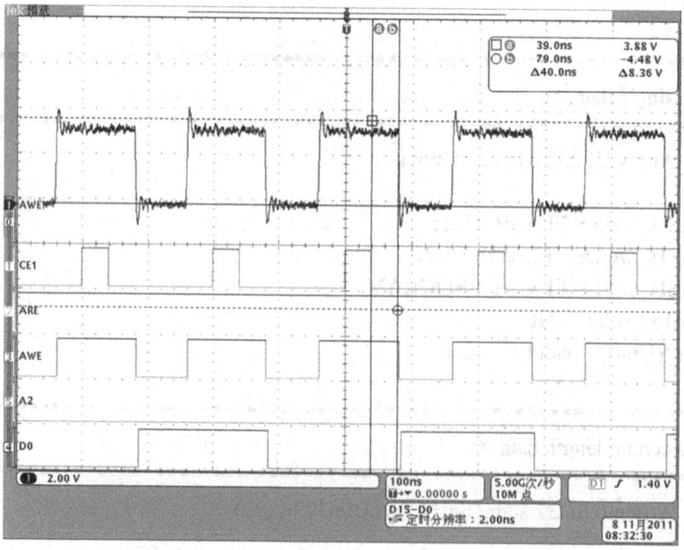

图 6-30 FLASH 接口写数据波形(f_{EMIF}=50MHz, CE1CTL = 0x21228422)

思考题与习题 6

6-1 C67xx DSP 支持哪些类型的外部存储器？

6-2 论述异步接口读/写周期的 3 个构成阶段。

第 7 章　增强的直接存储器访问

增强的直接存储器访问(Enhanced Direct Memory Access，EDMA)的主要用途，就是在 DSP 的内存与外部器件之间建立数据传输的高速通道。本章首先讲述 EDMA 的控制寄存器，然后讲解传输类型和传输操作，并给出具体的传输示例。

7.1　概　述

EDMA 通道控制器负责片内 L2 存储器与其他外设之间的数据传输，其结构原理如图 7-1 所示，由以下几部分组成：

- 参数 RAM(PaRAM)，设置通道入口和重新加载的参数；
- 事件和中断处理寄存器，使能或屏蔽事件、使能触发的类型、清除或处理中断；
- 传输完成检测，检测是否完成数据传输，并提交新的传输或产生 CPU 中断。

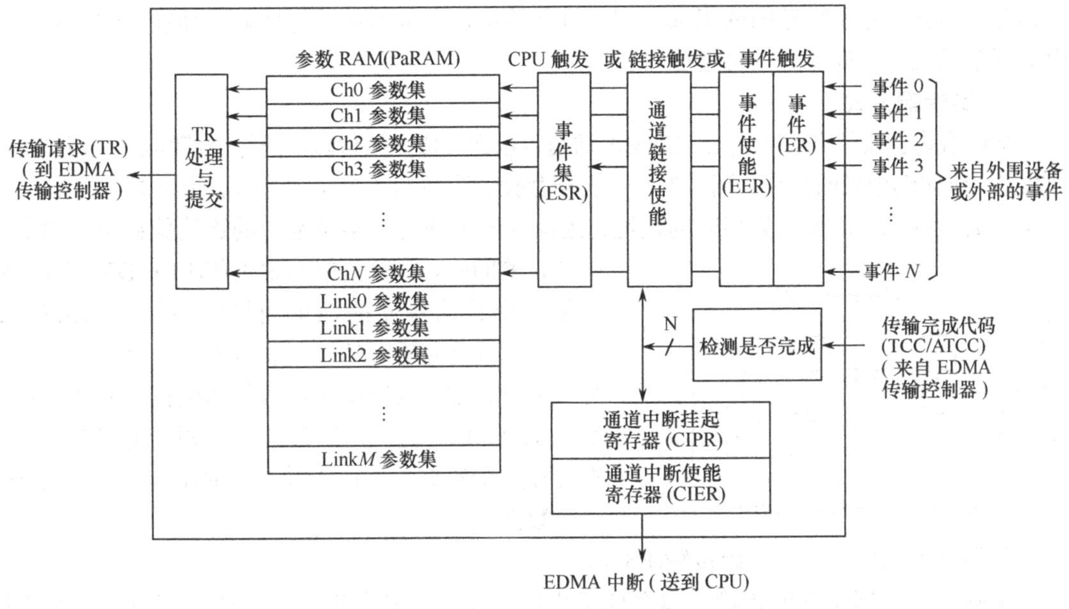

图 7-1　EDMA 通道控制器的原理框图

C67xx DSP 中还提供了另外一种 DMA 传输方式：快速 DMA(QDMA)。QDMA 与 EDMA 的功能类似，但是传输效率更高，尤其适合于 CPU 直接控制下的数据搬移。

7.2　EDMA 术语

EDMA 支持对 8 位、16 位和 32 位数据的存取，在 EDMA 中定义了下列术语。

数据单元(element)的传输：单个数据单元从源地址向目的地址传输。如果需要，每个数据单元都可以由同步事件触发传输。

帧(frame)：1 组数据单元组成 1 帧，1 帧中的数据单元可以是相邻连续存放的，也可以是间隔存放的，帧传输可以选择是否受同步事件控制。"帧"一般用于一维传输。

阵列(array)：1 组连续的数据单元组成 1 个阵列，在 1 个阵列中数据单元不允许间隔存放，一个阵列中的传输可以选择是否受同步事件控制。"阵列"一般用于二维传输。

块(block)：多个帧或者多个阵列的数据组成 1 个数据块。

一维(1D)传输：多个数据帧组成一维数据传输。块中帧的个数为 1～65536，帧中单元的个数为 1～65535。

二维(2D)传输：多个数据阵列组成二维数据传输。第 1 维是阵列中连续数据单元的个数，第 2 维是阵列的个数。块中帧的个数可以是 1～65536。

7.3 EDMA 传输方式

EDMA 提供了两种数据传输方式：一维传输(1D)和二维传输(2D)。在通道选项参数寄存器(OPT)中的 2DD 和 2DS 字段决定了 EDMA 的传输方式。当 2DS 字段设置为 1 时，可以执行源地址的二维传输；当 2DD 字段设置为 1 时，可以执行目的地址的二维传输。并支持 2DS 和 2DD 所有的组合。

传输的维数决定了帧数据的组成。在一维传输中，由数据单元组成帧；而在二维传输中，则由数据单元组成阵列，阵列再组成块。

1．一维传输方式

一维传输基于独立的数据单元。EDMA 通道可以配置成多帧传输，但每个帧都是单独传输的，帧计数是一维传输中帧的数目。图 7-2 是一维传输示意图(每帧包含 *m* 个单元，共 *n* 帧数据)。

块中数据单元可以配置为相同的地址、连续的地址或者是某个地址的连续偏移量。帧中数据单元的间隔，由数据单元索引值(ELEIDX)确定；帧中第一个数据单元的地址由帧索引值(FRMIDX)确定。一旦传输完所有的帧，数据单元计数归 0。因此，对于多帧传输，数据单元计数值由数据单元计数重载字段(ELERLD)装载。当数据单元同步时(FS=0)，一次传输一个数据单元；当帧同步时(FS=1)，一次传输一个数据帧。

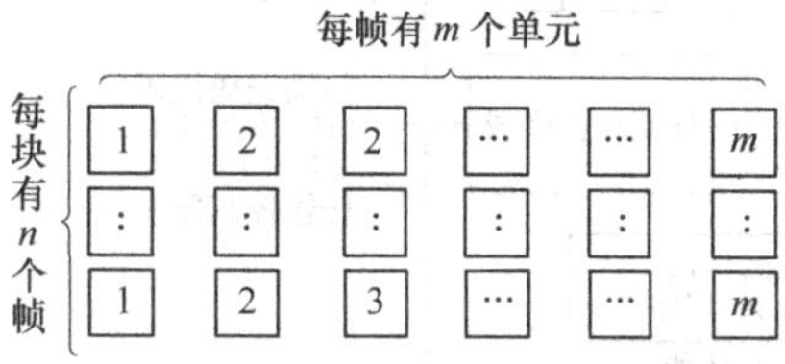

图 7-2　一维传输示意图

（1）数据单元同步下的一维传输(FS=0)

对于数据单元同步下的传输，每个同步事件传输一个数据单元。在接收到每个同步事件和单个数据单元传输请求送到 EDMA 之后，EDMA 通道控制器更新源地址和目的地址。图 7-3 所示为一维数据单元同步传输，共有 3 帧数据，每帧 4 个单元，需要 12 个同步事件完成数据搬移。

接收到同步事件后，帧中数据单元从源地址传输到目的地址。EDMA 通道控制器将参数 RAM 中的单元计数值(ELECNT)减 1。当通道同步事件发生，并且 ELECNT=1 时(意味着帧中最后一个单元)，EDMA 通道控制器首先发送传输请求，再重新装载单元计数值，然后将帧计数值减 1。使用数据单元索引值计算帧中下一个数据单元的地址。同样，帧中最后一个数据单元地址加上帧索引值，得到下一帧的起始地址。选择的更新模式决定了地址和计数修改的方式。

（2）帧同步下的一维传输(FS=1)

对于帧同步传输，每个同步事件传输一帧数据。通道选项参数寄存器的FS 字段应该设置为

1 使能帧同步传输。使用单元索引安排帧中的数据单元；在帧数据起始单元地址加上帧索引值得到下一帧的起始地址。图 7-4 所示为帧同步一维数据传送。

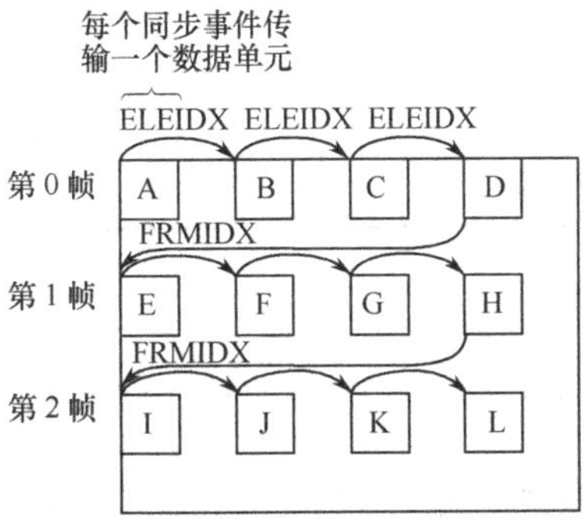

图 7-3　数据单元同步的一维传输

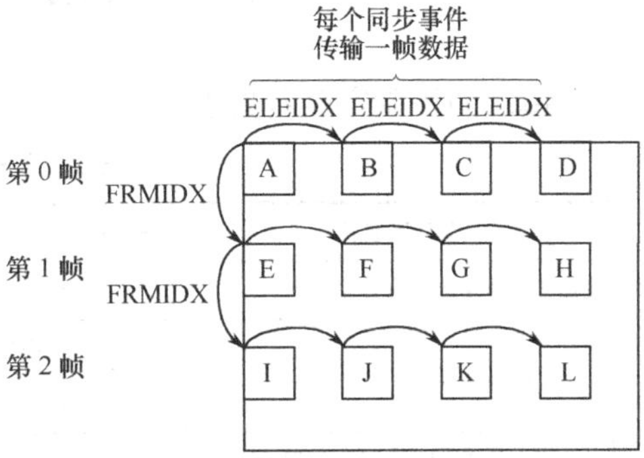

图 7-4　帧同步一维数据传输

2. 二维传输方式

二维传输常应用于图像处理。接收到同步事件后，即传输连续的数据单元(阵列)，这意味着在阵列中数据单元之间没有间隔，因此二维传输不使用单元索引。阵列中数据单元数目就是传输块的第一维参数。一组阵列组成了第二维，称为数据块。阵列可以等间隔排列。图 7-5 所示，阵列数为 n、数据单元数为 m 的二维数据传输示意图。阵列索引值确定阵列的偏移量，其值依赖于传输的同步模式。当阵列同步时(FS=0)，一次传输一个数据阵列，当块同步时(FS=1)，一次传输一个数据块。

（1）阵列同步二维传输(FS=0)

对于阵列同步传送，同步事件传送一个连续数据单元的阵列。阵列索引(FRMIDX)是阵列起始地址的差额。图 7-6 所示为阵列同步的二维数据传输，其中有 3 个阵列数据，每个阵列包含 4 个单元，需要 3 个同步事件完成数据搬移。接收到同步事件后，即传送一个阵列数据。完成阵列传送之后，阵列计数值减 1。阵列起始地址加上阵列索引值得到下一阵列的起始地址。

（2）块同步二维传输(FS=1)

对于块同步二维传输，一个同步事件即完成整个数据块的搬移。根据 SUM/DUM 字段的设置来更新地址。传输完阵列中的最后一个数据单元，并且选择了更新模式(SUM/DUM $\neq$ 00b)时，依据索引值改变阵列的地址。阵列索引(FRMIDX)等同于块中阵列的间隔，如图 7-7 所示。

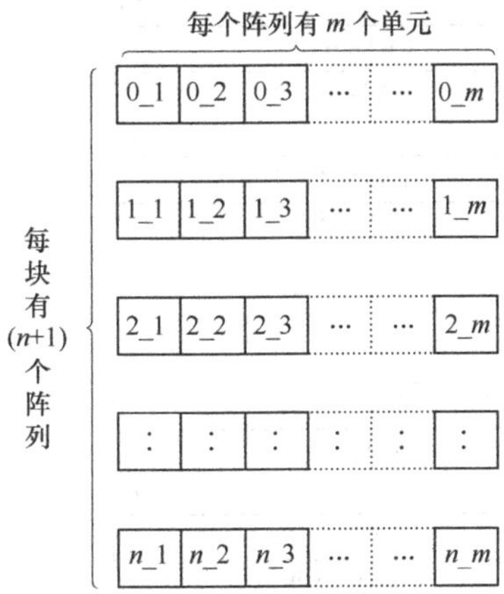

图 7-5　二维数据块传输

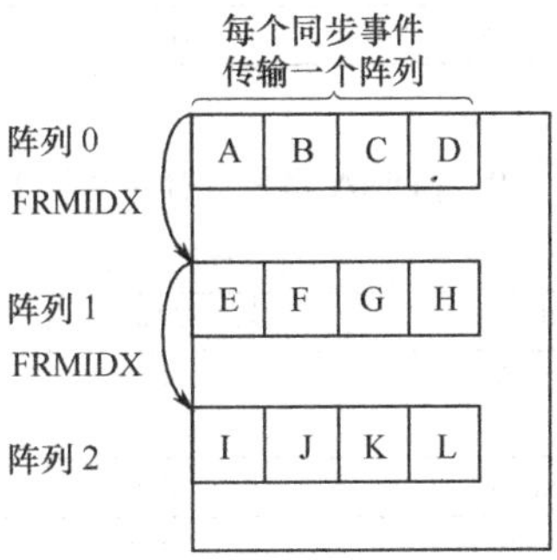

图 7-6　阵列同步二维传输

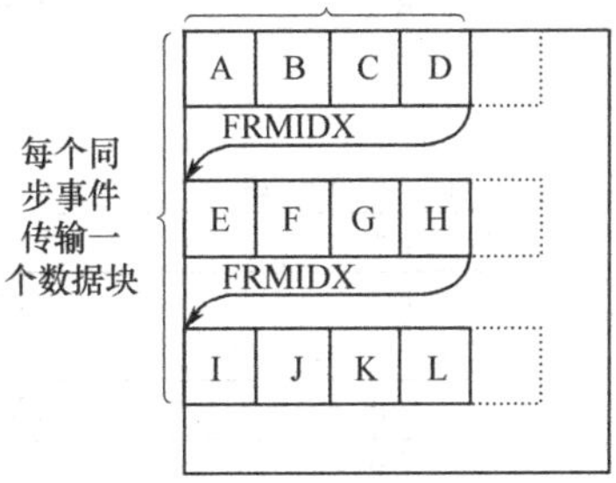

图 7-7　块同步二维传输

7.4 EDMA 控制寄存器

EDMA 模块的控制寄存器见表 7-1。

表 7-1 EDMA 模块的控制寄存器

寄存器名称	缩 写	说 明
EDMA 事件选择寄存器	ESEL	设置 EDMA 事件和通道之间的映射关系
优先级队列状态寄存器	PQSR	用来表示状态的寄存器，表示传输控制器在每个优先级水平上是否为空
EDMA 通道中断挂起寄存器	CIPR	表示通道中断挂起(pending)状态
EDMA 通道中断使能寄存器	CIER	使能或屏蔽通道中断
EDMA 通道链接使能寄存器	CCER	使能或屏蔽通道的链接(chaining)
EDMA 事件寄存器	ER	用来表示状态的寄存器，表示所捕获的事件
EDMA 事件使能寄存器	EER	使能或屏蔽事件寄存器中的事件
EDMA 事件清除寄存器	ECR	用来清除已触发的事件
EDMA 事件设置寄存器	ESR	触发传输请求

1. 事件选择寄存器

事件选择寄存器(Event Selector Registers，ESEL)包括 ESEL0、ESEL1、ESEL3，用来设置 EDMA 事件和通道的映射，如图 7-8、图 7-9 和图 7-10 所示，表 7-2 列出了默认的 EDMA 事件和通道的映射关系。

31–30	29–24	23–22	21–16
保留	EVTSEL3	保留	EVTSEL2
R-0	R/W-03h	R-0	R/W-02h

15–14	13–8	7–6	5–0
保留	EVTSEL1	保留	EVTSEL0
R-0	R/W-01h	R-0	R/W-0

图 7-8 EDMA 事件选择寄存器 ESEL0

31–30	29–24	23–22	21–16
保留	EVTSEL7	保留	EVTSEL6
R-0	R/W-07h	R-0	R/W-06h

15–14	13–8	7–6	5–0
保留	EVTSEL5	保留	EVTSEL4
R-0	R/W-05h	R-0	R/W-04h

图 7-9 EDMA 事件选择寄存器 ESEL1

31–30	29–24	23–22	21–16
保留	EVTSEL15	保留	EVTSEL14
R-0	R/W=0Fh	R-0	R/W-0Eh

15–14	13–8	7–6	5–0
保留	EVTSEL13	保留	EVTSEL12
R-0	R/W-0Dh	R-0	R/W-0Ch

图 7-10 EDMA 事件选择寄存器 ESEL3

表 7-2　默认的 EDMA 事件和通道的映射关系

EDMA 通道	默认的 EDMA 事件选择器的值(二进制形式)	默认的 EDMA 事件	涉及的模块	EDMA 事件选择寄存器	
				寄存器	字段名称
0	000000	DSPINT	HPI	ESEL0	EVTSEL0
1	000001	TINT0	定时器 0	ESEL0	EVTSEL1
2	000010	TINT1	定时器 1	ESEL0	EVTSEL2
3	000011	SDINT	EMIF	ESEL0	EVTSEL3
4	000100	EXTINT4	GPIO	ESEL1	EVTSEL4
5	000101	EXTINT5	GPIO	ESEL1	EVTSEL5
6	000110	EXTINT6	GPIO	ESEL1	EVTSEL6
7	000111	EXTINT7	GPIO	ESEL1	EVTSEL7
8	—	TCC8(链接)	—	—	—
9	—	TCC9(链接)	—	—	—
10	—	TCC10(链接)	—	—	—
11	—	TCC11(链接)	—	—	—
12	001100	XEVT0	McBSP0	ESEL3	EVTSEL12
13	001101	REVT0	McBSP0	ESEL3	EVTSEL13
14	001110	XEVT1	McBSP1	ESEL3	EVTSEL14
15	001111	REVT1	McBSP1	ESEL3	EVTSEL15

2. 优先级队列状态寄存器

优先级队列状态寄存器(Priority Queue Status Register，PQSR)用于显示各个优先级上的传输申请队列是否为空，如图 7-11 所示，如果 PQ[3:0]中任一位为 1，则表明对应的优先级上没有任何等候处理的申请。

31–3	2	1	0
保留	PQ2	PQ1	PQ0
R-0	R-1	R-1	R-1

图 7-11　PQSR 寄存器

3. 通道中断挂起寄存器

EDMA 通道中断挂起寄存器(Channel Interrupt Pending Register，CIPR)如图 7-12 所示，各字段描述见表 7-3。

15	14	13	12	11	10	9	8
CIP15	CIP14	CIP13	CIP12	CIP11	CIP10	CIP9	CIP8
R/W-0	R/W-0	R/W-0	R/W-0	R/W-0	R/W-0	R/W-0	R/W-0

7	6	5	4	3	2	1	0
CIP7	CIP6	CIP5	CIP4	CIP3	CIP2	CIP1	CIP0
R/W-0	R/W-0	R/W-0	R/W-0	R/W-0	R/W-0	R/W-0	R/W-0

图 7-12　EDMA 通道中断挂起寄存器

表 7-3　通道中断挂起寄存器各字段描述

位	字段名称	符号常量	取值	说明
15-0	CIP	OF(value)	0～FFFFh	通道中断挂起。当通道选项参数寄存器的 TCINT 字段为 1，并且由传输控制器指定了传输结束代码(TCC)，EDMA 通道控制器就会设置 CIP 字段的值
		DEFAULT	0	没有 EDMA 通道中断挂起
			1	EDMA 通道中断挂起

4. 通道中断使能寄存器

EDMA 通道中断使能寄存器(Channel Interrupt Enable Register，CIER)如图 7-13 所示，各字段描述见表 7-4。

15	14	13	12	11	10	9	8
CIE15	CIE14	CIE13	CIE12	CIE11	CIE10	CIE9	CIE8
R/W-0	R/W-0	R/W-0	R/W-0	R/W-0	R/W-0	R/W-0	R/W-0

7	6	5	4	3	2	1	0
CIE7	CIE6	CIE5	CIE4	CIE3	CIE2	CIE1	CIE0
R/W-0	R/W-0	R/W-0	R/W-0	R/W-0	R/W-0	R/W-0	R/W-0

图 7-13　EDMA 通道中断使能寄存器

表 7-4　通道中断使能寄存器各字段描述

位	字段名称	符号常量	取　值	说　明
15-0	CIE	OF(value)	0～FFFFh	通道中断使能
		DEFAULT	0	禁用 EDMA 通道中断
		—	1	使能 EDMA 通道中断

5. 通道链接使能寄存器

EDMA 通道链接使能寄存器(Channel Chain Enable Register，CCER)如图 7-14 所示，各字段描述见表 7-5。

15–12	11	10	9	8
保留	CIE11	CIE10	CIE9	CIE8
R-0	R/W-0	R/W-0	R/W-0	R/W-0

图 7-14　EDMA 通道链接使能寄存器

表 7-5　通道链接使能寄存器各字段描述

位	字段名称	符号常量	取　值	说　明
11-8	CCE	OF(value)	0～Fh	通道链接使能。设置通道选项参数寄存器的 TCINT 字段为 1，使能 EDMA 控制器通道链接。设置 CCE 字段触发由传输结束代码(TCC)指定的下一个通道
		DEFAULT	0	禁用 EDMA 通道链接
		—	1	使能 EDMA 通道链接

6. 事件相关的寄存器

EDMA 事件寄存器(Event Register，ER)负责捕获所有的事件，事件使能寄存器(Event Enable Register，EER)控制每个事件的使能/禁止，如图 7-15 和图 7-16 所示。事件信号的上升沿触发 EDMA 控制器。如果同时发生多个事件，则由事件编码器将同时发生的事件进行排序，并决定处理的顺序。不论事件是否被使能，EDMA 都会进行事件的捕获，以保证 EDMA 不会遗漏发生的任何事件。这类似于中断使能和中断信号标志之间的关系。一旦重新使能某个在 ER 寄存器中挂起(pending)的事件，EDMA 控制器依照优先级对该事件进行处理。

有自动清除和手工清除两种方式清除事件寄存器中的有效标志。如果使能该事件，那么一旦 EDMA 响应事件进行数据传输，相应的标志将自动清除；如果该事件被禁止，可以通过向事件清除寄存器(Event Clear Register，ECR)对应位写 1，完成对该事件标志的手工清除。通过事件置位寄存器(Event Set Register，ESR)实现事件标志的手工设置，如图 7-17 和图 7-18 所示。

15	14	13	12	11	10	9	8
EVT15	EVT14	EVT13	EVT12	EVT11	EVT10	EVT9	EVT8
R-0	R-0	R-0	R-0	R-0	R-0	R-0	R-0
7	**6**	**5**	**4**	**3**	**2**	**1**	**0**
EVT7	EVT6	EVT5	EVT4	EVT3	EVT2	EVT1	EVT0
R-0	R-0	R-0	R-0	R-0	R-0	R-0	R-0

图 7-15 EDMA 事件寄存器

15	14	13	12	11	10	9	8
EE15	EE14	EE13	EE12	保留			
R/W-0	R/W-0	R/W-0	R/W-0	R-0			
7	**6**	**5**	**4**	**3**	**2**	**1**	**0**
EE7	EE6	EE5	EE4	EE3	EE2	EE1	EE0
R/W-0	R/W-0	R/W-0	R/W-0	R/W-0	R/W-0	R/W-0	R/W-0

图 7-16 EDMA 事件使能寄存器

15	14	13	12	11	10	9	8
EC15	EC14	EC13	EC12	EC11	EC10	EC9	EC8
R/W-0	R/W-0	R/W-0	R/W-0	R/W-0	R/W-0	R/W-0	R/W-0
7	**6**	**5**	**4**	**3**	**2**	**1**	**0**
EC7	EC6	EC5	EC4	EC3	EC2	EC1	EC0
R/W-0	R/W-0	R/W-0	R/W-0	R/W-0	R/W-0	R/W-0	R/W-0

图 7-17 EDMA 事件清除寄存器

15	14	13	12	11	10	9	8
ES15	ES14	ES13	ES12	ES11	ES10	ES9	ES8
R/W-0	R/W-0	R/W-0	R/W-0	R/W-0	R/W-0	R/W-0	R/W-0
7	**6**	**5**	**4**	**3**	**2**	**1**	**0**
ES7	ES6	ES5	ES4	ES3	ES2	ES1	ES0
R/W-0	R/W-0	R/W-0	R/W-0	R/W-0	R/W-0	R/W-0	R/W-0

图 7-18 EDMA 事件置位寄存器

7.5 参数 RAM 与通道传输参数

C67xx 的 EDMA 控制器是基于 RAM 结构的。

1．参数 RAM

参数 RAM(Parameter RAM，PaRAM)的容量为 2KB，总共可以存放 85 组 EDMA 传输控制参数。多组参数还可以彼此连接起来，从而实现某些复杂数据流的传输，如循环缓存(circular buffer)和数据排序等。参数 RAM 中保存的内容包括：

- 16 个 EDMA 通道对应的入口传输参数，每组参数包括 6 个字(24 字节)；
- 用于重加载/连接的传输参数组。每组参数包括 24 字节；
- 8 字节空余的 RAM 可以作为“草稿区”(scratch pad area)。

需要指出的是，实际上只要该区域对应的事件被禁止(意味着不会用到该参数区)，参数 RAM 的任何部分甚至整个区域都可以用作“草稿区”。如果该事件后来又被使能，则用户必须合理设置其相关的传输参数。表 7-6 给出了整个参数 RAM 的结构与内容。

表 7-6　EDMA 参数 RAM 的结构

地　址	参　数	地　址	参　数
01A0 0000h～01A0 0017h	事件 0 参数	01A0 00F0h～01A0 0107h	事件 10 参数
01A0 0018h～01A0 002Fh	事件 1 参数	01A0 0108h～01A0 011Fh	事件 11 参数
01A0 0030h～01A0 0047h	事件 2 参数	01A0 0120h～01A0 0137h	事件 12 参数
01A0 0048h～01A0 005Fh	事件 3 参数	01A0 0138h～01A0 014Fh	事件 13 参数
01A0 0060h～01A0 0077h	事件 4 参数	01A0 0150h～01A0 0167h	事件 14 参数
01A0 0078h～01A0 008Fh	事件 5 参数	01A0 0168h～01A0 017Fh	事件 15 参数
01A0 0090h～01A0 00A7h	事件 6 参数	01A0 0180h～01A0 0197h	第 1 个重加载/连接入口
01A0 00A8h～01A0 00BFh	事件 7 参数	…	…
01A0 00C0h～01A0 00D7h	事件 8 参数	01A0 07E0h～01A0 07F7h	第 69 个重加载/连接入口
01A0 00D8h～01A0 00EFh	事件 9 参数	01A0 07F8h～01A0 07FFh	暂存区

一旦捕获到某个事件，控制器将从参数 RAM 顶部的 16 组入口参数中读取事件对应的控制参数，送往地址发生器，从而控制数据的搬移。

2. EDMA 的通道传输参数

图 7-19 给出了 1 组 EDMA 通道传输参数的存储结构，共 6 个控制字，可以通过 32 位总线对 EDMA 的参数 RAM 进行访问，各控制字的详细说明如下。

	31	0	EDMA 参数
字 0	EDMA 通道传输参数控制字 (OPT)		OPT
字 1	EDMA 通道源地址 (SRC)		SRC
字 2	帧 / 阵列计数 (FRMCNT)	数据单元计数 (ELECNT)	CNT
字 3	EDMA 通道目的地址 (DST)		DST
字 4	帧 / 阵列索引 (FRMIDX)	数据单元索引 (ELEIDX)	IDX
字 5	数据单元计数的重加载 (ELERLD)	连接地址 (LINK)	RLD

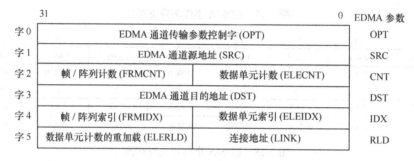

图 7-19　EDMA 的通道传输参数存储结构

通道传输参数控制字(OPT)：32 位，控制 EDMA 数据搬移的行为，该控制字如图 7-20 所示，其字段含义见表 7-7，用户可以根据具体数据搬移情况设置该控制字。

通道源地址(SRC)：32 位，用于指定 EDMA 数据搬移的源地址和目的地址，可以修改通道选项参数中的 SUM/DUM 字段来设定对源地址的修改方式。

数据单元计数(ELECNT)：16 位无符号数，存放 1 帧(一维传输)或 1 个阵列(二维传输)中的数据单元个数。有效范围为 1～65535，等于 0 时，操作无效。

帧/阵列计数(FRMCNT)：16 位无符号数，存放的是一维数据传输中的帧计数，或是二维数据传输中的阵列计数，最大值为 65536。

数据单元和帧/阵列索引(ELEINX/FRMIDX)：16 位无符号数，修改地址的索引值。数据单元索引只能应用于一维传输，作为下一数据单元的地址偏移值(二维传输不允许数据单元间隔存放)。帧/阵列索引用于控制下一帧/阵列的地址偏移。

数据单元计数的重加载(ELERLD)：16 位无符号数，用于完成帧中最后一个数据单元的传输之后，重新加载传输计数值。该参数只应用于一维传输中。

连接地址(LINK)：16 位，EDMA 控制器提供了一种连接多组 EDMA 传输参数的机制。当通道选项参数控制字的 LINK 字段为 1 时，可以由连接地址确定下一个 EDMA 事件入口参数的装载/重装载地址，从而将多组 EDMA 传输参数形成 EDMA 传输链。由于整个 EDMA 参数 RAM 都位于 01A0xxxxh 区间，因此只需要 16 位数据来确定地址就足够了。

31–29	28–27	26	25–24	23	22–21	20	19–16
PR1	ESIZE	2DS	SUM	2DD	DUM	TCINT	TCC
R/W-x	R/W-x	R/W-x	R/W-x	R/W-x	R/W-x	R/W-x	R/W-x

15–2	1	0
保留	LINK	FS
R/W-0	R/W-x	R/W-x

图 7-20　EDMA 通道传输参数控制字

表 7-7　EDMA 通道传输参数控制字的字段含义

字段	符号常量	取值	控制含义
FS	OF(value)		帧同步使能
	DEFAULT/NO	0	通道为单元/阵列同步
	YES	1	通道为帧同步
LINK	OF(value)		事件连接使能
	DEFAULT/NO	0	禁用事件参数的连接，不重载事件入口参数
	YES	1	使能事件参数的连接，当前参数过期后，从连接地址重载事件入口参数
TCC	OF(value)	0～Fh	传输结束代码，依据该值设置通道中断挂起寄存器的相应位，并用于通道链接和中断
	DEFAULT	0	
TCINT	OF(value)		传输结束中断使能
	DEFAULT/NO	0	禁用传输中断，传输结束后不设置通道中断挂起寄存器
	YES	1	使能传输中断，传输结束后依据 TCC 的数值设置通道中断挂起寄存器的相应位
DUM	OF(value)	0～3h	目的地址更新模式
	DEFAULT/NONE	0	固定地址模式，不修改目的地址
	INC	1	依据 2DD/FS 字段的数值增加目的地址
	DEC	2	依据 2DD/FS 字段的数值缩减目的地址
	IDX	3	依据 2DD/FS 字段的数值，使用单元/帧索引修改目的地址
2DD	DEFAULT/NO	0	一维目的地址
	YES	1	二维目的地址
SUM	OF(value)	0～3h	源地址更新模式
	DEFAULT/NONE	0	固定地址模式，不修改源地址
	INC	1	依据 2DD/FS 字段的数值增加源地址
	DEC	2	依据 2DD/FS 字段的数值缩减源地址
	IDX	3	依据 2DD/FS 字段的数值，使用单元/帧索引修改源地址
2DS	DEFAULT/NO	0	一维源地址
	YES	1	二维源地址

（续表）

字段	符 号 常 量	取值	控制含义
ESIZE	OF(value)	0～3h	数据单元字长
	DEFAULT/32BIT	0	32 位字长
	16BIT	1	16 位字长
	8BIT	2	8 位字长
PRI	OF(value)	0～7h	EDMA 事件的优先级
	DEFAULT	0	该优先级保留给 L2 请求
	HIGH	1	EDMA 传输高优先级
	LOW	2	EDMA 传输低优先级

7.6 EDMA 的传输操作

1. EDMA 的启动

EDMA 进行数据搬移时，有两种启动方式，一种是由 CPU 启动，另一种是由同步事件触发。EDMA 通道启动是相互独立的。

- CPU 启动传输请求：CPU 可以通过写事件置位寄存器(ESR)启动一个 EDMA 通道。向 ESR 中某一位写 1 时，将强行触发对应的事件。此时与正常的事件响应过程类似，EDMA 参数 RAM 中的传输参数被送入地址发生器，完成对片内或片外数据的存取访问。由 CPU 启动的 EDMA 属于非同步的数据传输。事件使能寄存器(EER)中事件使能与否不会影响这种 EDMA 传输的启动。
- 事件触发传输请求：一旦事件编码器捕获到一个触发事件并锁存在事件寄存器(ER)中，将把参数 RAM 中对应的参数送入地址发生器，执行指定的数据搬移操作。尽管是由事件启动传输操作，但必须先在事件使能寄存器中使能相应的事件。
- 通道链接触发传输请求：由完成任务的通道触发新的 EDMA 通道，提交传输请求。

2. EDMA 事件与通道的映射

触发 EDMA 传输的同步事件可以源于外设、外部器件的中断或是某个 EDMA 通道的结束，与 EDMA 通道相关联的触发事件是固定的。因此如果假设 EER 中 EVT4=1，那么 EXT_INT4 引脚上的外部中断信号就会启动 EDMA 通道 4 的传输。所以，每个事件也就指定了一个特定的 EDMA 通道，表 7-8 总结了这种对应关系。

表 7-8 C67xx 中 EDMA 通道与同步事件的对应关系

EDMA 通道号	事 件 缩 写	事 件
0	DSPINT	主机口的 DSP 中断
1	TINT0	定时器 0 中断
2	TINT1	定时器 1 中断
3	SD_INT	EMIF SDRAM 定时器中断
4	EXT_INT4	外部中断 4
5	EXT_INT5	外部中断 5
6	EXT_INT6	外部中断 6
7	EXT_INT7	外部中断 7

（续表）

EDMA 通道号	事件缩写	事　件
8	EDMA_TCC8	EDMA 传输结束代码 1000b 中断
9	EDMA_TCC9	EDMA 传输结束代码 1001b 中断
10	EDMA_TCC10	EDMA 传输结束代码 1010b 中断
11	EDMA_TCC11	EDMA 传输结束代码 1011b 中断
12	XEVT0	McBSP0 发送中断
13	REVT0	McBSP0 接收中断
14	XEVT1	McBSP1 发送中断
15	REVT1	McBSP1 接收中断

3. 传输计数与地址的更新

EDMA 的 PaRAM 中，由数据单元计数字段(ELECNT)、帧计数字段(FRMCNT)、数据单元索引(ELEIDX)和帧索引(FRMIDX)控制传输操作的计数。

（1）数据单元与帧/阵列计数值的更新

对于由某个事件触发的 EDMA 传输，数据单元计数值和帧计数值的更新方式取决于传输类型(一维或二维)以及同步方式的设置，表 7-9 中总结了这些计数更新方式。

表 7-9　EDMA 传输的数据单元和帧/阵列计数更新方式

同步方式	传输模式	数据单元的计数方式	帧阵列的计数方式
单元同步	1-D(FS=0, 2DS&2DD=0)	−1(如果 ELECNT=1，则重载)	−1(当 ELECNT=1 时)
帧同步	1-D(FS=1, 2DS&2DD=0)	无	−1
阵列同步	2-D(FS=0, 2DS|2DD=1)	无	−1
块同步	2-D(FS=1, 2DS|2DD=1)	无	无

对于单元同步(FS=0)的一维传输，当 1 帧数据传输的末尾(ELECNT=1)接收到读/写同步事件时，EDMA 控制器在响应事件发出传输申请的同时，会利用参数 RAM 中的 ELERLD 字段重新加载 ELECNT 值。这种计数器重加载的条件是 ELECNT=1，FRMCNT≠0。EDMA 控制器会自动跟踪数据单元计数值的变化，并根据 SUM/DUM 参数的设置，按数据大小或数据单元/帧索引值对传输地址进行更新。对于其他类型的传输，16 位的 ELERLD 字段无意义。

（2）源/目的地址的更新

通道选项参数控制字中的 SUM/DUM 字段可以控制源/目的地址的更新方式。地址更新是指在数据搬移过程中对地址的修改，该操作由 EDMA 控制器自动完成。不同的地址更新模式可以使用户创建多种数据结构。需要明确的是，由于地址更新发生在发出当前传输申请之后，因此该操作影响的是下一个事件触发的 EDMA 地址。

源/目的地址的更新模式取决于传输类型。例如，从一维源地址到二维目的地址的传输，源地址仍然需要在帧的基础上(而不是在数据单元的基础上)进行更新，以便向目的地址提供二维结构的数据。表 7-10 和表 7-11 总结了源地址和目的地址的更新方式。

需要注意的是，只要源/目的地址任何一方是二维结构，并且传输是帧同步的(FS=1)，则整个数据块都会在帧同步事件的控制下进行传输，在这种情况下，不进行地址的更新，表 7-10 和表 7-11 列出了该情况。另外，在 EDMA 参数连接过程中，也不会发生地址的修改，而是直接复制连接的传输参数。

表 7-10　EDMA 源地址的更新

同步类型	FS	2DS/2DD	源地址更新模式(SUM)			
			00	01	10	11
单元	0	00	固定	＋ESIZE 递增 1 个数据单元	－ESIZE 递减 1 个数据单元	帧中每个单元＋ELEIDX；当 ELECNT=1 时，最后 1 个单元＋FRMIDX
阵列	0	01	固定	＋(ELECNT×ESIZE) 在前一帧的起始地址上递增 ELECNT× ESIZE 个数据单元	－(ELECNT×ESIZE) 在前一帧的起始地址上递减 ELECNT× ESIZE 个数据单元	保留
		10	固定	＋FRMIDX，帧中第 1 个数据单元地址上＋FRMIDX；帧中单元地址按升序存放	＋FRMIDX，帧中第 1 个数据单元地址上＋FRMIDX；帧中单元地址按降序存放	保留
		11	固定	＋FRMIDX 同上	＋FRMIDX 同上	保留
帧	1	00	固定	＋(ELECNT×ESIZE) 在前一帧的起始地址上递增 ELECNT× ESIZE 个数据单元	－(ELECNT×ESIZE) 在前一帧的起始地址上递减 ELECNT× ESIZE 个数据单元	＋FRMIDX 帧中第 1 个数据单元地址上+FRMIDX；帧中单元地址间隔 ELEIDX 存放
块	1	01	固定	固定	固定	保留
		10	固定	固定	固定	保留
		11	固定	固定	固定	保留

表 7-11　EDMA 目的地址的更新

同步类型	FS	2DS/2DD	目的地址更新模式(DUM)			
			00	01	10	11
单元	0	00	固定	+ESIZE 递增 1 个数据单元	－ESIZE 递减 1 个数据单元	帧中每个单元＋ELEIDX；当 ELECNT=1 时，最后 1 个单元＋FRMIDX
阵列	0	01	固定	＋FRMIDX，帧中第 1 个数据单元地址上＋FRMIDX；帧中单元地址按升序存放	＋FRMIDX，帧中第 1 个数据单元地址上＋FRMIDX；帧中单元地址按降序存放	保留
		10	固定	＋(ELECNT×ESIZE) 在前一帧的起始地址上递增ELECNT× ESIZE个数据单元	－(ELECNT×ESIZE) 在前一帧的起始地址上递减 ELECNT× ESIZE 个数据单元	保留
		11	固定	＋FRMIDX，帧中第 1 个数据单元地址上＋FRMIDX；帧中单元地址按升序存放	＋FRMIDX，帧中第 1 个数据单元地址上＋FRMIDX；帧中单元地址按降序存放	保留
帧	1	00	固定	＋(ELECNT×ESIZE) 在前一帧的起始地址上递增ELECNT× ESIZE个数据单元	－(ELECNT×ESIZE) 在前一帧的起始地址上递减 ELECNT× ESIZE 个数据单元	＋FRMIDX 帧中第 1 个数据单元地址上+FRMIDX；帧中单元地址间隔 ELEIDX 存放
块	1	01	固定	固定	固定	保留
		10	固定	固定	固定	保留
		11	固定	固定	固定	保留

4．多组 EDMA 参数的连接(linking)

与 C670x 中 DMA 的自动重新初始化功能模式相比，C671x 的 EDMA 控制器提供了一种更加灵活的传输机制，称为“连接”(linking)。它可以将不同的 EDMA 传输参数组连接起来，组成一个参数链，为同一个通道服务。在 EDMA 传输中，一次传输任务的结束会自动从参数 RAM 区装载下一次传输需要的参数。这一功能可以实现复杂的数据格式控制，如复杂的排序和循环缓存等。通道选项参数控制字的 LINK 字段负责连接操作的使能，通道传输参数中的连接地址用来指向下一个传输参数组。图 7-21 给出了一个 EDMA 传输参数连接的例子。

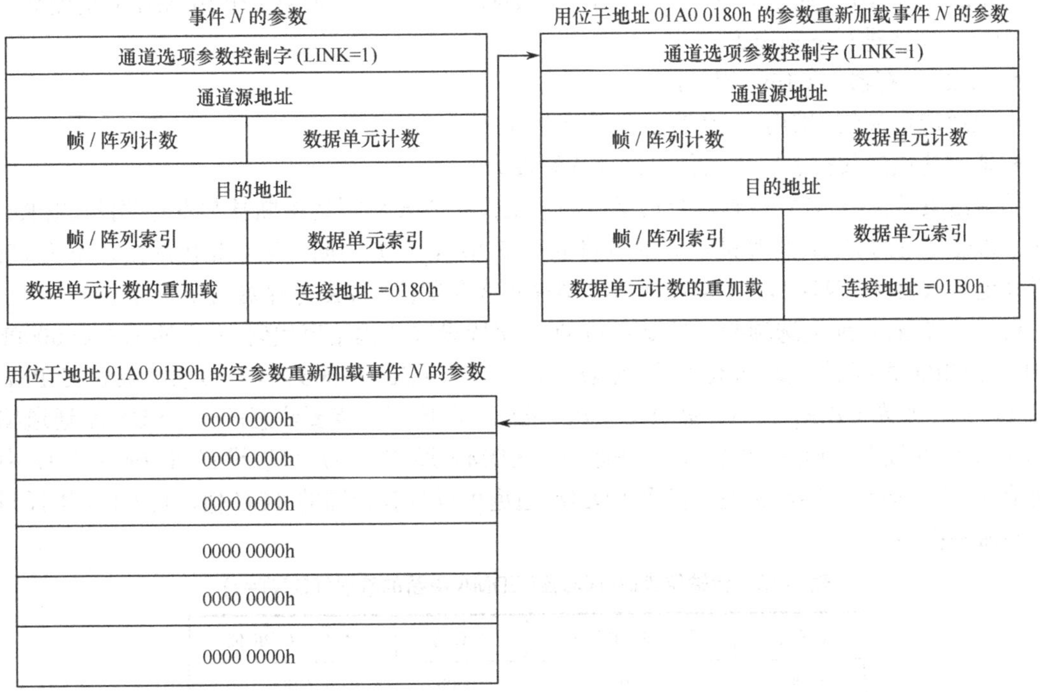

图 7-21　EDMA 传输参数的连接

只有当 LINK=1，并且当前参数组失效之后连接地址才会起效。当 EDMA 控制器完成当前传输任务之后，事件对应的参数组失效。表 7-12 总结了通道结束的条件，此时执行参数组的连接。

表 7-12　EDMA 通道结束的条件

同步类型	传输请求的长度	通道结束时同步事件的总数	最末同步事件前参数状态
单元同步	1	ELECNT×(FRMCNT＋1)	FRMCNT=0&& ELECNT=1
帧同步	ELECNT	FRMCNT＋1	FRMCNT=0
阵列同步	ELECNT	FRMCNT＋1	FRMCNT=0
块同步	ELECNT×(FRMCNT＋1)	1	任意

连接地址可以指向参数 RAM 中任何一组参数的入口，包括该组参数自身。指向自身入口地址时，同一套参数被重复调用。如果是指向参数 RAM 的前 16 组参数，则必须保证禁用该组参数的同步事件以及链接事件。

一旦满足某个事件的通道结束条件，连接地址指向的传输参数会被加载到该事件(通道)对应的 EDMA 参数组空间中，准备进行下一次数据传输。为了尽量减少参数重装载中的时间延迟，

EDMA 控制器在此期间不会查看事件寄存器。但这并不影响这段时间内寄存器对出现的事件进行正常捕获，完成参数重载后，可以再对其进行处理。

EDMA 传输连接的参数数目没有限制，只是要求连接的最后一组传输参数必须指向 1 个空参数组(其中所有值都设为 0 的参数组)，以结束整个传输连接。空参数允许被多个 EDMA 参数连接，因此在参数 RAM 中只需保存 1 组空参数。

5. EDMA 中断

（1）传输结束中断

EDMA 全部 16 个通道共享一个中断信号 EDMA_INT，如果希望某个 EDMA 通道能够触发 CPU 中断，需要进行下列设置：

- CIER 寄存器中 CIEn 位置 1；
- 通道选项参数控制字中的 TCINT 字段置 1；
- 通道选项参数控制字中的传输结束代码设为 n。

传输结束后，EDMA 控制器会根据传输结束代码值(n)将通道中断挂起寄存器的 CIPRn 位置 1。如果对应的 CIEn 位使能，该通道将触发 EDMA_INT 中断。需要指出的是，不论 CIER 是否使能，只要 TCINT=1，EDMA 通道的结束始终会置位 CIPR 寄存器的相应标志位。

对于 C67xx，在通道选项参数控制字的 TCC 字段设置传输结束代码，允许的范围是 0000b～1111b，与 CIPR 寄存器的低 16 位对应，见表 7-13。例如，TCC=1100b 时，在传输结束后，CIPR[12] 被置 1，此时如果 CIER[12]=1，就会向 CPU 发出中断申请。需要注意的是，EDMA 通道编号与 TCC 数值并没有任何对应关系，对任何一个 EDMA 通道，用户可以设置 0000b～1111b 中的任何值为 TCC 参数。换句话说，多个 EDMA 通道可以具有相同的 TCC 值，使 CPU 执行同一个中断服务程序。

表 7-13 传输结束码(TCC)到 EDMA 中断的映射(TCINT=1)

TCC 值	置 1 的 CIPR 位	TCC 值	置 1 的 CIPR 位
0000b	CIP0	1000b	CIP8
0001b	CIP1	1001b	CIP9
0010b	CIP2	1010b	CIP10
0011b	CIP3	1011b	CIP11
0100b	CIP4	1100b	CIP12
0101b	CIP5	1101b	CIP13
0110b	CIP6	1110b	CIP14
0111b	CIP7	1111b	CIP15

（2）EDMA 中断服务

16 个 EDMA 通道共享一个 EDMA_INT，因此发生 EDMA 中断时，CPU 的中断服务程序需要读 CIPR 寄存器，判断是哪个通道事件发生中断，然后进行相应的操作。在中断服务程序(ISR)中，还需要手工清除 CIPR 的中断标志，以保证可捕获后续发生的中断。

6. 多个 EDMA 通道的链接(chaining)

EDMA 控制器还提供了一种通道链接的机制，允许由一个 EDMA 通道的传输结束触发另一个 EDMA 通道的传输。这一功能使用户能够利用某个外设或外部器件产生的事件，将多个 EDMA 通道的传输操作链接起来。需要注意的是，通道链接(chaining)不同于前面的参数连接

(linking)。参数连接是依次重加载多组参数到某一 EDMA 通道，而通道链接不会修改或更新任何通道的传输参数，它实质上只是为所链接的通道提供了一个同步事件。通道链接由通道链接使能寄存器(CCER)控制，如图 7-14 所示。

对于 C67xx，只有 4 个传输结束代码(TCC=8、9、10 或 11)可以用于触发另一个 EDMA 通道，设置的 TCC 值代表所链接的 EDMA 通道。但是设置 TCC=8～11 并非一定会启动通道 8～11，还必须设置 TCINT=1，同时使能 CCER 寄存器中与 TCC 值对应的位，才能使能通道的链接。CCER 的值不影响 ER 对事件 8～11 的捕获。

例如，假设 EDMA 通道 4 的 TCC=1000b，CCER[8]=1，外部中断 EXT_INT4 启动 EDMA 传输。当通道 4 传输结束后，会产生同步事件 8，触发 EDMA 控制器启动通道 8 的传输(假设 TCINT=1)。此时会置 CIPR 中的 CIPR[8]=1，如果同时 CIER[8]=1，会向 CPU 发出中断 EDMA_INT。如果不需要中断 CPU，应设置 CIER[8]=0，如果不需要链接启动通道 8，则必须设置 CCER[8]=0。

7.7 QDMA 数据传输

快速 DMA(QDMA)几乎支持 EDMA 所有的传输模式，但是前者提交传输申请的速度要比后者快很多。实际上，QDMA 是 C6000 DSP 中搬移数据效率最高的手段。在应用系统中，EDMA 适合完成与外设之间固定周期的数据传输，如果需要由 CPU 直接控制搬移一块数据，则更适合采用 QDMA。

1. QDMA 的控制

QDMA 的操作由两组寄存器进行控制。第 1 组的 5 个寄存器定义了 QDMA 传输所需的所有参数，如图 7-22 所示，这些参数与 EDMA 参数 RAM 中的内容类似，只是没有重加载/连接控制参数。第 2 组的 5 个寄存器是第 1 组寄存器的“伪映射”(pseudo-mapping)，如图 7-23 所示。

地址			QDMA 寄存器
0200 0000h	QDMA 通道传输参数控制字		QOPT
0200 0004h	QDMA 通道源地址 (SRC)		QSRC
0200 0008h	帧 / 阵列计数 (FRMCNT)	数据单元计数 (ELECNT)	QCNT
0200 000Ch	QDMA 通道目的地址 (DST)		QDST
0200 0010h	帧 / 阵列索引 (FRMIDX)	数据单元索引 (ELEIDX)	QIDX

图 7-22　QDMA 的寄存器

地址			QDMA 伪映射寄存器
0200 0020h	QDMA 通道传输参数控制字		QSOPT
0200 0024h	QDMA 通道源地址 (SRC)		QSSRC
0200 0028h	帧 / 阵列计数 (FRMCNT)	数据单元计数 (ELECNT)	QSCNT
0200 002Ch	QDMA 通道目的地址 (DST)		QSDST
0200 0030h	帧 / 阵列索引 (FRMIDX)	数据单元索引 (ELEIDX)	QSIDX

图 7-23　QDMA 的伪映射寄存器

图 7-24 是 QDMA 的通道传输参数控制字的结构，控制字中各字段与 EDMA 中对应的字段意义相同。

31 29	28 27	26	25 24	23	22 21	20	19 16
PR1	ESIZE	2DS	SUM	2DD	DUM	TCINT	TCC
R/W-0	R/W-0	R/W-0	R/W-0	R/W-0	R/W-0	R/W-0	R/W-0

15 1	0
保留	FS
R/W-0	R/W-0

图 7-24　QDMA 的通道传输参数寄存器

QDMA 传输要求采用帧同步(一维传输)或块同步(二维传输)，一次搬移 1 帧或 1 块数据，因此可选参数寄存器中的 FS 字段无意义。QDMA 传输也没有中间传输状态，每次任务只提交一次申请。

与 EDMA 相比，QDMA 不支持参数的连接，但是支持传输完成中断机制，可以产生 EDMA 事件去链接另一个 EDMA 通道。QDMA 传输完成中断的控制与 EDMA 相同，用户需要使能 TCINT 位，并设置传输结束代码(TCC)。QDMA 传输结束时，QDMA 的结束代码会被捕获到 EDMA 的 CIPR 寄存器中，如果 CIER 寄存器中与 TCC 代码对应的位被使能，那么 QDMA 的结束事件就会产生一个 EDMA_INT 中断信号(参见前面 EDMA 的有关内容)。如果 CCER 寄存器中对应的位被使能，则 QDMA 传输结束时将启动另一个 EDMA 通道。

QDMA 中，“伪映射”寄存器是第 1 组 5 个物理寄存器的“副本”(shadow)。QDMA 的最大特点在于它是由“伪映射”寄存器完成 EDMA 传输申请提交工作的，QDMA 物理寄存器的值在传输过程中保持不变。对 QDMA 物理寄存器的写操作与通常的寄存器操作一样，写“伪映射”寄存器时，会自动将相同内容写入对应的 QDMA 物理寄存器，同时发出 DMA 传输申请。因此，一个典型的 QDMA 操作顺序应是：

```
QDMA_SRC = SOME_SRC_ADDRESS;     //设置源地址
QDMA_DST = SOME_DST_ADDRESS;     //设置目的地址
QDMA_CNT = 0x00000010;           //设置阵列的帧计数
QDMA_IDX = 0x00000000;           //不采用索引
QDMA_S_OPT = 0x21B80001;         //设置帧同步，源/目的地址更新方式，发出传输申请
```

上面的例子中，QDMA_SRC、QDMA_DST、QDMA_CNT 和 QDMA_IDX 都是 QDMA 的物理寄存器，它们的值是直接设置的。通过写入伪映射寄存器 QDMA_S_OPT 可以设置通道选项参数寄存器，与此同时，提交传输申请。

QDMA 寄存器只能进行 32 位的访问，QDMA 寄存器是只写的，读操作将返回一个无效的值。

2．QDMA 的性能

QDMA 的内部机制保证了申请具有非常高的提交效率。首先，写 QDMA 寄存器类似于对 L2 缓存的写操作，不同于对外设的写操作。快速译码使 QDMA 寄存器的写操作可以在单周期内完成。因此，QDMA 申请一般在 5 个周期后就可以被真正地发出(写 5 个 QDMA 寄存器，每个需要 1 个周期)。与此相比，EDMA 的第 1 个申请需要在 36 个周期后才能被发出(6 个 EDMA 传输参数，每个需要 6 个周期的写操作)。所以，QDMA 尤其适合应用在紧耦合的循环代码中。

其次，在 QDMA 的传输申请发出之后，QDMA 物理寄存器的内容将保持不变。因此，只要应用程序中没有修改这些寄存器，对于同样的 QDMA 传输任务，无须再重设这些寄存器，后续的每次 QDMA 传输申请可以在 1 个周期后立即发出(仅有的 1 个周期用于写“伪映射”通道选项参数寄存器)。

3. 优先级

QDMA 可能在几种条件下发生阻塞。一旦执行了对某个“伪映射”寄存器的写入(导致提交 QDMA 申请)，其后对于 QDMA 物理寄存器的写入就会被阻塞，直到完成当前的申请提交工作。提交申请操作一般需要 2～3 个周期。由于写 QDMA 寄存器是通过 L1D 写缓冲进行的，所以这一阻塞一般对 CPU 透明。

QDMA 和 L2 高速缓冲存储器(cache)共享一个传输申请模块，因此高速缓存的传输操作可能也会阻塞 QDMA 的传输申请。发生这样的竞争时，L2 控制器的优先权更高。

与 EDMA 类似，可以通过 QDMA_OPT 寄存器的 PRI 字段，在较低优先级上设置 QDMA 的优先权。当 QDMA 申请和 EDMA 申请同时发生时，将首先发出 QDMA 申请，但这只是提交申请的次序，实际上二者间存取操作的优先级还要由各自的 PRI 设置决定。

7.8 EDMA 传输示例

EDMA 通道控制器根据不同的传输参数提供了多种数据搬移方式。基本的传输是由 EDMA 通道或通过提交 QDMA 请求实现的，复杂的传输则需要使用 EDMA 通道。

EDMA 的基本传输是搬移数据块，在 DSP 工作过程中，需要在片上存储器和片外存储器之间搬移数据块。如图 7-25 所示为将 256 个字的数据块从外部地址 A000 0000h(CE2)搬移到地址为 0000 2000h 的内部存储器中。

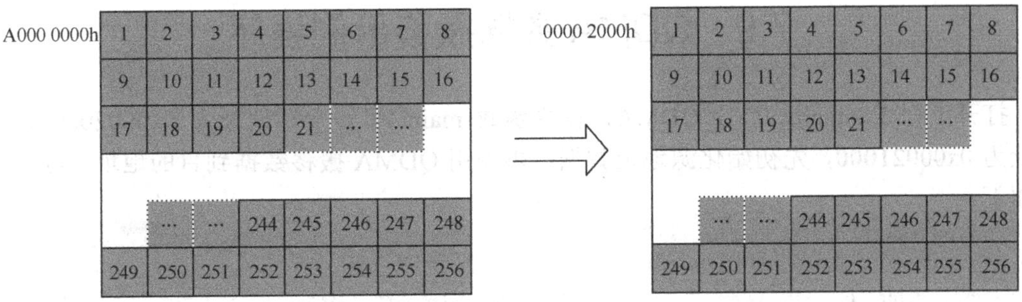

图 7-25　数据块搬移示例图

实现搬移的最快方式是通过 QDMA 请求，QDMA 请求可由多种方式发送，最基本的发送方式是一维到一维的帧同步传输，因此 QDMA 提交请求时不需要考虑 FS 字段的值。这种类型的传输对于少于 64KB 的数据块是有效的。图 7-26 为实现这个传输所需要的参数，包括配置的 QDMA 通道选项参数、源地址、目的地址和数据单元计数。

QDMA 的源地址从外部存储器地址 A000 0000h 开始，目的地址从内部存储器地址 0000 2000h 开始。在 QOPT 寄存器中，SUM 和 DUM 字段置为 01b(增量)，PRI 字段置为低优先级。

CPU 需要 4 个周期来发送传输请求，每一周期对应写入每个寄存器。如果已经为 QDMA 配置了寄存器，那么它将需要配置更少的寄存器。必须将参数写入它的伪寄存器中用于启动传输。图 7-25 所示的 QDMA 传输寄存器配置代码如下：

```
…
QDMA_SRC = 0xA0000000;   // Set source address
QDMA_DST = 0x00002000;   // Set destination address
QDMA_CNT = 0x00000100;   // Set frame/element count
QDMA_S_OPT = 0x41200001; // Set options and submit
…
```

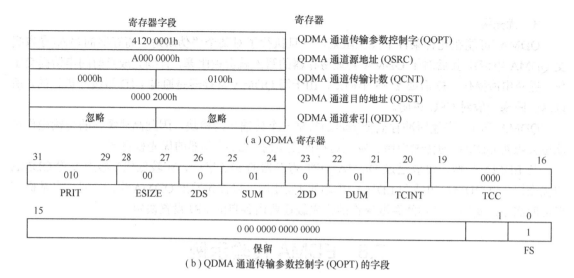

寄存器字段		寄存器
4120 0001h		QDMA 通道传输参数控制字 (QOPT)
A000 0000h		QDMA 通道源地址 (QSRC)
0000h	0100h	QDMA 通道传输计数 (QCNT)
0000 2000h		QDMA 通道目的地址 (QDST)
忽略	忽略	QDMA 通道索引 (QIDX)

(a) QDMA 寄存器

31–29	28–27	26	25–24	23	22–21	20	19–16
010	00	0	01	0	01	0	0000
PRIT	ESIZE	2DS	SUM	2DD	DUM	TCINT	TCC

15–1	0
0 00 0000 0000 0000	1
保留	FS

(b) QDMA 通道传输参数控制字 (QOPT) 的字段

图 7-26　数据块搬移示例 QDMA 寄存器的设置

数据块超过 64KB 时，需要使用数据单元计数和阵列/帧计数。由于数据单元计数字段只有 16 位，最大计数值为 65535，因此，当计数值超过 65535 时需要阵列计数。此时，QDMA 需要配置成二维到二维的块同步传输，而不是一维到一维的帧同步传输。

7.9　QDMA 数据搬移示例程序

打开工程 Examples\0701_QDMA，在主函数 main()里设定源地址为 0x00020000，目的地址为 0x00021000，先初始化源地址数据，再使用 QDMA 搬移数据到目的地址，程序源代码如下：

```
int main()
{
    int   i;
    Uint8 *Src_Address, *Dst_Address;
    //Uint16 *Src_Address, *Dst_Address;//可以修改指针变量类型,地址偏移量随之改变
    //Uint32 *Src_Address, *Dst_Address;
    Sys_init();//系统初始化
    Src_Address = (Uint8 *)0x00020000;//设定源地址
    for(i=0;i<64;i++)
    {
        *(Src_Address++) = i;//初始化源地址数据，运行结果见图 7-27
    }
    Dst_Address = (Uint8 *)0x00021000;//设定目的地址
    //Dst_Address = (Uint8 *)0x80000000;//目的地址
    也可以设定在片外 SDRAM
    for(i=0;i<64;i++)
    {
        *(Dst_Address++) = 0;//清空目的地址数据
    }
    //QDMA 寄存器设置
    QDMA_SRC = 0x20000;
    QDMA_CNT = 0x00010;//FRMCNT|ELECNT
    QDMA_IDX = 0x00000;//FRMIDX|ELEIDX
```

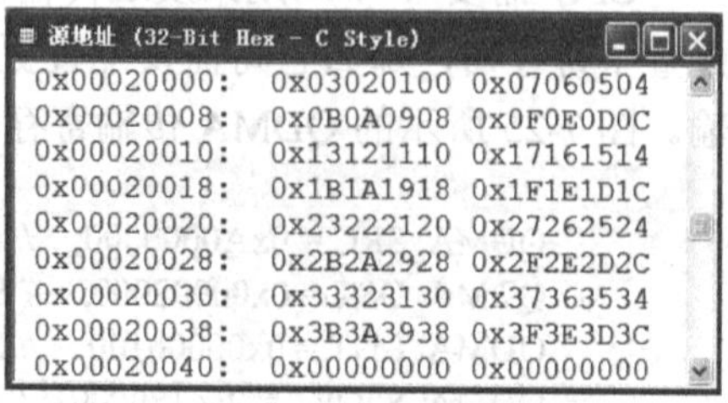

图 7-27　源地址数据

```
		QDMA_DST = 0x21000;//0x80000000

	// 001 1|0	0	01| 0	01	1	|1000|0000 0000 0000 00 0	0
	// PRI|ESIZE|2DS|SUM|2DD|DUM|TCINT|TCC |RESERVED |LINK|FS
	// ESIZE 0-32bit;1-16bit;2-8bit
	// SUM	0-Fixed;1-INC;2-DEC;3-Modified by the element/frame index
		QDMA_S_OPT= 0x31380000;//单元大小为字节,共搬移 16 字节,运行结果见图 7-28
		QDMA_S_OPT= 0x29380000;//单元大小为半字,共搬移 16 个半字,运行结果见图 7-29
```

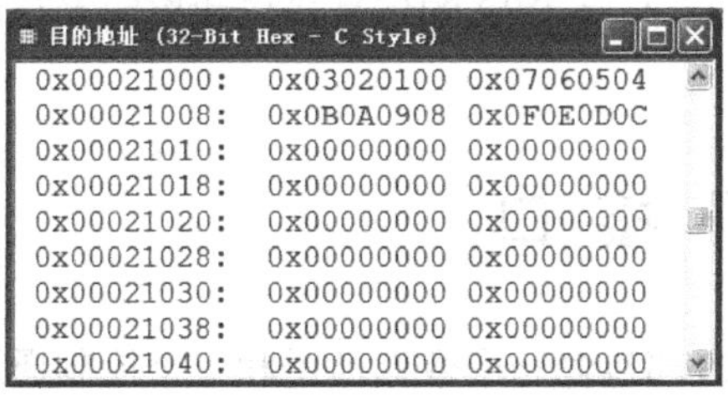

```
目的地址 (32-Bit Hex - C Style)
0x00021000:  0x03020100 0x07060504
0x00021008:  0x0B0A0908 0x0F0E0D0C
0x00021010:  0x00000000 0x00000000
0x00021018:  0x00000000 0x00000000
0x00021020:  0x00000000 0x00000000
0x00021028:  0x00000000 0x00000000
0x00021030:  0x00000000 0x00000000
0x00021038:  0x00000000 0x00000000
0x00021040:  0x00000000 0x00000000
```

图 7-28　目的地址数据

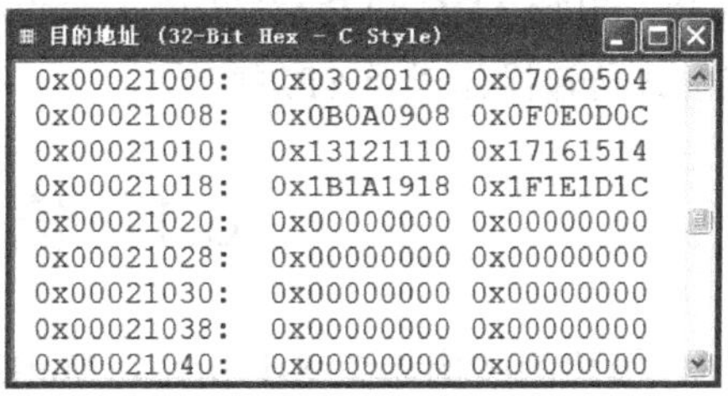

```
目的地址 (32-Bit Hex - C Style)
0x00021000:  0x03020100 0x07060504
0x00021008:  0x0B0A0908 0x0F0E0D0C
0x00021010:  0x13121110 0x17161514
0x00021018:  0x1B1A1918 0x1F1E1D1C
0x00021020:  0x00000000 0x00000000
0x00021028:  0x00000000 0x00000000
0x00021030:  0x00000000 0x00000000
0x00021038:  0x00000000 0x00000000
0x00021040:  0x00000000 0x00000000
```

图 7-29　目的地址数据

```
		QDMA_S_OPT= 0x21380000;//单元大小为字,共搬移 16 个字,运行结果见图 7-30
		QDMA_IDX	= 0x00002;//FRMIDX|ELEIDX
		QDMA_S_OPT= 0x33380000;//源地址单元索引为 2,单元大小为字节,运行结果见图 7-31
```

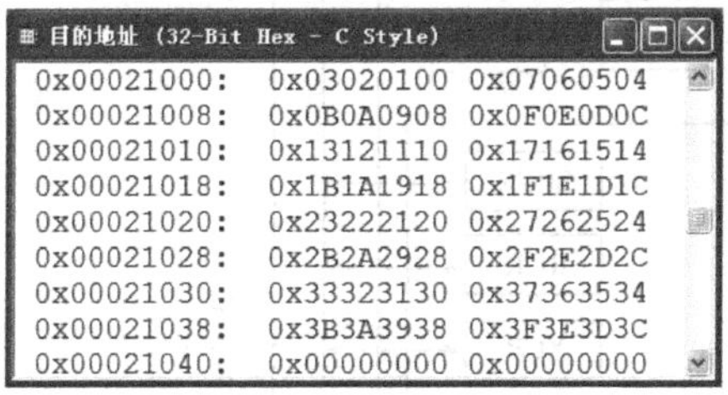

```
目的地址 (32-Bit Hex - C Style)
0x00021000:  0x03020100 0x07060504
0x00021008:  0x0B0A0908 0x0F0E0D0C
0x00021010:  0x13121110 0x17161514
0x00021018:  0x1B1A1918 0x1F1E1D1C
0x00021020:  0x23222120 0x27262524
0x00021028:  0x2B2A2928 0x2F2E2D2C
0x00021030:  0x33323130 0x37363534
0x00021038:  0x3B3A3938 0x3F3E3D3C
0x00021040:  0x00000000 0x00000000
```

图 7-30　目的地址数据

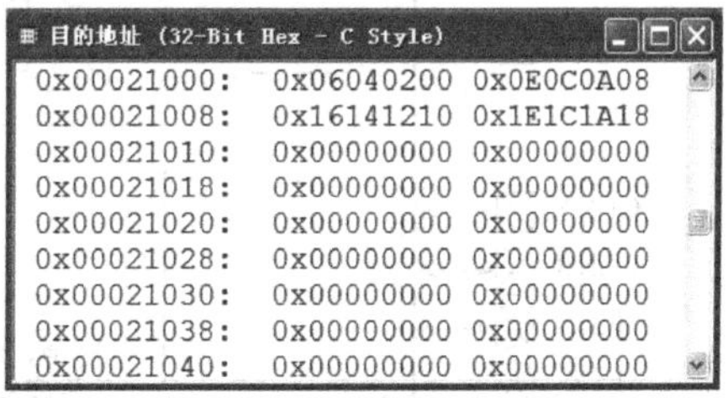

```
目的地址 (32-Bit Hex - C Style)
0x00021000:  0x06040200 0x0E0C0A08
0x00021008:  0x16141210 0x1E1C1A18
0x00021010:  0x00000000 0x00000000
0x00021018:  0x00000000 0x00000000
0x00021020:  0x00000000 0x00000000
0x00021028:  0x00000000 0x00000000
0x00021030:  0x00000000 0x00000000
0x00021038:  0x00000000 0x00000000
0x00021040:  0x00000000 0x00000000
```

图 7-31　目的地址数据

```
		QDMA_IDX	= 0x00008;//FRMIDX|ELEIDX
		QDMA_S_OPT= 0x23380000;//源地址单元索引为 8,单元大小为字,运行结果见图 7-32
		QDMA_IDX = 4; //FRMIDX|ELEIDX
		QDMA_S_OPT= 0x29780000;//目的地址单元索引为 4,单元大小为半字,运行结果见图 7-33
		while(1){}
	}
```

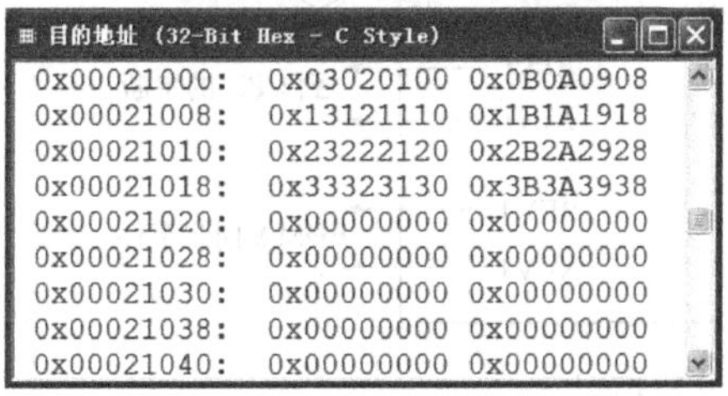

```
目的地址 (32-Bit Hex - C Style)
0x00021000:  0x03020100 0x0B0A0908
0x00021008:  0x13121110 0x1B1A1918
0x00021010:  0x23222120 0x2B2A2928
0x00021018:  0x33323130 0x3B3A3938
0x00021020:  0x00000000 0x00000000
0x00021028:  0x00000000 0x00000000
0x00021030:  0x00000000 0x00000000
0x00021038:  0x00000000 0x00000000
0x00021040:  0x00000000 0x00000000
```

图 7-32　目的地址数据

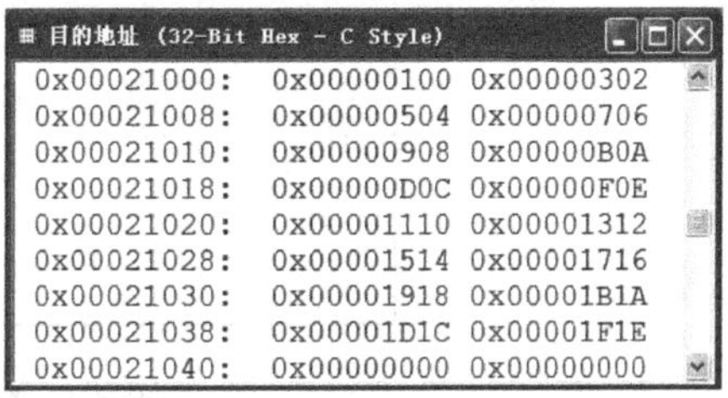

```
目的地址 (32-Bit Hex - C Style)
0x00021000:  0x00000100 0x00000302
0x00021008:  0x00000504 0x00000706
0x00021010:  0x00000908 0x00000B0A
0x00021018:  0x00000D0C 0x00000F0E
0x00021020:  0x00001110 0x00001312
0x00021028:  0x00001514 0x00001716
0x00021030:  0x00001918 0x00001B1A
0x00021038:  0x00001D1C 0x00001F1E
0x00021040:  0x00000000 0x00000000
```

图 7-33　目的地址数据

思考题与习题 7

7-1 论述 EDMA 的传输方式。

7-2 论述通道传输参数控制字(OPT)各字段的含义。

第 8 章　多通道缓冲串口

多通道缓冲串口(Multi-channel Buffered Serial Port，McBSP)功能强大，常用来连接音频编码/解码芯片、串行 ADC 和 DAC 芯片。本章首先讲述 McBSP 的信号接口和控制寄存器，然后讲解标准模式传输操作以及 SPI 接口。

8.1　信 号 接 口

McBSP 模块的结构如图 8-1 所示，McBSP 内部包含一个数据通道和一个控制通道。CPU 通过片内外设总线访问该串口的 32 位数据/控制寄存器，从而实现与 McBSP 间的通信与控制。

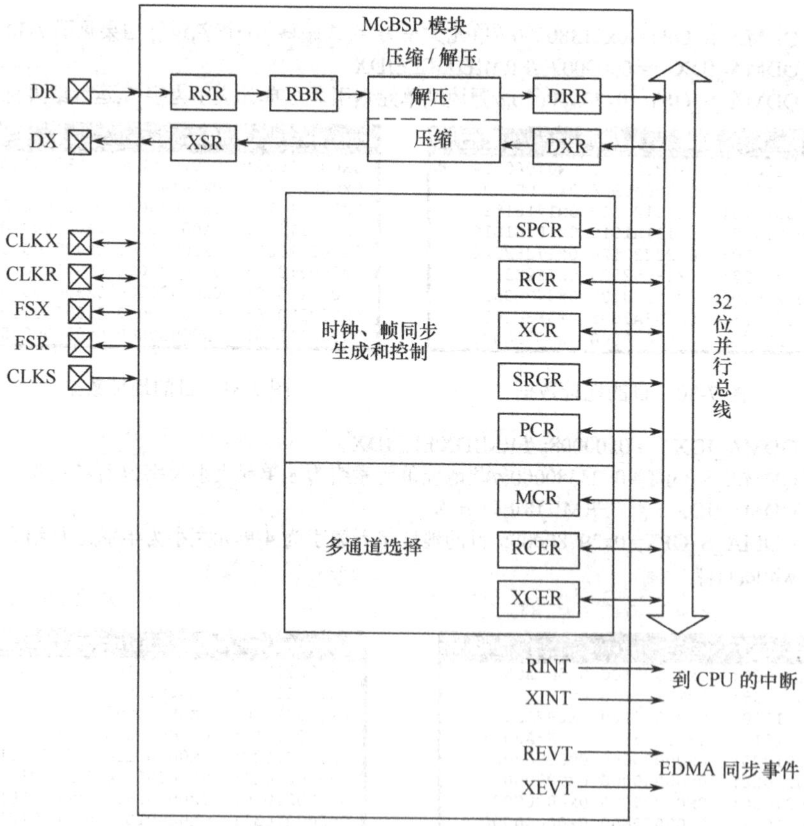

图 8-1　McBSP 结构框图

McBSP 的引脚说明见表 8-1，DX 引脚负责数据的发送，DR 引脚负责数据的接收，另外有 4 个引脚提供接口的时钟和帧同步信号。

数据通道完成数据的发送和接收。CPU 或 EDMA 控制器向数据发送寄存器(DXR)写入待发送的数据，从数据接收寄存器(DRR)读取接收到的数据。McBSP 的接收操作采取 3 级缓存方式，接收数据到达 DR 引脚后移位进入 RSR。一旦整个数据单元(8 位、12 位、16 位、20 位、24 位或 32 位)接收完毕，若 RBR 寄存器未满，则 RSR 将数据复制到 RBR 中。如果 DRR 中旧的数据已经被 CPU 或 EDMA 控制器读走，则 RBR 将新的数据复制到 DRR 中。发送操作采取 2 级缓存方式，发送数据首先由 CPU 或 EDMA 控制器写入 DXR。如果 XSR 寄存器为空，则 DXR 中的值被复制到 XSR 准备移位输出；否则，DXR 会等待 XSR 中旧数据的最后 1 位被移位输出到 DX 引脚后，才将数据复制到 XSR 中。这种多级缓冲结构使片内的数据读/写和外部的数据通信可以同时进行。

控制通道完成的任务包括产生内部时钟和帧同步信号以及多通道的选择等。控制通道还负责产生中断信号送往 CPU，产生同步事件通知 EDMA 控制器，见表 8-2。

表 8-1　McBSP 接口信号

引　脚	输入/输出状态	说　明
CLKR	I/O/Z	接收时钟
CLKX	I/O/Z	发送时钟
CLKS	I	外部时钟
DR	I	接收串行数据
DX	O/Z	发送串行数据
FSR	I/O/Z	接收帧同步
FSX	I/O/Z	发送帧同步

表 8-2　McBSP 的 CPU 中断和 EDMA 同步事件

信　号	功　能
RINT	接收中断，送往 CPU
XINT	接收中断，送往 CPU
REVT	接收同步事件，送往 EDMA 控制器
XEVT	发送同步事件，送往 EDMA 控制器

8.2　控制寄存器

表 8-3 列出了所有的 McBSP 控制寄存器及其缩写，图 8-2 到图 8-6 列出了 SPCR、RCR、XCR、SRGR 和 PCR 寄存器的内容，表 8-3 至表 8-9 对寄存器的各字段作了说明。

表 8-3　McBSP 控制寄存器

缩写	寄存器名称	McBSP0	McBSP1
RBR	接收缓冲寄存器(Receive buffer register)	RBR0	RBR1
RSR	接收移位寄存器(Receive shift register)	RSR0	RSR1
XSR	发送移位寄存器(Transmit shift register)	XSR0	XSR1
DRR	数据接收寄存器(Data receive register)	DRR0	DRR1
DXR	数据发送寄存器(Data transmit register)	DXR0	DXR1
SPCR	串口控制寄存器(Serial port control register)	SPCR0	SPCR1
RCR	接收控制寄存器(Receive control register)	RCR0	RCR1
XCR	发送控制寄存器(Transmit control register)	XCR0	XCR1
SRGR	采样率发生器寄存器(Sample rate generator register)	SRGR0	SRGR1
MCR	多通道控制寄存器(Multichannel control register)	MCR0	MCR1
RCER	接收通道使能寄存器(Receive channel enable register)	RCER0	RCER1
XCER	发送通道使能寄存器(Transmit channel enable register)	XCER0	XCER1
PCR	引脚控制寄存器(Pin control register)	PCR0	PCR1

1. 串口控制寄存器

通过串口控制寄存器(SPCR)和引脚控制寄存器(PCR)配置串口，SPCR 包含 McBSP 的状态控制位，图 8-2 列出了 SPCR 寄存器的内容，表 8-4 对寄存器的各字段作了说明。

31–26	25	24
保留	FREE	SOFT
R-0	R/W-0	R/W-0

23	22	21–20	19	18	17	16
FRST	GRST	XINTM	XSYNCERR	XEMPTY	XRDY	XRST
R/W-0	R/W-0	R/W-0	R/W-0	R-0	R-0	R/W-0

15	14–13	12–11	10–8
DLB	RJUST	CLKSTP	保留
R/W-0	R/W-0	R/W-0	R-0

7	6	5–4	3	2	1	0
DXENA	保留	RINTM	RSYNCERR	RFULL	RRDY	RRST
R/W-0	R-0	R/W-0	R/W-0	R-0	R-0	R/W-0

图 8-2　串口控制寄存器(SPCR)

表 8-4　SPCR 寄存器各字段含义

字段名称	符号常量	取值	说　明
FREE	OF(value)		使能自由运行模式，并与 SOFT 位一起决定仿真停止期间串口时钟的状态
	DEFAULT/NO	0	禁用自由运行模式，仿真停止期间由 SOFT 位决定 McBSP 的工作方式
	YES	1	使能自由运行模式，仿真停止期间串口时钟继续运行
SOFT	OF(value)		与 FREE 位一起决定仿真停止期间串口时钟的状态，当 FREE=1 时，该位不起作用
	DEFAULT/NO	0	禁用 SOFT 模式，仿真停止期间立刻停止串口时钟
	YES	1	使能 SOFT 模式，仿真停止期间完成当前传输后再停止串口时钟
FRST	OF(value)		控制帧同步发生器的复位
	DEFAULT/YES	0	帧同步发生器复位，不产生帧同步信号(FSG)
	NO	1	(FPER + 1)个 CLKG 时钟周期后产生帧同步信号
GRST	OF(value)		控制采样率发生器的复位
	DEFAULT/YES	0	采样率发生器复位
	NO	1	采样率发生器开始运行
XINTM	OF(value)	0～3h	控制发送中断(XINT)模式
	DEFAULT/XRDY	0	由 XRDY 产生 XINT 信号
	EOS	1	在多通道工作方式下，块末尾或帧末尾产生 XINT 信号
	FRM	2	由新的帧同步产生 XINT 信号
	XSYNCERR	3	由 RSYNCERR 产生 XINT 信号
XSYNCERR	OF(value)		发送同步错误状态，主要用于测试
	DEFAULT/NO	0	未检测到同步错误
	YES	1	检测到同步错误
XEMPTY	OF(value)		发送移位寄存器(XSR)状态
	DEFAULT/YES	0	XSR 为空
	NO	1	XSR 有数据
XRDY	OF(value)		发送准备状态
	DEFAULT/NO	0	未准备好发送
	YES	1	准备好发送，新数据写入 DXR
XRST	OF(value)		控制串口发送器的状态
	DEFAULT/YES	0	禁用串口发送器，并使之处于复位状态
	NO	1	使能串口发送器
DLB	OF(value)		控制数字回路(Digital loop back)的状态
	DEFAULT/OFF	0	禁用数字回路
	ON	1	使能数字回路

（续表）

字段名称	符号常量	取值	说明
RJUST	OF(value)	0～3h	控制 DRR 中接收数据的符号扩展及对齐(justification)模式
	DEFAULT/RZF	0	右对齐、0 填充最高位(Most Significant Bit, MSB)
	RSE	1	右对齐、符号扩展最高位
	LZF	2	左对齐、0 填充最低位(Least Significant Bit, LSB)
CLKSTP	OF(value)	0～3h	控制时钟停止模式，在 SPI 模式下，与 PCR 寄存器的 CLKXP 位一起控制时钟工作模式
	DEFAULT/DISABLE	0	禁用时钟停止模式，非 SPI 模式下正常时钟模式
	NODELAY	2	SPI 模式下，数据上升沿采样(CLKXP = 0)，时钟上升沿开始，无延迟；数据下降沿采样(CLKXP = 1)，时钟下降沿开始，无延迟
	DELAY	3	SPI 模式下，数据上升沿采样(CLKXP = 0)，时钟上升沿开始，有延迟；数据下降沿采样(CLKXP = 1)，时钟下降沿开始，有延迟
DXENA	OF(value)		
	DEFAULT/OFF	0	关闭 DX
	ON	1	打开 DX
RINTM	OF(value)	0～3h	控制接收中断(RINT)模式
	DEFAULT/RRDY	0	由 RRDY 产生 RINT 信号
	EOS	1	在多通道工作方式下，块末尾或帧末尾产生 RINT 信号
	FRM	2	由新的帧同步产生 RINT 信号
	RSYNCERR	3	由 RSYNCERR 产生 RINT 信号
RSYNCERR	OF(value)		接收同步错误状态，主要用于测试
	DEFAULT/NO	0	未检测到同步错误
	YES	1	检测到同步错误
RFULL	OF(value)		接收移位寄存器(RSR)状态
	DEFAULT/NO	0	RBR 没有溢出
	YES	1	未读 DRR，RBR 满，RSR 也充满新数据
RRDY	OF(value)		准备接收状态
	DEFAULT/NO	0	未准备好接收
	YES	1	准备好接收，数据从 DRR 读出
RRST	OF(value)		控制接收复位
	DEFAULT/YES	0	禁用串口接收器，使之处于复位状态
	NO	1	使能串口接收器

2. 接收/发送控制寄存器

接收控制寄存器(RCR)和发送控制寄存器(XCR)分别配置接收/发送的工作方式，如图 8-3、图 8-4 列出了 RCR/XCR 寄存器的内容，表 8-5 对寄存器的各字段作了说明。

31	30～24	23～21	20～19	18	17～16
RPHASE	RFRLEN2	RWDLEN2	RCOMPAND	RFIG	RDATDLY
R/W-0	R/W-0	R/W-0	R/W-0	R/W-0	R/W-0

15	14～8	7～5	4	3～0
保留	RFRLEN1	RWDLEN1	RWDREVRS	保留
R-0	R/W-0	R/W-0	R/W-0	R-0

图 8-3 接收控制寄存器(RCR)

31	30–24	23–21	20–19	18	17–16
XPHASE	XFRLEN2	XWDLEN2	XCOMPAND	XFIG	XDATDLY
R/W-0	R/W-0	R/W-0	R/W-0	R/W-0	R/W-0

15	14–8	7–5	4	3–0
保留	XFRLEN1	XWDLEN1	XWDREVRS	保留
R-0	R/W-0	R/W-0	R/W-0	R-0

图 8-4　发送控制寄存器(XCR)

表 8-5　RCR/XCR 寄存器各字段含义

字段名称	符号常量	取值	说　明
RPHASE XPHASE	OF(value)		接收/发送相位数
	DEFAULT/SINGLE	0	单相帧
	DUAL	1	双相帧
RFRLEN(1/2) XFRLEN(1/2)	OF(value)	0～7Fh	指定相 1/相 2 中接收/发送的单元个数
	DEFAULT	0	
RWDLEN(1/2) XWDLEN(1/2)	OF(value)	0～7h	指定相 1/相 2 中接收/发送的单元位数
	DEFAULT/8BIT	0	8 位字长
	12BIT	1	12 位字长
	16BIT	2	16 位字长
	20BIT	3	20 位字长
	24BIT	4	24 位字长
	32BIT	5	32 位字长
RCOMPAND XCOMPAND	OF(value)	0～3h	接收/发送压缩扩展模式
	DEFAULT/MSB	0	无压缩扩展，MSB 在前
	8BITLSB	1	无压缩扩展，8 位数据，LSB 在前
	ULAW	2	使用 μ 律进行压缩扩展
	ALAW	3	使用 A 律进行压缩扩展
RFIG XFIG	OF(value)		接收/发送帧信号忽略
	DEFAULT/NO	0	帧同步脉冲之后第一个脉冲重新启动传输
	YES	1	忽略帧同步脉冲之后第一个脉冲
RDATDLY XDATDLY	OF(value)	0～3h	接收/发送数据延迟
	DEFAULT/0BIT	0	0 位数据延迟
	1BIT	1	1 位数据延迟
	2BIT	2	2 位数据延迟
RWDREVRS XWDREVRS	OF(value)		翻转接收/发送的 32 位数据
	DEFAULT/ DISABLE	0	禁用数据翻转
	ENABLE	1	使能数据翻转，先接收 32 位数据的 LSB，RWDLEN1/2 设为 5，RCOMPAND 设为 1

3．采样率发生器寄存器

采样率发生器寄存器(SRGR)控制采样率发生器的工作方式，图 8-5 列出了 SRGR 寄存器的内容，表 8-6 对寄存器的各字段作了说明。

31	30	29	28	27～16
GSYNC	CLKSP	CLKSM	FSGM	FPER
R/W-0	R/W-0	R/W-1	R/W-0	R/W-0

15～8	7～0
FWID	CLKGDV
R/W-0	R/W-1

图 8-5　采样率发生器寄存器(SRGR)

表 8-6　SRGR 寄存器的各个控制位

字 段 名 称	符 号 常 量	取值	说　　明
GSYNC	OF(value)		采用外部时钟时(CLKSM=0)，采样率发生器的时钟同步
	DEFAULT/FREE	0	采样率发生器时钟(CLKG)自由运行
	SYNC	1	采样率发生器时钟运行，但只有检测到接收帧同步信号(FSR)，CLKG 才重新同步并生成帧同步信号(FSG)。由于由外部帧同步脉冲指定周期，故忽略帧周期(FPER)
CLKSP	OF(value)		CLKS 时钟边沿极性选择
	DEFAULT/RISING	0	CLKS 的上升沿产生 CLKG 和 FSG 信号
	FALLING	1	CLKS 的下降沿产生 CLKG 和 FSG 信号
CLKSM	OF(value)		选择采样率发生器的输入时钟源
	CLKS	0	外部 CLKS 时钟驱动采样率发生器
	DEFAULT/INTERNAL	1	CPU 时钟驱动采样率发生器
FSGM	OF(value)		当 FSXM=1 时，选择采样率发生器发送帧同步模式
	DEFAULT DXR2XSR	0	DXR-XSR 复制操作产生发送帧同步信号(FSX)，当 FSGM = 0 时，忽略 FWID 和 FPER 位
	FSG	1	由采样率发生器帧同步信号(FSG)产生发送帧同步信号(FSX)
FPER	OF(value)	0～FFFh	数值+1 指定帧周期，范围为 1～4096 个 CLKG 时钟周期
	DEFAULT	0	
FWID	OF(value)	0～FFh	数值+1 指定帧同步脉冲(FSG)的宽度
	DEFAULT	0	
CLKGDV	OF(value)	0～FFh	采样率发生器时钟(CLKG)的分频因子
	DEFAULT	1	

4．引脚控制寄存器

通过串口控制寄存器(SPCR)和引脚控制寄存器(PCR)配置串口，PCR 也可以把串口配置成 GPIO 引脚，图 8-6 列出了 PCR 寄存器的内容，表 8-7 对寄存器的各字段作了说明。

15～14	13	12	11	10	9	8
保留	XIOEN	RIOEN	FSXM	FSRM	CLKXM	CLKRM
R-0	R/W-0	R/W-0	R/W-0	R/W-0	R/W-0	R/W-0

7	6	5	4	3	2	1	0
保留	CLKSSTAT	DXSTAT	DRSTAT	FSXP	FSRP	CLKXP	CLKRP
R-0	R-0	R/W-0	R/W-0	R/W-0	R/W-0	R/W-0	R/W-0

图 8-6　引脚控制寄存器(PCR)

表 8-7　PCR 寄存器各字段含义

<table>
<tr><th>字段名称</th><th>符号常量</th><th>取值</th><th>说　明</th></tr>
<tr><td rowspan="3">XIOEN</td><td>OF(value)</td><td></td><td>当禁用发送功能时(SPCR 寄存器的 XRST=0)，配置引脚 GPIO 模式</td></tr>
<tr><td>DEFAULT/SP</td><td>0</td><td>DX、FSX 和 CLKX 配置为 McBSP 引脚</td></tr>
<tr><td>GPIO</td><td>1</td><td>DX 配置为输出引脚，FSX 和 CLKX 配置为输入/输出引脚</td></tr>
<tr><td rowspan="3">RIOEN</td><td>OF(value)</td><td></td><td>当禁用接收功能时(SPCR 寄存器的 RRST=0)，配置引脚 GPIO 模式</td></tr>
<tr><td>DEFAULT/SP</td><td>0</td><td>DR、FSR、CLKR 和 CLKS 配置为 McBSP 引脚</td></tr>
<tr><td>GPIO</td><td>1</td><td>DR 和 CLKS 配置为输入引脚，FSR 和 CLKR 配置为输入/输出引脚</td></tr>
<tr><td rowspan="3">FSXM</td><td>OF(value)</td><td></td><td>发送帧同步模式</td></tr>
<tr><td>DEFAULT/EXTERNAL</td><td>0</td><td>外部信号驱动帧同步信号</td></tr>
<tr><td>INTERNAL</td><td>1</td><td>SRGR 的 FSGM 位确定帧同步信号</td></tr>
<tr><td rowspan="3">FSRM</td><td>OF(value)</td><td></td><td>接收帧同步模式</td></tr>
<tr><td>DEFAULT/EXTERNAL</td><td>0</td><td>外部信号驱动帧同步信号，FSR 为输入引脚</td></tr>
<tr><td>INTERNAL</td><td>1</td><td>内部采样率发生器产生帧同步信号，FSR 为输出引脚(除非 SRGR 中 GSYNC = 1)</td></tr>
<tr><td rowspan="6">CLKXM</td><td>OF(value)</td><td></td><td>发送时钟模式</td></tr>
<tr><td>DEFAULT/INPUT</td><td>0</td><td>CLKX 为输入引脚，外部时钟驱动</td></tr>
<tr><td>OUTPUT</td><td>1</td><td>CLKX 为输出引脚，内部采样率发生器驱动</td></tr>
<tr><td colspan="3">SPI 模式下，当 SPCR 寄存器 CLKSTP 位非 0 时</td></tr>
<tr><td>DEFAULT/INPUT</td><td>0</td><td>McBSP 是从设备，CLKX 由 SPI 主设备驱动，CLKR 在内部由 CLKX 驱动</td></tr>
<tr><td>OUTPUT</td><td>1</td><td>McBSP 是主设备，生成 CLKX 时钟并驱动 CLKR 和 SPI 从设备的移位时钟</td></tr>
<tr><td rowspan="7">CLKRM</td><td>OF(value)</td><td></td><td>接收时钟模式</td></tr>
<tr><td colspan="3">禁用数字回路模式(SPCR 中 DLB = 0)</td></tr>
<tr><td>DEFAULT/INPUT</td><td>0</td><td>CLKR 为输入引脚，外部时钟驱动</td></tr>
<tr><td>OUTPUT</td><td>1</td><td>CLKR 为输出引脚，内部采样率发生器驱动</td></tr>
<tr><td colspan="3">使能数字回路模式(SPCR 中 DLB = 1)</td></tr>
<tr><td>DEFAULT/INPUT</td><td>0</td><td>依据 CLKXM 位的设置，接收时钟由 CLKX 驱动，CLKR 为高阻态</td></tr>
<tr><td>OUTPUT</td><td>1</td><td>CLKR 为输出引脚，由发送时钟驱动</td></tr>
<tr><td rowspan="3">CLKSSTAT</td><td>OF(value)</td><td></td><td>GPIO 模式下，反映 CLKS 引脚状态</td></tr>
<tr><td>DEFAULT</td><td>0</td><td>CLKS 引脚为低</td></tr>
<tr><td>1</td><td>1</td><td>CLKS 引脚为高</td></tr>
<tr><td rowspan="3">DXSTAT</td><td>OF(value)</td><td></td><td>GPIO 模式下，反映 DX 引脚状态</td></tr>
<tr><td>DEFAULT</td><td>0</td><td>DX 引脚为低</td></tr>
<tr><td>1</td><td>1</td><td>DX 引脚为高</td></tr>
</table>

（续表）

字段名称	符号常量	取值	说　明
DRSTAT	OF(value)		GPIO 模式下，反映 DR 引脚状态
	DEFAULT	0	DR 引脚为低
	1	1	DR 引脚为高
FSXP	OF(value)		发送帧同步信号极性
	DEFAULT/ACTIVEHIGH	0	发送帧同步脉冲高有效
	ACTIVELOW	1	发送帧同步脉冲低有效
FSRP	OF(value)		接收帧同步信号极性
	DEFAULT/ACTIVEHIGH	0	接收帧同步脉冲高有效
	ACTIVELOW	1	接收帧同步脉冲低有效
CLKXP	OF(value)		发送时钟极性
	DEFAULT/RISING	0	CLKX 上升沿采样发送数据
	FALLING	1	CLKX 下降沿采样发送数据
CLKRP	OF(value)		接收时钟极性
	DEFAULT/FALLING	0	CLKR 下降沿采样接收数据
	RISING	1	CLKR 上升沿采样接收数据

5．多通道控制寄存器

多通道控制寄存器(MCR)控制多通道选择模式，图 8-7 列出了寄存器的结构，表 8-8 对寄存器的各字段作了说明。

31～26	25～24	23～22	21～20	18～17	16
保留		XPBBLK	XPABLK	XCBLK	XMCM
R-0		R/W-0	R/W-0	R-0	R/W-0

15～10	9～8	7～6	5～4	2～1	0
保留		RPBBLK	RPABLK	RCBLK	保留	RMCM
R-0		R/W-0	R/W-0	R-0	R-0	R/W-0

图 8-7　多通道控制寄存器(MCR)

表 8-8　MCR 寄存器各字段含义

字段名称	符号常量	取值	说　明
(R/X)PBBLK	OF(value)	0～3h	选择接收/发送的 B 组子帧，每组子帧包含 16 个连续通道
	DEFAULT/SF1	0	子帧 1，通道 16～31
	SF3	1	子帧 3，通道 48～63
	SF5	2	子帧 5，通道 80～95
	SF7	3	子帧 7，通道 112～127
(R/X)PABLK	OF(value)	0～3h	选择接收/发送的 A 组子帧，每组子帧包含 16 个连续通道
	DEFAULT/SF0	0	子帧 0，通道 0～15
	SF2	1	子帧 2，通道 32～47
	SF4	2	子帧 4，通道 64～79
	SF6	3	子帧 6，通道 96～111

（续表）

字段名称	符号常量	取值	说明
(R/X)CBLK	OF(value)	0～7h	当前接收/发送的子帧
	DEFAULT/SF0	0	子帧 0，数据单元 0～15
	SF1	1	子帧 1，数据单元 16～31
	SF2	2	子帧 2，数据单元 32～47
	SF3	3	子帧 3，数据单元 48～63
	SF4	4	子帧 4，数据单元 64～79
	SF5	5	子帧 5，数据单元 80～95
	SF6	6	子帧 6，数据单元 96～111
	SF7	7	子帧 7，数据单元 112～127
XMCM	OF(value)	0～3h	发送多通道选择使能
	DEFAULT/ENNOMASK	0	使能所有的通道，没有屏蔽。当 a)中断间隔、b)通道被屏蔽或 c)通道被禁用时，屏蔽 DX 引脚或置高阻态
	DISXP	1	禁用屏蔽所有的通道，需要用 XP(A/B)BLK 和 XCER(A/B)字段选择需要的通道，选中的通道不被屏蔽
	ENMASK	2	使能所有的通道，但都被屏蔽。由 XP(A/B)BLK 和 XCER(A/B)字段选择的通道将不被屏蔽
	DISRP	3	禁用屏蔽所有的通道。需要用 RP(A/B)BLK 和 RCER(A/B)字段选择需要的通道，选中的通道不被屏蔽。此模式应用于对称收发方式
RMCM	OF(value)		接收多通道选择使能
	DEFAULT/CHENABLE	0	使能所有 128 个通道
	ELDISABLE	1	禁用所有的通道，需要用 RP(A/B)BLK 和 RCER(A/B)字段选择相应的通道

6．接收/发送通道使能寄存器

接收/发送通道使能寄存器(RCER)用于使能接收/发送的 32 个通道，其中 16 个通道属于 A 组，16 个通道属于 B 组，图 8-8、图 8-9 列出了寄存器的结构，表 8-9 对寄存器的各字段作了说明。

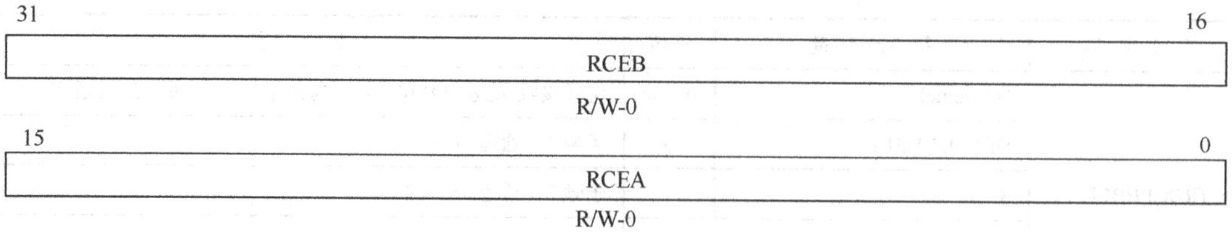

图 8-8　接收通道使能寄存器(RCER)

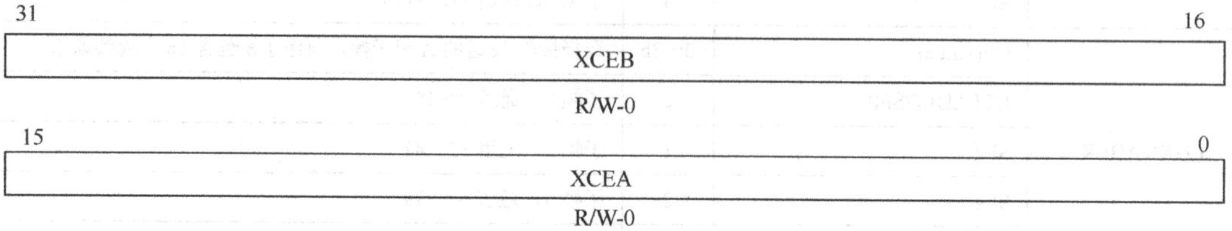

图 8-9　发送通道使能寄存器(XCER)

表 8-9　接收/发送通道使能寄存器的各个控制位的意义

字段名称	符号常量	取值	说　明
RCEB	OF(value)	0～FFFFh	使能(value=1)或禁用(value=0)B 组 16 个奇数通道中的第 *n* 个通道
RCEA	OF(value)	0～FFFFh	使能(value=1)或禁用(value=0)A 组 16 个偶数通道中的第 *n* 个通道
XCEB	OF(value)	0～FFFFh	使能(value=1)或禁用(value=0)B 组 16 个奇数通道中的第 *n* 个通道
XCEA	OF(value)	0～FFFFh	使能(value=1)或禁用(value=0)A 组 16 个偶数通道中的第 *n* 个通道

8.3　时钟和帧同步信号

图 8-10 给出了 McBSP 的时钟和帧同步信号的一个典型时序。时钟 CLKR/CLKX 是接收/发送串行数据流的同步时钟，帧同步信号 FSR 和 FSX 则触发开始收发串行数据。McBSP 的时钟及帧同步信号可以设置的参数包括：

- FSR、FSX、CLKX 和 CLKR 的极性；
- 选择单相帧或双相帧；
- 定义每相中数据单元的个数；
- 定义每个数据单元的位数；
- 帧同步信号是否触发新的串行数据流；
- 帧同步信号与第 1 个数据位之间的延迟，可以是 0 位、1 位或 2 位延迟；
- 接收数据的左右对齐，进行符号扩展或是填充 0。

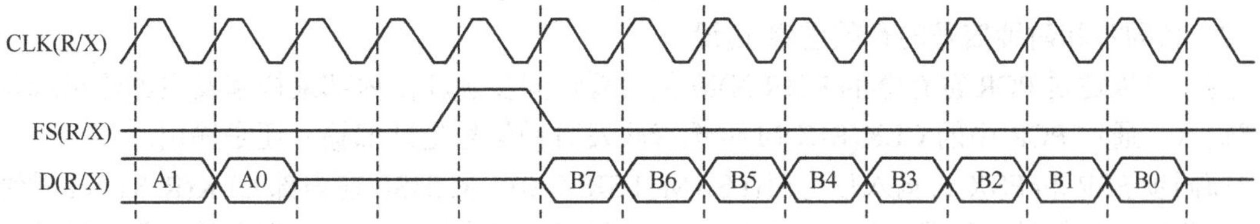

图 8-10　收发时钟与帧同步信号

McBSP 的收发部分可以各自独立地选择时钟及帧同步信号，并可以灵活配置为多种信号形式。

1．采样率发生器

McBSP 可以选择由内部的采样率发生器产生时钟和帧同步信号，图 8-11 是采样率发生器的工作原理框图。

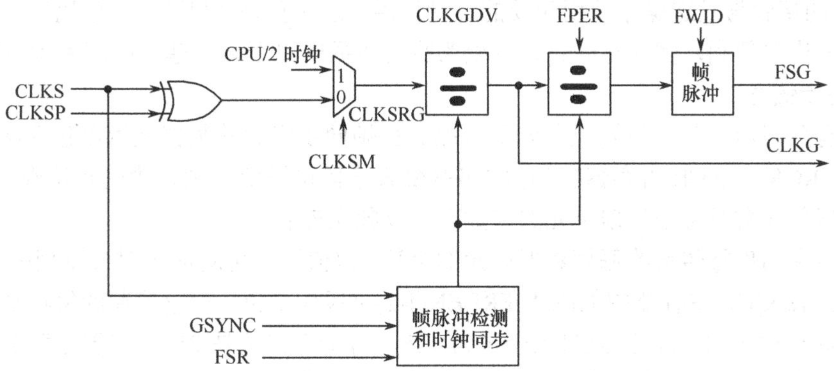

图 8-11　采样率发生器

从图 8-11 中可以看到，输入采样率发生器的时钟源(外部 CLKS 或内部 CPU 时钟 2 分频信号)经过 3 级可编程分频器，依次产生内部时钟 CLKG 和帧 FSG 信号。串口的 SRGR 寄存器负责对采样率发生器的工作模式和参数进行设置(见表 8-6)。其中，CLKGDV 字段控制 CLKG 的时钟频率，FPER 和 FWID 字段分别控制帧信号的周期和帧脉冲的宽度，如图 8-12 所示，其计算公式如下：

CLKG 频率 = 输入时钟频率/(CLKGDV+1)

帧周期 = (FPER+1)×CLKG 周期

帧宽度 = (FWID+1)×CLKG 周期

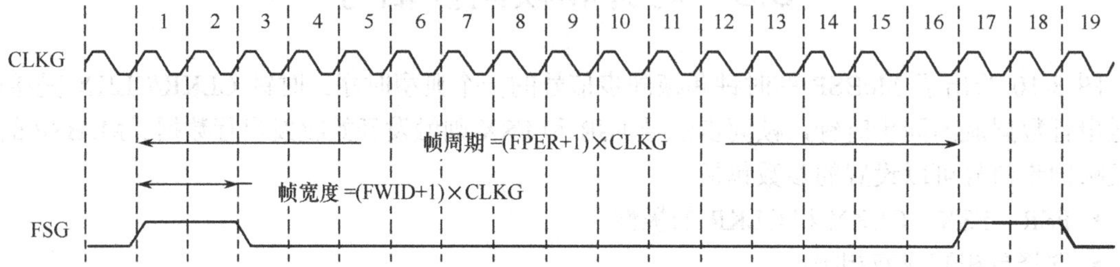

图 8-12　内部帧脉冲的周期和帧脉冲宽度

对于发送帧同步信号，设置由内部的采样率发生器产生时(PCR 寄存器中 FSXM=1)，用户可以通过 SRGR 寄存器的 FSGM 位选择以下两种产生方式：

- 由内部的 FSG 信号驱动产生；
- 发生 DXR-XSR 拷贝操作时，产生发送帧同步信号。

2．帧同步和时钟信号的有效逻辑/边沿

用户可以通过 PCR 寄存器的 FS(R/X)M 位设置帧同步脉冲由内部采样率发生器输出或是由外部输入；通过 PCR 中的 CLK(R/X)M 位选择收发时钟信号是外部输入还是输出。

帧同步 FSR 和 FSX 为输入信号时(FSXM=FSRM=0)，McBSP 在内部 CLK(R/X)_int 时钟下降沿检测帧同步信号。如果 FSR 和 FSX 由内部采样率发生器输出，它们会随内部时钟的上升沿翻转为有效状态。

在串口内部，帧同步信号始终是高有效，发送数据始终对应于内部时钟的上升沿输出，接收数据在内部时钟的下降沿处被采样。外部引脚上对应的 FSR、FSX、CLKR 及 CLKX 信号并不需要遵循上述触发边沿关系，用户可以通过 PCR 寄存器中的 FSRP、FSXP、CLKRP 和 CLKXP 字段设置信号的极性/边沿触发关系。

McBSP 的接收与发送操作使用相反的时钟边沿，这对于接收和发送是使用同一时钟的系统设计可以带来许多便利，例如在时钟边沿处为收发数据留出更多的建立时间和保持时间裕量。

3．帧同步信号

帧同步有效表示 1 帧串行数据传输的开始。由帧同步引导的数据流可以包含两相(phase)：相 1 和相 2。RCR 和 XCR 寄存器中的(R/X)PHASE 字段可设置每帧包含的相位数。相 1 和相 2 中传输的数据单元数及每个数据单元的位数都可以独立控制。

帧长度定义为串行传输的每帧数据单元的个数，该值同时也对应于时分复用/多通道操作中的通道个数。(R/X)CR 寄存器中的(R/X)FRLEN(1/2)字段为 7 位，由它控制的每帧数据单元个数定义为(R/X)FRLEN(1/2)+1，因此最大个数为 128，对于双相帧是 256。需要注意的是，对于由内部提供帧同步信号的双相帧，每相最大的数据单元个数实际上取决于数据单元的字长。这是由于 FPER 字段(控制帧周期)只有 12 位，因此 1 帧最多只能传 4096 位的数据。所以，只有数据

单元字长(由 WDLEN 设置)为 16 位时，双相帧中最大的数据单元个数才可能是 256。

数据单元的字长可以是 8 位、12 位、16 位、20 位、24 位或 32 位，(R/X)CR 寄存器中的(R/X)WDLEN(1/2)字段决定了每相接收/发送的数据单元的字长(见表 8-5)。对于单相帧，(R/X)WDLEN2 的值无意义。

图 8-13 是一个双相帧的例子，相 1 中包含 2 个 12 位的数据单元，其后的相 2 中包含 3 个 8 位的数据单元，相当于设置(R/X)FRLEN1=00000001b，(R/X)FRLEN2=00000010b，(R/X)WDLEN1=001b，(R/X)WDLEN2=000b。帧中数据流是连续的，数据单元或相之间没有传输的间隔。

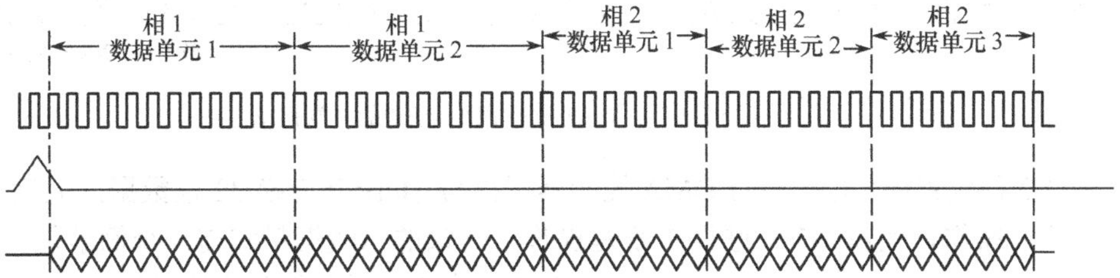

图 8-13　双相帧的例子

用户可以灵活地设置帧长度及数据单元字长组合，完成同样的数据传输任务。例如，可以将多个短字长的数据合并为 1 个长字长的数据传输，这种操作称为数据打包(data packing)。如图 8-14 是一个包含 4 个 8 位数据单元的单相帧传输时序例子，有关的设置是：

- (R/X)PHASE=00000000b，表示单相帧；
- (R/X)FRLEN1=00000011b，表示每帧包含 4 个数据单元；
- (R/X)WDLEN1=00000000b，表示数据单元是 8 位字长。

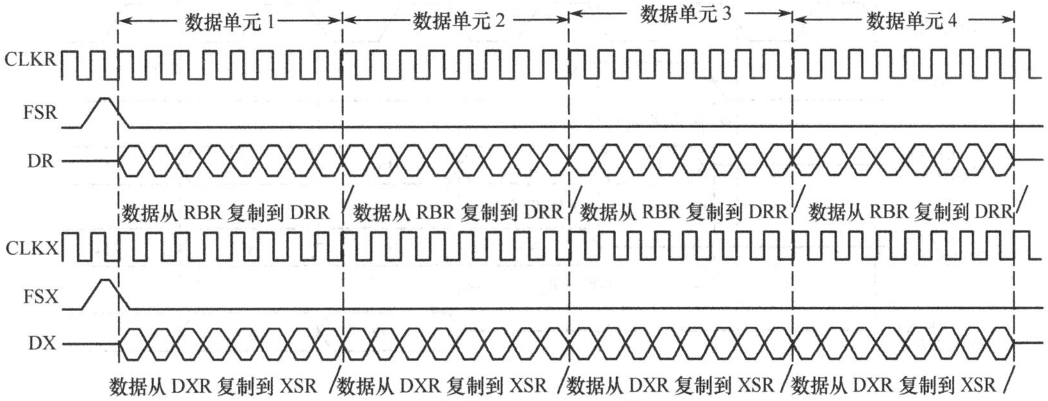

图 8-14　4 个 8 位数据单元构成的单相帧

在图 8-14 的设置下，CPU 或 EDMA 控制器可以与 McBSP 交换 4 个 8 位的数据单元，每帧数据传输必须对 DRR 进行 4 次读操作，或对 DXR 进行 4 次写操作。图 8-15 是包含一个 32 位数据单元的单相帧数据流例子，有关的设置是：

- (R/X)PHASE=00000000b，表示单相帧；
- (R/X)FRLEN1=00000000b，表示每帧中含 1 个数据单元；
- (R/X)WDLEN1=00000101b，表示数据单元是 32 位字长。

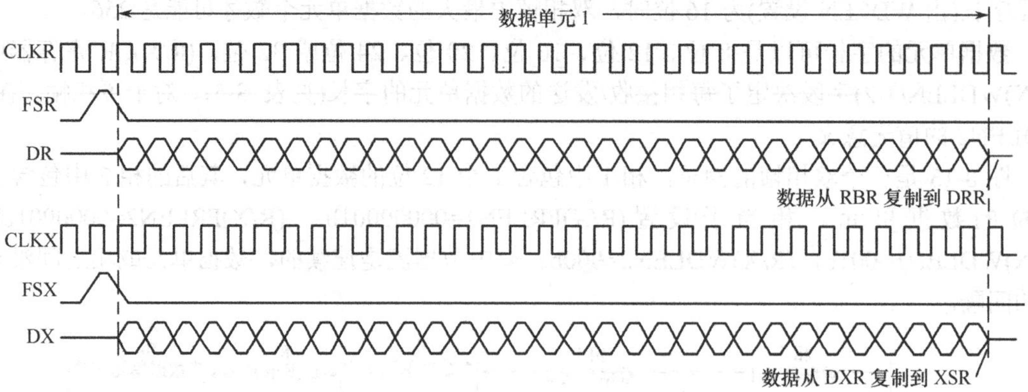

图 8-15　1 个 32 位数据单元构成的单相帧

在第 2 种设置中，CPU 或 EDMA 控制器同样与 McBSP 交换 32 位数据，但只需要对 DRR 进行 1 次读操作，或对 DXR 进行 1 次写操作。传输的总数据量和前一个例子是一样的，但是总线操作的次数是前一情况的 1/4，减少了串口传输数据所占用总线的时间。

4．数据延迟

帧同步有效后，一般在其后的第 1 个时钟周期启动该帧的数据传输。如果需要，数据接收/发送的起始时刻相对于帧信号的起始点可以存在一定的延迟，这种延迟称为数据延迟。接收/发送控制寄存器中的 RDATDLY 和 XDATDLY 字段可分别设置接收和发送的数据延迟，延迟范围可以是 0～2 个时钟周期，如图 8-16 所示。如果选择数据延迟为 0，则要求接收或发送的数据必须在同一个串行时钟周期中准备好。在大多数应用中，数据都是在帧同步有效 1 个周期后出现，所以常选择延迟 1 个时钟周期。

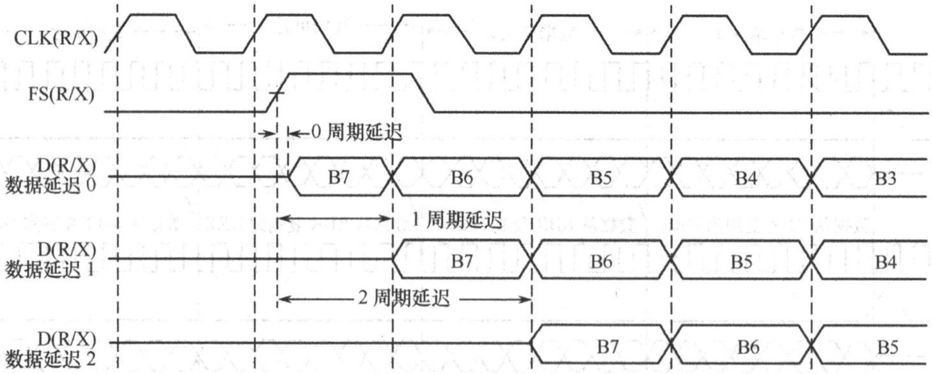

图 8-16　数据延迟控制

另一种常用的设置是两位数据延迟。此时同步串口可以与多种 T1 帧结构的设备接口。对于此类设备，每帧数据流由 1 位帧标志位引导，该帧标志位出现在 1 位数据延迟后(见图 8-17)，因此有效数据出现在两位数据延迟后。用户设置两位数据延迟可以使串口在接收时自动从数据流中去掉帧标志位。对于发送过程，控制串口将第 1 个数据位延迟 1 个周期发送，可以在帧标志的对应位置插入 1 个空周期(输出高阻)，然后由接口的外部帧设备或者其他器件产生需要的帧标志位。

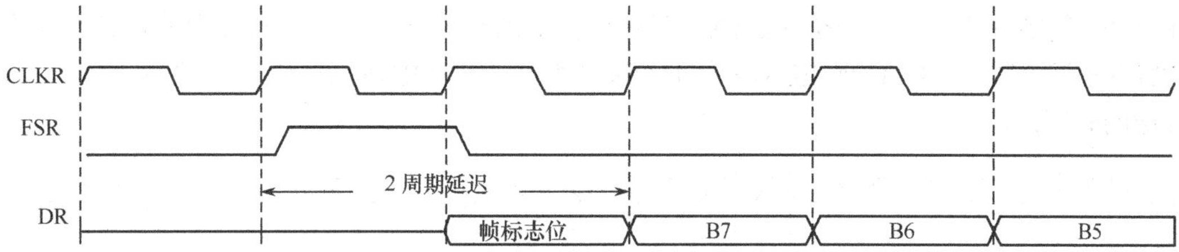

图 8-17　两位数据延迟，丢弃帧标志位

8.4　标准模式传输操作

将 McBSP 各个寄存器设置为需要的值后，即可进行数据的收发操作，下面的讨论中假设串口的设置为：

- (R/X) PHASE＝00000000b，单相帧；
- (R/X) FRLENl＝00000000b，每帧包含一个数据单元；
- (R/X) WDLEN1=00000000b，每个数据单元字长 8 位；
- (R/X) FRLEN2 和(R/X) WDLEN2 字段无效，可以设为任意值；
- CLK(R/X)P=00000000b，时钟下降沿接收数据，上升沿发送数据；
- FS(R/X)P=00000000b，帧同步信号高有效；
- (R/X)DATDLY=00000001b，1 位数据延迟。

1．数据的接收

图 8-18 是串行数据接收时序图。一旦接收帧同步信号(FSR)变为有效，其有效状态会在第 1 个接收时钟(CLKR)的下降沿被检测到，然后 DR 引脚上的数据经过一定的延迟后(在 RDATDLY 中设置)，依次移位进入接收移位寄存器(RSR)。若 RBR 为空，则在每个数据单元接收的末尾，CLKR 时钟上升沿处，RSR 中的内容被复制到 RBR 中。在下一个时钟下降沿，将数据从 RBR 复制到 DRR，RBR-DRR 复制操作会将状态位 RRDY 置 1，标志接收数据寄存器(DRR)已准备好，CPU 或 EDMA 控制器可以读取数据。当数据被读走后，RRDY 自动变无效。

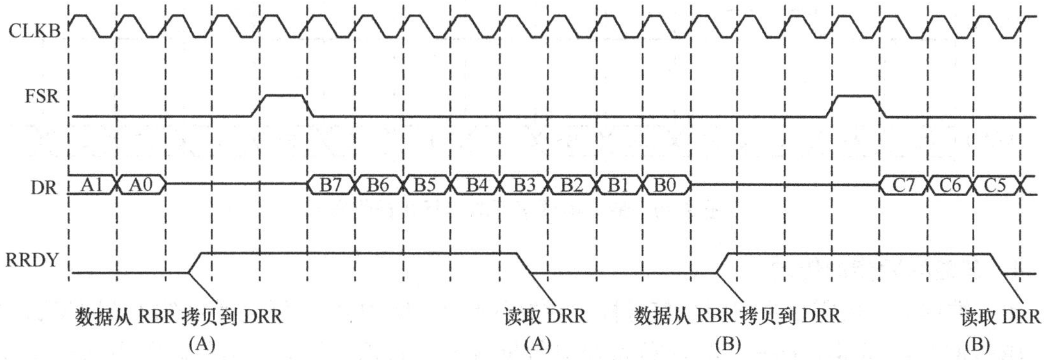

图 8-18　串行数据接收时序

2．数据的发送

检测到发送帧同步(FSX)信号后，发送到移位寄存器(XSR)中的数据经过一定的延迟(在 XDATDLY 中设置)，开始依次移位输出到 DX 引脚上。在每个数据单元发送的末尾，CLKX 时钟上升沿处，如果 DXR 中已经准备好新的数据，DXR 中的新数据会自动复制到 XSR 中。

DXR-XSR 复制操作会在下一个 CLKX 下降沿将 XRDY 位置 1，表示可以向发送数据寄存器(DXR)写入新的数据。CPU 或 EDMA 控制器写入数据后，XRDY 变为无效。图 8-19 给出了数据发送的时序图。

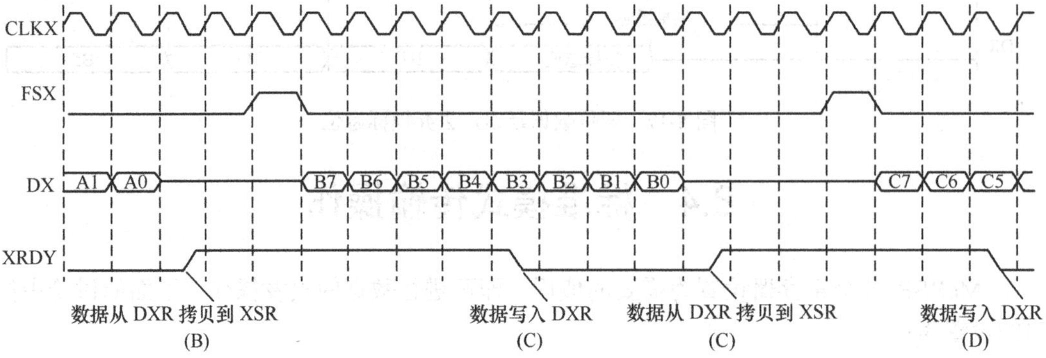

图 8-19　串行数据发送时序

3．帧信号的最高频率

帧同步信号的频率可以用下面的公式计算：

帧频率 = 传输时钟频率/帧同步信号之间的传输时钟周期数

减少帧同步脉冲的间隔将增大帧频率。随着发送帧频率的增加，相邻数据帧之间的空闲时间间隔将减小至 0，此时帧同步脉冲之间的最小时钟周期数代表了每帧传输的位数，得到最大的帧信号频率：

最大帧频率 = 传输时钟频率/每帧数据的位数

McBSP 运行在最大帧频率下时，相邻帧传输的数据位是连续的，位与位之间没有空闲间隔，如图 8-20 所示。如果设置了 1 位数据延迟，帧同步脉冲将和前一帧的最后 1 位数据交叠在一起。

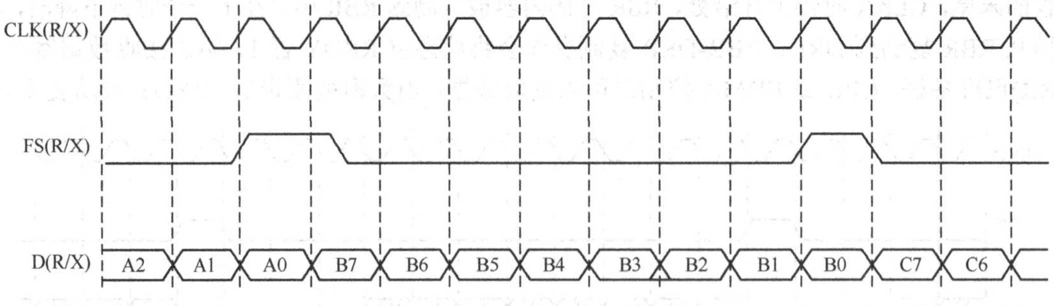

图 8-20　最大帧频率下的串行数据收发

4．忽略帧同步的传输

串行数据流一般需要由帧同步信号标识收发的起始，McBSP 也可设置为忽略帧同步脉冲模式。(R/X)CR 寄存器中的(R/X)FIG 位可控制数据收发是否识别帧同步信号。利用这一模式，用户可以在最大帧频率下的传输中进行数据封装(pack data)，或是在传输中忽略不需要的帧同步脉冲。

（1）忽略突发的帧同步信号

在正常收发一帧数据的过程中，如果再次出现了帧同步信号，这样的帧同步信号被认为是不该出现的。RFIG 和 XFIG 位可以控制忽略这些多余的帧同步脉冲，消除它们对传输进程的影响。

对于数据的接收，如果 RFIG=0(不忽略)，一旦出现帧同步信号，将迫使串口放弃当前数据的接收，使 RSR 丢弃收到的有用数据，同时 SPCR 中的 RSYNCERR 状态位被置 1，开始接收新的数据。如果 RFIG=1，将忽略这些多余的帧同步信号。

在数据发送中，若 XFIG=0，突然出现的 FSX 脉冲将强制串口放弃当前的发送任务，SPCR 中的 XSYNCERR 置 1，当前数据的发送被打断，并重新初始化发送端口。若 XFIG=1，则不理会这些帧同步信号。

图 8-21 是(R/X)FIG=0 时数据单元 B 被多余的帧同步信号中断的例子。数据单元 B 的接收被放弃(导致数据 B 丢失)，然后在设定的数据延迟后开始接收新的数据单元 C。此时发生接收同步错误，RSYNCEER 标志被置位。

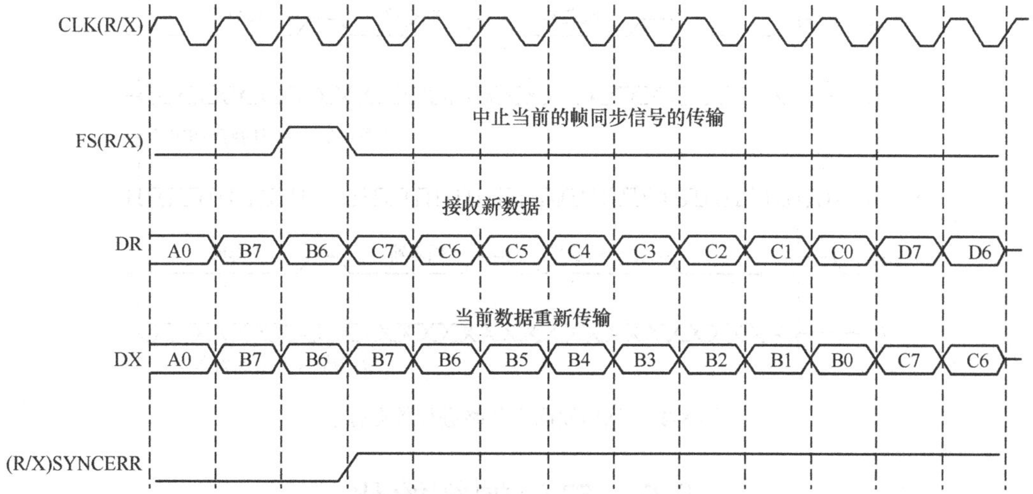

图 8-21　不忽略帧同步信号(R/X) FIG=0

图 8-22 是(R/X) FIG=1 时 McBSP 忽略多余的帧同步信号，发送数据单元 B 不受突然出现的帧同步信号的影响。

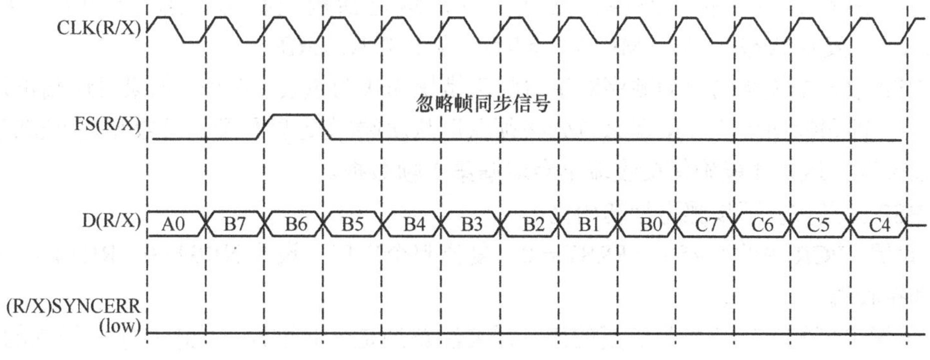

图 8-22　忽略帧同步信号(R/X) FIG=1

（2）利用帧同步忽略进行数据打包

8.3 节介绍了一个数据打包的例子，通过改变数据单元的字长和帧长度，将原来每帧 4 个 8 位的数据传输合并为按每帧 1 个 32 位数据的方式进行传输。与原来需要进行 4 次 8 位数据读/写相比，后者可以占用更少的总线时间。

该例子考虑的是每帧中有多个数据单元的情况，现在考虑这样的情形：McBSP 工作于最大的帧频率下，每帧只传输 1 个 8 位的数据单元(见图 8-14)。对于这样的数据流，每个 8 位的数据单元都需要进行 1 次读(接收)或 1 次写(发送)。此时，可以利用忽略帧同步的传输模式，优化总线存取效率，如图 8-23 所示，McBSP 将数据流看作 1 个连续的 32 位数据单元的传输，同时设置(R/X)FIG=1，忽略不需要的帧同步，使每个 32 位只需要 1 次读和 1 次写，这样就同样将总线读/写时间降低为原来的 1/4。与图 8-14 中的例子相比，这里相当于是把多帧数据进行打包传输。

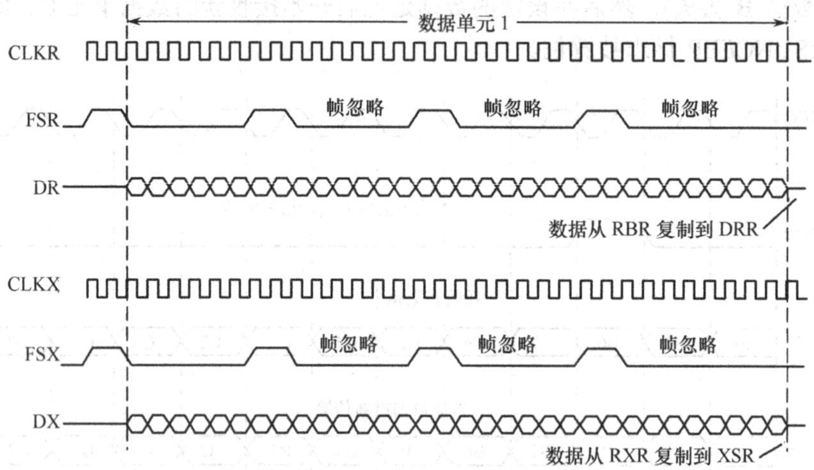

图 8-23　利用帧同步忽略进行数据打包

8.5　串口的初始化

串口有两种复位方式：一是通过芯片复位，芯片复位时 McBSP 会同时被复位；二是通过设置串口控制寄存器 SPCR 中的相应位，单独使 McBSP 复位。设置 XRST=0、RRST=0 将分别使发送端和接收端复位，设置 GRST=0 将使采样频率发生器复位。复位后，整个串口初始化为默认状态，所有计数器及状态标志均被复位，这包括接受状态标志 RFULL、RRDY 及 RSYNCERR，发送状态标志 XEMPTY、XRDY 及 XSYNCERR。

McBSP 中各个模块的启动顺序对串口的正常操作极为重要。例如，如果发送端也是主控端(负责产生时钟和帧同步信号)，那么首先必须保证从属端(在这里是数据接收端)已经准备好接收帧信号及数据，这样才能确保接收端不会遗漏第 1 帧数据。

McBSP 应当按以下步骤进行初始化：

① 设置 SPCR 中的 GRST = FRST = 0，复位整个串口，设置 XRST=0、RRST=0 分别复位发送端和接收端。

② 设置串口控制寄存器为需要的值，需要注意的是，此过程不能改变①中设置的字段。

③ 等待 2 个位时钟周期(外部时钟时为 CLKR/X，内部时钟时为 CLKSRG)，以确保内部正确的同步。

④ 如果由外部设备提供位时钟，则跳过此步骤。

- 设置 GRST 为 1 启动采样率发生器，等待 2 个时钟周期(CLKG)；
- 时钟 CLKSRG 的下一个上升沿，CLKG 开始启动，频率为 CLKSRG/(CLKGDV+1)。

⑤ 如果不使用发送器，则跳过此步骤。如果使用发送器，复位后可能发生发送同步错误(XSYNCERR)，该步骤的目的就是清除可能发生的同步错误。

- 设置 XRST 为 1 使能发送器；
- 等待 2 个时钟周期，帧同步错误会发生在这段时间内；
- 禁用发送器(XRST = 0)，清除帧同步错误。

⑥ 按要求设置数据的收发。

- 如果 EDMA 服务 McBSP，先于 McBSP 启动 EDMA；
- 如果使用 CPU 中断服务 McBSP，先使能发送或接收中断；
- 如果使用 CPU 查询服务 McBSP，无须进行设置。

⑦ 设置 XRST 或 RRST 为 1 使能 McBSP 的发送或接收。

- 如果 EDMA 服务 McBSP，接收到 XEVT 或 REVT 事件后，EDMA 自动进行数据的收发；
- 如果使用 CPU 中断服务 McBSP，接收到 XEVT 或 REVT 事件后，自动进入中断服务程序；
- 如果使用 CPU 查询服务 McBSP，现在需轮询 XRDY 或 RRDY 位。

⑧ 如果使用内部帧同步发生器(FSGM = 1)，继续下面的步骤打开帧同步发生器。出现下面任一种情况，既完成了初始化：

- 外部设备产生帧同步信号 FSX 或 FSR，一旦接收到帧同步信号，McBSP 即可进行数据的收发；
- 发生 DXR-XSR 复制操作时，由 McBSP 生成帧同步信号，未使用内部帧同步发生器(FSGM = 0)。

打开内部帧同步发生器的额外步骤：

⑨ 在启动内部帧同步发生器之前，通过查询 SPCR 中的 XEMPTY = 1 确保 DXR 可用。若不使用发生器，则跳过此步骤。

⑩ 设置 FRST 为 1 启动内部帧同步发生器，7 到 8 个 CLKG 周期之后，生成内部帧同步信号 FSG。

如果是中断方式下的 CPU 传输，则需设置 SPCR 寄存器的(R/X)INTM=00b，这样将允许 DDR 中准备好新数据时，或是在可以向 DXR 中写入数据时中断 CPU。一旦 McBSP 初始化完毕，每次数据单元的传输都会触发相应的中断，可以在中断服务程序中完成 DXR 的写入或是 DRR 的读出。

如果是查询方式下的 CPU 传输，由于 SPCR 寄存器中的(R/X)RDY 位是用来标志是否已经准备好数据收发的，因此 CPU 需要对这一状态位进行查询，从而决定是否需要处理。

8.6 多通道传输方式

McBSP 对多通道串行传输具有很强的控制能力，这也正是将其命名为多通道缓冲串行接口的一个重要原因，下面对这一功能进行介绍。

如果换一个角度看，1 帧串行数据流也可看成 1 组时分复用的数据传输通道，这正是多通道传输的基础。对于 McBSP，多通道传输要求设置在单相帧模式下，在(R/X)FRLEN1 字段中设置的每帧数据单元的个数实际上也就代表了可供选择的通道总数，发送和接收端口可以独立地选择在其中一个或一些通道中传输数据单元。在后面的叙述中，“数据单元”就等同于“数据通道”。

McBSP 一帧数据流最多可以包含 128 个数据单元，多通道模式最多可以一次使能其中的 32 个通道进行数据收发。

对于接收，如果某个数据单元未被使能，则：

- 收到该数据单元的最后 1 位后，RRDY 标志不会被置 1；
- 收到该数据单元的最后 1 位后，RBR 的内容不会被拷贝到 DRR 中。因此，对于这个数据单元来说，RRDY 状态不会变有效，也不会产生中断或同步事件。

对于发送，如果某个数据单元未被使能，则：

- DX 处于高阻态；
- 数据单元发送结束时，不会自动触发该数据的 DXR-XSR 复制操作；
- 数据单元发送结束时，XEMPTY 和 XRDY 标志都不受影响。

对一个被使能的发送数据单元，用户还可以进一步控制其数据是输出或是被屏蔽。如果数据被屏蔽，即使对应的发送通道已被使能，DX 脚仍然输出高阻态。

在多通道操作中，选择使能哪些通道，需要由 MCR 寄存器和(R/X)CER 寄存器共同决定。MCR 寄存器负责控制子帧(1 帧数据共 8 个子帧)的选择以及输出的屏蔽，控制子帧中每个收/发通道(1 个子帧包含 16 个数据通道)的使能。

前面已经介绍过，1 帧数据最多包含 128 个数据单元，每个数据单元对应 1 个传输通道。这 128 个数据单元被分为 8 个子帧(0～7 号)，每个子帧包括 16 个连续的数据单元。此外，将偶数子帧 0、2、4 和 6 合称为 A 组子帧(partition A)，奇数子帧 1、3、5 和 7 合称为 B 组子帧(partition B)，如图 8-24 所示。

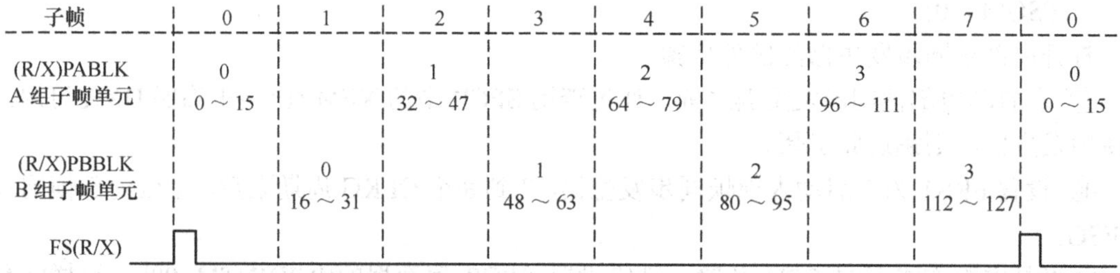

图 8-24　A/B 组子帧中数据单元的使能

MCR 寄存器中的(R/X)PABLK 字段负责选择使能 A 组中的 1 个偶数子帧，(R/X)PBBLK 负责选择使能 B 组中的 1 个奇数子帧。因为每个子帧包含 16 个数据单元(通道)，这样，一次最多可以有 32 个数据单元(通道)被选择使能。发送和接收接口可以独立地进行子帧的选择使能。

发送数据的屏蔽是指，在被使能数据单元对应的发送周期内，将 DX 引脚仍置于高阻状态。在某些多通道串行传输的应用中，如果需要采用对称的接收/发送，可利用这一功能来禁止发送端在某些周期中向串行总线输出数据。对于接收，因为多个接收端之间不会产生串行总线的竞争，因此不涉及屏蔽的概念。

前一节已经介绍过，多通道的选择使能操作需要由 MCR 寄存器的(R/X)P(A/B)BLK 字段和(R/X)CER 寄存器共同完成。在(R/X)PABLK 和(R/X)PBBLK 中选择了两个子帧，共 32 个数据单元(通道)后，只有当(R/X)CER 寄存器中相应的位置 1 时，选择的这 32 个数据传输通道才真正被使能。

下面以 XMCM 为例，给出不同设置下多通道发送传输的操作情况，如图 8-25(a)～(d)所示。

图 8-25(a)中，XMCM=00b，数据经 DX 引脚输出，发送的 4 个数据单元都经过了“写入 DXR”，和“DXR-XSR 复制”阶段，最后出现在 DX 引脚上。

图 8-25(b)中，XMCM=01b，首先禁止并屏蔽所有数据单元的发送输出。XPABLK 选择

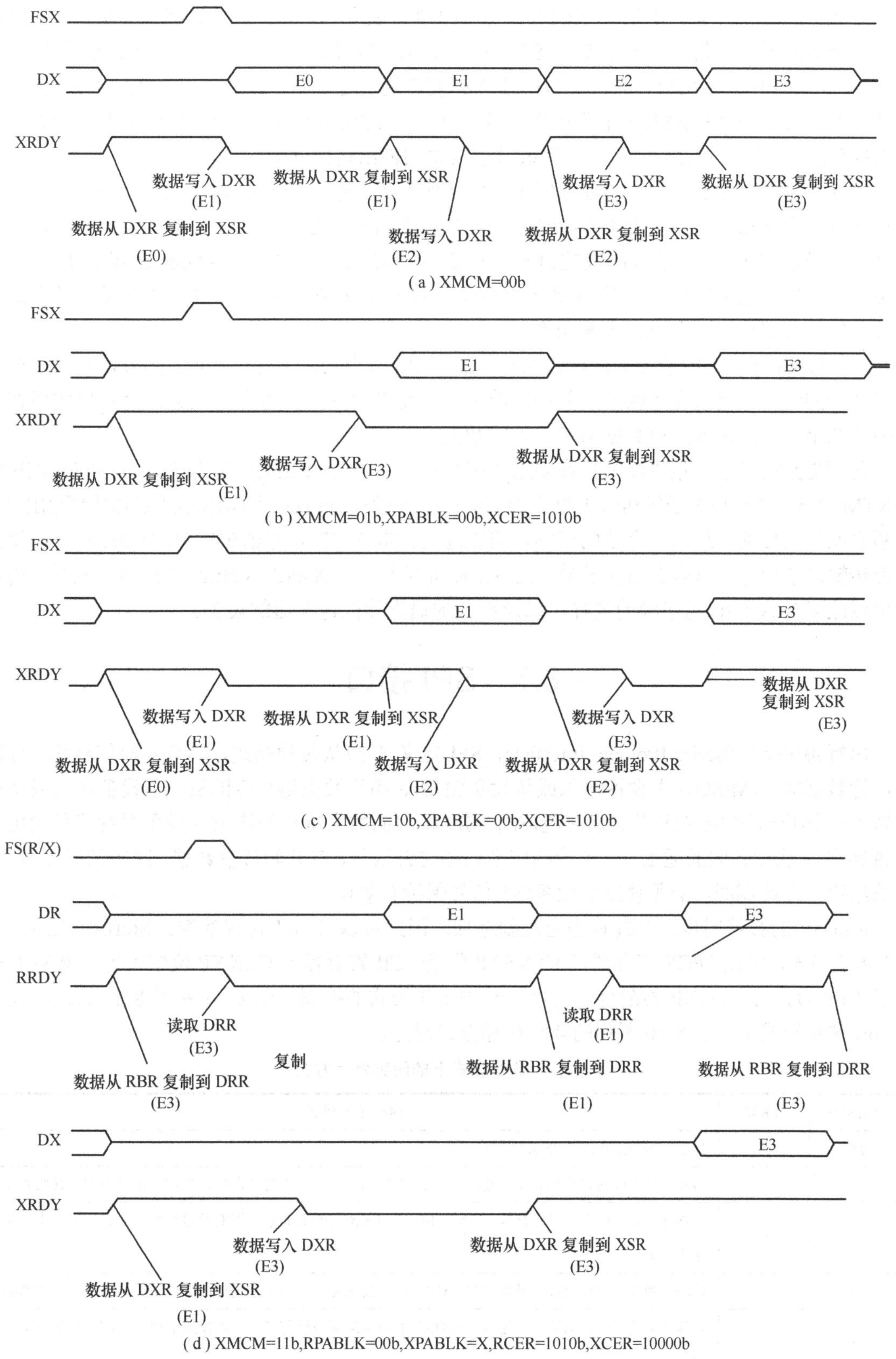

图 8-25　**XMCM 操作模式例子**

A 组子帧中的 0 号子帧，然后由 XCER 使能该子帧中的第 1、3 号数据通道进行发送。只有被选择并使能的通道，其对应数据(E1，E3)才会进行 DXR-XSR 复制，并出现在 DX 引脚上。

图 8-25(c)中，XMCM=10b，所有的通道都被使能发送数据，因此可以看到 E0~E3 都完成了“写入 DXR”“DXR-XSR 复制”操作，但是只有 XPABLK 和 XCER 位选择的通道的数据(E1 和 E3)才会真正出现在 DX 引脚上，其余通道数据的输出均被屏蔽。

图 8-25(d)中，XMCM=11b，首先禁止并屏蔽所有数据单元的发送输出，进入对称收发模式。对称收发模式是指设备的收发操作在同一个子帧位置执行。此时由 RPABLK 统一选择发送和接收需要的子帧，XPABLK 字段的设置值不再有效。图 8-25(d)中 RPABLK=00b，选择了 0 号子帧；RCER=1010b，使能第 1、3 号数据单元的接收：XCER=1000b，使能第 3 号数据单元的发送。未被使能的数据单元不会进行收发操作。

在无须 CPU 干预的情况下，可以保持使能固定的 1 组 32 个数据单元。另外，也可以改变选择使能的通道。通过在子帧结束的中断响应中改变有关的选择寄存器设置，就可以实现在一帧中任意个、任意组或所有数据通道上收发数据。

前面提到的子帧结束中断是指在多通道操作过程中，如果 SPCR 寄存器中 RINTM=01b 或 XINTM=01b，则在每个子帧传输的结束时，会向 CPU 发出接收中断(RINT)或发送中断(XINT)。中断表明数据传输已进入一个新的子帧，可以通过读取 MCR 寄存器中的(R/X)CBLK 位，得到当前传输的子帧号。只有在当前子帧不是 MCR 寄存器中(R/X)P(A/B)BLK 选择的子帧时，用户才可以改变对 A 组/B 组子帧的选择，以及相关的通道使能寄存器的设置。

8.7 SPI 接口

串行协议接口(Series Protocol Interface，SPI)定义了主/从两种模式，具有 4 根信号线，分别是串行数据输入(MISO，主设备输入或从设备输出)、串行数据输出(MOSI，主设备输出或从设备输入)、移位时钟(SCK)和从设备使能(SS)。SPI 接口的最大特点是依据主设备时钟信号的出现与否界定主/从设备间的通信。一旦检测到主设备时钟信号，就开始传输数据，时钟信号无效后，传输结束。在这期间，必须使能从设备(SS 信号保持有效)。

McBSP 的数据同步时钟具有停止控制选项，因此可以与 SPI 协议兼容。McBSP 支持两种 SPI 传输格式，可在 SPCR 寄存器的 CLKSTP 位及 PCR 寄存器的 CLKXP 位中设置。表 8-10 列出了 CLKSTP 与 CLKXP 相配合，对串口时钟工作模式的控制。图 8-26 和图 8-27 给出了在两种 SPI 传输模式下，表 8-10 所列的 4 种传输接口时序。

表 8-10　SPI 模式下的时钟停止方式

CLKSTP	CLKXP	时钟工作模式
0X	X	禁止时钟停止模式，非 SPI 模式
10	0	传输无效期间时钟为低，没有延迟。McBSP 在 CLKX 上升沿发送数据，在 CLKX 的下降沿接收数据
11	0	传输无效期间时钟为低，有延迟。McBSP 在 CLKX 上升沿前半个周期发送数据，在 CLKX 的上升沿接收数据
10	1	传输无效期间时钟为高，没有延迟。McBSP 在 CLKX 下降沿发送数据，在 CLKX 的上升沿接收数据
11	1	传输无效期间时钟为高，有延迟。McBSP 在 CLKX 下降沿前半个周期发送数据，在 CLKX 的下降沿接收数据

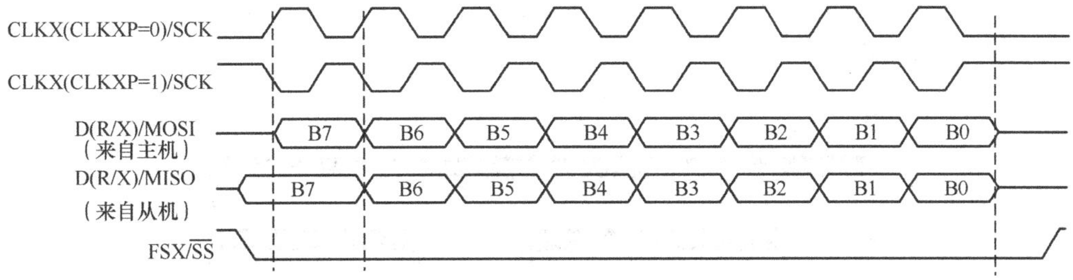

图 8-26　CLKSTP=10b 时的 SPI 传输

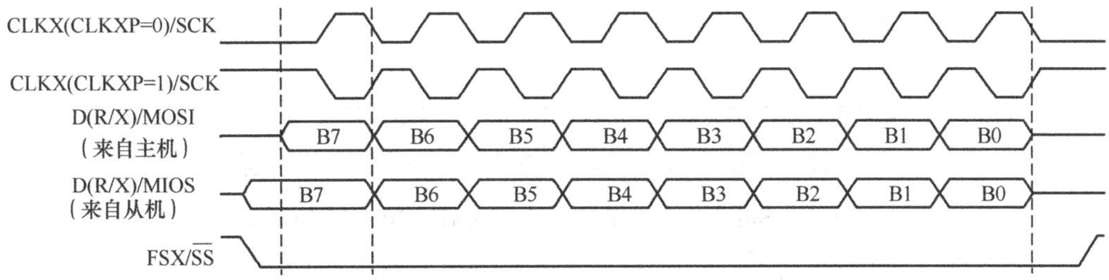

图 8-27　CLKSTP=11b 时的 SPI 传输

SPI 接口数据发送实测波形如图 8-28 至图 8-31 所示。

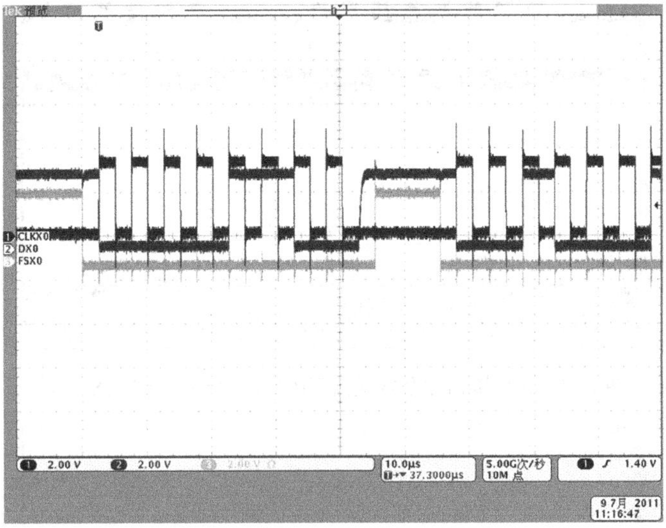

图 8-28　SPI 接口数据发送波形(CLKSTP=10，CLKXP=0)

1．SPI 初始化

前面曾经介绍过串口的初始化与复位过程，如果希望 McBSP 工作于 SPI 模式下(主模式或从模式)，就必须进行下列初始化步骤。

① 将 SPCR 寄存器中的 XRST 和 RRST 字段置为 0，复位收发端口。

② 在 McBSP 保持复位的状态下，设置有关的寄存器，按照表 8-11 设置 SPCR 寄存器的 CLKSTP 字段为需要的值。

③ 设置 SPCR 寄存器的 GRST 字段为 1，使采样率发生器退出复位，开始工作。

④ 等待 2 个位时钟周期，以确保 McBSP 在初始化过程中，内部能够正确地同步。

⑤ 根据 CPU 还是 EDMA 来服务 McBSP，分别进行下面的设置：

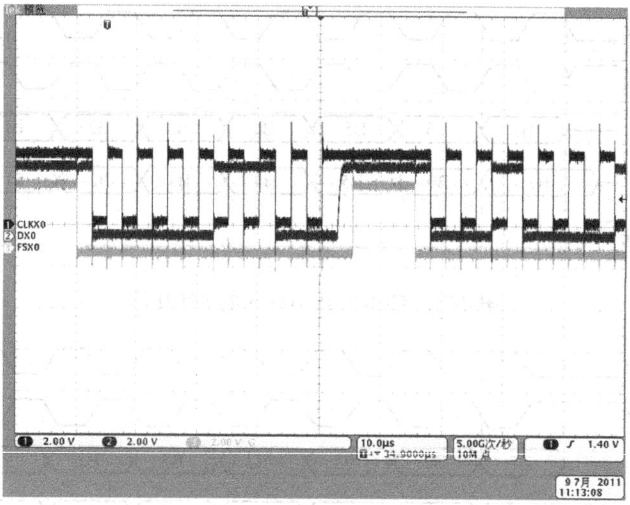

图 8-29　SPI 接口数据发送波形(CLKSTP=10，CLKXP=1)

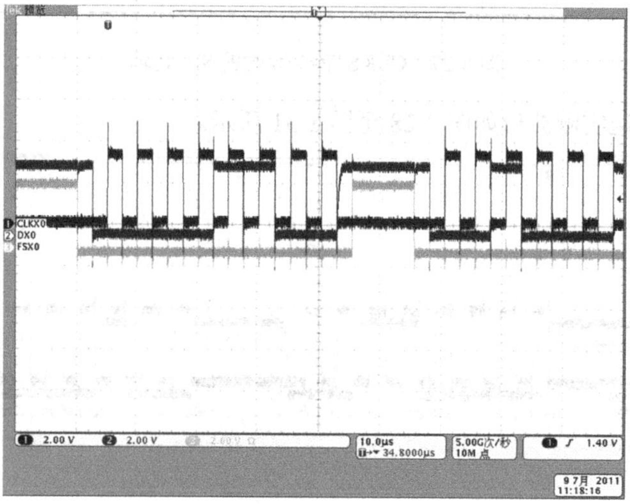

图 8-30　SPI 接口数据发送波形(CLKSTP=11，CLKXP=0)

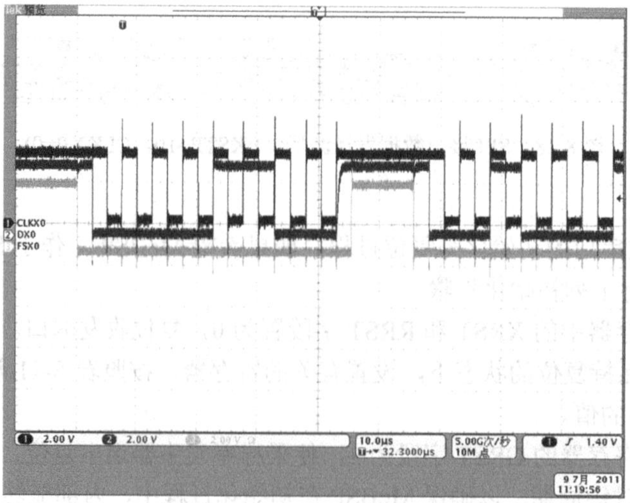

图 8-31　SPI 接口数据发送波形(CLKSTP=11，CLKXP=1)

- 如果是由 CPU 进行控制，先置 XRST = RRST = 1，使能串口，并保持 SPCR 寄存器中其他字段值不变；
- 如果是由 EDMA 传输数据，先对 EDMA 进行初始化，启动 EDMA，使之等候同步事件，然后再设置 XRST = RRST = 1，使串口退出复位状态。

⑥ 2 个位时钟周期后，收发器开始工作。

2. McBSP 作为 SPI 主设备

作为 SPI 主设备时，McBSP 内部的采样率发生器驱动时钟 CLKX 输出，FSX 输出作为从设备使能信号。实际上，在 McBSP 内部会产生连续的 CLKX 时钟，然后由使能信号选通后输出，从而实现 SPI 接口需要的时钟停止模式。因此在 McBSP 一端，对收/发的内部操作而言，时钟信号是连续的。用户需要设置 SRGR 寄存器的 CLKSM 字段选择采样率发生器的时钟源，由 CLKGDV 字段设置需要的 SPI 数据传输速率。选择时钟停止模式时，SRGR 寄存器中的帧设置字段(FPER 和 FWID)无意义。图 8-32 是 McBSP 作为 SPI 主设备(Master)的接口框图。

由于 McBSP 产生 CLKX 和 FSX 信号，因此需设置 CLKXM=FSXM=1。此外，还需要设置 SRGR 寄存器中的 FSMG=0，即每次进行 DXR 到 XSR 的拷贝操作时要产生 FSX 信号。从图 8-26 和图 8-27 中还可以看到，如果 SPI 协议要求 McBSP 在移位输出数据之前，FSX 信号就必须有效，所以 XCR 寄存器中的 XDATDLY 位必须置 1。

3. McBSP 作为 SPI 从设备

当 McBSP 作为 SPI 从设备(Slave)时，由外部主设备产生时钟和从设备使能信号。McBSP 的 CLKX 和 FSX 引脚配置为输入(CLKXM=FSXM=0)。输入串口的 CLKX 和 FSX 同时也作为 McBSP 接收端的 CLKR 和 FSR 信号。在进行数据传输之前，外部主设备必须先置 FSX 信号有效(低电平)。图 8-33 是 McBSP 作为 SPI 从设备的接口框图。

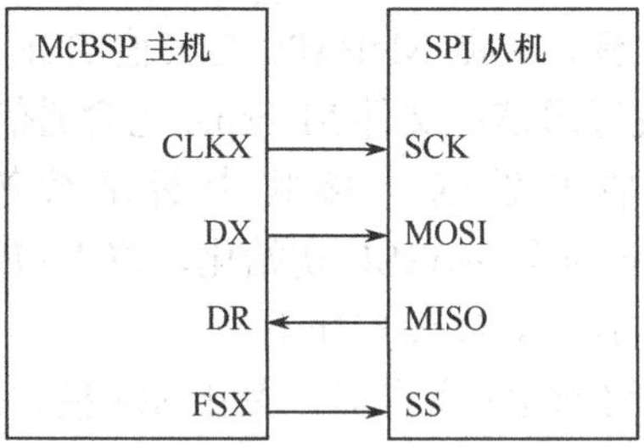

图 8-32　McBSP 作为主设备的 SPI 接口框图

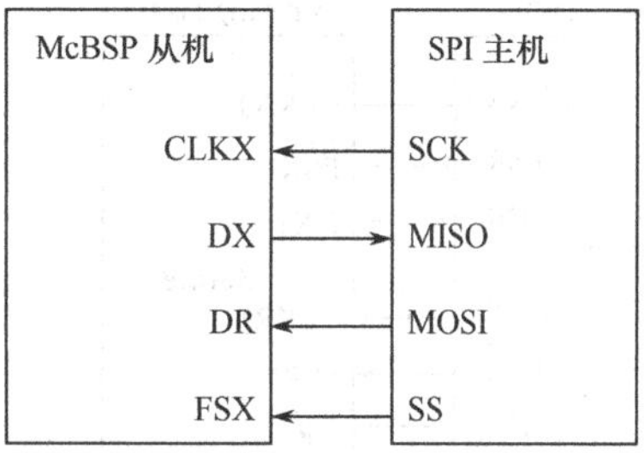

图 8-33　McBSP 作为从设备的 SPI 接口框图

作为 SPI 从设备时，串口 RCR/XCR 寄存器的(R/X)DATDLY 位必须设 0，以保证发送的第 1 位数据能够立即出现在 DX 引脚上(见图 8-26 和图 8-27 中的 MISO 波形)。(R/X)DATDLY=0 还能保证，一旦检测到串行时钟 CLKX 有效，就可以立即接收数据。

尽管 CLKX 信号由外部主设备产生，但仍然要使能 McBSP 内部的采样率发生器，并设置为相应的 SPI 模式(这是由于 McBSP 需要利用内部时钟对输入的 CLKX 和 FSX 信号进行同步处理)。采样率发生器应设置为采用 CPU 时钟作为时钟源(SRGR 的 CLKSM=1)，并保证内部的 CLKG 信号频率(由 SRGR 的 CLKGDV 位控制)至少是 SPI 时钟频率的 8 倍。

8.8　串口作为通用输入/输出引脚

在下列两种情况下，McBSP 串口的引脚(CLKX、FSX、DX、CLKR、FSR、DR 及 CLKS)

可以用作通用输入/输出引脚(GPIO)：

- SPCR 寄存器的字段(R/X)RST=0，接收端或发送端处于复位状态；
- PCR 寄存器的字段(R/X)IOEN=1，串口设置为 GPIO 模式。

表 8-11 总结了这些引脚作为通用输入/输出引脚的用法。

表 8-11　McBSP 作为 GPIO 的设置

引脚	GPIO 使能条件	输出		输入	
		选择输出条件	设置输出值	选择输入条件	读取输入值
CLKX	XRST=0,XIOEN=1	CLKXM=1	CLKXP	CLKXM=0	CLKXP
FSX	XRST=0,XIOEN=1	FSXM=1	FSXP	FSXM=0	FSXP
DX	XRST=0,XIOEN=1	总是输出	DX_STAT		
CLKR	RRST=0,RIOEN=1	CLKRM=1	CLKRP	CLKRM=0	CLKRP
FSR	RRST=0,RIOEN=1	FSRM=1	FSRP	FSRM=0	FSRP
DR	RRST=0,RIOEN=1			总是输入	DR_STAT
CLKS	RRST=XRST=0 RIOEN=XIOEN=1			总是输入	CLKS_STAT

8.9　McBSP 示例程序

C67xx DSP 可以使用 McBSP 接口与其他 DSP 芯片进行通信，硬件连接如图 8-34 所示。

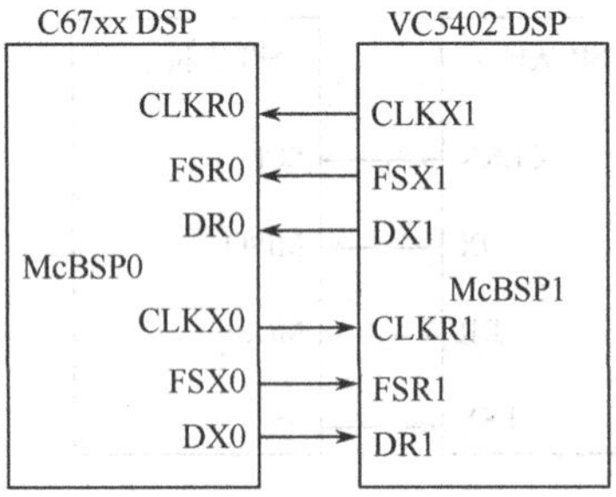

图 8-34　使用 McBSP 进行通信的连接图

打开工程 Examples\0801_Mcbsp，Mcbsp_main.c 是主程序文件，控制 McBSP0 与其他 DSP 芯片通过同步串口进行通信；文件 Mcbsp.c 包含通信初始化、数据的接收和发送、接收中断函数等；文件 Mcbsp_inti.c 包含 McBSP 初始化，将 McBSP0 设置成单通道方式，具体设置如下：

- 设置 SPCR1 寄存器，禁止 SPI 模式；
- 设置 XCR1 寄存器，单数据相，发送数据长度为 16 位，每相 1 个数据；
- 设置 XCR2 寄存器，发送数据延时 1 个位；
- 设置 RCR1 寄存器，单数据相，接收数据长度为 16 位，每相 1 个数据；
- 设置 RCR2 寄存器，单数据相，接收延时 1 个位；
- 设置 PCR 寄存器，设置 BLCKR 为输入，下降沿接收数据；设置 BFSR 为输入，并且其极性为高有效；设置 BCLKX 由内部时钟产生，并且上沿发送数据；
- 设置 SRGR1，确定分频数为 0x0CF，McBSP 的波特率为 192kbps，帧脉冲宽度为 1 个数据位；
- 设置 SRGR2，确定时钟来源为内部的 CPU，确定帧同步为低有效。

程序源代码如下：

```
/*********************************************************************************/
/*  文件名称：Mcbsp_inti.c
/*  功      能：对 Mcbsp 接口进行初始化
```

```
/******************************************************************************/
#include <stdio.h>
#include <csl.h>
#include <csl_mcbsp.h>
#include <csl_gpio.h>
#include "DEC6713.h"
#include "comm.h"
#include "type.h"
/******************************************************************************/
int k=0;
PMcbspForDeC6713 psend;
unsigned short mcbspx[FRAMLONGTH];
MCBSP_Handle hMcbsp;
unsigned short temp_strh;
unsigned char temp_strl;
/******************************************************************************/
static MCBSP_Config ConfigLoopback = {
/* Serial Port Control Register (SPCR) */
MCBSP_SPCR_RMK(
    MCBSP_SPCR_FREE_YES, /* Serial clock free running mode(FREE)
                            MCBSP_SPCR_FREE_NO - During emulation halt,SOFT bit
                                determines operation of McBSP.
                            MCBSP_SPCR_FREE_YES - During emulation halt, serial
                                clocks continue to run.                    */
    MCBSP_SPCR_SOFT_YES, /* Serial clock emulation mode(SOFT)
                            MCBSP_SPCR_SOFT_NO -   In conjunction with FREE = 0,
                                serial port clock stops immediately during
                                emulation halt,thus aborting any transmissions.
                            MCBSP_SPCR_SOFT_YES - In conjunction with FREE = 0,
                                during emulation halt, serial port clock stops
                                after completion of current transmission.     */
    MCBSP_SPCR_FRST_YES, /* Frame sync generator reset(FRST)
                           MCBSP_SPCR_FRST_YES /MCBSP_SPCR_FRST_0 - Frame sync
                                generation logic is reset.
                          MCBSP_SPCR_FRST_NO /MCBSP_SPCR_FRST_1   - Frame sync
                                signal is generated after eight CLKG clocks. */
    MCBSP_SPCR_GRST_YES, /* Sample rate generator reset(GRST)
                          MCBSP_SPCR_GRST_YES /MCBSP_SPCR_GRST_0   - Reset
                          MCBSP_SPCR_GRST_NO /MCBSP_SPCR_GRST_1 -Out of reset*/
    MCBSP_SPCR_XINTM_XRDY,/* Transmit interrupt mode(XintM)
                        MCBSP_SPCR_XintM_XRDY - Xint driven by XRDY
                        MCBSP_SPCR_XintM_EOS   - Xint generated by
                                end-of-subframe in multichannel operation
                        MCBSP_SPCR_XintM_FRM   - Xint generated by a new frame
                                synchronization
                        MCBSP_SPCR_XintM_XSYNCERR - Xint generated by XSYNCERR*/
    MCBSP_SPCR_XSYNCERR_NO,/* Transmit synchronization error
                    MCBSP_SPCR_XSYNCERR_NO /MCBSP_SPCR_XSYNCERR_0 - No
                                frame synchronization error
                    MCBSP_SPCR_XSYNCERR_YES/MCBSP_SPCR_XSYNCERR_1 - Frame
                                synchronization error detected by McBSP         */
    MCBSP_SPCR_XRST_YES, /* Transmitter reset(XRST). This resets or enables transmitter.
                        MCBSP_SPCR_XRST_YES /MCBSP_SPCR_XRST_0   - Serial port
```

```
                                    transmitter is disabled and is in reset state.
                              MCBSP_SPCR_XRST_NO /MCBSP_SPCR_XRST_1     - Serial port
                                    transmitter is enabled.                      */

        MCBSP_SPCR_DLB_OFF,      /* Digital loopback(DLB) mode
                                MCBSP_SPCR_DLB_OFF      - DLB Disabled
                                MCBSP_SPCR_DLB_ON    - DLB Enabled        */
        MCBSP_SPCR_RJUST_RZF,/*Receive data sign-extension and justification mode(RJUST)
                          MCBSP_SPCR_RJUST_RZF - Right-justify and zero-fill MSBs in DRR.
                          MCBSP_SPCR_RJUST_RSE - Right-justify and sign-extend MSBs in DRR.
                          MCBSP_SPCR_RJUST_LZF - Left-justify and zero-fill LSBs in DRR.   */
        MCBSP_SPCR_CLKSTP_DISABLE,/* Clock stop(CLKSTP) mode
                                MCBSP_SPCR_CLKSTP_DISABLE - Disabled. Normal
                                    clocking enabled for non-SPI mode.
                                MCBSP_SPCR_CLKSTP_NODELAY -Clock starts without delay.
                                MCBSP_SPCR_CLKSTP_DELAY      - Clock starts with delay.*/
        MCBSP_SPCR_DXENA_OFF,/* DX Enabler(DXENA) -Extra delay for DX turn-on time.
                                Only first bit of data is delayed.
                                MCBSP_SPCR_DXENA_OFF - DX enabler is off.
                                MCBSP_SPCR_DXENA_ON    - DX enabler is on.                */
        MCBSP_SPCR_RINTM_RRDY,/* Receive interrupt(Rint) mode
                        MCBSP_SPCR_RintM_RRDY - Rint driven by RRDY
                        MCBSP_SPCR_RintM_EOS    - Rint generated by
                                    end-of-subframe in multichannel operation
                        MCBSP_SPCR_RintM_FRM    - Rint generated by a new frame synchronization
                        MCBSP_SPCR_RintM_RSYNCERR -Rint generated by RSYNCERR*/
        MCBSP_SPCR_RSYNCERR_NO,/* Receive synchronization error(RSYNCERR)
                          MCBSP_SPCR_RSYNCERR_NO /MCBSP_SPCR_RSYNCERR_0 - No
                                    frame synchronization error
                          MCBSP_SPCR_RSYNCERR_YES/MCBSP_SPCR_RSYNCERR_1 - Frame
                                    synchronization error detected by McBSP    */
        MCBSP_SPCR_RRST_YES /* Receiver reset(RRST). This resets or enables receiver.
                                MCBSP_SPCR_RRST_YES /MCBSP_SPCR_RRST_0 - Serial
                                  port receiver is disabled and is in reset state.
                                MCBSP_SPCR_RRST_NO    /MCBSP_SPCR_RRST_1 - Serial
                                    port receiver is enabled. */
    ),
    /*   Receive Control Register (RCR) */
    MCBSP_RCR_RMK(
        MCBSP_RCR_RPHASE_SINGLE, /* Receive phases
                                MCBSP_RCR_RPHASE_SINGLE - Single phase frame
                                MCBSP_RCR_RPHASE_DUAL      - Dual phase frame              */
        MCBSP_RCR_RFRLEN2_OF(0), /* Receive frame length in phase 2(RFRLEN2)
                                000 0000b: 1 word per phase
                                000 0001b: 2 words per phase
                                . . . . . . . . . . . .
                                111 1111b: 128 words per phase    */
        MCBSP_RCR_RWDLEN2_8BIT,/* Receive element length in phase 2(RWDLEN2)
                                MCBSP_RCR_RWDLEN2_8BIT    -    8    bits
                                MCBSP_RCR_RWDLEN2_12BIT -   12 bits
                                MCBSP_RCR_RWDLEN2_16BIT -   16 bits
                                MCBSP_RCR_RWDLEN2_20BIT -   20 bits
                                MCBSP_RCR_RWDLEN2_24BIT -   24 bits
```

```
                                    MCBSP_RCR_RWDLEN2_32BIT -    32 bits    */
      MCBSP_RCR_RCOMPAND_MSB,/* Receive companding mode (RCOMPAND)
                                    MCBSP_RCR_RCOMPAND_MSB    - No companding.Data
                                        transfer starts with MSB first.
                                    MCBSP_RCR_RCOMPAND_8BITLSB - No companding,
                                        8-bit data. Transfer starts with LSB first.
                                        Applicable to 8-bit data or 32-bit data in
                                        data reversal mode.
                                    MCBSP_RCR_RCOMPAND_ULAW -    Compand using m-law for
                                        receive data. Applicable to 8-bit data only
                                    MCBSP_RCR_RCOMPAND_ALAW - Compand using A-law for
                                        receive data. Applicable to 8-bit data only    */
      MCBSP_RCR_RFIG_YES, /* Receive frame ignore(RFIG)
                                    MCBSP_RCR_RFIG_NO    - Unexpected receive frame
                                        synchronization pulses restart the transfer.
                                    MCBSP_RCR_RFIG_YES - Unexpected receive frame
                                        synchronization pulses are ignored.            */
      MCBSP_RCR_RDATDLY_1BIT,/* Receive data delay(RDATDLY)
                                    MCBSP_RCR_RDATDLY_0BIT - 0 bit data delay
                                    MCBSP_RCR_RDATDLY_1BIT - 1 bit data delay
                                    MCBSP_RCR_RDATDLY_2BIT - 2 bit data delay              */
      MCBSP_RCR_RFRLEN1_OF(0), /* Receive frame length in phase 1(RFRLEN1)
                                    000 0000b: 1 word per phase
                                    000 0001b: 2 words per phase
                                    . . . . . . . . . . . .
                                    111 1111b: 128 words per phase                       */
      MCBSP_RCR_RWDLEN1_16BIT,/* Receive element length in phase 1(RWDLEN1)
                                    MCBSP_RCR_RWDLEN1_8BIT - 8 bits
                                    MCBSP_RCR_RWDLEN1_12BIT - 12 bits
                                    MCBSP_RCR_RWDLEN1_16BIT - 16 bits
                                    MCBSP_RCR_RWDLEN1_20BIT - 20 bits
                                    MCBSP_RCR_RWDLEN1_24BIT - 24 bits
                                    MCBSP_RCR_RWDLEN1_32BIT - 32 bits                      */
      MCBSP_RCR_RWDREVRS_DISABLE/* Receive 32-bit bit reversal feature.(RWDREVRS)
                                    MCBSP_RCR_RWDREVRS_DISABLE -32 bit reversal disabled
                                    MCBSP_RCR_RWDREVRS_ENABLE   -32 bit reversal enabled.
                                       32-bit data is received LSB first.
                                       RWDLEN should be set for 32-bit operation.
                                       RCOMPAND should be set to 01b else operation is undefined.*/
   ),
   /* Transmit Control Register (XCR) */
   MCBSP_XCR_RMK(
      MCBSP_XCR_XPHASE_SINGLE,/* Transmit phases
                                    MCBSP_XCR_XPHASE_SINGLE - Single phase frame
                                    MCBSP_XCR_XPHASE_DUAL     - Dual phase frame           */
      MCBSP_XCR_XFRLEN2_OF(0),/* Transmit frame length in phase 2(XFRLEN2)
                                    000 0000b: 1 word per phase
                                    000 0001b: 2 words per phase
                                    . . . . . . . . . . . .
                                    111 1111b: 128 words per phase                       */
      MCBSP_XCR_XWDLEN2_8BIT, /*   Transmit element length in phase 2
                                    MCBSP_XCR_XWDLEN2_8BIT      -   8   bits
                                    MCBSP_XCR_XWDLEN2_12BIT     -   12 bits
```

```
                          MCBSP_XCR_XWDLEN2_16BIT    -  16 bits
                          MCBSP_XCR_XWDLEN2_20BIT    -  20 bits
                          MCBSP_XCR_XWDLEN2_24BIT    -  24 bits
                          MCBSP_XCR_XWDLEN2_32BIT    -  32 bits          */
    MCBSP_XCR_XCOMPAND_MSB, /* Transmit companding mode(XCOMPAND)
                          MCBSP_XCR_XCOMPAND_MSB          - No companding. Data
                               transfer starts with MSB first.
                          MCBSP_XCR_XCOMPAND_8BITLSB   - No companding, 8-bit
                                data. Transfer starts with LSB first.
                                Applicable to 8-bit data,or 32-bit data in
                                data reversal mode.
                          MCBSP_XCR_XCOMPAND_ULAW       - Compand using m-law
                                for receive data.Applicable to 8-bit data only.
                          MCBSP_XCR_XCOMPAND_ALAW   - Compand using A-law for
                                receive data.Applicable to 8-bit data only. */

    MCBSP_XCR_XFIG_YES, /* Transmit frame ignore(XFIG)
                          MCBSP_XCR_XFIG_NO   - Unexpected transmit frame
                                synchronization pulses restart the transfer.
                          MCBSP_XCR_XFIG_YES - Unexpected transmit frame
                                synchronization pulses are ignored.        */
    MCBSP_XCR_XDATDLY_1BIT, /*   Transmit data delay(XDATDLY)
                          MCBSP_XCR_XDATDLY_0BIT     - 0 bit data delay
                          MCBSP_XCR_XDATDLY_1BIT     - 1 bit data delay
                          MCBSP_XCR_XDATDLY_2BIT     - 2 bit data delay       */
    MCBSP_XCR_XFRLEN1_OF(0), /* Transmit frame length in phase 1(XFRLEN1)
                          000 0000b: 1 word per phase
                          000 0001b: 2 words per phase
                          . . . . . . . . . . .
                          111 1111b: 128 words per phase                  */
    MCBSP_XCR_XWDLEN1_16BIT, /* Transmit element length in phase 1(XWDLEN1)
                          MCBSP_XCR_XWDLEN1_8BIT   -    8 bits
                          MCBSP_XCR_XWDLEN1_12BIT -   12 bits
                          MCBSP_XCR_XWDLEN1_16BIT -   16 bits
                          MCBSP_XCR_XWDLEN1_20BIT -   20 bits
                          MCBSP_XCR_XWDLEN1_24BIT -   24 bits
                          MCBSP_XCR_XWDLEN1_32BIT -   32 bits              */

   MCBSP_XCR_XWDREVRS_DISABLE /* Transmit 32-bit bit reversal feature
                           MCBSP_XCR_XWDREVRS_DISABLE - 32-bit reversal
                                disabled.
                           MCBSP_XCR_XWDREVRS_ENABLE   - 32-bit reversal
                                enabled. 32-bit data is transmitted LSB first.
                                XWDLEN should be set for 32-bit operation.
                                XCOMPAND should be set to 01b; else operation
                                is undefined.                              */
  ),
  /*serial port sample rate generator register(SRGR) */
  MCBSP_SRGR_RMK(
    MCBSP_SRGR_GSYNC_FREE,/* Sample rate generator clock synchronization(GSYNC).
                          MCBSP_SRGR_GSYNC_FREE - The sample rate generator
                               clock CLKG) is free running.
                          MCBSP_SRGR_GSYNC_SYNC - (CLKG) is running but is
```

```
                              resynchronized, and the frame sync signal
                              (FSG)is generated only after the receive
                              frame synchronization signal(FSR)is detected.
                              Also,the frame period (FPER) is a don 抰 care
                              because the period is dictated by the external
                              frame sync pulse.                          */
    MCBSP_SRGR_CLKSP_RISING,/* CLKS polarity clock edge select(CLKSP)
                          MCBSP_SRGR_CLKSP_RISING   - The rising edge of CLKS
                              generates CLKG and FSG.
                          MCBSP_SRGR_CLKSP_FALLING - The falling edge of CLKS
                              generates CLKG and FSG.                     */
    MCBSP_SRGR_CLKSM_INTERNAL,/* MCBSP sample rate generator clock mode(CLKSM)
                          MCBSP_SRGR_CLKSM_CLKS     - The sample rate generator
                              clock is derived from CLKS.
                          MCBSP_SRGR_CLKSM_intERNAL - (Default value) The
                              sample rate generator clock is derived from
                              the internal clock source.                 */
    MCBSP_SRGR_FSGM_DXR2XSR,/*Sample rate generator transmit frame synchronization
                           mode.(FSGM)
                          MCBSP_SRGR_FSGM_DXR2XSR   - The transmit frame sync
                              signal (FSX) is generated on every DXR to XSR copy.
                          MCBSP_SRGR_FSGM_FSG        - The transmit frame sync
                              signal is driven by the sample rate generator
                              frame sync signal, FSG.                    */
    MCBSP_SRGR_FPER_OF(0),/* Frame period(FPER)
                          Valid values: 0 to 4095                         */
    MCBSP_SRGR_FWID_OF(180),/* Frame width(FWID)
                          Valid values: 0 to 255                          */
    MCBSP_SRGR_CLKGDV_OF(180)/* Sample rate generator clock divider(CLKGDV)
                          Valid values: 0 to 255                          */
  ),
  MCBSP_MCR_DEFAULT, /* Using default value of MCR register */
  MCBSP_RCER_DEFAULT,/* Using default value of RCER register */
  MCBSP_XCER_DEFAULT,/* Using default value of XCER register */
  /* serial port pin control register(PCR) */
  MCBSP_PCR_RMK(
    MCBSP_PCR_XIOEN_SP, /* Transmitter in general-purpose I/O mode - only when
                       XRST = 0 in SPCR - (XIOEN)
                       MCBSP_PCR_XIOEN_SP      -   CLKS pin is not a general
                           purpose input. DX pin is not a general purpose
                           output.FSX and CLKX are not general-purpose I/Os.
                       MCBSP_PCR_XIOEN_GPIO    -   CLKS pin is a general-purpose
                           input. DX pin is a general-purpose output.
                           FSX and CLKX are general-purpose I/Os. These
                           serial port pins do not perform serial port operation. */
    MCBSP_PCR_RIOEN_SP, /* Receiver in general-purpose I/O mode - only when
                       RRST = 0 in SPCR -(RIOEN)
                       MCBSP_PCR_RIOEN_SP      - DR and CLKS pins are not
                           general-purpose inputs. FSR and CLKR are not
                           general-purpose I/Os and perform serial port
                           operation.
                       MCBSP_PCR_RIOEN_GPIO    - DR and CLKS pins are
                           general-purpose inputs. FSR and CLKR are
```

```
                                general-purpose I/Os. These serial port pins do
                                not perform serial port operation.              */
    MCBSP_PCR_FSXM_INTERNAL, /* Transmit frame synchronization mode(FSXM)
                              MCBSP_PCR_FSXM_EXTERNAL - Frame synchronization
                                  signal is provided by an external source. FSX
                                  is an input pin.
                              MCBSP_PCR_FSXM_intERNAL - Frame synchronization
                                  generation is determined by the sample rate
                                  generator frame synchronization mode bit FSGM
                                  in the SRGR.                                  */
    MCBSP_PCR_FSRM_EXTERNAL, /* Receive frame synchronization mode (FSRM)
                              MCBSP_PCR_FSRM_EXTERNAL  - Frame synchronization
                                  signals are generated by an external device.
                                  FSR is an input pin.
                              MCBSP_PCR_FSRM_intERNAL  - Frame synchronization
                                  signals are generated internally by the sample
                                  rate generator. FSR is an output pin except
                                  when GSYNC = 1 in SRGR.                       */
    MCBSP_PCR_CLKXM_OUTPUT, /* Transmitter clock mode (CLKXM)
                              MCBSP_PCR_CLKXM_INPUT    -  Transmitter clock is
                                  driven by an external clock with CLKX as an input pin.
                              MCBSP_PCR_CLKXM_OUTPUT   - CLKX is an output pin
                                  and is driven by the internal sample rate generator.
                              During SPI mode :
                              MCBSP_PCR_CLKXM_INPUT    -  McBSP is a slave and
                                  (CLKX) is driven by the SPI master in the
                                  system. CLKR is internally driven by CLKX.
                              MCBSP_PCR_CLKXM_OUTPUT   - McBSP is a master and
                                  generates the transmitter clock (CLKX) to
                                  drive its receiver clock (CLKR) and the shift
                                  clock of the SPI-compliant slaves in the system. */
    MCBSP_PCR_CLKRM_INPUT, /* Receiver clock mode (CLKRM)
                              Case 1: Digital loopback mode not set in SPCR
                              MCBSP_PCR_CLKRM_INPUT - Receive clock (CLKR) is
                                  an input driven by an external clock.
                              MCBSP_PCR_CLKRM_OUTPUT -  CLKR is an output pin
                                  and is driven by the sample rate generator.
                              Case 2: Digital loopback mode set  in SPCR
                              MCBSP_PCR_CLKRM_INPUT - Receive clock  is driven
                                  by the transmit clock (CLKX), which is based
                                  on the CLKXM bit in PCR. CLKR is in high
                                  impedance.
                              MCBSP_PCR_CLKRM_INPUT - CLKR is an output pin and
                                  is driven by the transmit clock. The transmit
                                  clock is derived from CLKXM bit in the PCR.*/
    MCBSP_PCR_CLKSSTAT_0, /*  CLKS pin status(CLKSSTAT)
                              MCBSP_PCR_CLKSSTAT_0
                              MCBSP_PCR_CLKSSTAT_1                              */
    MCBSP_PCR_DXSTAT_0,   /*  DX pin status(DXSTAT)
                              MCBSP_PCR_DXSTAT_0
                              MCBSP_PCR_DXSTAT_1                                */
    MCBSP_PCR_FSXP_ACTIVEHIGH, /* Transmit frame synchronization polarity(FSXP)
                              MCBSP_PCR_FSXP_ACTIVEHIGH - Frame synchronization
```

```
                                    pulse FSX is active high
                              MCBSP_PCR_FSXP_ACTIVELOW    - Frame synchronization
                                    pulse FSX is active low                 */
    MCBSP_PCR_FSRP_ACTIVEHIGH, /* Receive frame synchronization polarity(FSRP)
                              MCBSP_PCR_FSRP_ACTIVEHIGH - Frame synchronization
                                    pulse FSR is active high
                              MCBSP_PCR_FSRP_ACTIVELOW    - Frame synchronization
                                    pulse FSR is active low                 */
    MCBSP_PCR_CLKXP_RISING, /* Transmit clock polarity(CLKXP)
                              MCBSP_PCR_CLKXP_RISING - Transmit data driven on
                                    rising edge of CLKX
                              MCBSP_PCR_CLKXP_FALLING - Transmit data driven on
                                    falling edge of CLKX                    */
    MCBSP_PCR_CLKRP_FALLING /* Receive clock polarity(CLKRP)
                              MCBSP_PCR_CLKRP_FALLING - Receive data sampled on
                                    falling edge of CLKR
                              MCBSP_PCR_CLKRP_RISING - Receive data sampled on
                                    rising edge of CLKR                     */
  )
};
/*************************************************************************/
/*    函数声明：McBSP 初始化，开、关中断                                      */
/*************************************************************************/
void McBSP_int()
{
  /* Let's open up serial port 0 */
    hMcbsp = MCBSP_open(MCBSP_DEV0, MCBSP_OPEN_RESET);
  /* We'll set it up for digital loopback, 32bit mode. We have       */
  /* to setup the sample rate generator to allow self clocking.    */
    MCBSP_config(hMcbsp,&ConfigLoopback);
  /* Now that the port is setup, let's enable it in steps. */
    MCBSP_start(hMcbsp,MCBSP_RCV_START | MCBSP_XMIT_START |
                MCBSP_SRGR_START| MCBSP_SRGR_FRAMESYNC,
                MCBSP_SRGR_DEFAULT_DELAY);
}
void interupt_inti()
{
/* Disable interrupt. */
     IRQ_globalDisable();
     IRQ_RSET(EXTPOL,0x0F);
     IRQ_setVecs(vectors);       /* point to the IRQ vector table     */
     IRQ_map(IRQ_EVT_EXTINT6,6);
     IRQ_disable(IRQ_EVT_EXTINT6);
     IRQ_clear(IRQ_EVT_EXTINT6);
     /* Enable interrupt */
     IRQ_enable(IRQ_EVT_EXTINT6);
     IRQ_globalEnable();          /* Globally enable interrupts          */
     IRQ_nmiEnable();              /* Enable NMI interrupt */
}
/*************************************************************************/
/*    函数声明：      McBSP 数据发送；发送命令帧时用此函数                     */
/*    函数功能：      每次发送一帧的长度                                      */
/*    参    数：      addr,发送数据的地址                                     */
```

```
/*********************************************************************/
void mcbsp_tx(unsigned short * addr)
{
	int tempdata,tempnum;
	unsigned short check = 0;

	for(tempnum=0;tempnum<(FRAMLONGTH-1);tempnum++)
	{
		tempdata=*(addr++);
		check=check^tempdata;
	while (!MCBSP_xrdy(hMcbsp));
		MCBSP_write32(hMcbsp,tempdata);
	}
	if(tempnum==(FRAMLONGTH-1))
	{
	*addr=check;
	while (!MCBSP_xrdy(hMcbsp));
		MCBSP_write32(hMcbsp,check);
	}
	tempnum=0;
}

/*******************************************************/
/*数据发送函数：  Word_send                            */
/*******************************************************/
Mcbsp_wordsend( int d_sam,unsigned short *Buffer,unsigned short type)
{
	psend=(PMcbspForDeC6713)(&mcbspx[0]);
	psend->Length=FRAMLONGTH;
	psend->Type=type;
	psend->Mutul=FRAME_SING;
	psend->Data[0]=d_sam;
	for(k=0;k<d_sam;k++)
	{
	 temp_strl=*(Buffer+k);
		temp_strh =temp_strl*256;
		temp_strl=*(Buffer+k)/256;
		temp_strh=(temp_strh|temp_strl);
		psend->Data[1+k]=temp_strh;
	}
	mcbsp_tx((unsigned short *)psend);
}
/*******************************************************/
/*数据发送函数：  Data_send                            */
/*******************************************************/
Mcbsp_Datasend( int d_sam,unsigned short *Buffer,unsigned short type)
{
	psend=(PMcbspForDeC6713)(&mcbspx[0]);
	psend->Length=FRAMLONGTH;
	psend->Type=type;
	psend->Mutul=FRAME_SING;
	psend->Data[0]=d_sam;
	for(k=0;k<d_sam;k++)
```

```
            psend->Data[1+k]=*(Buffer+k);
        mcbsp_tx((unsigned short *)psend);
}
/*****************************************************/
/* mcbspx 的初始化：  inti_mcbspx                       */
/*****************************************************/
void inti_mcbspx()
{
    for(k=0;k<FRAMLONGTH;k++)
            mcbspx[k]=0;
}
/*************************************************************************/
/*   文件名称：Mcasp_main.c*/
/*   功      能：在 C6713 DSP 和 5402 DSP 之间进行数据传递   */
/*************************************************************************/
#include <stdio.h>
#include <csl.h>
#include <csl_mcbsp.h>
#include <csl_gpio.h>
#include "gui_string.h"
#include "DEC6713.h"
#include "type.h"
#include "comm.h"
#define Word                        0xaa55   //代表文字
#define Number                      0x55aa   //代表数字
unsigned int Test,i;
#define DATATYPE 1 /* 0 代表文字；1 代表数字*/
#define w_num 10            /*通过 w_num 来控制输出文字的个数，通过 gui_string.sam 控制内容*/
#define n_num 5        /*通过 n_num 控制输出选项数字的个数，通过数组 dataer 控制内容*/
volatile unsigned int * p_DECCTL=(volatile unsigned int *)0xB0000000;
/*****************************************************/
short databuffer[6]={1234,5678,3333,4444,5555,6666};
short num=6; //can modfied ,but limit <=6
/*****************************************************/
void main()
{
      /* Initialize CSL */
      CSL_init();
#if DATATYPE==0
      Test =Word; //文字  0xAA55
#endif
#if DATATYPE==1
      Test =Number; //数据  0x55AA
#endif
      *p_DECCTL=0x40;
      /* Initialize DEC6713 board. */
      DEC6713_init();
      /*配置  McASP*/
      McBSP_int();
      /*延时*/
      for(i=0;i<2000;i++);
      for(;;)
      {
```

```
            switch(Test)
            {
                case Word:
                    Mcbsp_wordsend(w_num,&strMcBSP[0],CHAR_DATASEND);
                    Test=0;
                break;
                case Number:
                    Mcbsp_Datasend(n_num,&databuffer[0],NUM_DATASEND);
                    Test=0;
                break;
                default:
                  break;
            }
        }
    }
```

思考题与习题 8

8-1 什么是 McBSP？主要用途是什么？

8-2 简述 McBSP 的初始化步骤。

8-3 对 McBSP 的帧和时钟进行配置，包含哪些关键项的设置？分别说明它们的具体含义。

8-4 对 C67xx 的 McBSP0 串行口进行初始化配置，要求单相帧，帧宽度为 1/8 帧周期，16 位字长，内部提供串行时钟(串行时钟 2MHz、同步时钟 8kHz)，DSP 芯片的工作时钟为 100MHz。

第 9 章　多通道音频串口

多通道音频串口(Multi-channel Audio Serial Port，McASP)特别适合于时分复用(TDM)数据流，内部集成声音(I2S)协议及数字音频接口传输(DIT)。McASP 包括发送设备和接收设备，它们之间可以同步运行，也可以完全独立地使用各自的主时钟、位时钟和帧同步信号，并且使用具有不同位流格式的传输模式。McASP 模块包括 16 个串行器，可以单独发送或接收数据，另外，所有的 McASP 引脚都可以被配置为通用输入/输出(GPIO)引脚。本章首先介绍 McASP 的架构，然后介绍 McASP 的操作。

9.1　McASP 术语

McASP 发送或接收的串行位流是由 1 和 0 组成的长序列，该序列可作为任一音频发送/接收引脚(AXR[n])的输入或输出信号。这个序列可以用位、字、单元和数据帧等术语来描述。

一个同步串行接口包括 3 个基本部分：时钟、帧同步和数据。图 9-1 给出了时钟(ACLK)和数据(AXR[n])信号的图示。由于 ACLK 的定义对于发送和接收接口都适用，因此图 9-1 未指出该时钟是发送用(ACLKX)还是接收用(ACLKR)。在实际操作中，ACLKX 作为发送用串行时钟，ACLKR 作为接收用串行时钟。若 McASP 的发送和接收配置为同步运行模式，则接收可以使用 ACLKX 作为串行时钟。

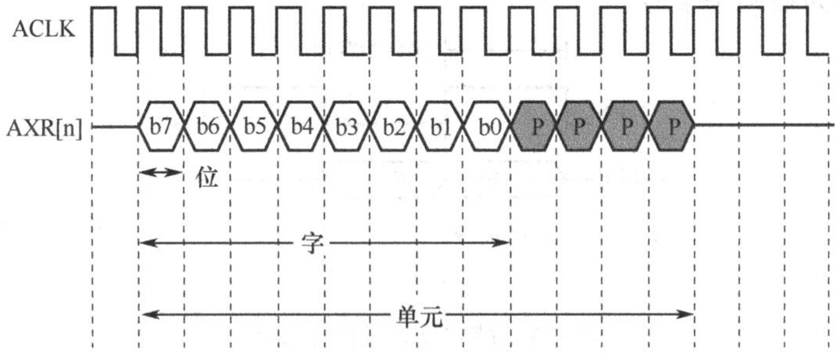

图 9-1　位、字和单元的定义

位(bit)：位是串行数据流中的最小组成部分。每个位的开始和结束都是用一个串行时钟边沿作为标志。一个位的持续时间为一个时钟周期。1 通过在整个位的持续时间内 AXR[n]引脚的逻辑高电平来表示，0 通过在整个位的持续时间内 AXR[n]引脚的逻辑低电平来表示。

字(Word)：字是一组位，它组成了在 DSP 和外部器件之间传输的数据。图 9-1 给出的是一个 8 位的字。

单元(Slot)：一个单元包括组成字的那些位。有时为了将字填充到对于 DSP 和外部器件接口来说合适的位数，单元也包括那些用来填充字的附加位。图 9-1 中，音频数据只包括 8 位有用数据(8 位字)，但是为了满足与外部器件接口所需要的协议，补上 4 个 0(12 位单元)。在一个单元内，AXR[n]的这些位可以是最高位先进或先出 McASP，也可以是最低位。当字的长度小于单元长度时，字可以从单元的左边开始排列，也可以从单元的右边开始排列。不属于字的附加位可以用 0、1 或者字中的一位(一般是 MSB 或 LSB)来填充。这些选择用图 9-2 来表示。

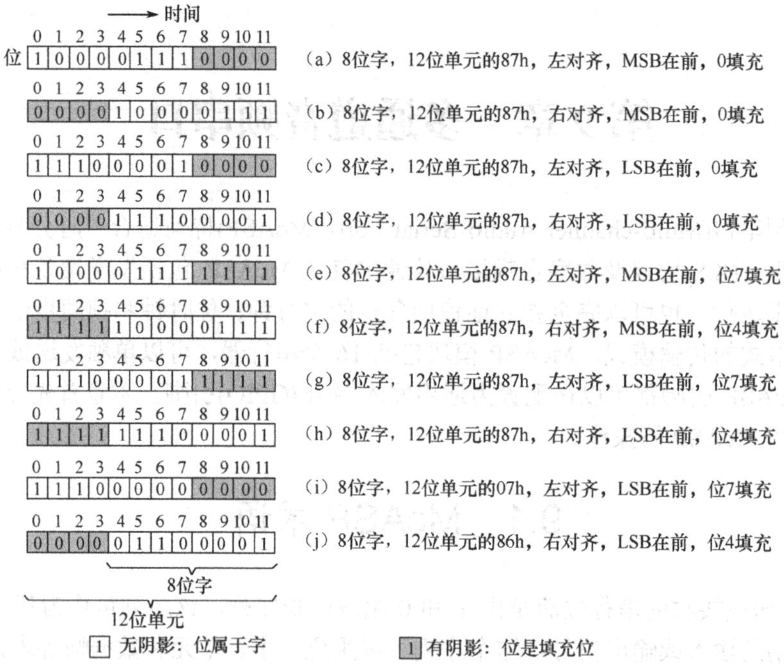

图 9-2　单元内位序和字对齐方式

帧(Frame)：一帧可以包括一个或多个单元，这由具体协议确定，图 9-3 是一个数据帧的例子。由于帧同步的术语定义对发送和接收都适用，因此图中的 FS 在实际应用中，可为发送用的帧同步信号 AFSX，或接收用的帧同步信号 AFSR。若 McASP 配置为同步操作模式，则接收可以使用 AFSX 作为帧同步信号。

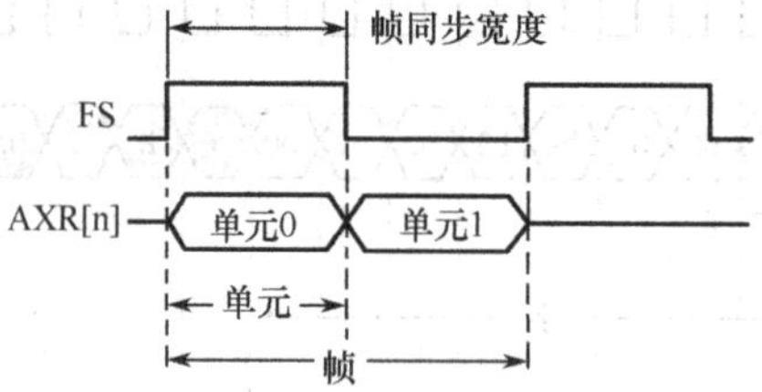

图 9-3　帧定义及帧同步宽度

9.2　McASP 架构

9.2.1　接口信号

图 9-4 给出了 McASP 的框图。McASP 有独立的接收/发送用时钟发生器、帧同步信号发生器、错误校验逻辑及最多可达 16 个的串行数据引脚。器件中的 McASP 引脚若没有作为串行端口使用，则可以编程设置为通用输入/输出引脚(GPIO)。

McASP 包括以下引脚：

- 串行数据引脚 AXR[n]：每个 McASP 达到 16 个。
- 发送时钟

　—AHCLKX：McASP 的发送高频主时钟。

　—ACLKX：McASP 的发送位时钟。

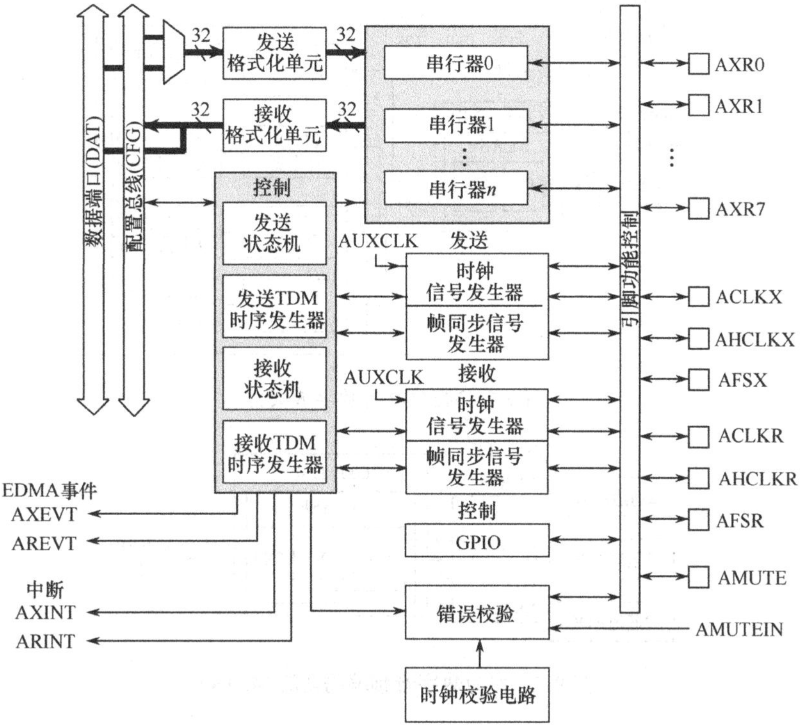

图 9-4　McASP 结构框图

- 发送帧同步信号 AFSX：McASP 的发送帧同步信号或左/右时钟(LRCLK)。
- 接收时钟

  —AHCLKR：McASP 的接收高频主时钟。

  —ACLKR：McASP 的接收位时钟。
- 接收帧同步信号 AFSR：McASP 的接收帧同步信号或左/右时钟(LRCLK)。
- 静音 Mute 输入/输出引脚

  —AMUTEIN：McASP 的静音输入(该引脚不是专用 McASP 引脚，通常为外部中断引脚)。

  —AMUTE：McASP 的静音输出。

从图 9-5 至图 9-7 给出了 McASP 在数字音频编解码系统中的应用实例。在使用 McASP 接口时要考虑的事项见表 9-1。

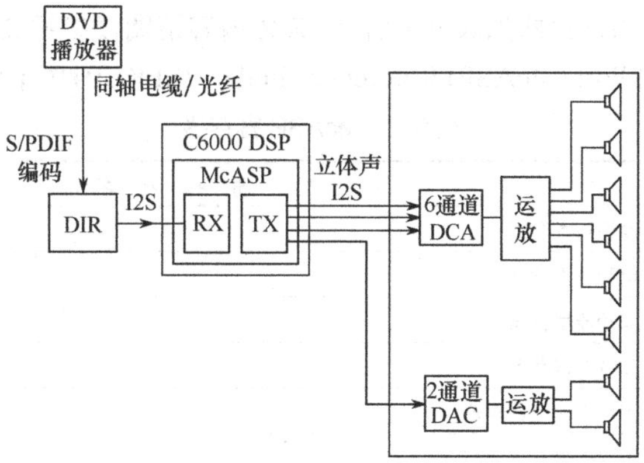

图 9-5　McASP 到 6 通道 DAC 和 2 通道 DAC

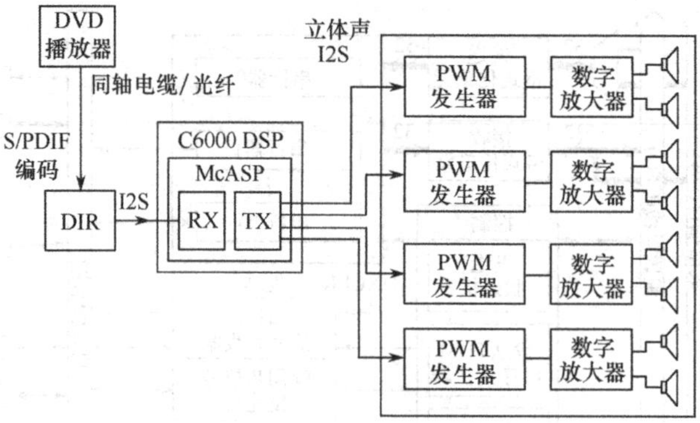

图 9-6 McASP 到数字放大器

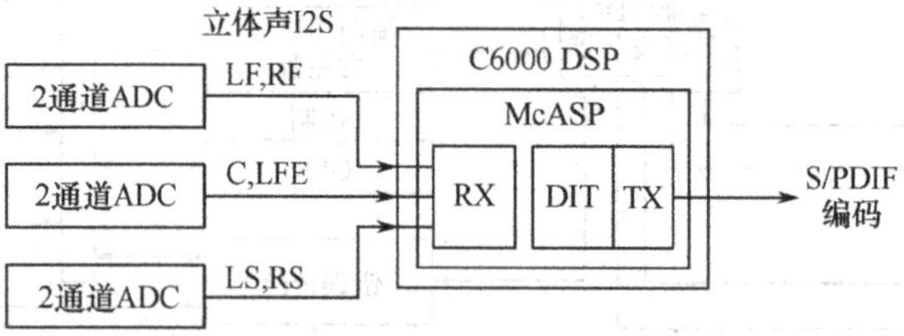

图 9-7 作为数字音频编码器的 McASP

表 9-1 使用 McASP 接口时的考虑事项

时 钟	数 据 引 脚	数 据 格 式	数 据 传 输
时钟是内部还是外部产生？频率是多少？	作为多通道音频串行端口(MCASP)还是通用输入/输出口(GPIO)使用？	是否是内部数字表示整数，Q31 分数？	内部：EDMA 还是 CPU？
时钟极性？	输入口还是输出口？	是 I2S 还是 DIT？	外部：TDM 还是突发？
帧同步信号是内部还是外部产生?帧同步信号速度是多少？	—	数据延迟(0，1，或 2 位)？对齐(左或右)？	总线：外围配置总线(CFG)还是数据端口(DAT)？
帧同步信号极性？	—	位序(MSB 在前还是 LSB 在前)？	—
帧同步信号宽度？	—	填充(如果要填充，那么要以什么值进行填充)？	—
发送和接收是同步还是异步？	—	单元大小？循环吗？屏蔽吗？	—

9.2.2 寄存器

McASP 模块所使用的寄存器如表 9-2 所示，具体内容请阅读参考文献“TMS320C6000 DSP Multichannel Audio Serial Port (McASP) Reference Guide”(SPRU041C.pdf)。

表 9-2 McASP 寄存器

缩 写	寄 存 器 名
PID	外设识别寄存器
PWRDEMU	省电和仿真管理寄存器
PFUNC	引脚功能寄存器
PDIR	引脚方向寄存器
PDOUT	引脚数据输出寄存器
PDIN	引脚数据输入寄存器
PDSET	引脚数据设置寄存器，写有效(等效写地址：PDOUT)

（续表）

缩 写	寄 存 器 名
PDCLR	引脚数据清除寄存器，写有效(等效写地址：PDOUT)
GBLCTL	全局控制寄存器
AMUTE	静音控制寄存器
DLBCTL	数字回送控制寄存器
DITCTL	DIT 模式控制寄存器
RGBLCTL	接收全局控制寄存器，对 RGBLCTL 的写操作仅仅影响 GBLCTL 的接收位
RMASK	接收格式化单元位屏蔽寄存器
RFMT	接收位流格式化寄存器
AFSRCTL	接收帧同步信号控制寄存器
ACLKRCTL	接收时钟控制寄存器
AHCLKRCTL	接收高频时钟控制寄存器
RTDM	接收 TDM 单元寄存器
RINTCTL	接收中断控制寄存器
RSTAT	接收状态寄存器
RSLOT	当前接收 TDM 单元寄存器
RCLKCHK	接收时钟纠错控制寄存器
REVTCTL	接收 DMA 事件控制寄存器
XGBLCTL	发送全局控制寄存器，对 RGBLCTL 的写操作仅仅影响 GBLCTL 的发送位
XMASK	发送格式化单元位屏蔽寄存器
XFMT	发送位流格式化寄存器
AFSXCTL	发送帧同步信号控制寄存器
ACLKXCTL	发送时钟控制寄存器
AHCLKXCTL	发送高频时钟控制寄存器
XTDM	发送 TDM 单元(0～31)寄存器
XINTCTL	发送中断控制寄存器
XSTAT	发送状态寄存器
XSLOT	当前发送 TDM 单元寄存器
XCLKCHK	发送时钟纠错控制寄存器
XEVTCTL	发送 DMA 事件控制寄存器
DITCSRA0～5	DIT 左通道状态寄存器 0～5
DITCSRB0～5	DIT 右通道状态寄存器 0～5
DITUDRA0～5	DIT 左通道用户数据寄存器 0～5
DITUDRB0～5	DIT 右通道用户数据寄存器 0～5
SRCTL0～15	串行控制寄存器 0～15
XBUF0～15	串行发送缓冲寄存器 0～15
RBUF0～15	串行接收缓冲寄存器 0～15

9.2.3 时钟和帧同步信号发生器

McASP 的时钟发生器能产生独立的发送和接收时钟，可对它们单独进行编程，它们相互之间可完全异步。串行时钟(位速率时钟)可以来自：

- 内部——将内部时钟源通过两个分频器得到；
- 外部——直接由 ACLKR/X 引脚输入；

• 混合——一个外部高频时钟输入到 McASP 的 AHCLKX 引脚或 AHCLKR 引脚，然后被分频产生位速率时钟。

在内部和混合的情况下，位速率时钟信号是内部产生的，需要由 ACLKX 引脚或 ACLKR 引脚引出。在内部产生的情况下，一个内部产生的高频时钟由 ACLKX 引脚或 ACLKR 引脚引出作为系统中其他部分的参考时钟。McASP 运行时需要一个位时钟和帧同步信号的最小值，并且能够使这些时钟以一个外部高频主时钟作为基准。

1．发送时钟

发送时钟由寄存器 ACLKXCTL 和 AHCLKXCTL 进行配置，发送位时钟 ACLKX(见图 9-8)可以源自外部，由 ACLKX 引脚得到，也可以由内部产生，这是由寄存器的 CLKXM 位来设定的。如果是内部产生(CLKXM = 1)，发送高频时钟(AHCLKX)经可编程位时钟分频器(CLKXDIV)进行分频而得。无论 ACLKX 是内部还是外部产生，时钟极性均可编程设置(CLKXP)为上升沿或下降沿。

在内部，McASP 会在内部时钟 XCLK(见图 9-8)的上升沿搬移数据。由 CLKXP 控制位决定 ACLKX 是否需要反转成 XCLK。如果 CLKXP=0，多路转换器直接将 ACLKX 传给 XCLK，则 McASP 在 ACLKX 的上升沿搬移数据。如果 CLKXP=1，多路转换器将 ACLKX 反转后传给 XCLK，则 McASP 在 ACLKX 的下降沿搬移数据。

发送高频时钟 AHCLKX 可以源自外部，由 AHCLKX 引脚得到，也可以由内部产生，这由 HCLKXM 位来选择。如果是内部产生(HCLKXM=1)，由 McASP 的内部时钟源(AUXCLK)产生的时钟由可编程的高时钟分频器(HCLKXDIV)进行分频而得。发送高频时钟可以由 AHCLKX 引脚输出，从而供系统中其他器件使用。无论 AHCLKX 是内部还是外部产生，时钟极性均可编程设置(HCLKXP)为上升沿或下降沿。

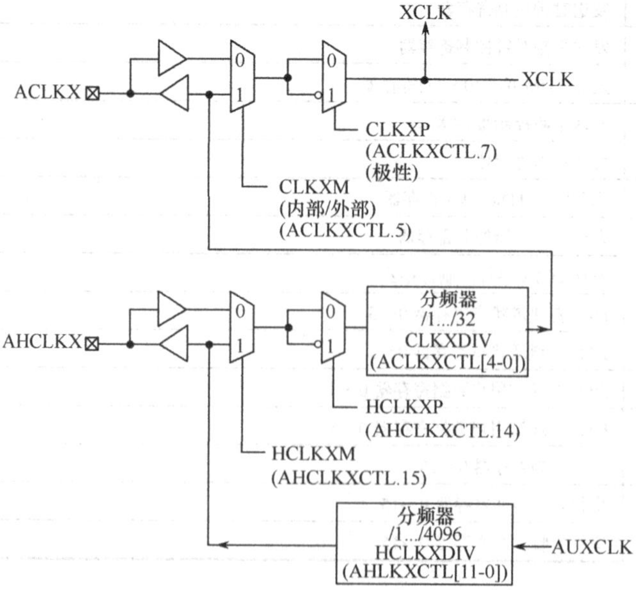

图 9-8　发送时钟发生器方框图

2．接收时钟

接收时钟由寄存器 ACLKRCTL 和 AHCLKRCTL 进行配置，接收端可以选择与 ACLKX 和 AFSX 信号同步运行，这可以通过将发送时钟控制寄存器(ACLKXCTL)中的 ASYNC 位清零来实现(见图 9-9)。接收器配置的极性(CLKRP)和帧同步信号数据延迟可以与发送器的那些选项不同。

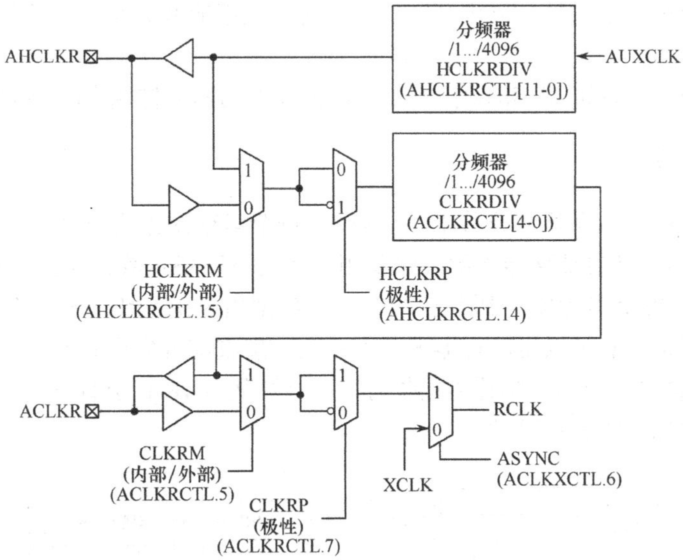

图 9-9　接收时钟发生器方框图

3. 帧同步信号发生器

帧同步信号有两种不同的模式：突发式和 TDM 式。图 9-10 给出了一个帧同步信号发生器的框图。帧同步信号的设置是通过对接收和发送帧同步信号控制寄存器(AFSRCTL 和 AFSXCTL)的编程来控制的。这些设置包括：内部产生或外部产生；帧同步信号极性，上升沿或下降沿；帧同步信号宽度，一位或一个字；位延迟，在第一个数据位前的 0、1 或 2 个时钟周期。

发送帧同步信号引脚是 AFSX，接收帧同步信号引脚是 AFSR。这些引脚的典型应用就是在发送和接收立体声数据时传送左/右时钟(LRCLK)信号。无论 AFSX/AFSR 是内部还是外部产生，AFSX/AFSR 的极性都是通过 FSXP/FSRP 位来决定。若 FSXP/FSRP = 0，则帧同步信号的极性是上升沿；若 FSXP/FSRP = 1，则帧同步信号的极性是下降沿。

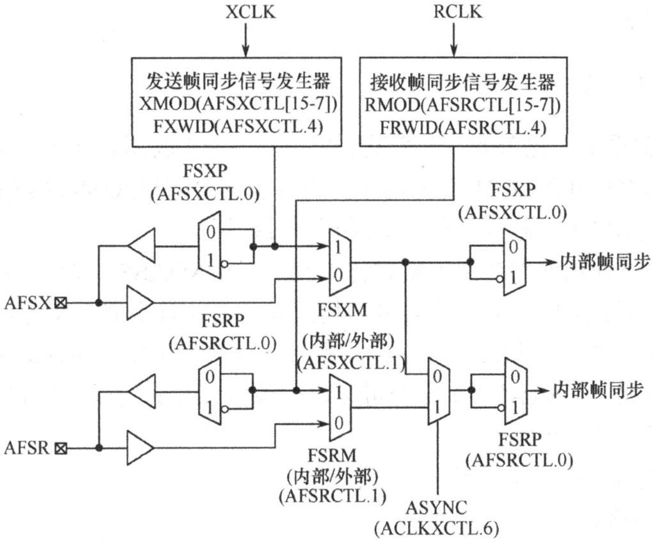

图 9-10　帧同步发生器框图

利用 McASP 时钟和帧的灵活性进行处理的例子有：

① 以 48kHz 的速率从 DVD 中接收数据，但以 96kHz 或 192kHz 的速率输出解码的音频。可以通过输入一个高频主时钟，以内部产生的位时钟速率的 8 分频进行接收，以 4 分频或 2 分频进行发送来实现。

② 以一个取样速率(如 44.1kHz)接收数据，但以不同的取样速率(如 48 kHz)发送数据。

9.2.4 串行器

串行器负责将串行数据移入或移出 McASP。每个串行器包括一个移位寄存器(XRSR)、数据缓冲器(XRBUF)、控制寄存器(SRCTL)及用来支持 McASP 数据排列选择的逻辑单元。如图 9-11 所示。对于每个串行器，都有一个专门的数据引脚(AXR[n])和一个专门的控制寄存器(SRCTL[n])。控制寄存器可以将串行器配置为发送、接收或者禁用状态。当配置为发送时，串行器从 AXR[n]引脚移出数据；配置为接收时，串行器从 AXR[n]引脚移入数据，发送或接收分别使用发送或接收部分的各自时钟。

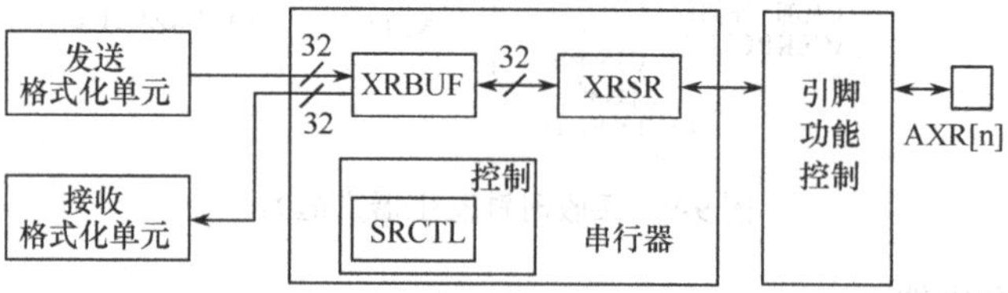

图 9-11　McASP 中串行器接口框图

接收数据时，数据通过 AXR[n]引脚移入移位寄存器 XRSR。当整个数据单元都被收集到 XRSR 之后，数据再被复制到数据缓存 XRBUF 中。于是 CPU 就通过 RBUF 寄存器(接收 XRBUF 的别名)读取数据。当 CPU 从 RBUF 读数据时，McASP 将从 RBUF 出来的数据通过接收格式化单元，并会将格式化后的数据返回给 CPU。

发送数据时，CPU 通过向 XBUF 寄存器(发送 XRBUF 的别名)中写入数据，在此之前数据会自动经过发送格式化单元。数据接着从 XRBUF 复制到 XRSR 中，由 AXR[n]引脚移出(与串行时钟同步)。在 DIT 模式下，串行器除了移出数据外，还会移出别的 DIT 特定的相应信息(前同步信号、用户数据等)。

9.2.5 格式化单元

McASP 有两个数据格式化单元，一个发送用，另一个接收用。格式化单元能够自动地将待发送或接收数据从自然格式(如 Q31)与外部串行设备所需要的格式(如 I2S 格式)进行重映射。在该过程中，格式化单元也可屏蔽掉某些位或进行符号扩展。

由于所有的发送器使用共同的数据格式化单元，因此 McASP 一次只能支持一种发送格式。例如，当 McASP 在串行器 1 上以 “左对齐” 格式发送时，就不能在串行器 0 上以“I2S 格式”进行发送。同样，McASP 的接收部分一次也只支持一种接收格式，并且该格式对于所有的接收串行器都适用。尽管如此，McASP 却完全可以以一种格式发送而以一种完全不同的格式接收。

格式化单元包括以下 3 个部分：

- 位屏蔽和填充屏蔽位，进行符号扩展；
- 旋转(字内对齐数据)；
- 位翻转(选择是 MSB 在前还是 LSB 在前)。

图 9-12 给出了接收格式化单元的方框图，图 9-13 给出的是发送格式化单元的方框图。注意：在发送和接收格式化单元中数据流经 3 个部分的次序是不同的。

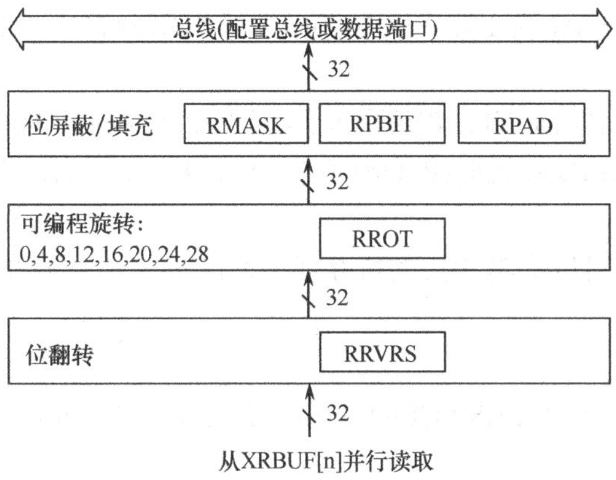

图 9-12 接收格式化单元

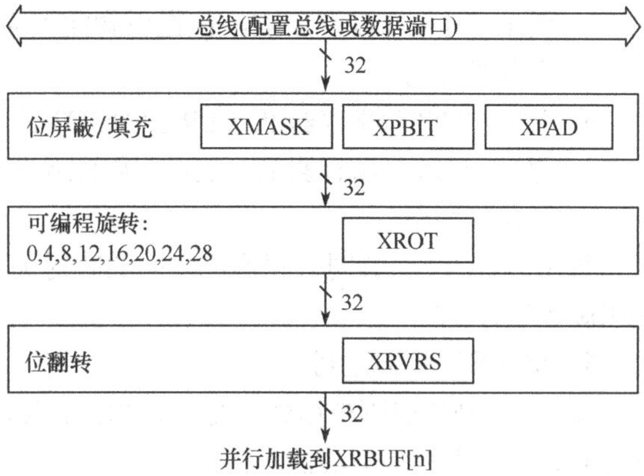

图 9-13 发送格式化单元

位屏蔽和填充部分包括一个完整的 32 位屏蔽寄存器，它允许选定位完全通过或被屏蔽掉，然后插入一个 0，一个 1 或者原来的 32 位中的其中一位来作为填充值填充被屏蔽的位。在最后一种用法中，当符号位被选择用来填充剩余位时允许进行符号扩展。

旋转部分进行 4 的倍数位(0～28 位之间)的位旋转，可通过(R/X)FMT 寄存器编程进行控制。要注意该过程是一个旋转过程，而不是移位过程，因此在旋转操作中，第 0 位被移位到第 31 位。

位翻转部分或者是让 32 位全部直接通过，或者是交换它们。这对于 MSB 在前或者 LSB 在前的数据格式都允许。如果未使能位翻转，McASP 就会自然地以 LSB 在前的次序进行发送和接收。

此外要注意，(R/X)FMT 的(R/X)DATDLY 位也可以决定数据的格式。例如，对于 I2S 格式和左对齐格式之间的差别就是由帧同步信号的边沿和单元的第一个数据位之间的延迟决定的。对于 I2S 格式，(R/X)DATDLY 需要设置为 1 个时钟延迟，然而左对齐格式就需要设置为 0 个时钟延迟。

9.2.6 时钟检查电路

音频系统中最常见的误差源是片外 DIR 电路的不稳定导致的串行时钟错误。为了迅速检查出时钟错误，McASP 包含一个用于发送和接收时钟的时钟检查电路。时钟检查电路可以检测时钟错误并能从错误时钟中恢复。对于它的使用与编程请参考相关器件数据手册。

9.2.7 引脚控制

除 AMUTEIN 外的所有 McASP 引脚都是双向输入/输出引脚，并且这些双向引脚既可作为 McASP 引脚使用也可作为通用输入/输出(GPIO)引脚，由下列寄存器来控制引脚功能。

- 引脚功能寄存器(PFUNC)：选择引脚是作为 McASP 引脚还是 GPIO 引脚。
- 引脚方向寄存器(PDIR)：选择引脚是输入还是输出。
- 引脚数据输入寄存器(PDIN)：显示引脚的输入数据。
- 引脚数据输出寄存器(PDOUT)：若引脚被配置为通用(GPIO)输出口(PFUNC[n]=1 且 PDIR[n]=1)，则数据就会由此引脚输出。在引脚被配置为 McASP 引脚时(PFUNC[n] = 0)，此寄存器不可用。

- 引脚数据设置寄存器(PDSET)：PDOUT 的别名。向 PDSET[n]写入 1 就会将相应 PDOUT[n]置 1，写入 0 没有影响，仅在引脚配置为 GPIO 输出时(PFUNC[n]=1 且 PDIR[n]=1)，此寄存器可用
- 引脚数据清除寄存器(PDCLR)：PDOUT 的别名。向 PDCLR[n]写入 1 就会将相应 PDOUT[n]置 0。写入 0 没有影响，仅在引脚配置为 GPIO 输出时(PFUNC[n]=1 且 PDIR[n] = 1)，此寄存器可用。

每个 McASP 引脚同寄存器位之间的映射关系可以参考相关的寄存器描述，图 9-14 给出的是引脚控制方框图。

1. McASP 引脚控制

即使 McASP 引脚被用作串行端口功能，也必须对 McASP GPIO 寄存器 PFUNC 和 PDIR 进行正确设置。串行端口功能包括：

- 时钟引脚(ACLKX、ACLKR、AHCLKX、AHCLKR、AFSX、AFSR)用作时钟输入和输出；
- 串行数据引脚(AXR[n])用作发送和接收；
- 将 AMUTE 用作一个静音输出信号。

当使用这些引脚的串行端口功能时，必须将每个引脚的 PFUNC[n]清零。此外，有些输出还要设置 PDIR[n]=1，如时钟引脚作为时钟输出、串行数据引脚作为发送及 AMUTE 作为静音输出使用时都有这样的要求。若时钟为输入或数据引脚配置为接收时，引脚必须设置 PDIR[n]=0。

PFUNC 和 PDIR 不控制 AMUTEIN 引脚，而通常是与一个器件引脚相连(参考具体器件的数据手册)。如果这个引脚被用作一个静音输入引脚，需要将其配置为合适的外围设备的输入端。

2. GPIO 引脚控制

将 PFUNC[n]设置为 1 来使用 GPIO 操作，配置 PDIR[n]来设置方向，PDOUT、PDSET 和 PDCLR 控制引脚的输出值。无论 PDIR 和 PFUNC 的设置如何，PDIN 一直反映引脚的状态。

图 9-14 给出了引脚的描述，例 9-1～例 9-4 介绍了如何将引脚用作 GPIO 使用。

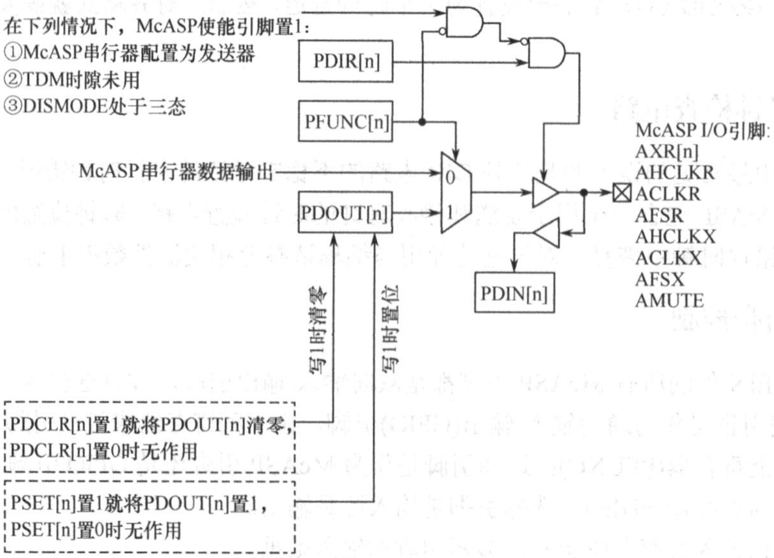

图 9-14 McASP 引脚控制方框图

【例 9-1】 通用输入引脚。

PDIN 寄存器通常反应引脚的状态，因此可以读 PDIN 寄存器来获得引脚输入状态。为了明确地将引脚设为通用输入引脚，需要这样设置寄存器：

- PDIR[n] = 0 (输入)；
- PFUNC[n] = 1 (GPIO 功能)。

【例 9-2】 通用输出引脚——使用 PDOUT 激活。

所有的引脚都默认为输入引脚。为了使引脚作为输出使用，需要进行下列操作：

- PDIR [n] = 0 (默认为输入)；
- PFUNC[n] = 1 (GPIO 功能)；
- PDOUT[n] = 需要的输出值；
- PDIR [n] = 1 (在 PDOUT[n] 配置为需要的值后变为输出)。

【例 9-3】 通用输出引脚——使用 PDSET 将数据从 0 变到 1。

如果引脚被配置为通用输出引脚，并输出 0，若将输出从 0 变为 1，推荐使用 PDSET 寄存器而不是使用 PDOUT 寄存器。这是因为对 PDSET 寄存器的写操作仅仅影响所关心的引脚。将一个引脚从 0 变到 1，要进行如下操作：

- 置位 PDSET[n]，将置位相应的 PDOUT[n]。

【例 9-4】 通用输出引脚——使用 PDCLR 将数据从 1 变到 0。

如果引脚被配置为通用输出引脚，并输出 1，若将输出从 1 变为 0，推荐使用 PDCLR 寄存器而不是使用 PDOUT 寄存器。这是因为对 PDCLR 寄存器的写操作仅仅影响所关心的引脚。将一个引脚从 1 变到 0，要进行如下操作：

- 设置 PDCLR[n]，将清零相应的 PDOUT[n]。

9.3 McASP 操作

9.3.1 启动与初始化

1. 发送/接收部分初始化

以下部分讨论使用 McASP 模块必须的操作。若使用外部时钟，必须在初始化之前就引入该时钟。可按照下面的步骤来配置 McASP。

① 设置 GBLCTL = 0 来复位 McASP 为默认值。

② 按下面的顺序设置除 GBLCTL 之外的所有 McASP 寄存器：

- 省电和仿真管理：PWRDEMU。
- 接收寄存器：RMASK、RFMT、AFSRCTL、ACLKRCTL、AHCLKRCTL、RTDM、RINTCTL、RCLKCHK。若使用外部时钟 AHCLKR 或 ACLKR，为了 GBLCTL 寄存器的正确同步，必须提前提供时钟信号。
- 发送寄存器：XMASK、XFMT、AFSXCTL、ACLKXCTL、AHCLKXCTL、XTDM、XINTCTL、XCLKCHK。若使用外部时钟 AHCLKX 或 ACLKX，为了 GBLCTL 寄存器的正确同步，必须提前提供时钟信号。
- 串行器寄存器：SRCTL[n]。
- 全局寄存器：PFUNC、PDIR、DITCTL、DLBCTL、AMUTE。只有在前面步骤中对时钟和帧设置完毕后才能对 PDIR 进行设置，原因是一旦一个时钟引脚被配置为输出，时钟引脚就开始以时钟控制寄存器所定义的速率输出时钟信号，因此必须确保在将引脚设置为输出前对时钟控制寄存器进行正确配置，这一要求对帧同步信号引脚也同样适用。

- DIT 寄存器：对于 DIT 模式的操作，要设置寄存器 DITCSRA[n]、DITCSRB[n]、DITUDRA[n]和 DITUDRB[n]。

③ 启动高频串行时钟 AHCLKX 或 AHCLKR。若使用外部高频串行时钟则该步骤可跳过：

- 通过设置 GBLCTL 中接收器的 RHCLKRST 位或发送器的 XHCLKRST 位分别使内部高频串行时钟分频器退出复位，GBLCTL 中所有其他位都保持 0；
- 在继续进行操作前对 GBLCTL 进行一次读操作，确保写入的数据成功加载到 GBLCTL。

④ 启动串行时钟 ACLKX 或 ACLKR。若使用外部串行时钟，该步骤可跳过：

- 通过设置 GBLCTL 中接收器的 RCLKRST 位或发送器的 XCLKRST 位，使各自的内部串行时钟分频器退出复位，GBLCTL 中所有其他位都保持以前的状态不变；
- 在继续进行操作前对 GBLCTL 进行一次读操作，确保写入的数据成功加载到 GBLCTL。

⑤ 启动数据获取：

- 如果对 McASP 使用 EDMA，则在 McASP 退出复位前启动数据获取并在这一步开始 EDMA 操作；
- 如果对 McASP 使用 CPU 中断，按要求激活发送或接收中断；
- 如果对 McASP 使用 CPU 查询，那么在这一步就不需要进行任何操作。

⑥ 激活串行器：

- 在开始之前，通过写入 XSTAT = FFFFh 和 RSTAT = FFFFh 分别清除发送和接收状态寄存器；
- 通过设置 GBLCTL 中接收器的 RSRCLR 位或发送器的 XSRCLR 位，使各自的串行器退出复位，GBLCTL 中所有其他位都保持以前的状态不变；
- 在继续进行操作前对 GBLCTL 进行一次读操作，确保写入的数据成功加载到 GBLCTL。

⑦ 确保所有的发送缓冲器在工作，若未使用发送器则可以跳过这一步。另外，如果单元 0 被设定为无效也可以跳过这一步。在发送串行器退出复位后，XSTAT 寄存器中的 XDATA 位就接着被置位，这表示 XBUF 为空并准备好接收数据。XDATA 的状态引起了一个 EDMA 事件 AXEVT，如果 XINTCTL 寄存器中断 AXINT 处于使能状态，它会产生这一中断。

- 如果对 McASP 使用 EDMA，在接收 AXEVT 时 EDMA 会自动启动。在继续这一步操作前，应该确定 XSTAT 中的 XDATA 位被清零，从而确保所有的接收缓冲器已能接收 EDMA 服务了。
- 如果对 McASP 使用 CPU 中断，就会进入 AXINT 中断。中断服务程序应该为 XBUF 寄存器服务。在继续这一步操作前，应该确定 XSTAT 中的 XDATA 位被清零，从而确保所有的发送缓冲器已经能为 CPU 进行服务。
- 如果 CPU 对 McASP 进行查询，那么在这一步中应该对 XBUF 寄存器进行写操作。

⑧ 状态机退出复位：

- 通过设置 GBLCTL 中接收器的 RSMRST 位或发送器的 XSMRST 位使状态机退出复位；GBLCTL 中所有其他位都保持以前的状态不变；
- 在继续进行操作前对 GBLCTL 进行一次读操作，确保写入的数据成功加载到 GBLCTL。

⑨ 帧同步信号发生器退出复位。注意：即使使用外部帧同步信号，也必须使内部帧同步信号发生器退出复位，因为帧同步信号发生器里包含帧同步信号错误检测电路。

- 通过设置 GBLCTL 中接收器的 RFRST 位或发送器的 XFRST 位使帧同步信号发生器退出复位；

- 在继续进行操作前对 GBLCTL 进行一次读操作，确保写入的数据成功加载到 GBLCTL。

⑩ 只要接收到第一个帧同步信号，McASP 就开始传输数据。McASP 是与帧同步信号边沿同步的，而不是与帧同步信号电平同步的。这就非常容易使状态机和帧同步信号发生器退出复位。

2. 单独进行发送/接收初始化

在很多情况下，要求分别对 McASP 的发送和接收进行初始化。比如，在确认接收器的数据类型后再进行发送器的初始化，否则进入接收器的数据流发生变化可能会需要重新对发送器进行初始化。

在这种情况下，仍然可以按照 9.3.1 节列出的顺序操作，但是对各部分(发送、接收)要分别操作。为了便于分别对发送和接收部分初始化，GBLCTL 寄存器被别称为 RGBLCTL 和 XGBLCTL。

3. 回读 GBLCTL 的重要性

9.3.1 节中指出要对 GBLCTL 进行回读操作，直到写入的位被成功写入 GBLCTL。这一步操作是很重要的，因为发送器和接收器的状态机分别以各自的位时钟运行，它们一般比 DSP 芯片内部的总线时钟慢几十到几百倍。因此在 DSP 向 GBLCTL (或 RGBLCTL 和 XGBLCTL)写数据到 McASP 真正识别这一写操作之间需要好几个周期。如果跳过这一步，那么 McASP 可能永远不会知道设置或清除 GBLCTL 的复位位，最终导致一个未初始化的 McASP。RGBLCTL 和 XGBLCTL 可以单独改变 GBLCTL 的发送和接收部分，它们也可以立即反映出更新的值(对于调试很有用)，只有 GBLCTL 可以被用到回读操作中。

4. 同步发送和接收操作(ASYNC = 0)

当 ACLKXCTL 中的 ASYNC = 0 时，发送和接收就会同步运行，包括相同的时钟和帧同步信号。接收部分可以具有不同的数据格式(但是在单元大小上是兼容的)。此时，发送和接收部分某些设置是相同的，因为它们使用相同的时钟和帧同步信号：

- 在 DITCTL 中DITEN = 0(激活 TDM 模式)；
- 每帧的总位数必须相同(也就是 RSSZ×RMOD 必须等于 XSSZ×XMOD)；
- 发送和接收应该是突发模式或 TDM 模式中的一种，但不能是两者的混合；
- ACLKRCTL 的设置对此无关；
- FSXM 必须与 FSRM 匹配；
- FXWID 必须与 FRWID 匹配。

然后分别对发送和接收部分进行其他设置。

5. 异步发送和接收操作(ASYNC = 1)

当 ACLKXCT 中的 ASYNC=1 时，发送和接收部分完全独立运行，并且具有独立的时钟和帧同步信号(见图 9-15、图 9-16 和图 9-17)，各部分产生的事件完全异步。

9.3.2 传输模式

1. 突发传输模式

McASP 支持突发传输模式，这种模式对于非音频数据非常有用，例如，在两个 DSP 芯片之间传输控制信息。突发传输模式使用一个与 TDM 模式类似的同步串行格式。帧同步信号的产生不是周期性的，也不像 TDM 模式中为时间驱动的，它是数据驱动的，并且帧同步信号的产生是为了每个数据字的传输。

当以突发帧同步信号模式运行时(见图 9-15)，与发送(在 AFSXCTL 中 XMOD = 0)和接收(在

AFSRCTL 中 RMOD = 0)所指定的相类似，对于每个被识别的帧同步信号的边沿都有一个单元被移动。这一单元后和下一个帧同步信号前的附加数据块都被忽略。

在突发帧同步信号模式下，帧同步信号延迟可以被指定为 0，1 或 2 个串行时钟周期。这是指帧同步信号边沿和单元开始之间的延迟。帧同步信号持续一个位时钟周期(在 AFSRCTL 中 FRWID = 0，在 AFSXCTL 中 FXWID = 0)。

对于发送来说，当在内部产生发送用帧同步信号时，帧同步信号是在前一传输结束并且所有的 XBUF[n] (将每个串行器都设置为发送器)都被新数据更新后开始的。对于接收来说，当在内部产生接收用帧同步信号时，帧同步信号是在前一传输结束并且所有的 RBUF[n](将每个串行器都设置为接收器)都被读出后开始的。

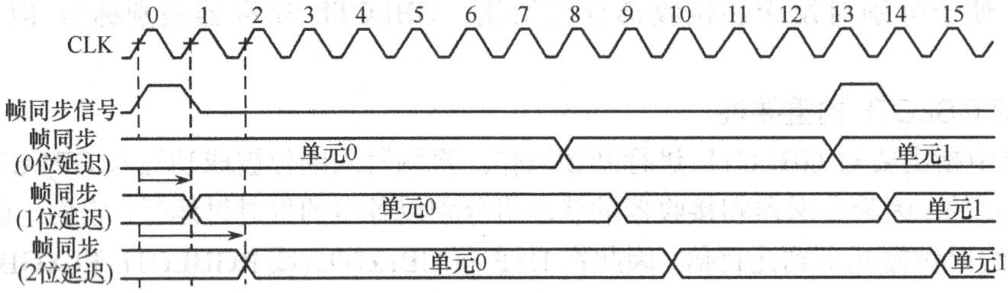

图 9-15 突发帧同步信号模式

对于突发传输模式控制寄存器必须按照下面的方式进行配置。

- PFUNC：时钟、帧、数据引脚必须配置为 McASP 功能。
- PDIR：时钟、帧、数据引脚必须配置为要求的方向。
- PDOUT，PDIN，PDSET，PDCLR：不可用，保持默认值。
- GBLCTL：按照 9.3.1 节中介绍的初始化顺序来配置这一寄存器。
- AMUTE：不可用，保持默认值。
- DLBCTL：若要求回送模式，则根据 9.3.7 节介绍配置该寄存器，否则按默认值处理。
- DITCTL：DITEN 必须保持默认值 0 从而选择非 DIT 模式，保持该寄存器的默认值。
- RMASK/XMASK：根据 9.2.5 节和 9.3.4 节中的描述来屏蔽要求的位。
- RFMT/XFMT：根据要求的数据格式对所有的字段编程。
- AFSRCTL/AFSXCTL：将 RMOD/XMOD 位清零来指出突发模式。为了指定帧同步信号的持续时间为单个位周期，将 FRWID/FXWID 位清零。按要求配置其他字段。
- ACLKRCTL/ACLKXCTL：根据要求的位时钟对所有字段编程，参考 9.2.3 节的内容。
- AHCLKRCTL/AHCLKXCTL：根据要求的高频时钟对所有字段编程，参考 9.2.3 节的内容。
- RTDM/XTDM：将 RTDMS0/XTDMS0 编程为 1 来仅指定一个使能单元，其他字段保持默认值。
- RINTCTL/XINTCTL：根据要求的中断对所有的字段编程。
- RCLKCHK/XCLKCHK：不可用，保持为默认值。
- SRCTLn：按要求将 SRMOD 设定为非活动的发送器/接收器。DISMOD 不可用，保持默认值。
- DITCSRA[n]，DITCSRB[n]，DITUDRA[n]，DITUDRB[n]：不可用，保持默认值。

2．TDM 传输模式

TDM 格式主要用于器件间的通信，这些器件可以位于同一电路板上，也可以位于同一设备的不同电路板上。例如，TDM 格式可以用于 DSP 芯片与一个或多个模数转换器(ADC)、数模转换器(DAC)之间的数据传输。

在一个基本同步串行传输中，TDM 格式包括 3 部分：时钟、数据和帧同步信号。在 TDM 格式中，所有的数据位(AXR[n])都是与串行时钟(ACLKX 或 ACLKR)同步的。数据位被分组为字和单元。在 TDM 的术语中，“单元”通常也被称为“通道”，一帧包括多个通道。每个 TDM 帧是由帧同步信号来定义的(AFSX 或 AFSR)。数据传输是连续的(因为 TDM 格式主要用于与工作在固定取样频率下的数据转换器进行通信)，在单元之间没有延迟，单元 N 的最后一位后面紧接着下一个单元 $N+1$ 的第一位，如图 9-16 所示。然而，帧同步信号可能会相对于第一个单元的第一位有 0、1 或 2 个周期的延迟，如图 9-17 所示。

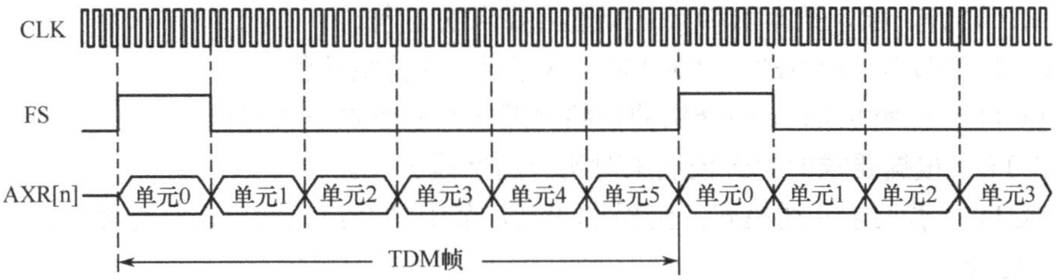

图 9-16　6 通道 TDM 格式传输示例

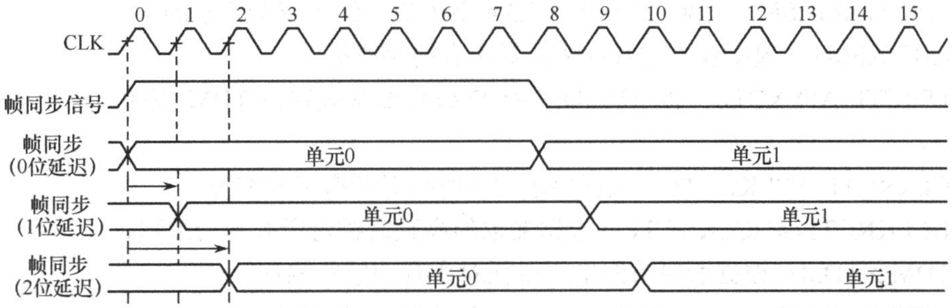

图 9-17　TDM 格式下帧同步信号的延迟位数

系统中发送端和接收端每个单元的位数要一致，因为单元边界不是由帧同步信号决定的(虽然帧同步信号是单元 0 和一个新帧开始的标志)。

在一个典型的音频系统中，需要在每个数据转换设备的取样周期内传输一帧数据。为了支持多通道传输，可以让每帧包含更多的单元(以高时钟频率运行)，也可以使用附加的数据引脚来传输相同数目的通道(以低时钟频率运行)。例如，一个 6 通道 DAC 可以设计成图 9-16 所示用单个串行数据引脚 AXR[n]进行传输。在这种情况下，串行时钟必须非常快，这样才能在每个帧周期内传输完 6 个通道。也可以选择将 6 通道 DAC 设计成使用 3 个串行数据引脚 AXR[0,1,2]，在每个取样周期内每个引脚传输两个通道的数据。在后面这种情况下，如果取样周期相同，那么串行时钟比前一种情况要慢 3 倍。McASP 非常灵活，这两种类型的 DAC 都支持。

以 TDM 模式发送数据需要进行如下设置：

- ACLKX——发送位时钟；
- AFSX——发送帧同步信号(即所谓的左/右时钟)；
- 一个或多个串行数据引脚 AXR[n]，它的串行器已被提前设置为发送。

发送器可以选择接收的输入信号作为 ACLKX 位时钟，也可以选择对 AHCLKX 高频主时钟进行分频来产生 ACLKX 位时钟。发送器可以内部产生 AHCLKX，也可以接收外部输入的 AHCLKX。

类似地，以 TDM 模式接收数据也需要如下设置：

- ACLKR——接收位时钟；
- AFSR——接收帧同步信号(即所谓的左/右时钟)。

一个或多个串行数据引脚 AXR[n]，它的串行器已被提前配置为接收。

接收器可以选择接收的输入信号作为 ACLKR 位时钟，也可以选择对 AHCLKR 高频主时钟进行分频来产生 ACLKR 位时钟。发送器可以内部产生 AHCLKR，也可以接收外部输入的 AHCLKR。

对于 TDM 模式，控制寄存器必须按照下面的方式进行配置。

- PFUNC：时钟、帧、数据引脚必须配置为 McASP 功能。
- PDIR：时钟、帧、数据引脚必须配置为要求的方向。
- PDOUT、PDIN、PDSET、PDCLR：不可用，保持默认值。
- GBLCTL：按照 9.3.1 节中介绍的初始化顺序来配置这一寄存器。
- AMUTE：根据要求的静音控制来对所有的字段编程。
- DLBCTL：若要求回送模式，则根据 9.3.7 节中的介绍来配置这一寄存器，否则就按默认值处理。
- DITCTL：DITEN 必须保持默认值 0 从而选择 TDM 模式，保持该寄存器的默认值。
- RMASK/XMASK：根据 9.2.5 节和 9.3.4 节中的介绍来屏蔽要求的位。
- RFMT/XFMT：根据要求的数据格式对所有的字段编程。
- AFSRCTL/AFSXCTL：将 RMOD/XMOD 位按要求设置为 TDM 模式，按要求配置其他字段。
- ACLKRCTL/ACLKXCTL：根据要求的位时钟对所有字段编程。
- AHCLKRCTL/AHCLKXCTL：根据要求的高频时钟对所有字段编程。
- RTDM/XTDM：根据所要求的单元特征对所有的字段编程。
- RINTCTL/XINTCTL：根据要求的中断对所有的字段编程。
- RCLKCHK/XCLKCHK：根据所要求的时钟校验对所有的字段编程。
- SRCTLn：根据所要求的串行器的操作对所有的字段编程。
- DITCSRA[n]、DITCSRB[n]、DITUDRA[n]、DITUDRB[n]：不可用，保持默认值。

（1）TDM 单元

可以将 McASP 的 TDM 模式进行扩展，使它能够支持每帧多达 32 个单元的多处理器应用。对于每个单元，通过对 XTDM 或 RTDM 的配置，可以使能或禁用 McASP，这就允许多个 DSP 芯片在同一个时分复用的串行总线上通信。

TDM 序列器从帧同步信号开始对单元进行计数。对于每个单元，TDM 序列器都会检查 XTDM 或 RTDM 中各自的位，从而决定在这一单元 McASP 是否需要发送/接收数据。

如果使能发送或接收，那么在该单元中 McASP 就会正常运行；否则，该单元中 McASP 就处于禁用状态，不会发生缓冲器的更新，并且不会产生任何事件。在该单元中，由 SRCTL[n] 中的 DISMOD 位决定，发送引脚被自动置为高阻态、0 或 1。

图 9-18 指出何时产生发送 EDMA 事件(AXEVT)。不管前一单元(单元 $N-1$)为使能还是禁用，该单元(单元 N)的发送 EDMA 事件都是在它的前一单元产生。

对单元 N，如果它的下一单元(单元 $N+1$)为使能，那么从 XRBUF[n]向 XRSR[n]的复制就会产生下一单元的 EDMA 事件。如果下一个单元(单元 $N+1$)被禁用，那么 EDMA 事件就会被延迟到单元 $M-1$。此时单元 M 是下一个使能单元。对于单元 M 的 EDMA 事件会在单元 $M-1$ 的第一个位时间内产生。

接收 EDMA 的产生不需要这么多约束，因为接收 EDMA 事件是在数据被接收到缓冲器后产生的。如果某一单元被禁用，那么那一单元就不会有数据复制到缓冲器内，而且也不会产生任何 EDMA 事件。

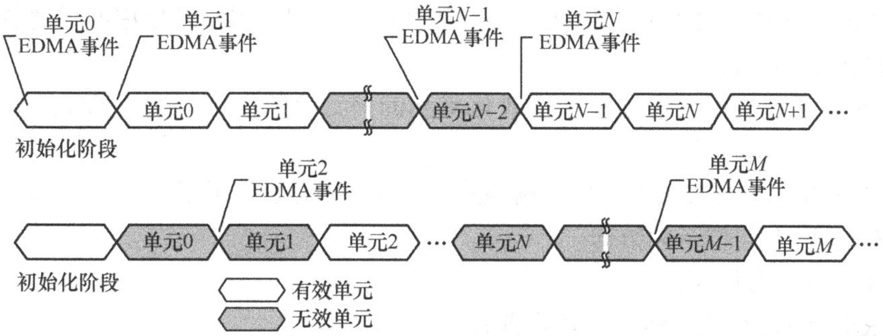

图 9-18　TDM 单元发送 EDMA 事件(AXEVT)产生示意图

（2）连接到外部 DIR 的专用 384 单元 TDM 模式

为了支持那些数据块(与 McASP 的帧相对应)大小为 384 单元的 S/PDIF、AES-3、IEC-60958 接收芯片，McASP 也支持 384 单元的 TDM 模式(DIR 模式)。 使用 384 单元 TDM 模式的优点是中断可以与 S/PDIF、AES-3、IEC-60958 同步产生，如末尾单元中断。

在接收一个 DIR 数据块期间，接收 TDM 单元寄存器(RTDM)需要被编程为全 1，不支持其他的 TDM 功能(如无效单元)，只有单元计数器对一个数据块内的 384 个单元计数。

为了以 DIR 模式接收数据，需要下列引脚：

- ACLKR——接收位时钟；
- AFSR——接收帧同步信号(左/右时钟)，在这种模式下，AFSR 需要与一个 DIR 相连，这一 DIR 输出的是块信号的起始，而不是 LRCLK 的起始；
- 一个或多个串行数据引脚 AXR[n]，它的串行器被配置为接收。

对于这一特殊的 DIR 模式，控制寄存器的配置与 TDM 模式下的配置基本相同，只是在这种模式下为了接收 384 个单元，要将 AFSRCTL 中的 RMOD 设置为 384。

3．数字音频接口(DIT)传输模式

除适合在同一系统内的芯片之间传输音频数据的 TDM 传输模式和突发传输模式外，McASP 的数字音频接口(DIT)传输模式也支持以 S/PDIF、AES-3 或 IEC-60958 格式传输音频数据。这些格式是用来在不同系统之间通过光缆或同轴电缆传送音频数据的。DIT 模式仅仅适用于配置为发送器的串行器，对于配置为接收器的串行器不适用。

（1）发送 DIT 编码

以 DIT 模式运行的 McASP 等同于 2 单元的 TDM 模式，但是发送的数据是以双相标志编码位流输出的，同时 McASP 也将前同步信号，通道状态，用户数据，使能性和极性都自动填充到位流中。McASP 包含偶/奇子帧的独立使能位、两个保持通道状态的 384 位 RAM 模块及用户数据位。

在 DIT 模式期间，发送 TDM 单元寄存器(XTDM)要被编程为全 1。在 DIT 模式下，除了支持 TDM 计数器对 DIT 单元计数外，不支持 TDM 的其他功能。为了以 DIT 模式发送数据，需要下列引脚：

- AHCLKX——发送高频主时钟；

- 一个或多个串行数据引脚 AXR[n]，它的串行器已被配置为发送。

AHCLKX 是可选的(也可以使用内部时钟源)，但是如果被用作一个参考时钟，DSP 就会提供一个时钟检查电路来监视 AHCLKX 输入的稳定性。

如果 McASP 被配置为在多个串行数据引脚上以 DIT 模式发送数据，那么在所有引脚上的位流都是同步的。另外，尽管它们传送的音频数据可能不同，但传送使用的通道状态、用户数据和有效信息都是相同的

实际的 24 位音频数据在通过发送格式化单元的前三个阶段后必须一直处于 23～0 的位位置。

对于左对齐的 Q31 格式数据，将传输格式化单元进行下面的设置后，就能将数据处理成可用来传输的右对齐的 24 位音频数据：

- XROT = 010 (右旋 8 位)；
- XRVRS = 0 (没有位反转，LSB 在前)。
- XMASK = FFFF FF00h～FFFF 0000h(根据给出的音频数据使能位是 24，23，22，21，20，19，18，17 或 16 而定)；
- XPAD = 00 (用 0 填充额外的位)。

对于右对齐的数据，将传输格式化单元进行下面的设置后，就能将数据处理成可用来传输的右对齐的 24 位音频数据：

- ROT = 000 (右旋 0 位)；
- XRVRS = 0 (没有位反转，LSB 在前)；
- XMASK = 00FF FFFFh 到 0000 FFFFh(根据给出的音频数据使能位是 24、23、22、21、20、19、18、17 或 16 而定)；
- XPAD = 00(用 0 填充额外的位)。

（2）发送 DIT 时钟和帧同步信号的产生

DIT 发送器只能在下面的配置下工作：

- 在发送帧控制寄存器AFSXCTL)中：
  —内部产生的发送帧同步信号，FSXM = 1；
  —上升沿帧同步信号，FSXP = 0；
  —位宽度帧同步信号，FXWID = 0；
  —384 单元 TDM，XMOD = 1 1000 0000b。
- 在发送时钟控制寄存器ACLKXCTL)中，ASYNC = 1。
- 在发送位流格式寄存器 XFMT 中，XSSZ = 1111 (32 位单元大小)。
- 支持所有的 AHCLKX 和 ACLKX 的组合。

下面是 DIT 模式所要求的寄存器配置的概括。

- PFUNC：数据引脚必须配置为 McASP 功能。如果使用 AHCLKX，也要配置为 McASP 功能。如果需要，其他引脚可以配置为 GPIO 功能。
- PDIR：数据引脚必须配置为输出。如果 AHCLKX 被用作输入参考，要将它配置为输入。如果使用内部时钟源 AUXCLK 作为参考时钟，可以通过将 AHCLKX 引脚配置为输出来将此时钟由此引脚输出。
- PDOUT，PDIN，PDSET，PDCLR： 对于 DIT 操作不可用，保持默认值。
- GBLCTL：按照 9.3.1 节中介绍的初始化顺序来配置这一寄存器。
- AMUTE：根据要求的静音控制来对所有的字段编程。

- DLBCTL：不可用。DIT 模式不支持回送，保持默认值。
- DITCTL：必须将 DITEN 置 1 来开启 DIT 模式。按要求配置其他位。
- RMASK：不可用，保持默认值。
- RFMT：不可用，保持默认值。
- AFSRCTL：不可用，保持默认值。
- ACLKRCTL：不可用，保持默认值。
- AHCLKRCTL：不可用，保持默认值。
- RTDM：不可用，保持默认值。
- RINTCTL：不可用，保持默认值。
- RCLKCHK：不可用，保持默认值。
- XMASK：由内部数据是左对齐还是右对齐决定要屏蔽的位。
- XFMT: XDATDLY= 0，XRVRS=0，XPAD = 0，XP 位=默认值(不可用)，XSSZ = Fh(32 位单元)，XBUSEL=要求的配置值，根据本节的论述配置 XROT 位，0 位或 8 位旋转。
- AFSXCTL：根据本节的论述配置。
- ACLKXCTL：ASYNC = 1，通过对 CLKXDIV 位的编程来得到要求的位时钟速率。按要求配置 CLKXP 位和 CLKXM 位，因为在 DIT 协议中是不使用 CLKX 的。
- AHCLKXCTL：根据要求的高频时钟对所有的字段编程。
- XTDM：对于 DIT 传输的所有使能单元都置为 FFFF FFFFh。
- XINTCTL：根据要求的中断对所有字段编程。
- XCLKCHK：根据要求的时钟校验对所有字段编程。
- SRCTLn：对于 DIT 引脚，设置 SRMOD = 1 (发送器)。DISMOD 字段与 DIT 模式无关。
- DITCSRA[n]，DITCSRB[n]：按要求对通道状态位编程。
- DITUDRA[n]，DITUDRB[n]：按要求对用户数据位编程。

（3）DIT 通道状态和用户数据寄存器文件

通道状态寄存器(DITCSRAn 和 DITCSRBn)和用户数据寄存器(DITUDRAn 和 DITUDRBn)都不是双缓冲的。程序员一般使用一个同步中断(如末尾单元)在安全时段创建一个事件，来使寄存器得到更新。另外，CPU 通过读发送 TDM 单元计数器来判断正在使用的是寄存器的哪个字。

还有一个必要条件就是，对正被用来对当前单元编码的用户数据和通道状态的字，要避免软件对其进行写操作。否则，用来对位流编码的是旧数据还是新数据就很难确定。

通道状态信息和用户数据是在这些 DIT 控制寄存器中定义的。

- DITCSRA0 到 DITCSRA5：在这 6 个寄存器中的 192 位包含的是在每帧里的左通道的通道状态信息。
- DITCSRB0 到 DITCSRB5：在这 6 个寄存器中的 192 位包含的是在每帧里的右通道的通道状态信息。
- DITUDRA0 到 DITUDRA5：在这 6 个寄存器中 192 位包含的是在每帧里的左通道的用户数据信息。
- DITUDRB0 到 DITUDRB5：在这 6 个寄存器中的 192 位包含的是在每帧里的右通道的用户数据信息。

在每个 S/PDIF 数据块里有 192 帧(帧 0 到帧 191)。在每个帧里有两个子帧(分别与左右通道对应的子帧 1 和子帧 2)。发送到每个子帧里的通道状态和用户数据信息列在表 9-3 中。

表 9-3　每个 DIT 块的通道状态和用户数据

帧	子帧	同步码	通道状态定义在	用户数据定义在
通过 DITCSRA0，DITCSRB0，DITUDRA0，DITUDRB0 定义				
0	1(L)	B	DITCSRA0[0]	DITUDRA0[0]
0	2 (R)	W	DITCSRB0[0]	DITUDRB0[0]
1	1(L)	M	DITCSRA0[1]	DITUDRA0[1]
1	2(R)	W	DITCSRB0[1]	DITUDRB0[1]
31	1 (L)	M	DITCSRA0[31]	DITUDRA0[31]
31	2(R)	W	DITCSRB0[31]	DITUDRB0[31]
通过 DITCSRA1，DITCSRB1，DITUDRA1，DITUDRB1 定义				
32	1 (L)	M	DITCSRA1[0]	DITUDRA1[0]
32	2(R)	W	DITCSRB1[0]	DITUDRB1[0]
63	1 (L)	M	DITCSRA1[31]	DITUDRA1[31]
63	2(R)	W	DITCSRB1[31]	DITUDRB1[31]
通过 DITCSRA2，DITCSRB2，DITUDRA2，DITUDRB2 定义				
64	1 (L)	M	DITCSRA2[0]	DITUDRA2[0]
64	2(R)	W	DITCSRB2[0]	DITUDRB2[0]
95	1 (L)	M	DITCSRA2[31]	DITUDRA2[31]
95	2(R)	W	DITCSRB2[31]	DITUDRB2[31]
通过 DITCSRA3，DITCSRB3，DITUDRA3，DITUDRB3 定义				
96	1 (L)	M	DITCSRA3[0]	DITUDRA3[0]
96	2(R)	W	DITCSRB3[0]	DITUDRB3[0]
127	1 (L)	M	DITCSRA3[31]	DITUDRA3[31]
127	2(R)	W	DITCSRB3[31]	DITUDRB3[31]
通过 DITCSRA4，DITCSRB4，DITUDRA4，DITUDRB4 定义				
128	1 (L)	M	DITCSRA4[0]	DITUDRA4[0]
128	2(R)	W	DITCSRB4[0]	DITUDRB4[0]
159	1 (L)	M	DITCSRA4[31]	DITUDRA4[31]
159	2(R)	W	DITCSRB4[31]	DITUDRB4[31]
通过 DITCSRA5，DITCSRB5，DITUDRA5，DITUDRB5 定义				
160	1 (L)	M	DITCSRA5[0]	DITUDRA5[0]
160	2(R)	W	DITCSRB5[0]	DITUDRB5[0]
191	1 (L)	M	DITCSRA5[31]	DITUDRA5[31]
191	2(R)	W	DITCSRB5[31]	DITUDRB5[31]

9.3.3　数据发送和接收

DSP 向用于发送操作的 XBUF 寄存器写入数据，从用于接收操作的 RBUF 寄存器读出数据，从而为 McASP 服务。McASP 设置状态标志，并将数据是否准备好报告给 DSP。可以通过器件的两个外围端口中的一个来访问 XBUF 和 RBUF 寄存器：

- 数据端口(DAT)，用于器件的数据传输；
- 外围配置总线(CFG)，专门用于器件的数据传输和外围配置控制。

CPU 或 EDMA 都可以通过这两个外围端口中的一个为 McASP 服务。CPU 和 EDMA 的用法将在后面进行讨论。

1．数据就绪状态和事件/中断的产生

（1）发送数据就绪

发送数据就绪标志即 XSTAT 寄存器中的 XDATA 位反映了 XBUF 寄存器的状态。当从 XRBUF[n]缓冲器向 XRSR[n]移位寄存器传输数据时，XDATA 标志位被置位，表示 XBUF 是空的并准备好接收从 DSP 来的新数据了。当 XDATA 位被写入 1 或者所有被配置为发送器的串行器都被 DSP 写入数据，标志位就会被清零。

无论什么时候，只要 XDATA 被置位，就会自动产生一个 EDMA 事件 AXEVT 来将 XBUF 的空状态告知 EDMA。如果在 XINTCTL 寄存器中的 XDATA 中断被使能，也会产生一个中断 AXINT。

对于 EDMA 请求，McASP 不需要在 EDMA 事件之间读 XSTAT。这就意味着即使从前面一个请求开始 XSTAT 就已经将 XDATA 标志位置为 1 了，下一个数据传输还是会引发另外一个 EDMA 请求的。

因为所有的串行器状态一致，所以只产生一个 EDMA 事件来指出所有的使能发送串行器都已准备就绪，可以写入新数据了。

（2）接收数据就绪

类似地，接收数据就绪标志即 RSTAT 寄存器中的 RDATA 位反映了 XBUF 寄存器的状态。当从 XRSR[n] 移位寄存器向 X RBUF[n]缓冲器传输数据时，RDATA 标志位被置位，表示 RBUF 中包含接收的数据并准备好让 DSP 来读取数据了。当 RDATA 位被写入 1 或者所有被配置为接收器的串行器都被读出了，标志位就会被清零。

无论什么时候，只要 RDATA 被置位，就会自动产生一个 EDMA 事件 AREVT 来将 RBUF 的就绪状态告知 EDMA。如果在 RINTCTL 寄存器中的 RDATA 中断被使能，也会产生一个中断 ARINT。

对于 EDMA 请求，McASP 不需要在 EDMA 事件之间读 RSTAT。这就意味着即使从前面一个请求开始 RSTAT 就已经将 RDATA 标志位置为 1 了，下一个数据传输还是会引发另外一个 EDMA 请求的。

因为所有的串行器状态一致，所以只产生一个 EDMA 事件来指出所有的使能发送串行器都已准备就绪，可以接收新数据了。

2．通过数据端口(DAT)进行传输

一般通过数据端口来访问 McASP 的 XRBUF 寄存器。要通过 DAT 端口访问，只要简单的让 CPU 或 EDMA 通过它的 DAT 端口来访问 XRBUF 就可以了。对于准确的存储地址可以参考具体器件的数据手册。通过 DAT 端口，EDMA/CPU 可以仅仅通过一个地址来对所有的串行器服务。McASP 自动转换串行器。

对于通过 DAT 端口的发送操作，EDMA/CPU 应该向同一个 XBUF DAT 端口地址写数据以便为所有使能的发送串行器服务。另外，EDMA/CPU 应该按递增的次序来为所有使能的发送串行器向 XBUF 写数据。比如，如果串行器 0、4、5 和 7 被设置为使能的发送器，那么在每个发送数据准备就绪事件之后，EDMA/CPU 应该按串行器 0、4、5 和 7 的顺序，依次向 XBUF 的 DAT 端口地址进行 4 次写操作。必须按照这一精确的顺序操作，数据才会出现在相应的串行器上。

类似地，对于通过 DAT 端口的接收操作，EDMA/CPU 应该从同一个 RBUF DAT 端口地址读取数据，从而为所有使能的接收串行器服务。另外，通过 DAT 端口读取接收串行器应该按递增的次序返回数据。比如，如果串行器 1、2、3 和 6 被设置为使能的接收器，那么在每个接收数据准备就绪事件之后，EDMA/CPU 需要对 RBUF 的 DAT 端口地址进行 4 次读操作，从而按照准确的顺序得到串行器 1、2、3 和 6 的数据。

在发送时，EDMA/CPU 在每个单元内必须向每个被配置为“使能”和“发送”的串行器写数据。如果不这样做就会造成缓冲器欠载运行状态。同样，在接收时，每个单元内必须从每个被配置为“使能”和“接收”的串行器读取数据。如果不这样做就会造成缓冲器超载运行状态。

要通过 DAT 端口进行内部传输，需要分别将 XFMT/RFMT 寄存器中的 XBUSEL/RBUSEL 位清零。如果不这样做，会导致软件故障。

3. 通过外围配置总线的传输

在这种方式下，EDMA/CPU 通过配置总线访问 XRBUF 寄存器。每个特定的串行器对应的 XRBUF 地址是由特定 McASP 的基地址加特定串行器的偏移得到的。被配置为发送器的串行器对应的 XRBUF 被命名为 XBUFn。例如，与发送串行器 2 对应的 XRBUF 命名为 XBUF2。类似地，被配置为接收器的串行器对应的 XRBUF 被命名为 RBUFn。

通过 DAT 端口访问 XRBUF 与此不同，因为 CPU/EDMA 仅仅需要访问一个地址。当通过外围配置总线访问 XRBUF 时，CPU/EDMA 必须提供每次访问的准确 XBUFn 或 RBUFn 地址。

在发送时，EDMA/CPU 在每个单元内必须向每个被配置为“使能”和“发送”的串行器写数据。如果不这样做就会造成缓冲器欠载运行状态。同样，在接收时，每个单元内必须从每个被配置为“使能”和“接收”的串行器读取数据。如果不这样做就会造成缓冲器超载运行状态。

要通过外围配置总线进行内部传输，需要分别将 XFMT/RFMT 寄存器中的 XBUSEL/RBUSEL 位置 1，否则会导致软件故障。

4. 使用 CPU 为 McASP 服务

使用 CPU 为 McASP 服务可以通过中断(利用 AXINT/ARINT 中断)或者通过查询 XSTAT 寄存器中的 XDATA 位来实现。CPU 既可以通过 DAT 端口访问也可以通过外围配置总线来访问它。

要通过中断使 CPU 服务于 McASP，必须分别将 XINTCTL/RINTCTL 寄存器中的 XSTAT/RSTAT 位使能，从而在数据准备就绪后产生中断 AXINT/ARINT。

5. 使用 EDMA 为 McASP 服务

尽管 EDMA 也可以通过外围配置总线来服务于 McASP，最佳方案还是通过 DAT 端口来使用 EDMA 为 McASP 服务。使用 AXEVT/AREVT，它是在 XDATA/RDATA 数据从 0 变为 1 时被触发的。图 9-19 给出了一个音频系统的例子，它的 6 个音频通道由 McASP 的 3 个 AXR[n] 引脚发送出去(LF、RF、LS、RS、C 和 LFE)，并且还给出了何时会触发事件 AXEVT 和事件 AREVT 的示意图。

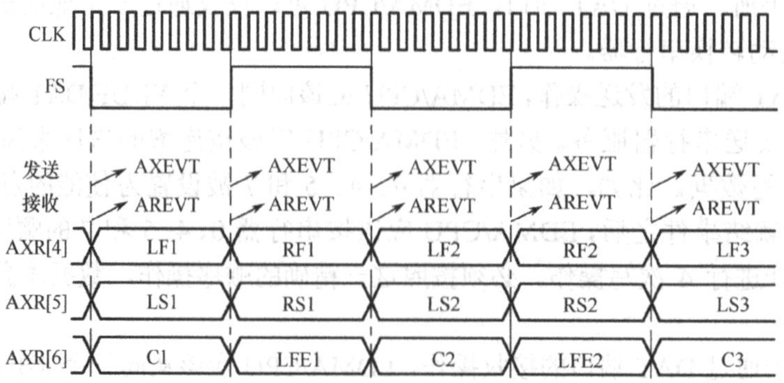

图 9-19　音频例子中的 EDMA 事件

图 9-19 中，EDMA 事件 AXEVT/AREVT 会被每个时间单元所触发。如，AXEVT 是在每个发送音频通道单元被触发的(通道 LF、LS 和 C 的单元，及通道 RF、RS 和 LFE 的单元)。类似地，AREVT 是在每个接收音频通道单元被触发的，这样就可以只使用一个 EDMA 来发送所有的音频通道，只使用一个 EDMA 来接收所有的音频通道。

要注意 EDMA 事件的产生和 CPU 中断产生之间的区别，EDMA 事件是在数据准备就绪后自动产生的，而 CPU 中断的产生需要将 XINTCTL/RINTCTL 寄存器中的中断使能。

9.3.4 格式化器

1．发送位流数据对齐

McASP 发送器支持的串行格式为：

- 单元大小 =8，12，16，20，24，28，32 位。
- 字大小≤单元大小。
- 对齐：当每个单元中包含的位大于每个字中包含的位时，则：
  —左对齐 = 先将字移位，剩余的位被填充起来；
  —右对齐 = 先将填充位移位，单元末尾的位由字占据。
- 顺序：位的移出顺序
  —MSB：先将最高位移出，最后移出最低位；
  —LSB：先将最低位移出，最后移出最高位。

发送位流格式寄存器(XFMT)中的可编程选项支持这些串行格式的不同组合。

- XRVRS：位反转时可置为 1，没有位反转时置为 0。
- XROT：右旋位数可以是 0、4、8、12、16、20、24 或 28 位。
- XSSZ：发送单元大小可以为 8、12、16、20、24、28 或 32 位。

为了与串行数据流的单元大小相匹配，需要不断对 XSSZ 编程，字的大小不被直接编程到 McASP 中，但会被用来决定 XROT 字段中需要的旋转量。表 9-4 和图 9-20 给出了与每个串行格式及与整型和 Q31 小数型对应的 XRVRS 和 XROT 字段的设置。

表 9-4 发送位流数据对齐

图 9-20	位流顺序	位流对齐	内部数字表达方式	XFMT 位	
				XROT(1)	XRVRS
(a)	MSB	左对齐	Q31 分数	0	1
(b)	MSB	右对齐	Q31 分数	单元-字	1
(c)	LSB	左对齐	Q31 分数	32-字	0
(d)	LSB	右对齐	Q31 分数	32-单元	0
(e)	MSB	左对齐	整数	字	1
(f)	MSB	右对齐	整数	单元	1
(g)	LSB	左对齐	整数	0	0
(h)	LSB	右对齐	整数	(32 -(单元-字)) % 32	0

在这里假定所有的单元大小(表 9-4 中的 SLOT)和字的大小(表 9-4 中的 word)的可选值都是 4 的倍数，这是因为发送右旋单元只支持 4 的倍数的旋转。但是，位屏蔽/填充单元却允许任何大小的使能位数。比如，一个 Q31 型的数可以有 19 个使能位数(字)并可通过一个 24 位的单元发送出去，这可以被格式化为一个 20 位的字大小和一个 24 位的单元大小。但是，也可以将位屏蔽单元设置为仅允许 19 个最高使能位数通过(将屏蔽值编程为 FFFF E000h)。那些禁用的位可以被置为一个选定的填充值，可以是固定值 0，也可以是固定值 1。

发送位屏蔽/填充单元对数据进行操作，是发送格式化单元的第一步操作(参考图 9-13)，并且数据的对齐方式与它被 DSP 写入发送器的表示相同(一般是 Q31 或整型的)。

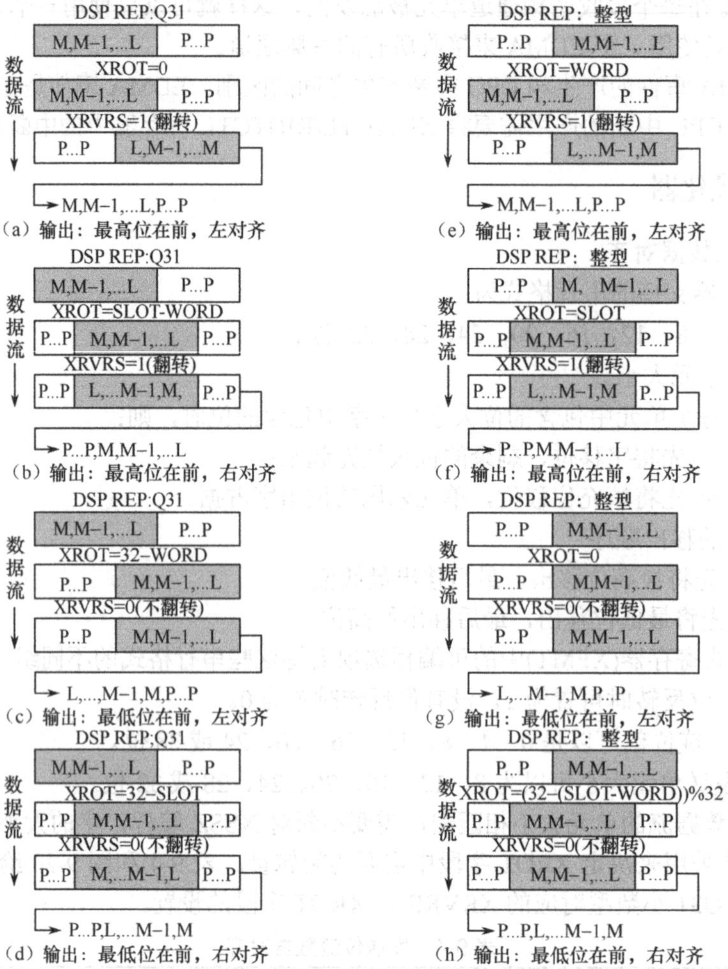

图 9-20　发送格式单元数据流

2. 接收位流数据对齐

McASP 接收器支持的串行格式与发生器的格式相同。表 9-5 和图 9-21 给出了与每个串行格式及与整型和 Q31 小数型内部表示对应的 RRVRS 和 RROT 字段的设置。

表 9-5　接收位流数据对齐

图 9-21	位流顺序	位流对齐	内部数字表达方式	RFMT 位	
				RROT(1)	RRVRS
(a)	MSB	左对齐	Q31 分数	单元	1
(b)	MSB	右对齐	Q31 分数	字	1
(c)	LSB	左对齐	Q31 分数	(32 -(单元-字)) % 32	0
(d)	LSB	右对齐	Q31 分数	0	0
(e)	MSB	左对齐	整数	单元-字	1
(f)	MSB	右对齐	整数	0	1
(g)	LSB	左对齐	整数	32-单元	0
(h)	LSB	右对齐	整数	32-字	0

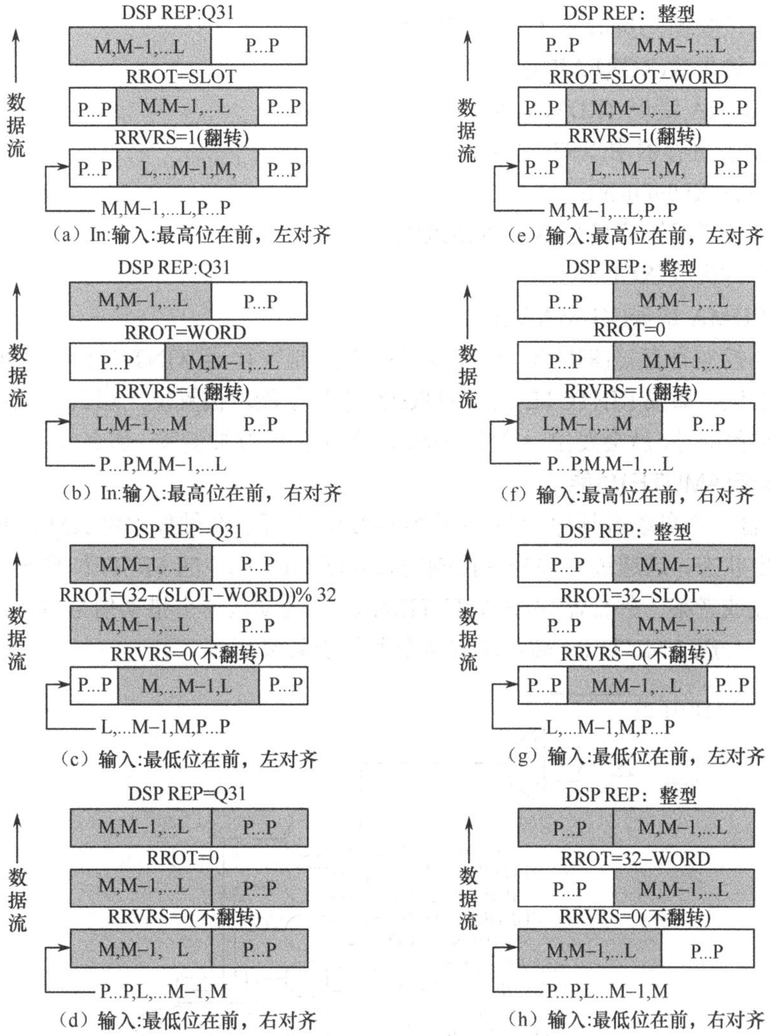

图 9-21　接收格式单元数据流

9.3.5　中断

1．发送数据就绪中断

如果 XSTAT 寄存器中的 XDATA 为 1 并且在 XINTCTL 中 XDATA 被使能，就会产生一个发送数据就绪中断(XDATA)。何时发送帧中断(XSTAFRM)是通过对发送帧同步信号的识别来触发的。发送末尾单元中断(XLAST)与数据就绪中断的行为相同。

2．接收数据就绪中断

如果 RSTAT 寄存器中的 RDATA 为 1 并且在 RINTCTL 中 RDATA 被使能，就会产生一个发送数据就绪中断(RDATA)。何时开始接收帧中断 (RSTAFRM)是通过对接收帧同步信号的识别来触发的。

3．错误中断

下面的错误会产生中断标志：

- 在接收状态寄存器中(RSTAT)：

　—接收超载 (ROVRN)；

—意外的接收帧同步信号 (RSYNCERR)；
—接收时钟失败(RCKFAIL)；
—接收 EDMA 错误 (RDMAERR)。

- 在发送状态寄存器中(XSTAT)：

—发送超载(XUNDRN)；
—意外的发送帧同步信号(XSYNCERR)；
—发送时钟失败(XCKFAIL)；
—发送 EDMA 错误(XDMAERR)。

在接收中断控制寄存器(RINTCTL)和发送中断控制寄存器(XINTCTL)中，每个中断源都有一个对应的使能位。如果 RINTCTL 或 XINTCTL 中的使能位被置位，那么当 RSTAT 或 XSTAT 中的中断标志被置位时，就会发出一个中断请求。如果使能位被清零，那么就不会产生任何中断。

4．音频静音(AMUTE)功能

McASP 包含一个自动音频静音功能(见图 9-22)，它可以在硬件中将 AMUTE 器件引脚设定为一个预设输出状态，这通过音频静音控制寄存器(AMUTE)中的 MUTEN 位来选择。当任一中断标志位被置位或者某一外部器件在 AMUTEIN 输入端发送一个错误信号时，AMUTE 器件引脚就会起作用。一般 AMUTEIN 输入端与某个器件引脚复用。

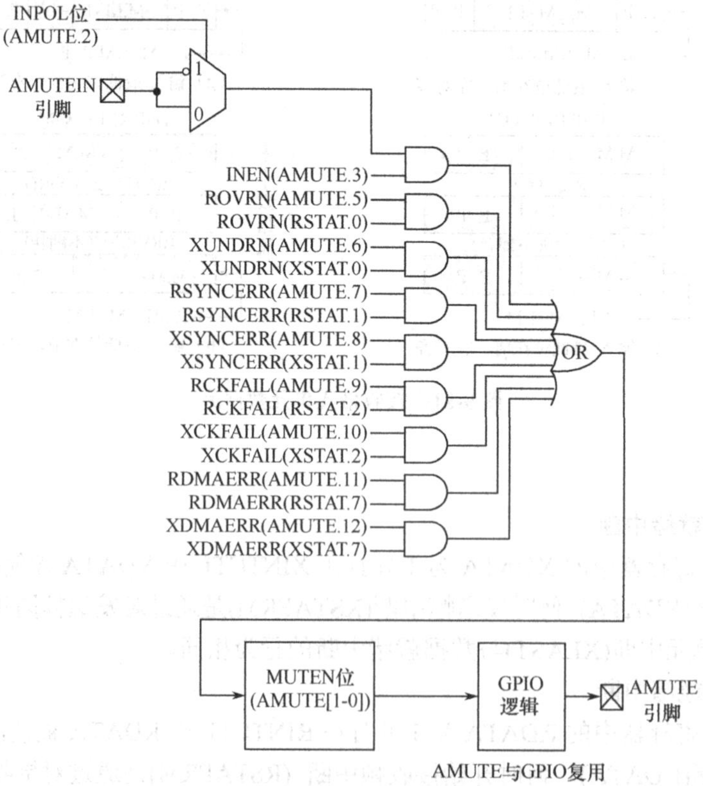

图 9-22　音频静音(AMUTE)功能框图

AMUTEIN 输入允许片内逻辑考虑同一系统内的另一器件的静音输入，这样就不会错过任何错误。AMUTEIN 输入极性可编程，从而可以适应各种不同的器件，这一极性可以通过 AMUTE 中的 INPOL 位来选择，而且 AMUTEIN 输入还必须被使能。

当一个或多个错误被检测到并使能时，AMUTE 器件引脚就被驱动到一个使能状态，这个状态可以通过 AMUTE 中的 MUTEN 来选择。AMUTE 器件引脚的使能极性可以通过 MUTEN 来编程设置(禁用极性与使能极性相反)。只有在用软件将所有被使能为静音的错误中断标志位清零，并且 AMUTEIN 无效之后，AMUTE 器件引脚才不再保持有效输出。

5. 多中断

多中断仅适用于中断请求，不适用于 EDMA 请求，有关术语定义如下。

- 使能中断请求：RSTAT 或 XSTAT 中的中断标志位被置位并且 RINTCTL 或 XINTCTL 中的中断被使能。
- 未处理中断请求：McASP 的某一发送/接收中断端口发出了一个中断请求，但是这一请求还未得到服务。
- 被服务的：CPU 对 RSTAT 或 XSTAT 进行读/写操作从而将一个或多个使能中断请求标志位清零。

随着在 XSTAT 中的中断标志位被置位和在 XINTCTL 中的中断被使能，发送器第一个中断请求变为有效，并会在 McASP 发送中断端口产生一个请求。如果在同一个周期内多个中断请求变为有效，那么在 McASP 的发送中断端口也只产生一个中断请求。后面的中断请求如果在第一个中断请求未得到处理就变为有效，那么也不会立即在 McASP 发送中断端口产生一个新的请求脉冲。

发送中断是通过 CPU 向 XSTAT 的写操作来完成的。在写之后，如果有一个中断请求是使能的，那么在 McASP 发送中断端口就会产生一个新中断。接收器的操作方式与发送器类似，只是接收器使用的是 RSTAT，RINTCTL 和 McASP 接收中断端口 ARINT。

每个端口都允许有一个未处理的中断请求，因此一个发送中断请求和一个接收中断请求可以同时处于未被处理状态。

9.3.6 错误处理和管理

为支持强大音频系统的设计，McASP 还包含对于串行协议、数据欠载、数据超限的错误检查能力。另外，McASP 还包含一个计时器，可以不断地每 32 个 AHCLKX/AHCLKR 时钟周期对高频主时钟进行一次测量。因此可以通过读计时器的值来测量时钟频率，并可以有一个最大和最小范围的设置，从而在主时钟超出某一特定范围时就会将错误标志位置位。

在检测到一个或多个错误(可用软件选择)，或者 AMUTEIN 输入引脚被触发后，AMUTE 输出引脚就会变为有效，从而立即将音频静音。另外，如果需要还会产生基于一个或多个错误源的中断。

1. 意外的帧同步误差

在下列情况下会发生意外帧同步：

- 在突发模式下，当帧同步信号的下一个使能沿过早出现，从而使得当前的单元此时还未结束下一个单元就准备开始了；
- 在 TDM 模式下，另一个限制就是帧同步信号必须在正确的位时钟期间出现(不是提前或推后的周期)并且只能在单元 0 之前，如果不是这样就会发生帧同步意外。

在意外的帧同步信号发生时，根据意外帧同步信号发生的时间有两种可能的行为发生。

① 提前的：在 McASP 正处于当前帧的操作中时就检测到一个新的帧同步信号(不包括由于 1 位或 2 位的帧同步信号延迟而发生的重叠)，这时就会发生提前的帧同步信号意外。当发生提前的帧同步信号意外时：

—错误中断标志(XSYNCERR，若发生的是发送帧同步信号意外；RSYNCERR，若发生的是接收帧同步信号意外)被置位；

—当前帧不会被重新同步，但是会进行完当前帧中的位数。在当前帧完成后出现的下一个帧同步信号将被重新同步。

② 推后的：当在前一帧的末位和下一帧的首位之间有一个间隙或延迟时，就会发生推后的帧同步信号意外。当发生推后的帧同步信号意外时(在检测到间隙时)：

—错误中断标志(XSYNCERR，若发生的是发送帧同步信号意外；RSYNCERR，若发生的是接收帧同步信号意外)被置位；

—在下一个帧同步信号到达后进行重新同步。

推后的帧同步信号在突发模式和 TDM 模式下的检测方式相同；然而，在突发模式下，推后的帧同步信号没有什么意义并且它的中断使能不会被置位。

2．缓冲器欠载错误——发送器

只有被编程为发送器的串行器才会发生缓冲器欠载。当发送状态机指示串行器从 XRBUF[n]向 XRSR[n]传输数据，但是在进行完最后一次传输以后 XRBUF[n]中一直没有被写入新数据，那么这时就会发生缓冲器欠载。出现这种情况时，发送状态机就将 XUNDRN 标志置位。

每个单元检测一次欠载。当发生欠载时，XUNDRN 标志就会被置位。一旦被置位，XUNDRN 会一直保持这一置位状态，直到 DSP 向 XUNDRN 写入一个 1 来清除 XUNDRN 位。

在 DIT 模式下，当发生欠载时，就会有一对 BMC 零被移出。在移出一对零后，在接收器端的时钟就能得到恢复。在 TDM 模式下，当发生欠载时，一长串的零就会被移出，从而引起 DAC 静音。要得到恢复，需要复位 McASP 并重新开始正确的初始化。

3．缓冲器超载错误——接收器

只有被编程为接收器的串行器才会发生缓冲器超载。当串行器被指示从 XRSR[n]向 XRBUF[n]传输数据，但是 EDMA 和 DSP 一直没有读 XRBUF[n]，那么这时就会发生缓冲器超限。出现这种情况时，发送状态机就将 ROVRN 标志置位。然而，每个串行器还是向 XRBUF[n]寄存器的原来数据上写数据(破坏了之前的取样值)并且继续进行移位。

每个单元检测一次超限。发生超限时，ROVRN 标志就会被置位。可以在一个单元发生超限后，DSP 进行高速缓存，因此可能不会在后面的单元中再产生超限。然而，一旦 ROVRN 标志被置位，它会一直保持这一置位状态，直到 DSP 向 ROVRN 写入一个 1 来清除 ROVRN 位。

4．DMA 错误——发送器

发送 DMA 错误是通过 XSTAT 寄存器中的 XDMAERR 标志位来指出的，当 DMA(或 CPU)向 McASP 的 DAT 端口写入的字多于规定的字时，就会发生这种错误。对于每个 DMA 事件，DMA 写的字应该与被使能为发送器的串行器个数完全相等。

XDMAERR 表示对于某一特定的 DMA 事件，DMA(或 CPU)向 McASP 写入过多的字。写入的字过少会导致一个发送欠载错误，从而将 XSTAT 中的 XUNDRN 置位。

当很少发生 XDMAERR 时，那么只要发生一次就表明在 McASP 和 DMA 或 CPU 之间出现了严重的同步丢失。需要重新初始化 McASP 发送器和 DMA，从而使它们重新同步。

5．DMA 错误——接收器

接收 DMA 错误是通过 RSTAT 寄存器的 RDMAERR 标志位来指示的，当 DMA(或 CPU)从 McASP 的 DAT 端口读出的字多于规定的字时，就会发生这种错误。对于每个 DMA 事件，DMA 读出的字应该与被使能为接收器的串行器个数完全相等。

RDMAERR 表示对于某一特定的 DMA 事件，DMA(或 CPU)从 McASP 读出过多的字。读出的字过少会导致一个接收欠载错误，从而将 RSTAT 中的 ROVRN 置位。

当很少发生 XDMAERR 时，那么只要发生一次就表明在 McASP 和 DMA 或 CPU 之间出现了严重的同步丢失。需要重新初始化 McASP 接收器和 DMA，从而使它们重新同步。

9.3.7 回送模式

McASP 的一个重要特色是数字回送模式(DLB)，它允许在 TDM 模式下对 McASP 进行测试。在回送模式下，发送串行器的输出端连接到了接收串行器的输入端。因此，可以依据发送数据来检查接收数据，从而确保 McASP 的设置是正确的。数字回送模式仅仅适用于 TDM 模式(每帧 2～32 个单元)。它不适用于 DIT 模式(XMOD = 180h)或突发模式(XMOD = 0)。

图 9-23 给出了回送模式下串行器的基本逻辑连接。有两种可能的回送连接，这可以通过数字回送控制寄存器(DLBCTL)中的 ORD 位来选择，具体如下。

- ORD = 0：奇数串行器的输出接入到偶数串行器的输入。如果选择这种模式，需要将奇数串行器配置为发送器，将偶数串行器配置为接收器。
- ORD = 1：偶数串行器的输出接入到奇数串行器的输入。如果选择这种模式，需要将偶数串行器配置为发送器，将奇数串行器配置为接收器。

通过将 PFUNC 位置为 0 并将 PDIR 位置为 1，从而将发送串行器的 I/O 引脚配置为 McASP 输出引脚，那么这时就可以通过发送串行器的 I/O 引脚在外部观察数据。

在回送模式下，发送时钟和帧同步信号同时被 McASP 的发送和接收部分使用。发送和接收部分同步运转。这可以通过将 DLBCTL 寄存器中的 MODE 位置为 01b，并将 ACLKXCTL 寄存器中的 ASYNC 位设置为 0 来实现。

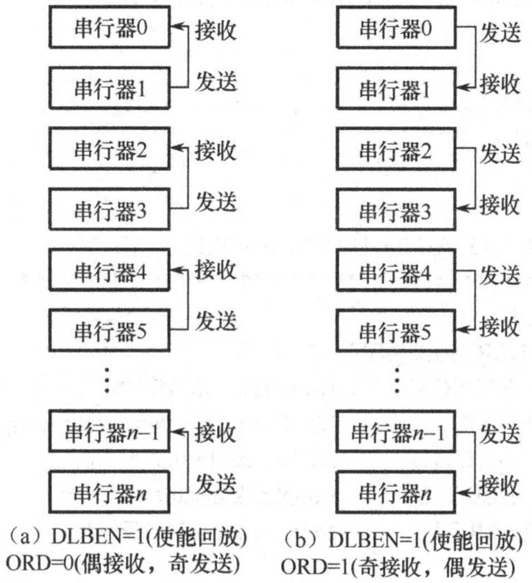

图 9-23 回送模式下的串行器

下面是对 TDM 格式的数字回送模式所要求的设置：

- DLBCTL 中的 DLBEN 位必须被置为 1，从而使能回送模式；
- 为了发送和接收部分都使用这个发送时钟和帧同步信号发生器，DLBCTL 中的 MODE 位必须被设置为 01b；
- 必须对 DLBCTL 中的 ORD 位进行合适的编程，从而选择奇数或偶数串行器作为发送器或接收器，对应的串行器也必须进行相应的配置；
- ACLKXCTL 中的 ASYNC 位必须被清零，从而保证发送和接收运转同步；

- AFSRCTL 中的 RMOD 字段和 AFSXCTL 中的 XMOD 字段必须被设置为 2h～20h，从而指出 TDM 模式，回送模式对 DIT 或突发模式不适用。

9.4 McASP 示例程序

TLV320AIC23B 是 TI 公司推出的一款高性能的立体声音频编解码芯片(Codec)，内置耳机输出放大器，支持 MIC 和 LINE IN 两种输入方式，且对输入和输出都具有可编程增益调节。DSP 可以通过 McASP 接口与 AIC23 无缝连接，如图 9-24 所示。

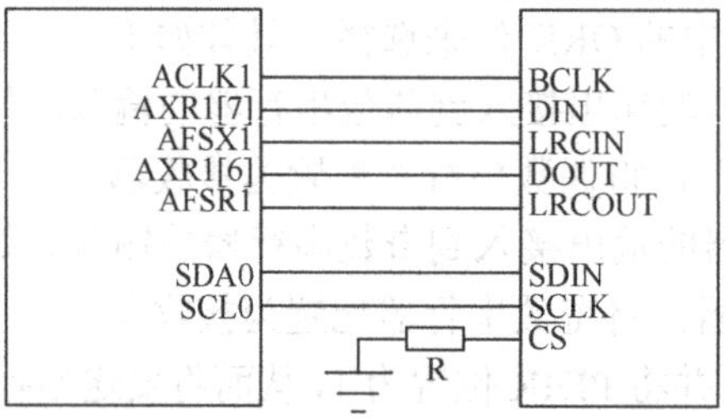

图 9-24　C67xx DSP 与 AIC23 连接示意图

打开工程 Examples\0901_REV，REV.c 是主程序文件，包含系统初始化、对 CODEC 和 SDRAM 的操作；文件 CODEC.c 包含对音频芯片的各控制函数，程序源代码如下：

```
/*DEC6713_AIC23_CEDEC.C     -CODEC appled functions.*/
#include <csl.h>
#include <csl_i2c.h>
#include <csl_mcasp.h>
#include <DEC6713.h>
#include <codec.h>

//MCASP_Handle DEC6713_AIC23_DATAHANDLE;
/******************************************************************************/
/* Configure MCASP. */
MCASP_ConfigGbl MyMCASPcfgGbl = {
        0x00000000,  /* PFUNC -          All pins as McASP */
        0x00000080,  /* PDIR   -          XMT DATA output, rest are inputs */
        0x00000000,  /* DITCTL -          DIT mode disable */
        0x00000000,  /* DLBCTL -          Loopback disabled */
        0x00000000   /* AMUTE   -         Never drive AMUTE */
};
//Set receive registers.
MCASP_ConfigRcv MyMCASPcfgRcv = {
        /* RMASK */
        0xffffffff,     /* RMASK -         Use all 32 bits */
        0x000080f0,  /* RFMT -            MSB first, 32-bit slots, CPU bus, 0 bit delay */
        0x00000000,  /* AFSRCTL -        burst, single bit frame sync, ext FS */
        0x00000080,  /* ACLKRCTL -       Sample on rising CLK, divide by 1, ext CLK */
        0x00000000,  /* AHCLKRCTL -    External HCLK */
        0x00000001,  /* RTDM -            Slots 0-31 are active */
        0x00000000,  /* RINTCTL -         No interrupts */
        0x00000000   /* RCLKCHK -        Not used */
};
```

```
//Set serial control.
MCASP_ConfigSrctl MyMCASPcfgSrctl = {
        0x00000000, /* SRCTL0 -        Inactive */
        0x00000000, /* SRCTL1 -        Inactive */
        0x00000000, /* SRCTL2 -        Inactive */
        0x00000000, /* SRCTL3 -        Inactive */
        0x00000000, /* SRCTL4 -        Inactive */
        0x00000000, /* SRCTL5 -        Inactive */
        0x0000000E, /* SRCTL6 -        Receive, active high */
        0x0000000D /* SRCTL7 -         Transmit, active high */
};
//Set transmit registers.
MCASP_ConfigXmt MyMCASPcfgXmt = {
        /* XMASK */
        0xffffffff,     /* XMASK -          Use all 32 bits */
        0x000080f0, /* XFMT -               MSB first, 32-bit slots, CPU bus, 0 bit delay */
        0x00000000, /* AFSXCTL -            burst, single bit frame sync, ext FS */
        0x000000c0, /* ACLKXCTL -           Sample on falling CLK, divide by 1, ext CLK */
        0x00000000, /* AHCLKXCTL -          External HCLK */
        0x00000001, /* XTDM -               Slots 0-31 are active */
        0x00000000, /* XINTCTL -            No interrupts */
        0x00000000  /* XCLKCHK -            Not used */
};
MCASP_Config MyMCASPConfig = {
        &MyMCASPcfgGbl,
        &MyMCASPcfgRcv,
        &MyMCASPcfgXmt,
        &MyMCASPcfgSrctl,
};

/**************************************************************************\
\*DEC6713_AIC23_OpenCodec() -Open the codec AIC23.
\*                                          Configure AXR1[7] as transmit port and AXR1[6] as
\*                                          receive port.
\**************************************************************************/
MCASP_Handle DEC6713_AIC23_OpenCodec()
{
MCASP_Handle DEC6713_AIC23_DATAHANDLE;
Uint32 gblctl;
//      Uint32 RegAddr;

        DEC6713_AIC23_DATAHANDLE = MCASP_open(MCASP_DEV1,MCASP_OPEN_RESET);

        /* Reset MCASP to default values by setting GBLCTL = 0.*/
        MCASP_reset(DEC6713_AIC23_DATAHANDLE);

        MCASP_config(DEC6713_AIC23_DATAHANDLE,&MyMCASPConfig);

        /* Clear transmit and receive status ,清除发送与接收状态*/
        MCASP_RSETH(DEC6713_AIC23_DATAHANDLE,XSTAT,0xFFFF);
        MCASP_RSETH(DEC6713_AIC23_DATAHANDLE,RSTAT,0xFFFF);

        gblctl = 0;
```

```
        MCASP_RSETH(DEC6713_AIC23_DATAHANDLE, GBLCTL, gblctl);
        gblctl = 0x404;
        /*使能发送与接收的串行寄存器*/
        MCASP_RSETH(DEC6713_AIC23_DATAHANDLE, GBLCTL, 0x404);
        /* Enable transmit/receive state machines */
        MCASP_RSETH(DEC6713_AIC23_DATAHANDLE, XBUF7, 0);
        gblctl = 0x0c0c;
        MCASP_RSETH(DEC6713_AIC23_DATAHANDLE, GBLCTL, gblctl);
    return(DEC6713_AIC23_DATAHANDLE);
}
/**********************************************************************************/
MCASP_Handle DEC6713_AIC23_OpenRxCodec()
{
    MCASP_Handle DEC6713_AIC23_DATAHANDLE;
    Uint32 gblctl;
    // Uint32 RegAddr;

    DEC6713_AIC23_DATAHANDLE = MCASP_open(MCASP_DEV1,MCASP_OPEN_RESET);
    /* Reset MCASP to default values by setting GBLCTL = 0.*/
    MCASP_resetRcv(DEC6713_AIC23_DATAHANDLE);
    MCASP_config(DEC6713_AIC23_DATAHANDLE,&MyMCASPConfig);
    /*Start HF serial clocks */
    /* Clear    receive status ,清除发送与接收状态*/
    MCASP_RSETH(DEC6713_AIC23_DATAHANDLE,RSTAT,0xFFFF);
    /* Take the respetive serializer out of reset */
    gblctl = 0x04;
        MCASP_RSETH(DEC6713_AIC23_DATAHANDLE, RGBLCTL, gblctl);
    /* Enable transmit/receive state machines */
        gblctl = 0x0c;
        MCASP_RSETH(DEC6713_AIC23_DATAHANDLE, RGBLCTL, gblctl);
        gblctl = 0x1c;
        MCASP_RSETH(DEC6713_AIC23_DATAHANDLE, RGBLCTL, gblctl);
        return(DEC6713_AIC23_DATAHANDLE);
}
/**********************************************************************************/
MCASP_Handle DEC6713_AIC23_OpenTxCodec()
{
    MCASP_Handle DEC6713_AIC23_DATAHANDLE;
    Uint32 gblctl;
    //  Uint32 RegAddr;
    DEC6713_AIC23_DATAHANDLE = MCASP_open(MCASP_DEV1,MCASP_OPEN_RESET);
    /* Reset MCASP to default values by setting GBLCTL = 0.*/
    MCASP_resetXmt(DEC6713_AIC23_DATAHANDLE);
    MCASP_config(DEC6713_AIC23_DATAHANDLE,&MyMCASPConfig);
    /* Clear transmit and receive status ,清除发送与接收状态*/
    MCASP_RSETH(DEC6713_AIC23_DATAHANDLE,XSTAT,0xFFFF);
    //   MCASP_RSETH(DEC6713_AIC23_DATAHANDLE,RSTAT,0xFFFF);
    gblctl = 0;
    MCASP_RSETH(DEC6713_AIC23_DATAHANDLE, XGBLCTL, gblctl);
    gblctl = 0x400;
    /*使能发送与接收的串行寄存器*/
    MCASP_RSETH(DEC6713_AIC23_DATAHANDLE, XGBLCTL, gblctl);
    /* Enable transmit/receive state machines */
```

```
    MCASP_RSETH(DEC6713_AIC23_DATAHANDLE, XBUF7, 0);
    gblctl = 0x0c00;
    MCASP_RSETH(DEC6713_AIC23_DATAHANDLE, XGBLCTL, gblctl);
    gblctl = 0x1c00;
    MCASP_RSETH(DEC6713_AIC23_DATAHANDLE, XGBLCTL, gblctl);
    return(DEC6713_AIC23_DATAHANDLE);
}
/*******************************************************************************\
\*DEC6713_AIC23_CloseCodec()
\*******************************************************************************/
void DEC6713_AIC23_CloseCodec(MCASP_Handle HMcASP)
{
    MCASP_close(HMcASP);
}
/*******************************************************************************\
\*DEC6713_CODEC.c        -Codec AIC23B test programme.
\*******************************************************************************/
#include <csl.h>
#include <csl_mcasp.h>
#include <csl_i2c.h>
#include <DEC6713.h>
#include <codec.h>
#include <IIC.h>
////////////////////////////////
#define   AUDIOTRY          0xAA0A//音频试听
#define   AUDIOCOPY         0xAA07//音频存储并回放
//////////////////////////////////////
#define TESTCOMMAND     1
unsigned int TestCommand =0;//无操作
//////////////////////
Uint32 DataBuffer[128000] = {0};
#pragma DATA_SECTION(DataBuffer,".Audio_data");
//////////////
Uint32 i;
Uint32 TempData=0;
Uint32 Reg=0;
I2C_Handle hI2C;
//音量调节
Uint32 db=255;  //db=0－255
//////////////////////
extern far void vectors();
void codec_headhponeout_gain();
/*******************************************************************************/
void main(){
   MCASP_Handle hMcasp;
   //I2C_Handle hI2C;
   /* Initialize CSL. */
   CSL_init();
   /* Initialize DEC6713 board. */
   DEC6713_init();
   #if TESTCOMMAND==1
      TestCommand =AUDIOTRY;//试听  0xAA0A
   #endif
```

```
#if TESTCOMMAND==2
   TestCommand =AUDIOCOPY;//录音并回放 0xAA07
#endif
/**************************************************************************/
for(i=0;i<128000;i++){
   DataBuffer[i] = 0;
}
asm("nop");
switch(TestCommand)     {
         /*音频试听*/
   case AUDIOTRY:
         //AIC 初始化
         DEC6713_AIC23_Config();
         //音量调节
         codec_headhponeout_gain(db);
         //打开 MCASP
              hMcasp = DEC6713_AIC23_OpenCodec();
              while(1)   {
                //录音
                if (MCASP_RGETH(hMcasp, SRCTL6) & 0x20)
                          TempData = MCASP_read32(hMcasp);
                //放音
             if (MCASP_RGETH(hMcasp, SRCTL7) & 0x10) {
                     MCASP_write32(hMcasp,TempData);
             }
           }
                 /*for(i=0;i<5000;)    {
                      //录音
                       if (MCASP_RGETH(hMcasp, SRCTL6) & 0x20)
                                TempData = MCASP_read32(hMcasp);
                      //放音
                     if (MCASP_RGETH(hMcasp, SRCTL7) & 0x10) {
                           MCASP_write32(hMcasp,TempData);
                           i++;
                     }
                 } */
   break;
   /*音频存储并回放*/
   case AUDIOCOPY:
        //录音
         DEC6713_AIC23_Config();//AIC 初始化
         //音量调节
         codec_headhponeout_gain(db);
         //打开 MCASP
         hMcasp = DEC6713_AIC23_OpenRxCodec();
         //录音
         for(i=0;i<128000;i++){
               while(!(MCASP_RGETH(hMcasp, SRCTL6) & 0x20));
                     DataBuffer[i] = MCASP_read32(hMcasp);
         }
         //关闭 MCASP
   DEC6713_AIC23_CloseCodec(hMcasp);
               DEC6713_wait(100);
```

```
            //回放
        DEC6713_AIC23_Config();//AIC 初始化
        //音量调节
        codec_headhponeout_gain(db);
        //打开 MCASP
        hMcasp = DEC6713_AIC23_OpenTxCodec();
        //放音
        for(i=0;i<128000;i++){
            while(!(MCASP_RGETH(hMcasp, SRCTL7) & 0x10));
                MCASP_write32(hMcasp,DataBuffer[i]);
        }
            //关闭 MCASP
        DEC6713_AIC23_CloseCodec(hMcasp);
    break;
    default:
    break;
    }
}
```

编译下载程序，打开文件 rev.c，在第 49 行，修改 TESTCOMMAND 的宏定义。TESTCOMMAND 是操作控制选项，设置 1 为试听，2 为录音并回放。db 为音频增益，为 0～255 间的任意整数，推荐尽量取值大些，否则声音过小。

在程序的第 109 行“DEC6713_wait(100);”处设置断点，运行程序；若为试听状态，耳机里实时发出 MIC 收到的声音；若为录音并回放状态，请先运行程序到第 109 行设置的断点处，程序将会把 MIC 输入的声音存储到 SDRAM 里面，并从 SDRAM 读出到 DataBuffer[ ]数组里。由于录音需要一定的时间，所以程序需运行 1 分钟左右才会停止在断点处，表明录音结束；继续运行程序，进行录音回放，此时耳机里可听到 SDRAM 里存储的声音。

思考题与习题 9

9-1 什么是 McASP？主要用途是什么？

9-2 论述 McASP 的配置过程。

第 10 章　I^2C 接口

C6000 DSP 芯片提供 I^2C(Inter-Integrated Circuit)接口，本章介绍 I^2C 接口的工作原理及其配置过程。

10.1　I^2C 接口简介

I^2C 接口模块支持所有主从模式 I^2C 兼容器件，图 10-1 给出了多个 I^2C 器件连接的例子。

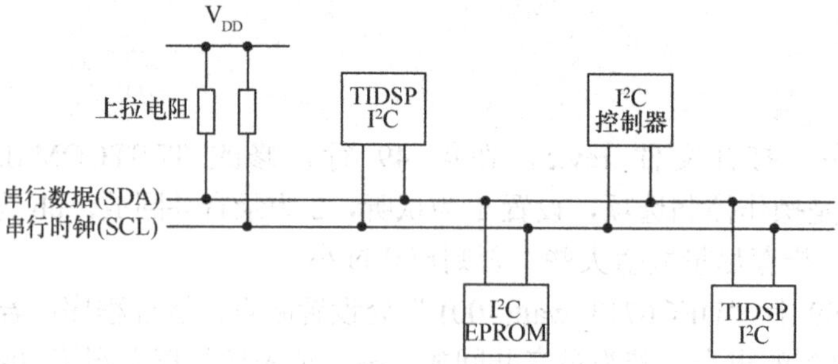

图 10-1　多个 I^2C 器件连接示意图

I^2C 模块遵循飞利浦半导体公司 I^2C 总线规范(2.1 版)，具有下列性能：

- 支持字节格式的传输；
- 7 位和 10 位的寻址模式；
- 支持多个主发送器和从接收器；
- 支持多个从发送器和主接收器；
- 组合的主发送/接收和接收/发送模式(仅在 7 位寻址模式中)；
- 数据传输速率从 10kbps 一直到 400kbps(Philips 快速模式速率)。

10.2　功 能 概 述

独特寻址方式可以识别连接到 I^2C 总线上的每个器件。器件既可以作为发送器也可以作为接收器来运行，这根据器件的功能而定。连接到 I^2C 总线上的器件在进行数据传输时可以被看作是主器件或从器件，主器件就是在总线上发起数据传输并产生时钟信号来允许传输的器件。在这一传输中，只要被这一主器件寻址的器件都被认为是从器件。I^2C 模块支持多主器件的模式，在这种模式中，能够控制一个 I^2C 总线的一个或多个器件可以被连接到同一个 I^2C 总线上。

对于数据通信，I^2C 模块有一个串行数据引脚(SDA)和一个串行时钟引脚(SCL)，如图 10-2 所示。通过这两个引脚在 C6000 DSP 和连接到 I^2C 总线上的其他器件之间传递信息。SDA 和 SCL 都是双向引脚，必须使用上拉电阻将这两个引脚连接到正电压上。当总线空闲时，这两个引脚都是高电平。I^2C 模块包括下列基本部分。

- 串行接口：一个数据引脚(SDA)和一个时钟引脚(SCL)。
- 数据寄存器：用来临时保存在 SDA 引脚和 CPU 或 EDMA 控制器之间流通的数据控制

和状态寄存器。

- 外围数据总线接口：用来使能 CPU 和 EDMA 控制器来访问 I^2C 模块寄存器。
- 时钟同步器：用来将 I^2C 输入时钟(来自 DSP 的时钟产生器)和 SCL 引脚上的时钟同步，以及用来同步具有不同时钟速率主机的数据传输。
- 预定标器：用来分频驱动 I^2C 模块的输入时钟。
- 每个 SDA 和 SCL 引脚都有一个噪声滤波器。
- 仲裁器：用来处理 I^2C 模块(当它是主机时)和其他主机之间的仲裁。
- 中断产生逻辑：向 CPU 发送中断。
- EDMA 事件产生逻辑：将 EDMA 控制器的事件与 I^2C 模块的数据收发同步。

图 10-2 给出了发送和接收用的 4 个寄存器。CPU 或 EDMA 控制器将要发送的数据写入 I2CDXR，从 I2CDRR 中读接收的数据。当将 I^2C 模块配置为一个发送器时，被写入 I2CDXR 的数据被复制到 I2CXSR，并通过 SDA 引脚串行移出。当将 I^2C 模块配置为一个接收器时，接收的数据移入 I2CRSR，然后接着被复制到 I2CDRR。

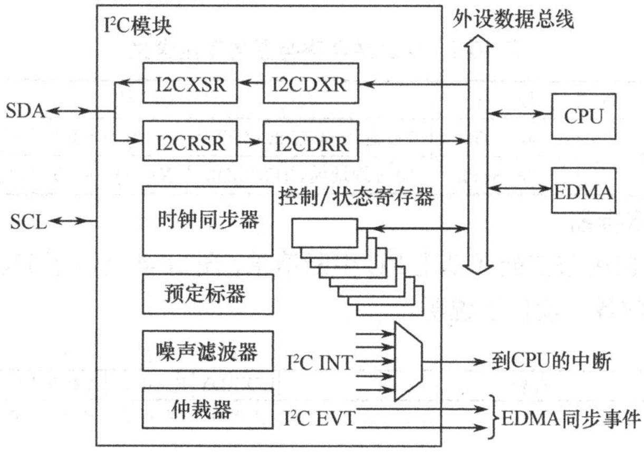

图 10-2　I^2C 模块原理框图

10.3　寄　存　器

表 10-1 列出了所有的 I^2C 控制寄存器及其缩写，图 10-3 至图 10-6 列出了每个 I^2C 寄存器的字段内容，表 10-2 至表 10-9 对寄存器的各字段作了说明。

表 10-1　I^2C 模块寄存器

地址偏移	缩　写	寄存器名称
00h	I2COAR	I^2C 自身地址寄存器
04h	I2CIER	I^2C 中断使能寄存器
08h	I2CSTR	I^2C 中断状态寄存器
0Ch	I2CCLKL	I^2C 时钟分频低位寄存器
10h	I2CCLKH	I^2C 时钟分频高位寄存器
14h	I2CCNT	I^2C 数据计数寄存器
18h	I2CDRR	I^2C 数据接收寄存器
1Ch	I2CSAR	I^2C 从地址寄存器
20h	I2CDXR	I^2C 数据发送寄存器

（续表）

地址偏移	缩　写	寄存器名称
24h	I2CMDR	I^{2}C 模式寄存器
28h	I2CISR	I^{2}C 中断源寄存器
30h	I2CPSC	I^{2}C 预定标寄存器
34h	I2CPID1	I^{2}C 外设识别寄存器 1
38h	I2CPID2	I^{2}C 外设识别寄存器 2

1. I^{2}C 自身地址寄存器

I^{2}C 自身地址寄存器指定自身从地址，以区别 I^{2}C 总线上连接的其他设备，图 10-3 列出了 I2COAR 寄存器的字段内容，表 10-2 对寄存器的各字段作了说明。

15–10	9–0
保留	A
R-0	R/W-0

图 10-3　I2COAR 寄存器

表 10-2　I2COAR 寄存器各字段含义

字段名称	符号常量	取　值	说　明
A	OF(value)	00～7Fh	7 位地址模式(I2CMDR 中 XA=0)，6～0 位提供 7 位从地址，忽略 9～7 位
		000～3FFh	10 位地址模式(I2CMDR 中 XA=1)，9～0 位提供 10 位从地址

2. I^{2}C 中断使能寄存器

I^{2}C 中断使能寄存器用来使能或禁止 I^{2}C 中断请求，图 10-4 列出了 I2CIER 寄存器的字段内容，表 10-3 对寄存器的各字段作了说明。

15–5	4	3	2	1	0
保留	ICXRDY	ICRRDY	ARDY	NACK	AL
R-0	R/W-0	R/W-0	R/W-0	R/W-0	R/W-0

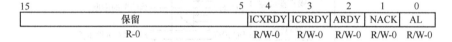

图 10-4　I2CIER 寄存器

表 10-3　I2CIER 寄存器各字段含义

字段名称	符号常量	取　值	说　明
ICXRDY			发送数据就绪中断使能位
	MSK	0	禁止中断请求
	UNMSK	1	使能中断请求
ICRRDY			接收数据就绪中断使能位
	MSK	0	禁止中断请求
	UNMSK	1	使能中断请求
ARDY			寄存器存取就绪中断使能位
	MSK	0	禁止中断请求
	UNMSK	1	使能中断请求
NACK			无应答中断使能位
	MSK	0	禁止中断请求
	UNMSK	1	使能中断请求
AL			仲裁丢失中断使能位
	MSK	0	禁止中断请求
	UNMSK	1	使能中断请求

3. I^2C 中断状态寄存器

I^2C 中断状态寄存器确定中断发生和读取相关状态信息，图 10-5 列出了 I2CSTR 寄存器的字段内容，表 10-4 对寄存器的各字段作了说明。

15–14	13	12	11	10	9	8
保留	NACKSNT	BB	RSFULL	XSMT	AAS	AD0
R-0	R/W1C-0	R/W1C-0	R-0	R-1	R-0	R-0

7–5	4	3	2	1	0
保留	ICXRDY	ICRRDY	ARDY	NACK	AL
R-0	R/W1C-1	R/W1C-0	R/W1C-0	R/W1C-0	R/W1C-0

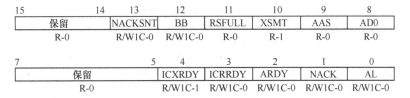

图 10-5　I2CSTR 寄存器

表 10-4　I2CSTR 寄存器各字段含义

字段名称	符号常量	取值	说明
NACKSNT			I^2C 模块处于接收状态，当使用 NACK 模式时，NACKSNT 位有效
	NONE	0	不发送 NACK，下面任一事件可清零 NACKSNT 位 • 手动清除，写 1 清除该位 • 复位 I^2C 模块(向 I2CMDR 的 IRS 位写 0 或复位 DSP)
	INT CLR	1	发送 NACK：在确认周期发送非确认信号(no-acknowledge)
BB			总线忙位，表示 I^2C 总线是忙或空闲
	NONE	0	总线空闲，该位可被下面任一事件清零： • I^2C 模块接收或发送 STOP 位 • 手动清除，写 1 清除该位 • 复位 I^2C 模块
	INT CLR	1	总线忙：I^2C 模块接收或发送 START 位
RSFULL			接收移位寄存器满。RSFULL 表示在接收过程中是否有溢出。新数据移入 I2CRSR，旧数据还没有从 I2CDRR 中读出时溢出。直到原有数据被读出，新数据不会被复制到 I2CDRR。从 SDA 引脚到达的新数据，覆盖掉 I2CRSR 中的数据
	NONE	0	无溢出，RSFULL 位可被下面任一事件清零： • 读取 I2CDRR • 复位 I^2C 模块
	INT	1	溢出
XSMT			发送移位寄存器空，XSMT 表示发送移位寄存器下溢。当 I2CXSR 为空，并且没有加载数据到 I2CDXR 时，发生下溢。如果没有及时发送新数据，有可能重新发送已有数据
	NONE	0	下溢
	INT	1	无溢出，以下任一事件可以置位 XSMT： • 写数据到 I2CDXR • 复位 I^2C 模块
AAS			地址作为从地址位
	NONE	0	重复出现 START 或 STOP 状态将该位清零
	INT	1	当 I^2C 模块识别出自己的从地址或其地址为 0 时该位置 1，当接收到第一个自由格式的数据时，也能使该位置 1
AD0			0 地址位
	NONE	0	START 或 STOP 状态可将该位清零
	INT	1	地址为 0 可将该位置 1

（续表）

字段名称	符号常量	取值	说明
ICXRDY			数据发送就绪中断标志位。该位置1表示之前的数据已从数据发送寄存器(I2CDXR)复制到移位寄存器(I2CXSR)中，因此数据发送寄存器(I2CDXR)已经准备好接收新的数据
	NONE	0	I2CDXR未准备就绪，下列事件会将该位清零： • 有新的数据写入I2CDXR寄存器 • ICXRDY被手动清零，对该位写1可将其清零
	INT CLR	1	I2CDXR准备就绪，即I2CDXR中的数据已复制给I2CXSR寄存器。I2C模块复位也可使ICXRDY置1
ICRRDY			数据接收就绪中断标志位。该位置1表示数据已从接收移位寄存器(I2CRSR)复制到数据接收寄存器(I2CDRR)中，因此I2CDRR已准备好被读取。
	NONE	0	I2CDRR未准备就绪，下列任一事件可将该位清零： • 读I2CDRR寄存器 • 手动清除ICRRDY位，对该位写1可将其清零 • I^2C模块复位
	INT CLR	1	I2CDRR准备就绪，即数据已从I2CRSR复制到I2CDRR寄存器中
ARDY			寄存器访问就绪中断标志位(仅在I^2C模块作为主设备时可用)。该位置1表示之前对I^2C模块所做的设置，包括地址、数据和命令已生效，故I^2C模块的寄存器可被访问
	NONE	0	寄存器访问未准备就绪，下面任一事件可将该位清零： • 未对寄存器赋新值而开始使用I^2C模块 • 人工清除该位，对该位写1可将该位清零 • I^2C模块复位
	INT CLR	1	寄存器可以被访问。 • 在非重复模式时(RM=0)，若STP=0，当内部的数据计数器减为0时，ARDY被置1；若STP=1，ARDY受影响(当数据计数器减为0时，I^2C模块进入停止状态) • 在重复模式时(RM=1)，当每次数据从I2CDXR传输完毕时ARDY都会置1
NACK			无应答中断标志位，只有I^2C模块作为发送器时该位才有效，该位用来指示I^2C模块收到的是ACK还是NACK信号
	NONE	0	接收到ACK信号/未接收到NACK信号，该位可被下面任一事件清零： • 接收器发送一个应答位(ACK) • 人工清除NACK位，对该位写1可清除该位 • I^2C模块复位 • CPU读取中断源寄存器I2CISR
	INT CLR	1	接收到NACK，即硬件检测到一个NACK位已被接收
AL			仲裁丢失中断标志位(当I^2C模块作为主发送器时)
	NONE	0	仲裁未丢失。AL位可被下面任一事件清零： • 人工清除，写1清除该位 • CPU读取中断源寄存器I2CISR • I^2C模块复位
	INT CLR	1	仲裁丢失。下面任一事件可将该位置1： • 当两个或更多主设备同时发起传输时 • 当BB位置1时，I^2C发起一次传输 当AL置1时，I2CMDR中的MST和STP位被清零，同时I^2C模块变为从接收机

4. I^2C时钟分频低位寄存器

I^2C时钟分频低位寄存器，对于每个主设备时钟周期来说，ICCL决定的时间信号是低电平。图10-6列出了I2CCLKL寄存器的字段内容，表10-5对寄存器的各字段作了说明。

15	0
ICCL	
R/W-0	

图 10-6　I2CCLKL 寄存器

表 10-5　I2CCLKL 寄存器各字段含义

字段名称	符号常量	取　值	说　　明
ICCL	OF(value)	0000h～FFFFh	低电平时钟分频器，取值 1～65536。I^2C 设备时钟信号的低电平持续时间 = 模块时钟×(ICCL+6)

5. I^2C 时钟分频高位寄存器

I^2C 时钟分频高位寄存器，对于每个主设备时钟周期来说，ICCH 决定的时间信号是高电平。图 10-7 列出了 I2CCLKH 寄存器的字段内容，表 10-6 对寄存器的各字段作了说明。

15	0
ICCH	
R/W-0	

图 10-7　I2CCLKH 寄存器

表 10-6　I2CCLKH 寄存器各字段含义

字段名称	符号常量	取　值	说　　明
ICCH	OF(value)	0000h～FFFFh	高电平时钟分频器，取值 1～65536。I^2C 设备时钟信号的高电平持续时间 = 模块时钟×(ICCH+6)

6. I^2C 数据计数寄存器

I^2C 数据计数寄存器，当 I^2C 模块作为主发射器和 RM=0 时，用来显示有多少个字节要发送。当 RM=1 时，I2CCNT 被禁用。图 10-8 列出了 I2CCNT 寄存器的字段内容，表 10-7 对寄存器的各字段作了说明。

写入 I2CCNT 的值被复制到内部的数据寄存器，每次字节传输后，内部数据寄存器相应的减 1(I2CCNT 保持不变)；在主设备模式时，如果有个停止条件的请求，当计数完成后，I^2C 模块结束传输(所有的字节被传输)。

15	0
ICDC	
R/W-0	

图 10-8　I2CCNT 寄存器

表 10-7　I2CCNT 寄存器各字段含义

字段名称	符号常量	取　值	说　　明
ICDC	OF(value)		数据计数器的值。ICDC 表示在非重复模式下发送的字节数(在 I2CMDR 中 RM= 0)。当 I2CMDR 中的 RM 位置 1 时，I2CCNT 中的值无效
		0000h	加载到内部数据计数器的初始值是 65536
		0001h～FFFFh	加载到内部数据计数器的初始值是 1～65535

7. I^2C 数据接收寄存器

I^2C 数据接收寄存器(I2CDRR)用于 DSP 读取接收数据。I2CDRR 可以最多接收 8 位数据，当输入数据值少于 8 位时，字段 D 内右对齐，剩余的 D 位则是未定义的。图 10-9 列出了 I2CDRR 寄存器的字段内容，表 10-8 对寄存器的各字段作了说明。

15 ~ 8	7 ~ 0
保留	D
R-0	R/W-0

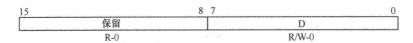

图 10-9　I2CDRR 寄存器

表 10-8　I2CDRR 寄存器各字段含义

字段名称	符号常量	取　值	说　　明
D	OF(value)	00h～FFh	接收到的数据

8．I²C 设备地址寄存器

I²C 设备地址寄存器(I2CSAR)包含一个 7 位或 10 位设备地址。当 I²C 模块被置位，它使用相应地址来完成数据传输到一个或多个从设备。图 10-10 列出了 I2CSAR 寄存器的字段内容，表 10-9 对寄存器的各字段作了说明。

15 ~ 10	9 ~ 0
保留	A
R-0	R/W-3FFh

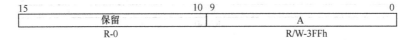

图 10-10　I2CSAR 寄存器

表 10-9　I2CSAR 寄存器各字段含义

字段名称	符号常量	取　值	说　　明
A	OF(value)	00～7Fh	在 7 位地址模式下：第 6～0 位给主发送器提供 7 位的从器件地址，第 9～7 位被忽略
		000～3FFh	在 10 位地址模式下：第 9～0 位给主发送器提供 10 位的从器件地址

9．I²C 数据传输寄存器

DSP 写传输数据到 I²C 数据传输寄存器(I2CDXR)。I2CDXR 可以最多接收 8 位数据，当输入数据值少于 8 位时，字段 D 内右对齐。图 10-11 列出了 I2CDXR 寄存器的字段内容，表 10-10 对寄存器的各字段作了说明。

15 ~ 8	7 ~ 0
保留	D
R-0	R/W-0

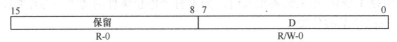

图 10-11　I2CDXR 寄存器

表 10-10　I2CDXR 寄存器各字段含义

字段名称	符号常量	取　值	说　　明
D	OF(value)	00h～FFh	待发送的数据

10．I²C 模式寄存器

I²C 模式寄存器(I2CMDR)包含 I²C 模块控制位。图 10-12 列出了 I2CMDR 寄存器的字段内容，表 10-11 对寄存器的各字段作了说明。

15	14	13	12	11	10	9	8
NACKMOD	FREE	STT	保留	STP	MST	TRX	XA
R/W-0	R/W-0	R/W-0	R/W-0	R/W-0	R/W-0	R/W-0	R/W-0

7	6	5	4	3	2 ~ 0
RM	DLB	IRS	STB	FDF	BC
R/W-0	R/W-0	R/W-0	R/W-0	R/W-0	R/W-0

图 10-12　I2CMDR 寄存器

表 10-11　I2CMDR 寄存器各字段含义

字段名称	符号常量	取值	说　　明
NACKMOD			当 I^2C 器件作为接收器时该位有效
	ACK	0	从接收模式：在总线应答周期内，I^2C 模块会向主发送器发送 ACK 应答位；若设置了 NACKMOD 位，则 I^2C 模块只发送 NACK 位 主接收模式：在每个应答周期内，I^2C 模块会发送一个 ACK 位直到内部计数器减为 0，与此同时，I^2C 模块会发送一个 NACK 位给发送器
	NACK	1	在从接收或主接收模式下：在总线应答周期内，I^2C 模块会发送一个 NACK 位给发送器。一旦 NACK 位被发送，NACKMOD 被清除。要在下一个应答周期内发送 NACK 位，必须在最后一个数据位的上升沿之前使 NACKMOD 位置 1
FREE			该位控制在程序调试中遇到断点时 I^2C 模块的状态位
	BSTOP	0	I^2C 模块为主机时：遇到断点时若 SCL 为低，无论 I^2C 模块是作为发送器还是接收器，I^2C 模块立即停止并保持 SCL 为低。若 SCL 为高，则 I^2C 模块一直等待直到 SCL 变为低，然后停止 I^2C 模块为从机：当前的发送或接收完成后，断点强制 I^2C 模块停止
	RFREE	1	I^2C 模块自由运行，即遇到断点时继续运行
STT			START 条件位(仅在 I^2C 模块为主机时)。RM，STT，STP 位决定了 I^2C 模块何时开始和停止数据传输，其中 STT 和 STP 位可用于退出重复模式
	NONE	0	主机模式下，在进入 START 状态后，STT 会被自动清零 从机模式下，若 STT 位为 0，则 I^2C 模块不会监控来自主器件的命令。此时 I^2C 模块不会进行数据传输
	START	1	主机模式下，设置 STT 位为 1 会使 I^2C 模块进入 START 状态 从机模式下，若 STT 位为 1，在响应主机命令后，I^2C 模块会监控总线并发送或接收数据
STP			STOP 条件位(仅作为主器件时使用)。在主器件模式下，RM，STT，STP 位决定 I^2C 模块何时开始和停止数据传输。STT 和 STP 位可用于退出重复模式
	NONE	0	进入 STOP 状态后，STP 位自动清零
	STOP	1	当 I^2C 内部计数器计数减为 0 时，STP 会被置 1 以使 I^2C 进入 STOP 状态
MST			主器件模式位。MST 位用于设置 I^2C 器件作为主器件还是从器件工作。当 I^2C 主器件进入停止状态时，该位自动从 1 变为 0
	SLAVE	0	从器件模式。I^2C 器件作为从器件并接收来自主器件的串行时钟信号
	MASTER	1	主器件模式。I^2C 器件作为为主器件工作，并在 SCL 引脚上产生串行时钟信号
TRX			发送器模式位。该位设置 I^2C 模块作为发送器还是接收器工作
	RCV	0	接收器模式位。设置 I^2C 模块作为接收器并接收来自 SDA 引脚的数据
	XMT	1	发送器模式位。设置 I^2C 模块作为发送器并通过 SDA 引脚发送数据
XA			扩展地址使能位
	7BIT	0	7 位地址模式(正常模式)。I^2C 模块发送 7 位从器件地址(利用 I2CSAR 的位 6～0)，其自身的从器件地址则利用 I2COAR 的位 6～0 决定
	10BIT	1	10 位地址模式(扩展地址模式)。I^2C 模块发送 10 位从器件地址，其自身的从器件地址也是 10 位
RM			重复模式位(仅 I^2C 模块为主发送器时)。RM，STT 和 STP 位决定 I^2C 模块何时开始和停止数据传输
	NONE	0	非重复模式位。由数据计数寄存器(I2CCNT)的值决定 I^2C 模块要发送/接收的数据个数
	REPEAD	1	重复模式位。不论 I2CCNT 的值是多少，I^2C 模块会连续接收或发送数据直到 STP 位被手工置 1
DLB			数据回送模式位。该位用于禁止或使能 I^2C 模块的数字回送功能
	NONE	0	禁止数据回送模式
	LOOPBACK	1	使能数据回送模式。该模式下，在 n 个 DSP 时钟周期后，I2CDRR 通过内部通道接收由 I2CDXR 发来的数据，此处： n=((I^2C 输入时钟频率/模块时钟频率)×8) 发送时钟即接收时钟。SDA 引脚上传输的地址即 I2COAR 中的地址
IRS			I^2C 模块复位
	RST	0	复位/禁止 I^2C 模块。该位清零时，I2CSTR 中的所有状态位恢复为其默认值
	NRST	1	使能 I^2C 模块

（续表）

字段名称	符号常量	取值	说明
STB			START 状态模式位，仅当 I^{2}C 模块作为主器件时该位可用
	NONE	0	I^{2}C 模块不处于 START 状态
	SET	1	I^{2}C 模块处于 START 状态。当置位 STT 时，I^{2}C 模块进入 START 状态开始数据传输。它会产生： • 一个 START 条件 • 一个 START 字节 • 一个虚拟应答时钟脉冲 • 一个重复 START 条件 I^{2}C 模块会发送 I2CSAR 中的从器件地址
FDF			自由数据格式模式位
	NONE	0	禁止自由数据格式模式。只能使用由 XA 位控制的 7/10 位地址模式进行传输
	SET	1	使能自由数据格式模式。可以自由数据格式进行传输
BC			位计数。BC 定义了 I^{2}C 模块发送或接收的下一个数据字的位数(1～8 位)。该值必须与实际数据长度匹配。当 BC=000 时，即定义数据字长度为 8 位 若位计数小于 8，接收的数据与 I2CDRR 寄存器的 D 位右对齐，且其余的 D 位无定义。同样写到 I2CDXR 的发送数据必须右对齐
	BIT8FDF	0	每个数据字包括 8 位
	BIT1FDF	1h	每个数据字包括 1 位
	BIT2FDF	2h	每个数据字包括 2 位
	BIT3FDF	3h	每个数据字包括 3 位
	BIT4FDF	4h	每个数据字包括 4 位
	BIT5FDF	5h	每个数据字包括 5 位
	BIT6FDF	6h	每个数据字包括 6 位
	BIT7FDF	7h	每个数据字包括 7 位

11. I^{2}C 中断源寄存器

I^{2}C 中断源寄存器(I2CISR)确定哪一个事件产生 I^{2}C 中断，图 10-13 列出了 I2CISR 的字段内容，表 10-12 对寄存器的各字段作了说明。

15～3	2～0
保留	INTCODE
R/W-0	R-0

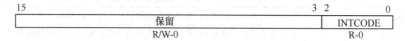

图 10-13 I2CISR 寄存器

表 10-12 I2CISR 寄存器各字段含义

字段名称	符号常量	取值	说明
INTCODE			中断码位，表示哪个事件产生了 I^{2}C 中断
	NONE	000	无
	AL	001	仲裁丢失
	NACK	010	未检测到应答信号
	RAR	011	寄存器访问就绪
	RDR	100	接收数据准备就绪
	XDR	101	发送数据准备就绪
	—	110～111	保留

12. I^{2}C 预定标寄存器

I^{2}C 预定标寄存器(I2CPSC)用于分频 I^{2}C 输入时钟，获得 I^{2}C 模块操作所要求的模块时钟，图 10-14 列出了 I2CPSC 的字段内容，表 10-13 对寄存器的各字段作了说明。

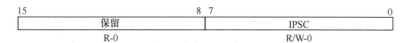

15	8	7	0
保留		IPSC	
R-0		R/W-0	

图 10-14　I2CPSC 寄存器

表 10-13　I2CPSC 寄存器各字段含义

字段名称	符号常量	取值	说　明
IPSC	OF(value)	00h～FFh	确定 I^2C 模块的预定标分频值。该字段用于确定得到 I^2C 模块时钟所需要的分频系数： I^2C 模块时钟频率=I^2C 输入时钟频率/(IPSC+1) I^2C 模块复位后必须对 IPSC 进行初始化

13. I^2C 外围识别寄存器

I^2C 外围识别寄存器(I2CPID1 和 I2CPID2)包含 I^2C 模块的识别数据，图 10-15 和图 10-16 列出了 I2CPID1 和 I2CPID2 的内容，表 10-14 和表 10-15 对各字段作了说明。

15	8	7	0
CLASS		REV	
R-0000 0001		R-x	

图 10-15　I2CPID1 寄存器

表 10-14　I2CPID1 寄存器各字段含义

字 段 名 称	符 号 常 量	取　值	说　　明
Class			外围设备类型标识
		1	串口
REV			外围设备版本标识
		×	查看相关设备的数据手册

15	8	7	0
保留		TYPE	
R-0		R-0000 0101	

图 10-16　I2CPID2 寄存器

表 10-15　I2CPID2 寄存器各字段含义

字 段 名 称	符 号 常 量	取　值	说　　明
TYPE			外围设备类型标识
		05h	I^2C

10.4　详 细 操 作

1. 操作模式

I^2C 模块支持 4 种基本的操作模式，见表 10-16。

表 10-16　I^2C 模块的操作模式

操 作 模 式	描　　述
从接收模式	I^2C 模块是从模块，接收主模块的数据。所有从模块一开始都是这种模式，时钟由主模块产生
从发送模式	I^2C 模块是从模块，发送数据到主模块的。该模式必须经从接收模式进入，从模块先接收主模块的命令，若地址相符，并且 $R/\overline{W}=1$，则进入从发送模式，时钟由主模块产生
主接收模式	I^2C 模块是主模块，接收从模块的数据。该模式必须经主发送模式进入，主模块先发送命令给从模块，然后进入主接收模式
主发送模式	I^2C 模块是主模块，发送数据和控制信息到从模块，所有主模块一开始都是这种模式

若 I^2C 模块为主模块，那么开始它一般作为主发送器向某一从模块发送一个地址。在将数据发给从模块时，I^2C 模块必须保持为一个主发送器。为了从一个从模块接收数据，必须将 I^2C 模块变换成主接收器模式。

若 I^2C 模块为从模块，那么开始它一般作为从接收器，并且在它识别出主模块发来的从地址时发出确认信息。如果主模块要向 I^2C 模块发送数据，这时 I^2C 模块必须保持为一个从接收器。如果主发送器向 I^2C 模块发出数据请求，I^2C 模块必须要变换成从发送器模式。

2. 开始和停止状态

当 I^2C 模块为主模块时，它能够产生开始(START)和停止(STOP)状态，如图 10-17 所示。

- 开始状态定义为当 SCL 为高时，SDA 从高到低的转换，主模块发出这一状态是用来指示数据传输的开始。
- STOP 状态定义为当 SCL 为高时，SDA 从低到高的转换，主模块发出这一状态是用来指示数据传输的结束。

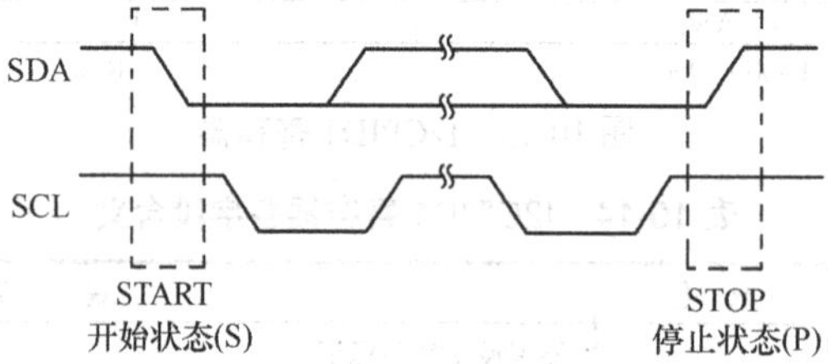

图 10-17　I^2C 模块开始和停止状态

在开始状态之后，下一个停止状态之前，I^2C 总线处于忙状态(busy)，I2CSTR 寄存器的总线忙(BB)字段为 1。在停止状态之后，下一个开始状态之前，I^2C 总线处于空闲状态，BB 字段为 0。要让 I^2C 模块在开始状态之后开始传输数据，I2CMDR 寄存器中的主模式(MST)字段和开始状态(STT)字段都必须为 1。要让 I^2C 模块在停止状态之后结束数据传输，停止状态(STP)字段必须置为 1。当 BB 被置为 1，STT 也被置为 1，就会产生一个重复的开始状态。

3. 串行数据格式

图 10-18 是 I^2C 总线数据传输的例子。I^2C 模块支持 1 到 8 位的数据长度，图 10-18 中给出的是 8 位数据格式(I2CMDR 寄存器中 BC = 000)。SDA 的数据位与 SCL 时钟脉冲对齐，并且数据传输时一般是以最高有效位(MSB)开始。发送或接收的数据长度是没有限制的，但是发送器和接收器传输的数据长度必须一致。I^2C 模块支持下列数据格式：

- 7 位寻址模式；
- 10 位寻址模式；
- 自由数据格式模式。

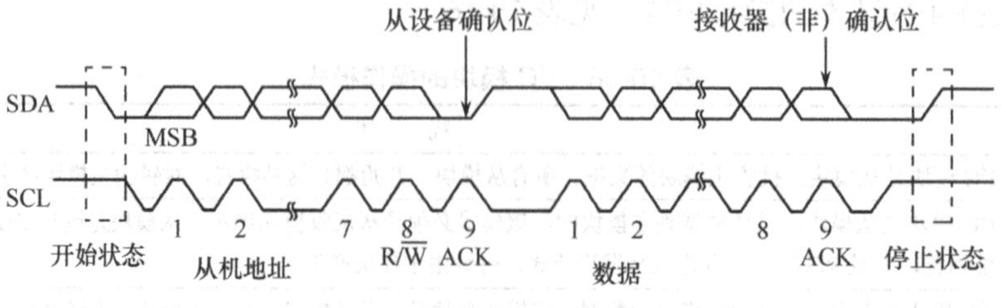

图 10-18　I^2C 总线数据传输示例

（1）7 位寻址格式

在 7 位寻址格式中，开始状态后的第 1 字节由一个 7 位的从地址和紧接着的一个 $R/\overline{W}$ 位组成，如图 10-19 所示。$R/\overline{W}$ 位决定着数据的方向：

- $R/\overline{W}=0$，主模块向寻址的从模块写(发送)数据；
- $R/\overline{W}=1$，主模块从从模块读(接收)数据。

在 $R/\overline{W}$ 后面插入了一个专门用来确认的(ACK)附加时钟周期。如果是从模块插入 ACK 位，后面紧接着来自发送设备(主或从，由 $R/\overline{W}$ 位决定)的 *n* 位数据。*n* 是一个 2～8 之间的数，它由 I2CMDR 中的位数(BC)字段决定。完成数据传输之后，接收设备插入一个 ACK 位。向 I2CMDR 中的扩展地址使能(XA)字段写入 0 来选择 7 位寻址格式。

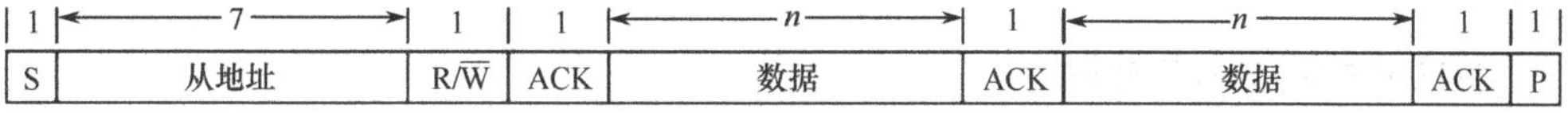

图 10-19　I²C 总线 7 位寻址格式(I2CMDR 中 FDF=0，XA=0)

（2）10 位寻址格式

图 10-20 所示的 10 位寻址格式与 7 位寻址格式类似，只是主模块通过 2 字节的传输来发送从地址。第 1 字节包括 11110b、10 位从地址的两个 MSBs 及 $R/\overline{W}=0$ (写)。第 2 字节为 10 位从地址中剩余的 8 位。在传输完每个字节后，从模块必须要发送确认(ACK)。在主模块向从模块写入第 2 字节后，主模块可以继续写数据，也可以使用一个重复的开始状态来改变数据方向。向 I2CMDR 的 XA 位写入一个 1 来选择 10 位寻址格式。

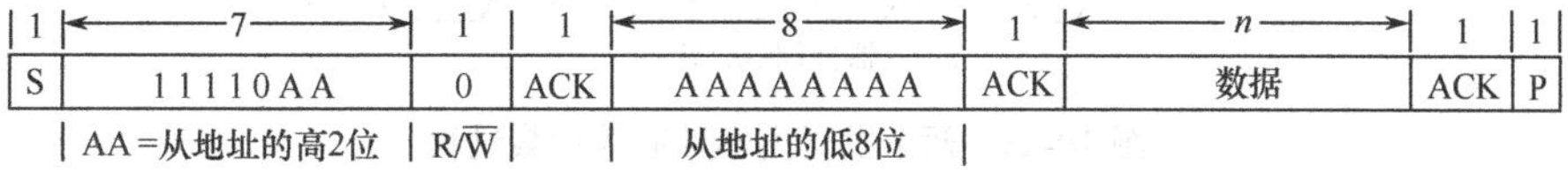

图 10-20　I²C 总线 10 位寻址格式(I2CMDR 中 FDF=0，XA=1)

（3）自由数据格式

在图 10-21 中，开始状态后紧接着数据字。在每个字后面都要插入一个 ACK 位，字的位数可以是 2～8 之间的任意数，这由 I2CMDR 中的 BC 位决定。不发送地址和数据方向位。这样，发送设备和接收设备都必须支持自由数据格式，而且在传输过程中数据方向必须恒定。要选择自由数据格式，需向 I2CMDR 寄存器中的自由数据格式(FDF)字段写入 1。

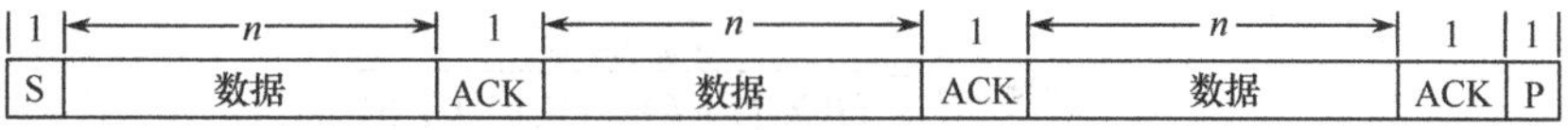

图 10-21　I²C 总线自由数据格式(I2CMDR 中 FDF=1)

（4）使用重复的开始状态

在 7 位寻址、10 位寻址和自由数据格式中，可以使用重复的开始状态。使用重复开始状态的 7 位寻址格式如图 10-22 所示。在每个数据字的末尾主模块都可以驱动另一个开始状态。在结束状态之前，主模块可以发送/接收任意数目的数据字。数据字的长度可以是 2～8 之间的任意值。用 I2CMDR 中的 BC 字段来选择数据字的长度。

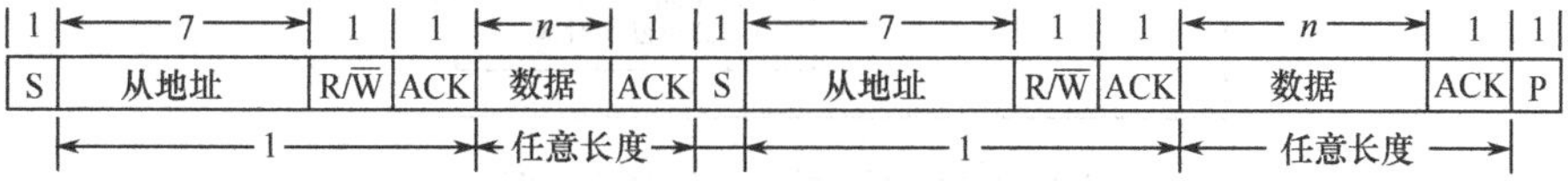

图 10-22　I²C 重复开始状态的 7 位寻址格式(I2CMDR 中 FDF=0，XA=0)

4. NACK 位的产生

当 I²C 模块作为接收器时(主或从)，它可以确认也可以忽略掉发送器发送的位。要忽略一些数据位，I²C 模块在总线的确认周期内必须发送一个非确认位(NACK)，详细内容请参考器件数据手册。

5. 仲裁

在同一总线上有两个或多个主发送器同时发送数据就会引起一个仲裁过程。图 10-23 给出了在两个器件之间的仲裁过程。一个将 SDA 驱动为低的主发送器战胜将 SDA 驱动为高的主发送器，仲裁过程就会将优先级给那个使用最低的二进制值发送串行数据流的器件。如果两个或多个器件发送的第一个字节完全相同，那么就会继续对后面的字节进行仲裁。下列情况不允许进行仲裁：

- 重复的开始状态和数据位；
- 停止状态和数据位；
- 重复的开始状态和停止状态。

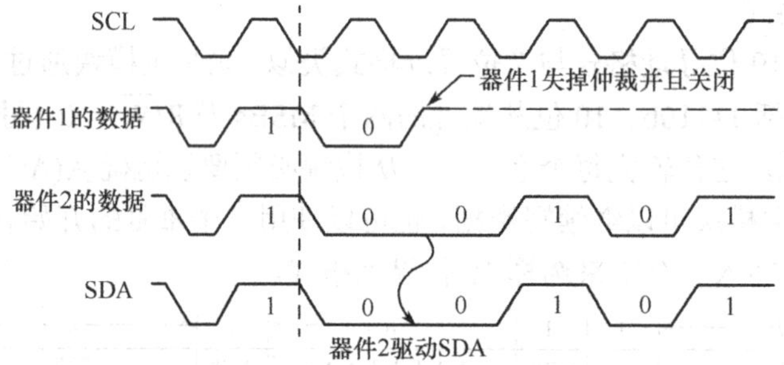

图 10-23　两个发送主器件间的仲裁过程

6. 时钟产生

DSP 内部锁相环接收外部时钟，产生一个 I²C 输入时钟(I²C input clock)，如图 10-24 所示。I²C 输入时钟可以与 CPU 时钟频率相等，也可以由 CPU 时钟分频而来。I²C 输入时钟在 I²C 模块里面分频 2 次，产生模块时钟(module clock)和主时钟(master clock)，其时钟频率由式(10-1)、式(10-2)确定。

$$f_{\text{module clock}} = \frac{f_{\text{I}^2\text{C input clock}}}{(\text{IPSC}+1)} \tag{10-1}$$

$$f_{\text{master clock}} = \frac{f_{\text{module clock}}}{(\text{ICCL}+6)+(\text{ICCH}+6)} \tag{10-2}$$

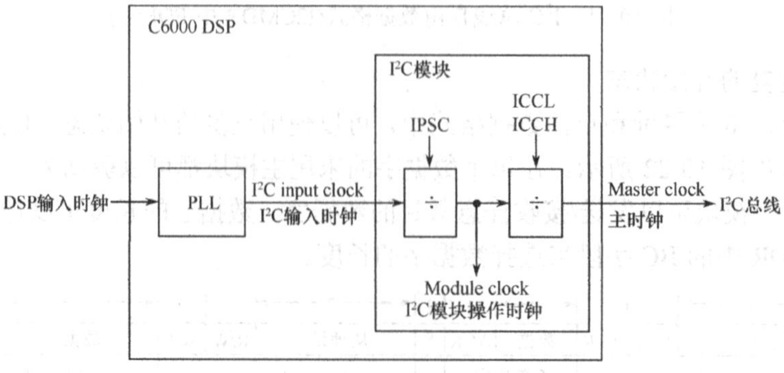

图 10-24　I²C 模块时钟产生框图

7. 时钟同步

在正常情况下，只有一个主器件产生时钟信号 SCL，但是有多个主模块时必须将时钟同步化，这样才能在仲裁过程中比较数据的输出。图 10-25 给出了时钟同步的示意图。SCL 的线与(wired-AND)属性是指第一个在 SCL 上产生低电平周期的器件(器件 1)将会战胜其他器件，迫使其他器件的时钟发生器从这个高-低过渡开始产生它们自己的低电平周期。

低电平周期最长的器件占据着 SCL，将它保持为低电平。已经结束了低电平周期的其他器件必须等到 SCL 被释放后，才能开始它们的高电平周期。这样在 SCL 上就得到了一个同步后的信号，其中运行最慢的器件决定了低电平周期的长度，运行最快的器件决定了高电平周期的长度。

如果某一器件长时间地将时钟线拉为低电平，所有的时钟发生器都必须进入等待状态。这样，一个从模块就会使一个快的主模块变慢，慢速器件会有足够的时间来存储接收的数据或者来准备发送的数据。

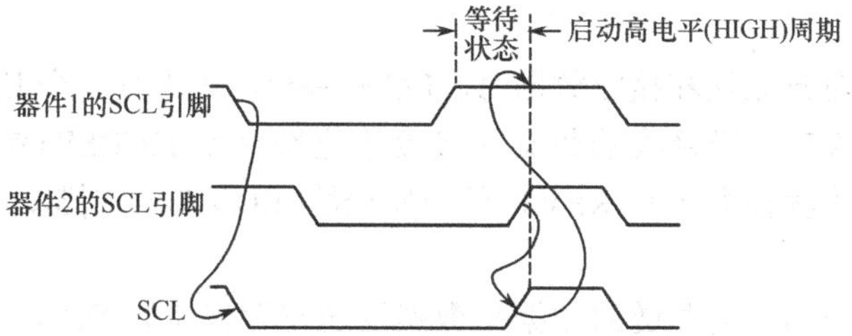

图 10-25　I²C 总线仲裁过程中的时钟同步

10.5　中 断 请 求

I²C 模块可以产生表 10-17 中列出的这些中断请求。当要写发送数据和要读接收数据时，这些请求会通知 CPU，仲裁器将多路请求转换成一个 I²C 中断请求发送给 CPU，如图 10-26 所示。每个中断请求都在状态寄存器(I2CSTR)中有一个标志位，在中断使能寄存器(I2CIER)中有一个使能位。当某一事件发生时，它的标志位就置位。如果对应的使能位为 0，中断请求就会被阻止；若对应使能位为 1，那么请求就被作为一个 I²C 中断请求发送给 CPU。

I²C 中断是 CPU 的可屏蔽中断，如果使能该中断，那么 CPU 就会执行相应的中断服务程序(ISR)。I²C 中断服务程序可以通过读中断源寄存器 I2CISR 来确定出中断源，中断服务程序就可以转到相应的下一级服务程序中。CPU 在读取 I2CISR 寄存器之后，会出现下列事件：

- I2CSTR 寄存器的中断源标志位被清除。例如，在读 I2CSTR 时，I2CSTR 中的 ARDY，ICRRDY 和 ICXRDY 位没有被清除。向对应位写入一个 1，就可以清除这些位。
- 由仲裁器判断出所有中断请求中具有最高优先级的那一个，将它的中断码写入 I2CISR，并将中断请求发送给 CPU。

表 10-17　I²C 中断请求

I²C 中断请求	中　断　源
XRDYINT	发送准备就绪：由于前一数据已经从发送寄存器(I2CDXR)复制到移位寄存器(I2CXSR)，所以 I2CDXR 已准备好接收新数据
RRDYINT	接收准备就绪：由于数据已经从移位寄存器(I2CRSR)复制到接收寄存器(I2CDRR)，所以 I2CDRR 已准备好接收
ARDYINT	寄存器访问准备就绪：由于已使用过地址、数据和命令进行编程，所以 I²C 寄存器已准备好
NACKINT	无确认：I²C 模块配置为主发送器，不接收从接收器的确认
ALINT	仲裁丢失

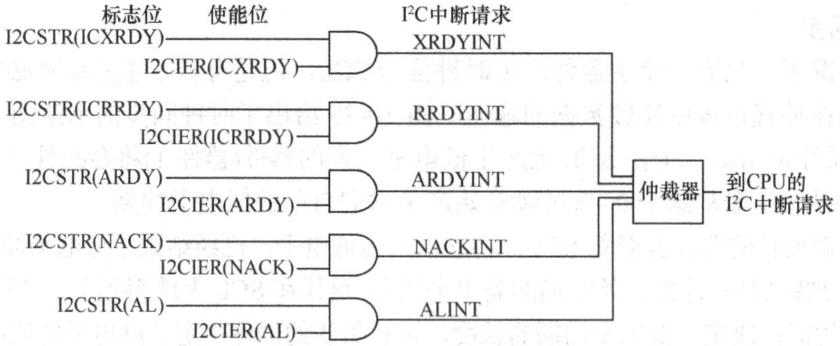

图 10-26　I²C 中断请求使能路径

10.6　EDMA 事件

EDMA 控制器在处理发送和接收数据时，I²C 模块会产生下列两个 EDMA 事件。

① 接收事件(REVT)：当接收的数据从接收移位寄存器(I2CRSR)复制到数据接收寄存器(I2CDRR)时，I²C 模块就会将一个 REVT 信号发送给 EDMA 控制器，EDMA 控制器可以从 I2CDRR 中读取数据。

② 发送事件(XEVT)：当发送的数据从数据发送寄存器(I2CDXR)复制到发送移位寄存器(I2CXSR)时，I²C 模块就会将一个 XEVT 信号发送给 EDMA 控制器。作为回应，EDMA 控制器可以将下一个发送数据写入 I2CDXR。

10.7　复位/禁止 I²C 模块

可以通过两种方式来复位/禁止 I²C 模块。

- 向 I²C 模式寄存器(I2CMDR)中的 I²C 复位位(IRS)写入一个 0。所有的状态位(在 I2CSTR 中)被强制置为它们的默认值，并且 I²C 模块一直保持禁止直到 IRS 变为 1。SDA 和 SCL 引脚处于高阻状态。
- 通过将 $\overline{\text{RESET}}$ 引脚驱动为低电平使 DSP 复位。在将 $\overline{\text{RESET}}$ 释放后，所有的 I²C 模块寄存器全部被复位成它们的默认值。IRS 位被强制置为 0，这会使 I²C 模块复位。I²C 模块一直处于复位状态，直到向 IRS 写入 1。

当配置/重配置 I²C 模块时，IRS 必须为 0。将 IRS 置为 0，可以进入省电模式并能清除错误状态。

10.8　编 程 指 南

按照下面所列事项对 I²C 模块进行编程。

① 对 I²C 预定标寄存器(I2CPSC)编程，得到需要的模块时钟(module clock)。

② 使 I²C 模块退出复位状态(IRS = 1)：如果使用发送/接收数据的中断，就在 I2CIER 中使能相应的中断；如果使用 EDMA 发送/接收数据，就使能 EDMA 并对 EDMA 控制器编程。

③ 初始化，配置 I²C 模式寄存器(I2CMDR)。

④ 对 I²C 时钟分频器(I2CCLKL 和 I2CCLKH)进行编程，得到 SCL 主时钟。

⑤ 配置地址寄存器：配置自身地址寄存器(I2COAR)和配置从地址寄存器(I2CSAR)。

⑥ 对发送数据寄存器(I2CDXR)编程。

⑦ 配置状态和模式寄存器(I2CSTR)。轮询 I^{2}C 中断状态寄存器(I2CSTR)中的总线忙(BB)字段，如果 BB 为 0(总线不忙)，配置开始/停止状态来启动数据传输。

⑧ 轮询接收数据：轮询 I^{2}C 中断状态寄存器(I2CSTR)中的接收数据就绪中断(ICRRDY)位，使用 RRDY 中断或者使用 EDMA 控制器来读数据接收寄存器(I2CDRR)的接收数据。

⑨ 轮询发送数据：轮询 I^{2}C 中断状态寄存器(I2CSTR)中的发送数据就绪中断(ICXRDY)位，使用 RDY 中断或者使用 EDMA 控制器来将数据写入数据发送寄存器(I2CDXR)中。

10.9 I^{2}C 模块应用示例

AT24C256 是 Atmel 公司生产的 256k 位串行可擦除只读存储器(EEPROM)，具有 I^{2}C 总线接口，采用 8 引脚双排直插式封装，具有结构紧凑、存储容量大等特点。在 I^{2}C 总线上可接 4 片 AT24C256，特别适用于具有大容量数据储存要求的数据采集系统。硬件连接如图 10-27 所示。

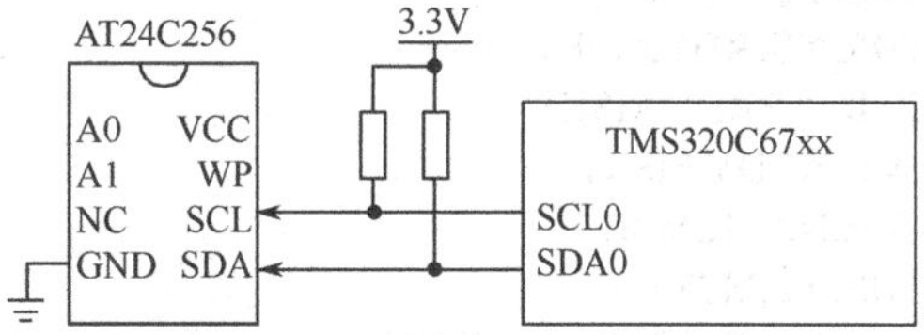

图 10-27 C67xx DSP 与 AT24C256 连接图

打开工程 Examples\1001_EEPROM，在主函数 main()里先向 EEPROM 中写入 DataByteE[]数组的数值，然后回读到 ReceiveData[]数组中，验证后，擦除 EEPROM，写入 DataByte[]数组的数值，然后回读到 ReceiveData[]数组中，并验证。用户可根据自己的需要对写入数据的数值及个数进行设定。程序源代码如下：

```
/*******************************************************************************
* 文件名称：DEC6713_EEPROM.C
* 功    能：对 EEPROM 芯片 AT24C256 进行读/写实验
*******************************************************************************/
#include <csl.h>
#include <csl_mcasp.h>
#include <csl_i2c.h>
#include <csl_emif.h>
#include <csl_pll.h>
#include <stdio.h>
#include "DEC6713.h"
#include "IIC.h"
/*******************************************************************************/
/* 设置 I2C 寄存器 */
I2C_Config MyI2CCfgT = {
    I2C_FMKS(I2COAR,A,OF(0x00)),       //Not used if master.
    I2C_FMKS(I2CIMR,ICXRDY,MSK)    |
    I2C_FMKS(I2CIMR,ICRRDY,MSK)    |
    I2C_FMKS(I2CIMR,ARDY,MSK)      |
    I2C_FMKS(I2CIMR,NACK,MSK)      |
    I2C_FMKS(I2CIMR,AL,MSK),
```

```
// 主时钟频率为 200kHz(SYSCLK2 is 150MHz)
        I2C_FMKS(I2CCLKL,ICCL,OF(14)),
        I2C_FMKS(I2CCLKH,ICCH,OF(14)),
        I2C_FMKS(I2CCNT,ICDC,OF(6)),
        I2C_FMKS(I2CSAR,A,OF(80)),
        I2C_FMKS(I2CMDR,FREE,RFREE)          |
        I2C_FMKS(I2CMDR,STT,START)           |
        I2C_FMKS(I2CMDR,STP,STOP)            |
        I2C_FMKS(I2CMDR,MST,MASTER)          |
        I2C_FMKS(I2CMDR,TRX,XMT)             |
        I2C_FMKS(I2CMDR,XA,7BIT)             |
        I2C_FMKS(I2CMDR,RM,NONE)             |
        I2C_FMKS(I2CMDR,DLB,NONE)            |
        I2C_FMKS(I2CMDR,IRS,NRST)            |
        I2C_FMKS(I2CMDR,STB,NONE),
        I2C_FMKS(I2CPSC,IPSC,OF(15-1))// 10MHz
};
I2C_Config MyI2CCfgR = {
        I2C_FMKS(I2COAR,A,OF(0x00)),
        I2C_FMKS(I2CIMR,ICXRDY,MSK)   |
        I2C_FMKS(I2CIMR,ICRRDY,MSK)   |
        I2C_FMKS(I2CIMR,ARDY,MSK)     |
        I2C_FMKS(I2CIMR,NACK,MSK)     |
        I2C_FMKS(I2CIMR,AL,MSK),
        //主时钟频率为 200kHz(SYSCLK2 is 150MHz)
        I2C_FMKS(I2CCLKL,ICCL,OF(14)),
        I2C_FMKS(I2CCLKH,ICCH,OF(14)),
        I2C_FMKS(I2CCNT,ICDC,OF(4)),
        I2C_FMKS(I2CSAR,A,OF(80)),
        I2C_FMKS(I2CMDR,FREE,RFREE)          |
        I2C_FMKS(I2CMDR,STT,START)           |
        I2C_FMKS(I2CMDR,STP,STOP)            |
        I2C_FMKS(I2CMDR,MST,MASTER)          |
        I2C_FMKS(I2CMDR,TRX,RCV)             |
        I2C_FMKS(I2CMDR,XA,7BIT)             |
        I2C_FMKS(I2CMDR,RM,NONE)             |
        I2C_FMKS(I2CMDR,DLB,NONE)            |
        I2C_FMKS(I2CMDR,IRS,NRST)            |
        I2C_FMKS(I2CMDR,STB,NONE),
        I2C_FMKS(I2CPSC,IPSC,OF(15-1))           // 10MHz
};
/******************************************************************************/
I2C_Handle hI2C;
Uint8 DataByte[4] = {0x21,0x02,0x05,0x20};
Uint8 DataByteE[4] = {0xFF,0xFF,0xFF,0xFF};
Uint8 ReceiveData[4] = {0,0,0,0};
Uint8 Length = 4;
extern far void vectors();
/******************************************************************************/
main()
{
    Uint8 i;
    /* 初始化芯片支持库 */
```

```
CSL_init();

/* 初始化 DEC6713 板卡 */
DEC6713_init();

IRQ_setVecs(vectors);
    IRQ_nmiEnable();
    IRQ_globalEnable();
/* 打开 I2C0 */
hI2C = I2C_open(I2C_DEV0,I2C_OPEN_RESET);
waitForBusFree(hI2C);
I2C_config(hI2C,&MyI2CCfgT);
/* 写字地址到 AT24C256 */
I2C_writeByte(hI2C,0x00);
I2C_start(hI2C);
while(!I2C_xrdy(hI2C));
I2C_writeByte(hI2C,0x00);
/* 写数据到 AT24C256 */
for(i=0;i<Length;i++)
{
     while(!I2C_xrdy(hI2C));
     I2C_writeByte(hI2C,DataByteE[i]);
}
I2C_sendStop(hI2C);
waitForBusFree(hI2C);
printf("\nWritting data is over.");
MyI2CCfgT.i2ccnt = 2;
I2C_config(hI2C,&MyI2CCfgT);
/* 执行空的写操作 */
I2C_writeByte(hI2C,0x00);
I2C_start(hI2C);
while(!I2C_xrdy(hI2C));
I2C_writeByte(hI2C,0x00);
I2C_sendStop(hI2C);
waitForBusFree(hI2C);
DEC6713_wait(200);
/* 从 AT24C256 读出数据 */
I2C_config(hI2C,&MyI2CCfgR);
DEC6713_wait(200);
I2C_start(hI2C);
for(i=0;i<Length;i++)
{
     while(!I2C_rrdy(hI2C));
     ReceiveData[i] =I2C_readByte(hI2C);
}
     I2C_sendStop(hI2C);
printf("\nReading data is over.");
/* 比较数据*/
for(i=0;i<Length;i++)
{
     if(ReceiveData[i] != DataByteE[i])
     {
          printf("\nErasing is failure.");
```

```
                exit(0);
        }
}
printf("\nErasing is success.");
I2C_FSETH(hI2C,I2CSTR,BB,1);
I2C_reset(hI2C);
I2C_close(hI2C);
DEC6713_wait(0xf000);
  /* 打开 I2C0 */
hI2C = I2C_open(I2C_DEV0,I2C_OPEN_RESET);
waitForBusFree(hI2C);
MyI2CCfgT.i2ccnt = 6;
I2C_config(hI2C,&MyI2CCfgT);
/* 写字地址到 AT24C256*/
I2C_writeByte(hI2C,0x00);
I2C_start(hI2C);
while(!I2C_xrdy(hI2C));
I2C_writeByte(hI2C,0x00);
/* 写数据到 AT24C256*/
for(i=0;i<Length;i++)
{
        while(!I2C_xrdy(hI2C));
        I2C_writeByte(hI2C,DataByte[i]);
}
I2C_sendStop(hI2C);
waitForBusFree(hI2C);
printf("\nWritting data is over.");
MyI2CCfgT.i2ccnt = 2;
I2C_config(hI2C,&MyI2CCfgT);
/*执行空的写操作*/
I2C_writeByte(hI2C,0x00);
I2C_start(hI2C);
while(!I2C_xrdy(hI2C));
I2C_writeByte(hI2C,0x00);
I2C_sendStop(hI2C);
waitForBusFree(hI2C);
DEC6713_wait(200);
/* 从 AT24C256 读出数据 */
I2C_config(hI2C,&MyI2CCfgR);
DEC6713_wait(200);
I2C_start(hI2C);
for(i=0;i<Length;i++)
{
        while(!I2C_rrdy(hI2C));
        ReceiveData[i] =I2C_readByte(hI2C);
}
        I2C_sendStop(hI2C);
printf("\nReading data is over.");
/* 比较数据 */
for(i=0;i<Length;i++)
{
        if(ReceiveData[i] != DataByte[i])
        {
```

```
            printf("\nOperation is failure.");
            exit(0);
        }
    }
    printf("\nOperation is success.");
    for(;;);
}
/*******************************************************************************/
// This function waits until the I2C bus busy bit is reset
waitForBusFree(I2C_Handle hI2C)
{
    //Waiting for Bit12 of ICSTR ie. BB (Bus Busy) to clear
    while(I2C_bb(hI2C));
}
//This function waits untill the I2C bus busy bit gets set
waitForBusBusy(I2C_Handle hI2C)
{
    //Waiting for Bit12 of ICSTR ie. BB (Bus Busy) to set
    while(!I2C_bb(hI2C));
}
/*******************************************************************************/
```

运行程序，设置断点，可查看数组 DestData[]中的数据，读者可根据自己的需要改变数组中的值，从而改变实验结果。继续运行程序，可在输出窗口观察运行结果。

思考题与习题 10

10-1 C67xx 的 I^2C 模块有什么特点？最高通信速率是多少？

10-2 C67xx 的 I^2C 模块有几种工作方式？各有什么特点？

第 11 章　主 机 接 口

主机接口(Host Port Interface，HPI)是 DSP 与外部主机相连接的一个高速并行接口。在外部主机与 DSP 组成的主从式系统中，外部主机可以通过这个接口，直接访问 DSP 的存储器空间及映射的外围设备，实现数据交换。本章讲述主机接口信号、控制寄存器及其总线操作。

11.1　HPI 接口

HPI 接口引脚如图 11-1 所示，具体说明见表 11-1。所有的访问都通过 16 位数据总线 HD[15-0] 进行，HPI 接口直接进入内部地址生成器，没有特定的 EDMA 通道来负责其访问。

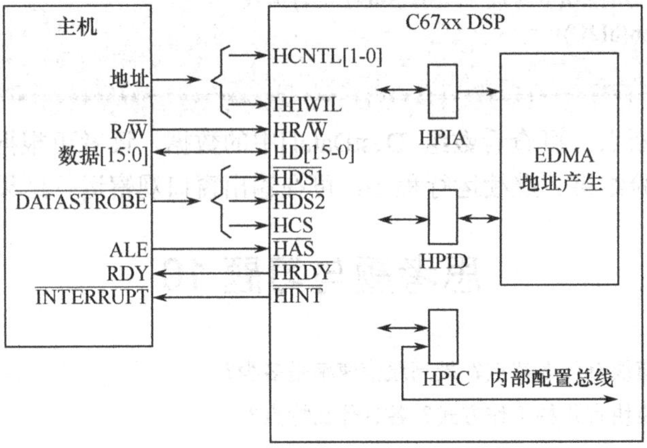

图 11-1　HPI 的外部接口

表 11-1　HPI 引脚信号

引脚名称	宽度	引 脚 说 明		
HD[15-0]	16	数据总线		
HCNTL[1-0]	2	HCNTL1	HCNTL0	
		0	0	主机读/写 HPI 控制寄存器(HPIC)
		0	1	主机读/写 HPI 地址寄存器(HPIA)
		1	0	主机读/写 HPI 数据寄存器(HPID)，HPIA 地址寄存器按字地址自动增加
		1	1	主机读/写 HPI 数据寄存器(HPID)，地址固定模式
HHWIL	1	半字定义引脚，低电平传输第一半字，高电平传输第二半字		
$\overline{\text{HAS}}$	1	地址锁存引脚，在主机数据和地址信号复用的情况下，$\overline{\text{HAS}}$ 引脚接主机的 ALE 引脚；若主机数据和地址信号分开，则置为高电平		
HR/$\overline{\text{W}}$	1	读/写选择信号，高电平表示主机读取 HPI 数据，低电平表示向 HPI 写入数据		
$\overline{\text{HCS}}$	1	HPI 的片选信号，每次寻址时 $\overline{\text{HCS}}$ 必须保持低电平		
$\overline{\text{HDS1}}$ / $\overline{\text{HDS2}}$	1	数据选通信号，在主机寻址周期内控制数据的传输		
$\overline{\text{HRDY}}$	1	当前 HPI 访问就绪状态		
$\overline{\text{HINT}}$	1	到主机的中断信号		

11.2 HPI 寄存器

HPI 接口有 3 个寄存器，如表 11-2 所示，主机可以通过数据总线访问这 3 个寄存器。

表 11-2 HPI 寄存器

缩写	寄存器名称	读/写操作		说　明
		主机	DSP	
HPIC	控制寄存器	读/写	读/写	每次读/写操作前应该先访问该寄存器，用来设置 HPI 操作和初始化接口
HPIA	地址寄存器	读/写	—	存储当前操作周期内要访问的 DSP 内存空间地址
HPID	数据寄存器	读/写	—	读操作中，存储 HPI 总线要读取的数据；写操作中，存储要写入 DSP 的数据

从主机来看，HPIC 寄存器各字段的分配如图 11-2 所示，从 DSP 访问 HPIC 寄存器的角度来看，HPIC 寄存器各字段的分配如图 11-3 所示，字段说明见表 11-3。

31～20	19	18	17	16
保留	保留	HINT	DSPINT	HWOB
HR-0	HR-x	HR/W-0	HR/W-0	HR/W-0

15～4	3	2	1	0
保留	保留	HINT	DSPINT	HWOB
HR-0	HR-x	HR/W-0	HR/W-0	HR/W-0

图 11-2 HPIC 寄存器字段分配(主机侧)

31～16
保留
R-0

15～4	3	2	1	0
保留	HRDY	HINT	DSPINT	HWOB
R-0	R-1	R/W-0	R/W-0	R-0

图 11-3 HPIC 寄存器字段分配(DSP 侧)

表 11-3 HPI 控制寄存器各字段的描述

字段名称	取值	说　明
HRDY		给主机的就绪信号
	0	内部总线等待 HPI 数据访问结束
	1	
HINT		DSP 到主机的中断位，该位取反后的数值决定 HINT 输出的状态
	0	HINT 输出为 1
	1	HINT 输出为 0
DSPINT		主机到 CPU/EDMA 的中断位
	0	
	1	
HWOB		半字顺序位，影响数据和地址的传输，只有主机能更改它的值，必须在数据访问前初始化 HWOB
	0	第一半字是高位半字
	1	第一半字是低位半字

11.3 HPI总线访问

DSP 拥有内部读/写缓冲区，因此可以提高读/写访问的吞吐量。主机通过监视$\overline{HRDY}$引脚的电平高低，判断 DSP 是否完成上一次读/写操作。根据$\overline{HAS}$引脚电平的高低，HPI 用不同的方式锁存控制信号。如果$\overline{HAS}$被置为高电平(不使用)，则在$\overline{HSTROBE}$的下降沿锁存控制信号；如果$\overline{HAS}$引脚置低电平，则在$\overline{HAS}$的下降沿锁存控制信号。$\overline{HSTROBE}$为内部触发信号，由$\overline{HCS}$、$\overline{HDS1}$、$\overline{HDS2}$联合产生，其逻辑关系如图 11-4 所示。

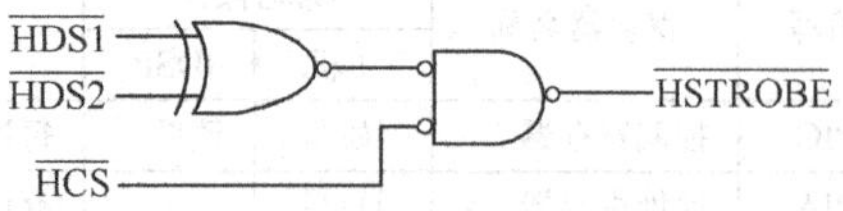

图 11-4　$\overline{HSTROBE}$逻辑关系

1. HPI 读操作

固定地址模式(HCNTL[1-0] = 11b)，HPI 向 EDMA 内部地址发生器发送读请求，同时$\overline{HRDY}$变成高电平，并一直保持直到数据加载完成。自动增长地址模式(HCNTL[1-0] = 10b)，HPI 利用内部缓冲，提高读操作的数据吞吐量，读/写时序如图 11-5 和图 11-6 所示。

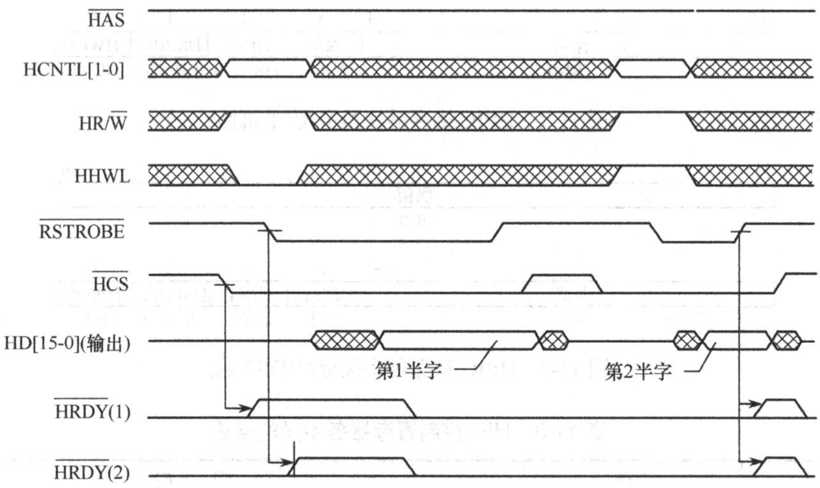

图 11-5　不使用$\overline{HAS}$时的读时序

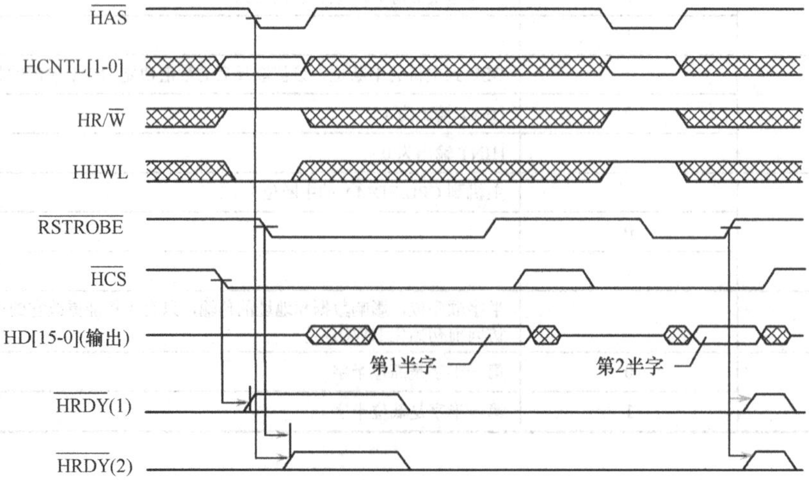

图 11-6　使用$\overline{HAS}$时的读时序

2. HPI 写操作

HPI 的写操作也分为两种模式：固定地址模式(HCNTL[1-0] = 11b)、自动增长地址模式(HCNTL[1-0] = 10b)，读/写时序如图 11-7 和图 11-8 所示。

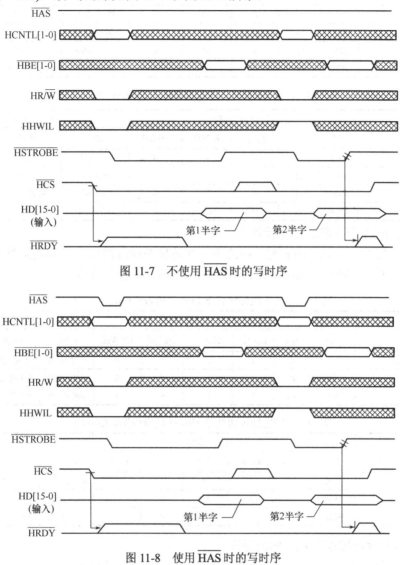

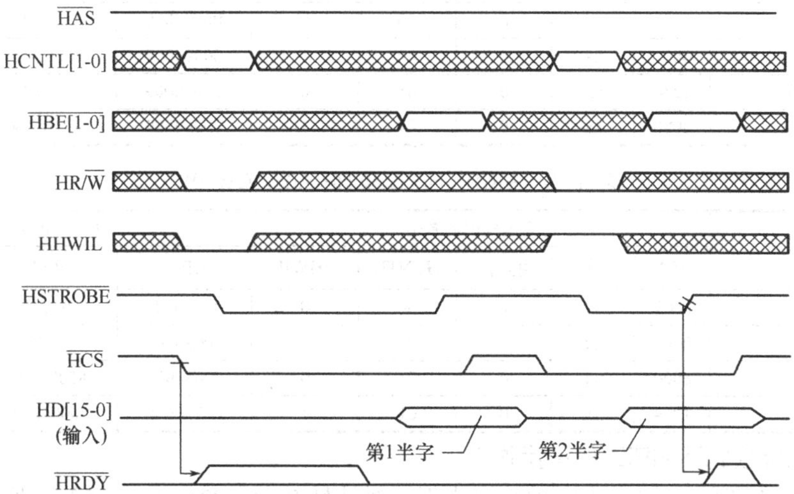

图 11-7 不使用 HAS 时的写时序

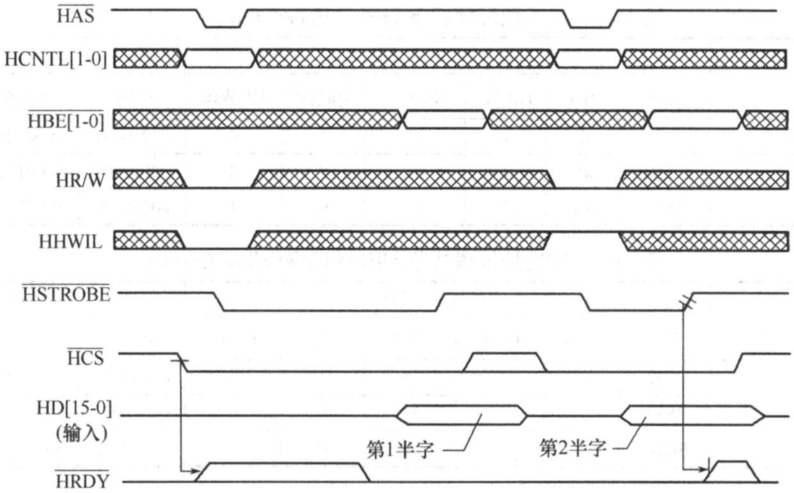

图 11-8 使用 HAS 时的写时序

11.4 主机访问顺序

主机必须按照下列顺序，开始对 HPI 进行访问：

- 初始化 HPI 控制寄存器(HPIC)；
- 初始化 HPI 地址寄存器(HPIA)；
- 从 HPID 中读取或者向 HPID 写入数据。

1. 初始化 HPIC 和 HPIA

只有主机才可以向 HPIA 发送数据。表 11-4、表 11-5 列出了初始化顺序。此例中，HPIA 被设定为 8000 1234h，表中?号表示未知数。

表 11-4　初始化 HPIC 和 HPIA(HWOB=1)

事　件	访问过程中的数值					访问后的数值		
	HD	$\overline{HBE}$	HR/$\overline{W}$	HCNTL	HHWIL	HPIC	HPIA	HPID
写 HPIC 第 1 半字	0001	xx	0	00	0	00090009	????????	????????
写 HPIC 第 2 半字	0001	xx	0	00	1	00090009	????????	????????
写 HPIA 第 1 半字	1234	xx	0	01	0	00090009	????1234	????????
写 HPIA 第 2 半字	8000	xx	0	01	1	00090009	80001234	????????

表 11-5　初始化 HPIC 和 HPIA(HWOB=0)

事　件	访问过程中的数值					访问后的数值		
	HD	$\overline{HBE}$	HR/$\overline{W}$	HCNTL	HHWIL	HPIC	HPIA	HPID
写 HPIC 第 1 半字	0001	xx	0	00	0	00080008	????????	????????
写 HPIC 第 2 半字	0001	xx	0	00	1	00080008	????????	????????
写 HPIA 第 1 半字	8000	xx	0	01	0	00080008	8000????	????????
写 HPIA 第 2 半字	1234	xx	0	01	1	00080008	80001234	????????

2. 固定地址模式下 HPID 的读操作

完成初始化以后，主机在固定地址模式下，对地址 8000 1234h 所存储的数据进行读操作，我们假定这个数据是 789ABCDEh，表 11-6、表 11-7 给出了操作顺序。

表 11-6　固定地址模式下 HPI 的读操作(HWOB=1)

事　件	访问过程中的数值						访问后的数值		
	HD	$\overline{HBE}$	HR/$\overline{W}$	HCNTL	$\overline{HRDY}$	HHWIL	HPIC	HPIA	HPID
读第 1 半字/不可读	????	xx	1	11	1	0	00010001	80001234	????????
读第 1 半字/可读	BCDE	xx	1	11	0	0	00090009	80001234	789ABCDE
读第 2 半字/可读	789A	xx	1	11	0	1	00090009	80001234	789ABCDE

表 11-7　固定地址模式下 HPI 的读操作(HWOB=0)

事　件	访问过程中的数值						访问后的数值		
	HD	$\overline{HBE}$	HR/$\overline{W}$	HCNTL	$\overline{HRDY}$	HHWIL	HPIC	HPIA	HPID
读第 1 半字/不可读	????	xx	1	11	1	0	00000000	80001234	????????
读第 1 半字/可读	789A	xx	1	11	0	0	00080008	80001234	789ABCDE
读第 2 半字/可读	BCDE	xx	1	11	0	1	00080008	80001234	789ABCDE

3. 自动增长地址模式下 HPI 的读操作

自动增长地址模式下，主机不必每次访问 HPID 之前都设置地址，从而以更高的效率进行数据访问，这个模式常用于连续地址访问。表 11-8、表 11-9 列出了自动增长模式下的读操作，在第 1 个半字访问完成后，地址自动增加一个字，本例中地址从 8000 1234h 变为 8000 1238h，如果这个地址中的数据是 8765 4321h，那么它将被加载到 HPID 中。

表 11-8　自动增长地址模式下 HPI 的读操作(HWOB=1)

事　件	访问过程中的数值						访问后的数值		
	HD	$\overline{HBE}$	HR/$\overline{W}$	HCNTL	$\overline{HRDY}$	HHWIL	HPIC	HPIA	HPID
读第 1 半字/不可读	????	xx	1	10	1	0	00010001	80001234	????????
读第 1 半字/可读	BCDE	xx	1	10	0	0	00090009	80001234	789ABCDE
读第 2 半字/可读	789A	xx	1	10	0	1	00090009	80001234	789ABCDE
预读取/不可读	????	xx	x	xx	1	x	00010001	80001238	789ABCDE
预读取/可读	????	xx	x	xx	0	x	00090009	80001238	87654321

表 11-9　自动增长地址模式下 HPI 的读操作(HWOB=0)

事　件	访问过程中的数值						访问后的数值		
	HD	$\overline{HBE}$	HR/$\overline{W}$	HCNTL	$\overline{HRDY}$	HHWIL	HPIC	HPIA	HPID
读第 1 半字/不可读	????	xx	1	10	1	0	00000000	80001234	????????
读第 1 半字/可读	789A	xx	1	10	0	0	00080008	80001234	789ABCDE
读第 2 半字/可读	BCDE	xx	1	10	0	1	00080008	80001234	789ABCDE
预读取/不可读	????	xx	X	xx	1	x	00000000	80001238	789ABCDE
预读取/可读	????	xx	X	xx	0	x	00080008	80001238	87654321

4. 固定地址模式下 HPI 的写操作

假定主机要把 5566h 这个数写到 HPIA 指出的地址 8000 1234h 中，不同 HWOB 值的写操作见表 11-10 和表 11-11。

表 11-10　固定地址模式下 HPI 的写操作(HWOB=1)

事　件	访问过程中的数值						访问后的数值			内存单元 80001234
	HD	$\overline{HBE}$	HR/$\overline{W}$	HCNTL	$\overline{HRDY}$	HHWIL	HPIC	HPIA	HPID	
写 HPID 第 1 半字/等待	5566	00	0	11	1	0	00010001	80001234	????????	00000000
写 HPID 第 1 半字	5566	00	0	11	0	0	00090009	80001234	????5566	00000000
写 HPID 第 2 半字	wxyz	11	0	11	0	1	00090009	80001234	wxyz5566	00000000
等待访问结束	????	??	?	??	1	?	00010001	80001234	wxyz5566	00005566

表 11-11　固定地址模式下 HPI 的写操作(HWOB=0)

事　件	访问过程中的数值						访问后的数值			内存单元 80001234
	HD	$\overline{HBE}$	HR/$\overline{W}$	HCNTL	$\overline{HRDY}$	HHWIL	HPIC	HPIA	HPID	
写 HPID 第 1 半字/等待	wxyz	11	0	11	1	0	00010001	80001234	????????	00000000
写 HPID 第 1 半字	wxyz	11	0	11	0	0	00090009	80001234	wxyz????	00000000
写 HPID 第 2 半字	5566	00	0	11	0	1	00090009	80001234	wxyz5566	00000000
等待访问结束	????	??	?	??	1	?	00010001	80001234	wxyz5566	00005566

5. 自动增长地址模式下 HPI 的写操作

与上面内容类似，不同 HWOB 值的写操作见表 11-12 和表 11-13。

表 11-12　自动增长地址模式下 HPI 的写操作(HWOB=1)

事　件	访问过程中的数值						访问后的数值			内存单元 80001234	内存单元 80001238
	HD	$\overline{HBE}$	HR/$\overline{W}$	HCNTL	$\overline{HRDY}$	HHWIL	HPIC	HPIA	HPID		
写 HPID 第 1 半字 等待前一访问结束	5566	00	0	10	1	0	00010001	80001234	????????	00000000	00000000
写 HPID 第 1 半字 准备好可写	5566	00	0	10	0	0	00090009	80001234	????5566	00000000	00000000
写 HPID 第 2 半字	wxyz	11	0	10	0	1	00090009	80001234	wxyz5566	00000000	00000000
写 HPID 第 1 半字 等待前一访问结束	nopq	11	0	10	1	0	00010001	80001234	wxyz5566	00005566	00000000
写 HPID 第 1 半字 准备好可写	nopq	11	0	10	0	0	00090009	80001238	wxyznopq	00005566	00000000
写 HPID 第 2 半字	33rs	01	0	10	0	1	00090009	80001238	33rsnopq	00005566	00000000
等待访问结束	????	??	?	??	1	?	00010001	80001238	33rsnopq	00005566	33000000

表 11-13　自动增长地址模式下 HPI 的写操作(HWOB=0)

事　　件	访问过程中的数值						访问后的数值			内存单元	内存单元
	HD	$\overline{HBE}$	HR/$\overline{W}$	HCNTL	$\overline{HRDY}$	HHWIL	HPIC	HPIA	HPID	80001234	80001238
写 HPID 第 1 半字等待前一访问结束	wxyz	11	0	10	1	0	00000000	80001234	????????	00000000	00000000
写 HPID 第 1 半字准备好可写	wxyz	11	0	10	0	0	00080008	80001234	wxyz????	00000000	00000000
写 HPID 第 2 半字	5566	00	0	10	0	1	00080008	80001234	wxyz5566	00000000	00000000
写 HPID 第 1 半字等待前一访问结束	33rs	01	0	10	1	0	00000000	80001234	wxyz5566	00005566	00000000
写 HPID 第 1 半字准备好可写	33rs	01	0	10	0	0	00080008	80001238	33rs5566	00005566	00000000
写 HPID 第 2 半字	nopq	11	0	10	0	1	00080008	80001238	33rsnopq	00005566	00000000
等待访问结束	????	??	?	??	1	?	00000000	80001238	33rsnopq	00005566	33000000

思考题与习题 11

11-1 论述固定地址模式和自动增长地址模式下 HPI 的读/写操作。

第 12 章　通用输入/输出端口

本章讲述通用输入/输出端口(GPIO)的工作原理及其配置过程。

12.1　GPIO 接口

通用输入/输出端口提供可配置为输入或输出的通用引脚。设置为输出时，用户可以通过向内部寄存器写数据来控制由输出引脚驱动的状态。设置为输入时，用户可以通过读取内部寄存器的数据来检测输入状态。另外，在不同的中断或事件产生模式下，GPIO 能够产生 CPU 中断和 EDMA 事件。通用输入/输出端口框图如图 12-1 所示。

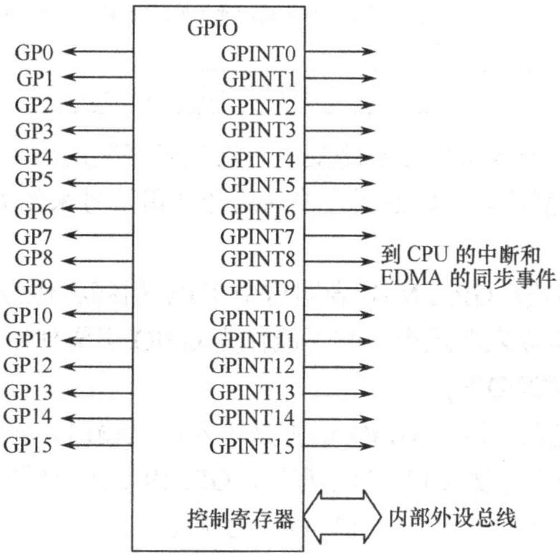

图 12-1　GPIO 框图

某些 GPIO 引脚可与其他设备引脚复用。GPINT[0:15]对 EDMA 都是同步事件，只有 GPINT0 和 GPINT[4:7]可作为对 CPU 的中断源。

12.2　GPIO 寄存器

通用输入/输出端口的寄存器见表 12-1。

表 12-1　GPIO 寄存器

缩　写	寄存器名称	地　址
GPEN	GPIO 使能寄存器	01B0 0000h
GPDIR	GPIO 方向寄存器	01B0 0004h
GPVAL	GPIO 数值寄存器	01B0 0008h
GPDH	GPIO Delta 高位寄存器	01B0 0010h
GPHM	GPIO 高位屏蔽寄存器	01B0 0014h
GPDL	GPIO Delta 低位寄存器	01B0 0018h
GPLM	GPIO 低位屏蔽寄存器	01B0 001Ch
GPGC	GPIO 全局控制寄存器	01B0 0020h
GPPOL	GPIO 中断极性寄存器	01B0 0024h

1．GPIO 使能寄存器(GPEN)

GPIO 使能寄存器能使 GPIO 引脚完成通用输入/输出功能。在通用输出/输入模式下，要使用任一 GPIO 引脚，与之相应的 GPxEN 位必须设置为 1。GPEN 具体描述如图 12-2 和表 12-2 所示。

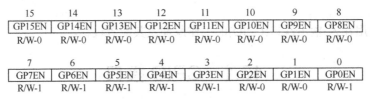

15	14	13	12	11	10	9	8
GP15EN	GP14EN	GP13EN	GP12EN	GP11EN	GP10EN	GP9EN	GP8EN
R/W-0	R/W-0	R/W-0	R/W-0	R/W-0	R/W-0	R/W-0	R/W-0

7	6	5	4	3	2	1	0
GP7EN	GP6EN	GP5EN	GP4EN	GP3EN	GP2EN	GP1EN	GP0EN
R/W-1	R/W-1	R/W-1	R/W-1	R/W-1	R/W-0	R/W-0	R/W-1

图 12-2　GPIO 使能寄存器

表 12-2　GPIO 使能寄存器字段说明

字段名称	符号常量	取值	说　明
GPxEN	OF(value)		GPIO 使能模式
		0	GPx 引脚不能作为通用输入/输出引脚，不能完成 GPIO 引脚功能，并且默认为高阻状态
		1	GPx 引脚作为通用输入/输出引脚，并且默认为高阻状态

一些 GPIO 信号能和其他设备信号多路复用，这些多路复用信号的功能由以下控制：

① 设备配置输入：在复位时，设备配置输入选择多路信号来作为一个 GPIO 引脚或其他模式运行。

② GPEN 寄存器位字段：GPxEN=1 表明这个 GPx 引脚将作为其余 GPIO 寄存器控制的 GPIO 信号来运行。GPxEN=0 表明这个引脚不能作为 GPIO 引脚使用，它将在其他模式下运行。

2．GPIO 方向寄存器(GPDIR)

GPIO 方向寄存器决定某一给定 GPIO 引脚是输入还是输出。相应 GPIO 信号通过 GPxEN 位字段使能时，GPIO 方向寄存器(GPDIR)才有效。GPDIR 结构如图 12-3 所示，表 12-3 给出说明。默认状态下，所有的 GPIO 引脚被设置为输入引脚。

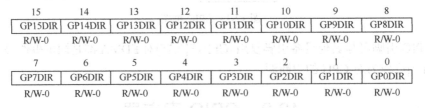

15	14	13	12	11	10	9	8
GP15DIR	GP14DIR	GP13DIR	GP12DIR	GP11DIR	GP10DIR	GP9DIR	GP8DIR
R/W-0	R/W-0	R/W-0	R/W-0	R/W-0	R/W-0	R/W-0	R/W-0

7	6	5	4	3	2	1	0
GP7DIR	GP6DIR	GP5DIR	GP4DIR	GP3DIR	GP2DIR	GP1DIR	GP0DIR
R/W-0	R/W-0	R/W-0	R/W-0	R/W-0	R/W-0	R/W-0	R/W-0

图 12-3　GPIO 方向寄存器(GPDIR)

表 12-3　GPIO 方向寄存器(GPDIR)字段说明

字段名称	符号常量	取值	说　明
GPxDIR	OF(value)		GPx 方向，控制 GPIO 引脚方向(输入或输出)，当 GPEN 寄存器内相应的 GPxEN 位被设置为 1 时适用
		0	GPx 引脚作输入
		1	GPx 引脚作输出

3．GPIO 数值寄存器(GPVAL)

GPIO 数值寄存器(GPVAL)表示给定 GPIO 引脚驱动的数值，或者是给定 GPIO 引脚上检测到的数值。GPIO 数值寄存器(GPVAL)如图 12-4 所示，GPIO 引脚方向的 GPxVAL 字段说明见表 12-4。

15	14	13	12	11	10	9	8
GP15VAL	GP14VAL	GP13VAL	GP12VAL	GP11VAL	GP10VAL	GP9VAL	GP8VAL
R/W-0	R/W-0	R/W-0	R/W-0	R/W-0	R/W-0	R/W-0	R/W-0

7	6	5	4	3	2	1	0
GP7VAL	GP6VAL	GP5VAL	GP4VAL	GP3VAL	GP2VAL	GP1VAL	GP0VAL
R/W-0	R/W-0	R/W-0	R/W-0	R/W-0	R/W-0	R/W-0	R/W-0

图 12-4 GPIO 数值寄存器(GPVAL)

表 12-4 GPIO 数值寄存器(GPVAL)字段说明

字段名称	符号常量	取值	说 明
GPxVAL	OF(value)	0～FFFFh	在 GPx 输入端检测到的数值，适用于 GPEN 寄存器内相应的 GPxEN 位被设置为 1 的情况
			当 GPIO 引脚为输入时(GPXDIR=0)
		0	数值 0 从 GPx 输入引脚锁存
		1	数值 1 从 GPx 输入引脚锁存
			当 GPIO 引脚为输出时(GPXDIR=1)
		0	GPx 信号为低
		1	GPx 信号为高

4．GPIO Delta 寄存器(GPDH，GPDL)

GPIO Delta 高位寄存器(GPDH)表示给定 GPIO 输入是否从低变高。同样地，GPIO Delta 低位寄存器(GPDL)表示给定 GPIO 输入是否从低变高。如果给定的 GPIO 引脚被设置为输出，则 GPDH 和 GPDL 中与之相应的位保留它以前的数值。向相应的字段写入“1”会清除该位，而写“0”则无影响。GPIO Delta 高位寄存器(GPDH)具体描述如图 12-5 和表 12-5 所述，GPIO Delta 低位寄存器(GPDL)具体描述如图 12-6 和表 12- 6 所示。

15	14	13	12	11	10	9	8
GP15DH	GP14DH	GP13DH	GP12DH	GP11DH	GP10DH	GP9DH	GP8DH
R/W-0	R/W-0	R/W-0	R/W-0	R/W-0	R/W-0	R/W-0	R/W-0

7	6	5	4	3	2	1	0
GP7DH	GP6DH	GP5DH	GP4DH	GP3DH	GP2DH	GP1DH	GP0DH
R/W-0	R/W-0	R/W-0	R/W-0	R/W-0	R/W-0	R/W-0	R/W-0

图 12- 5 GPIO Delta 高位寄存器(GPDH)

表 12-5 GPIO Delta 高位寄存器(GPDH)字段描述

字段名称	符号常量	取值	说 明
GPxDH	OF(value)	0～FFFFh	GPx Delta 高，检测 GPx 输入从低到高的变化
		0	不能检测 GPx 从低变高
		1	能检测 GPx 从低变高

15	14	13	12	11	10	9	8
GP15DL	GP14DL	GP13DL	GP12DL	GP11DL	GP10DL	GP9DL	GP8DL
R/W-0	R/W-0	R/W-0	R/W-0	R/W-0	R/W-0	R/W-0	R/W-0

7	6	5	4	3	2	1	0
GP7DL	GP6DL	GP5DL	GP4DL	GP3DL	GP2DL	GP1DL	GP0DL
R/W-0	R/W-0	R/W-0	R/W-0	R/W-0	R/W-0	R/W-0	R/W-0

图 12-6 GPIO Delta 低位寄存器(GPDL)

表 12-6　GPIO Delta 低位寄存器(GPDL)字段描述

字 段 名 称	符 号 常 量	取值	说　　明
GPxDL	OF(value)	0～FFFFh	GPx Delta 低，检测 GPx 输入从高到低的变化
		0	不能检测 GPx 从高变低
		1	能检测 GPx 从高变低

5．GPIO 屏蔽寄存器(GPHM，GPLM)

GPIO 高位屏蔽寄存器(GPHM)和 GPIO 低位屏蔽寄存器(GPLM)可使能一个给定的通用输入并产生一次 CPU 中断，或者产生一次 EDMA 事件。如果一个 GPHM 或 GPLM 位被禁用时，与之相应的 GPx 引脚上的数值或跃变将不会引起一次 CPU 中断或产生一次事件。如果屏蔽位被启用，根据 GPIO 全局控制寄存器选择的中断模式，相应的 GPx 引脚会引起一次中断或产生一次事件。图 12-7 和图 12-8 所示分别为 GPHM 和 GPLM，它们的寄存器分别在表 12-7 和表 12-8 中加以描述说明。

15	14	13	12	11	10	9	8
GP15HM	GP14HM	GP13HM	GP12HM	GP11HM	GP10HM	GP9HM	GP8HM
R/W-0	R/W-0	R/W-0	R/W-0	R/W-0	R/W-0	R/W-0	R/W-0

7	6	5	4	3	2	1	0
GP7HM	GP6HM	GP5HM	GP4HM	GP3HM	GP2HM	GP1HM	GP0HM
R/W-0	R/W-0	R/W-0	R/W-0	R/W-0	R/W-0	R/W-0	R/W-0

图 12-7　GPIO 高位寄存器(GPHM)

表 12-7　GPIO 高位寄存器(GPHM)位字节描述

字 段 名 称	符 号 常 量	取值	说　　明
GPxHM	OF(value)	0～FFFFh	GPx 高位屏蔽，当相应的 GPxEN 位作为输入启用时，将分别在 GPDH 和 GPVAL 寄存器内相应的 GPxDH 位或反转的 GPxVAL 位的基础上产生中断或事件。适用于相应 GPxEN 位输入使能时(GPxEN=1，GPxDIR=0)
		0	GPx 不能产生中断或事件，GPx 上的数值或跃变不能引起一次中断或产生事件
		1	GPx 中断/事件使能

15	14	13	12	11	10	9	8
GP15LM	GP14LM	GP13LM	GP12LM	GP11LM	GP10LM	GP9LM	GP8LM
R/W-0	R/W-0	R/W-0	R/W-0	R/W-0	R/W-0	R/W-0	R/W-0

7	6	5	4	3	2	1	0
GP7LM	GP6LM	GP5LM	GP4LM	GP3LM	GP2LM	GP1LM	GP0LM
R/W-0	R/W-0	R/W-0	R/W-0	R/W-0	R/W-0	R/W-0	R/W-0

图 12-8　GPIO 低位屏蔽寄存器(GPLM)

表 12-8　GPIO 低位屏蔽寄存器(GPLM)字段描述

字 段 名 称	符 号 常 量	取值	说　　明
GPxLM	OF(value)	0～FFFFh	GPx 低位屏蔽，当相应的 GPxEN 位作为输入启用时，将分别在 GPDL 和 GPVAL 寄存器内相应的 GPxDL 位或反转的 GPxVAL 位的基础上产生中断或事件。适用于相应 GPxEN 位输入使能时(GPxEN=1，GPxDIR=0)
		0	GPx 不能产生中断或事件，GPx 上的数值或跃变不能引起一次中断或产生事件
		1	GPx 中断/事件使能

6．GPIO 全局控制寄存器(GPGC)

GPIO 全局控制寄存器(GPGC)设定通用输入/输出外设的中断或事件的产生。GPGC 全局控制寄存器(GPGC)具体描述如图 12-9 和表 12-9 所示。

7 6	5	4	3	2	1	0
保留	GP0M	GPINT0M	保留	GPINTPOL	LOGIC	GPINTDV
R-0	R/W-0	R/W-0	R-0	R/W-0	R/W-0	R/W-0

图 12-9　GPIO 全局控制寄存器(GPGC)

表 12-9　GPIO 全局控制寄存器(GPGC)字段描述

字段名称	符号常量	取值	说　明
GP0M			GP0 输出模式，仅适用于 GP0 被设置为输出(GPDIR 寄存器的 GP0DIR=1)
	GPIOMODE	0	GPIO 模式——基于 GP0 的 GP0 输出(GP0VAL 位于 GPVAL 寄存器内)
	LOGICMODE	1	逻辑模式——基于内部逻辑模式中断/事件信号 GPINT 数值的 GP0 输出
GPINT0M			GPINT0 中断/事件产生模式
	PASSMODE	0	直通模式——GPINT0 中断/事件产生是基于 GP0 数值(GP0VAL 位于 GPVAL 寄存器内)
	LOGICMODE	1	逻辑模式——GPINT0 中断/事件产生基于 GPINT
GPINTPOL			GPINT 极性，适用于逻辑模式(GPINT0M=1)
	LOGICTRUE	0	当 GPIO 输入的逻辑组合求解正确时，GPINT 有效
	LOGICFALSE	1	当 GPIO 输入的逻辑组合求解错误时，GPINT 有效
LOGIC			GPINT 逻辑，仅适用于逻辑模式(GPINT0M=1)
	ORMODE	0	“或”模式——GPINT 的产生基于 GPHM(GPLM)寄存器内所有激活的 GPx 事件的“或”逻辑
	ANDMODE	1	“与”模式——GPINT 的产生基于 GPHM(GPLM)寄存器内所有激活的 GPx 事件的“与”逻辑
GPINTDV			GPINT Delta/数值模式，仅适用于逻辑模式(GPINT0M=1)
	DELTAMODE	0	Delta 模式——GPIN 的产生基于 GPx 引脚上跃变的一种逻辑组合，GPHM(GPLM)寄存器内相应的位必须被设定
	VALUEMODE	1	数值模式——GPIN 的产生基于 GPx 引脚上赋值的一种逻辑组合，GPHM(GPLM)寄存器内相应的位必须被设定

7. GPIO 中断极性寄存器(GPPOL)

在直通(Pass Through)模式下，GPIO 中断极性寄存器(GPPOL)选择 GPINTx 中断/事件信号的极性。GPIO 全局控制寄存器(GPGC)内的 GPINT0M 必须设置为“0”，才能使用 GPINT0。GPIO 中断极性寄存器(GPPOL)如图 12-10 和表 12-10 所示。

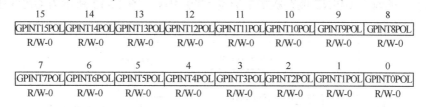

15	14	13	12	11	10	9	8
GPINT15POL	GPINT14POL	GPINT13POL	GPINT12POL	GPINT11POL	GPINT10POL	GPINT9POL	GPINT8POL
R/W-0	R/W-0	R/W-0	R/W-0	R/W-0	R/W-0	R/W-0	R/W-0

7	6	5	4	3	2	1	0
GPINT7POL	GPINT6POL	GPINT5POL	GPINT4POL	GPINT3POL	GPINT2POL	GPINT1POL	GPINT0POL
R/W-0	R/W-0	R/W-0	R/W-0	R/W-0	R/W-0	R/W-0	R/W-0

图 12-10　GPIO 中断极性寄存器(GPPOL)

表 12-10　GPIO 中断极性寄存器(GPPOL)字段描述

字段名称	符号常量	取值	说　明
GPINTxPOL	OF(value)	0～FFFFh	GPINTx 极性，仅适用于直通模式下
		0	基于 GPx 的一个上升沿确定 GPINTx(基于相应的 GPxVAL 的数值有效)
		1	基于 GPx 的一个下降沿确定 GPINTx(基于相应的反向的 GPxVAL 的数值有效)

12.3　通用输入/输出端口功能

一个 GPIO 引脚一旦在 GPIO 使能寄存器内被激活，就可以作为通用 I/O 口运行。用户可以通过

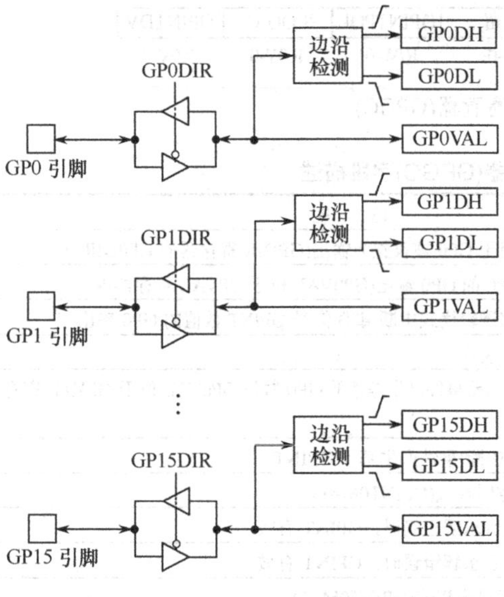

图 12-11 显示了通用 I/O 口功能的方框图

GPDIR 寄存器独立地把每个 GPIO 引脚设置为输入或者输出。当设置为输出时(GPxDIR=1)，GPVAL 寄存器中 GPxVAL 位内的数值将受到相应的 GPx 引脚的驱动；当设置为输入时(GPxDIR=0)，输入的状态能从 GPxVAL 位读取。

另外，对于通用 I/O 口的功能，通用 I/O 口内的边沿检测逻辑反映了一个给定的 GPIO 输入信号上是否发生一个跃变(GPxDIR=0)。GPIO 信号的跃变分别在 GPIO Delta 寄存器(GPDH 或 GPDL) 中反映出来。当相应的使能输入从低变高时，GPIO 高位寄存器的 GPxDH 位置为“1”。同样地，当相应的使能输入从低变高时，GPIO 低位寄存器的 GPxDL 位置为“1”。图 12-11 所示为通用 I/O 口和通用 I/O 口内的边沿检测逻辑。

把 GP0 设置为通用输出口，除了设定 GP0DIR=1 外，还要将 GPIO 全局控制寄存器内的 GP0M 位设置为 0。

12.4 中断和事件产生

在以下两种模式中，通用 I/O 口能对 CPU 产生中断，而且对 EDMA 产生同步事件。

- 直通模式；
- 逻辑模式。

直通模式允许每个 GPx 信号设置为一个输入来直接触发 CPU 中断和 EDMA 事件。逻辑模式允许用户来决定哪个 GPIO 信号作为输入来实现一种编程逻辑功能。逻辑功能的输出 GPINT 和直通模式下，内部的输出 GPINT0_int 多路复用来产生一次 CPU 中断和 EDMA 事件 GPINT0。另外，逻辑模式的输出 GPINT 能在板极上驱动 GP0 引脚。图 12-12 所示为 GPIO 中断/事件的产生逻辑。

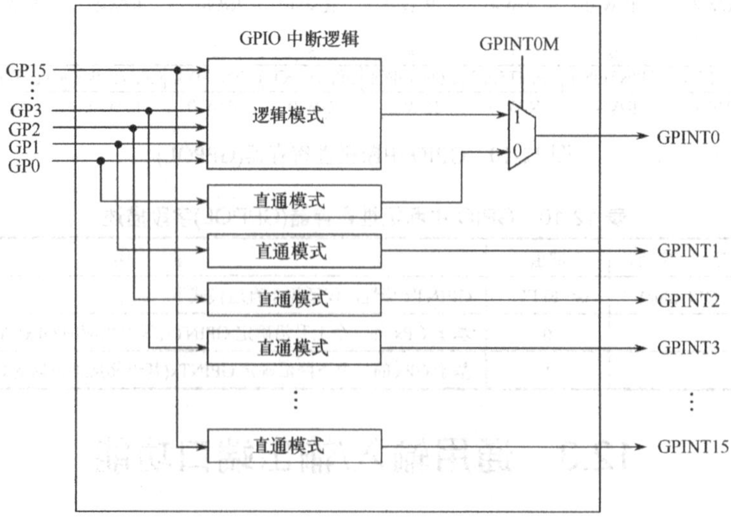

图 12-12 GPIO 中断和事件产生的方框图

12.4.1 直通模式

直通模式适用于所有的 GPIO 信号。在直通模式下，GPx 输入引脚上的一个跃变使能 CPU 产生一次中断事件，使 EDMA 产生一次同步事件。注意到尽管对于 EDMA 所有的 GPINTx 都是同步事件，只有 GPINT0 和 GPINT[4:7]可用作 CPU 中断。图 12-13 所示为直通模式下中断/事件产生的方框图。用户必须正确地设置下面的位，才能使用直接模式下的 GPx 引脚。

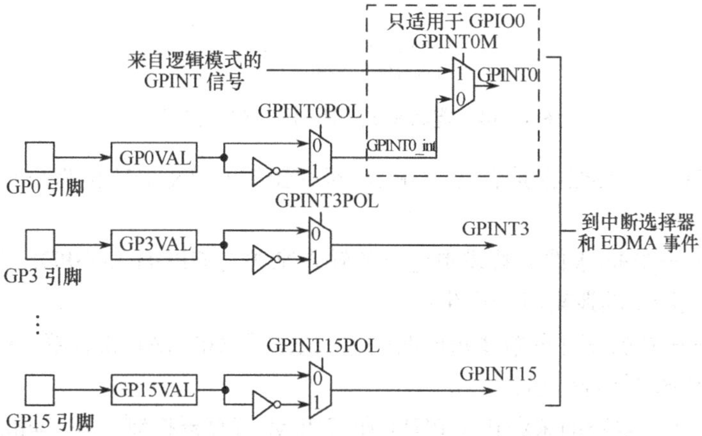

图 12-13 直通模式

- GPxEN=1：GPx 使能并可作为 GPIO 引脚的功能使用。
- GPxDIR=0：GPx 引脚作为输入。
- 如果一次中断/事件随相应的 GPx 引脚上的一次上升沿跃变产生，必须设定 GPINTxPOL=0；如果一次中断/事件随相应的 GPx 引脚上的一次下降沿跃变产生，必须设定 GPINTxPOL=1。

如图 12-13 所示，为了使用直通模式下的 GP0，GPGC 寄存器内的 GPINT0M 位必须设定为“0”。直通模式逻辑电路的输出 GPINT0_int 和逻辑模式电路输出 GPINT 多路复用来产生 GPINT0 中断/事件，如图 12-12 和图 12-13 所示。如果 GPx 被设置为输出，相应的 GPINTx 信号禁用。

12.4.2 逻辑模式

在逻辑模式下，中断/事件是由基于 GPIO 输入的一种逻辑组合产生的。逻辑功能的输出 GPINT 是依据任一 GPIO 输入信号特定边沿(上升、下降或两者)或特定数值的检测产生的。禁用的 GPIO 信号或使能 GPIO 输出不能够被用作中断/事件的产生。逻辑模式输出 GPINT 和直通模式输出 GPINT0_int 多路选择来产生一次 CPU 中断和一件 EDMA 事件。为了能使用逻辑模式来产生一次中断/事件，GPGC 寄存器的 GPINT0M 必须设定为“1”。GPINT 信号也能驱动 GP0 引脚输出。

图 12-14 所示为逻辑模式电路的方框图，默认情况下，当输入的逻辑组合为真时，GPINT 被确定(高)。通过设置 GPGC 寄存器的 GPINTPOL=1，当输入的逻辑组合为假时，GPINT 也可以被确定。GPINT 的否定功能在显示 GPIO 引脚信号否定方面有用。

GPINT 的产生能以 3 种模式之一操作，这 3 种模式为：Delta“或”模式、Delta“与”模式和数值“与”模式。GPINT 的产生经由 GPGC 寄存器的两个控制位设定——GPINTDV 和 LOGIC，

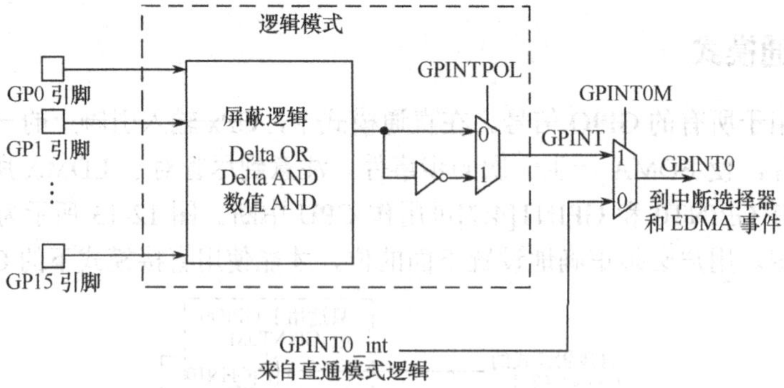

图 12-14　逻辑模式中断/事件产生方框图

以及 GPHM 和 GPLM 寄存器的屏蔽位。GPGC 寄存器的 GPINTDV 位将逻辑模式划分为 Delta 模式或者数值模式：

- Delta 模式——中断/事件屏蔽逻辑电路的输入来源与 GPDH 和 GPDL 寄存器，GPINT 由 GPIO 引脚上跃变的逻辑组合产生；
- 数值模式——中断/事件屏蔽逻辑电路的输入来源于 GPxVAL 寄存器，GPINT 由 GPIO 引脚上数值的逻辑组合引起。

逻辑模式屏蔽逻辑电路的来源由 GPHM 和 GPLM 寄存器控制。在 Delta 模式下，GPxDH 位和 GPxHM 位一样是控制极，引脚的反向值和 GPxLM 位一样是控制极。

GPGC 寄存器的 LOGIC 为控制在所有的屏蔽输出为真或任一屏蔽输出为真的基础上是否产生一次中断/事件，具体是：

- "或"模式——在任一屏蔽输出为真的基础上产生中断/事件；
- "与"模式——在所有的屏蔽输出为真的基础上产生中断/事件。

表 12-11 总结了 3 种逻辑模式及 GPGC 寄存器的 GPINTDV 和 LOGIC 位的设置。

表 12-11　逻辑模式真值表

GPINTDV	LOGIC	逻辑模式描述
0	0	Delta"或"模式
0	1	Delta"与"模式
1	0	保留
1	1	数值"与"模式

总之，GPIO 全局控制寄存器在逻辑模式下必须如下设置：

- GPINT0M=1 使能逻辑模式的中断/事件产生。对 DSP 中断/事件信号，是基于逻辑功能输出的 GPINT 的。
- 当中断/事件是基于逻辑评估为真时，GPINTPOL=0；或者当中断/事件是基于逻辑评估为假时，GPINTPOL=1。
- Delta 模式 GPINTDV=0，数值模式 GPNTDV=1。
- "或"模式 LOGIC＝0，"与"模式 LOGIC=1。

1. Delta"或"模式(GPINTDV=0，LOGIC=0)

Delta"或"模式允许在一组使能 GPIO 输入中的第一个跃变上产生一次中断/事件。当任一 GPxDH 或 GPxDL 位及相应的 GPxHM 或 GPxLM 位被设定时，逻辑功能的输出 GPINT 将被激活。由于 GPxDH 和 GPxDL 位能独立地彼此之间运行并且能区分屏蔽(GPxHM 和 GPxLM)，一次中断就能够在一个信号跃变为一个特定状态(从高到低)或者完全跃变(任一状态)的基础之上产生。

Delta“与”模式下的中断事件的产生，GPIO 全局控制寄存器 GPINTDV 和 LOGIC 位必须如下设置：

- GPINTDV=0，Delta 模式；
- LOGIC=0，“或”模式。

另外，GPHM 和 GPLM 寄存器必须适当地设置以使相应的 GPxDH 和 GPxDL 位作为输入完成逻辑功能。下面的例子说明 GPHM 和 GPLM 的设置，例子中所有给定的 GPIO 引脚作为输入(GPxEN=1，GPxDIR=0)。

【例 12-1】 基于 GP1 上从低到高跃变的 GPINT：

① GPHM 的设置：GP1HM=1。

② GPLM 的设置：无关。

③ 由 GP1DH=1 产生 GPINT：

- 当 GP1 为高进入这个模式时，GP1 上的一个从高到低的跃变(GP1DL=1)接着一个从低到高的跃变(GP1DH=1)将产生的 GPINT。
- 当 GP1 为低进入这个模式时，GP1 上的一个从低到高的跃变(GP1DL=1)接着一个从高到低的跃变(GP1DH)将产生 GPINT。

【例 12-2】 基于 GP1 上任一跃变的 GPINT：

① GPHM 的设置：GP1HM=1。

② GPLM 的设置：GP1LM=1。

③ 由 GP1DH=1 或 GP1DL=1 产生 GPINT：不管 GP1 的初始状态如何，GP1 上的第一个跃变将产生 GPINT。这个第一次跃变可以是从低到高的跃变(GP1DH=1)，也可以是从高到低的跃变(GP1DL=1)。

【例 12-3】 基于 GP1 或 GP2 上从低到高跃变的 GPINT：

① GPHM 的设置：GP1HM=1，GP2HM=1。

② GPLM 的设置：无关。

③ 由 GP1DH=1 或 GP1DL=1 产生 GPINT：GP1 或 GP2 上第一个从低到高跃变(GPxDH=1)将产生 GPINT。

【例 12-4】 基于 GP1 上从低到高跃变或 GP2 上从高到低跃变的 GPINT：

① GPHM 的设置：GP1HM=1，GP2HM=无关。

② GPLM 的设置：GP1LM=无关，GP2LM=1。

③ 由 GP1DH=1 或 GP2DL=1 产生 GPINT：GP1 上第一个从低到高跃变(GP1DH=1)或 GP2 上第一个从高到低跃变(GP2DL=1)将产生 GPINT。

【例 12-5】 基于 GP1 或 GP2 上任一跃变的 GPINT：

① GPHM 的设置：GP1HM=1，GP2HM=1。

② GPLM 的设置：GP1LM=1，GP2LM=1。

③ 由 GP1DL、GP1DH、GP2DL 或 GP2DH=1 产生 GPINT：GP1(GP1DL 或 GP1DH=1)上的第一次跃变或 GP2(GP2DL 或 GP2DH=1)上的第一次跃变将产生 GPINT。图 12-15 显示了 Delta“或”模式的方框图。

2. Delta“与”模式(GPINTDV=0，LOGIC=1)

Delta“与”模式允许中断/事件在一组特定信号都经历了一些特定的跃变后产生。当下面的条件都为真时，GPINT 被激活：

- 所有的 GPxDH 位和 GPxHM 位一起被声明为 GPIO 信号的一组；

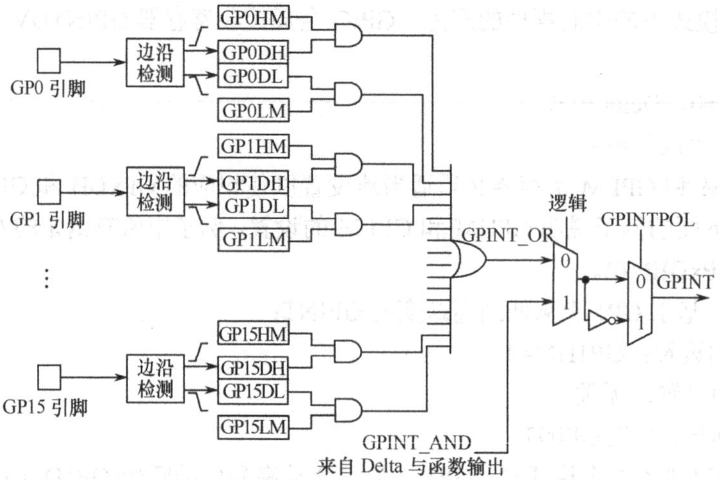

图 12-15　GPINT 的产生(Delta“或”模式)

- 所有的 GPxDL 位和 GPxLM 位一起被声明为 GPIO 信号的一组。

由于 GPxDH 和 GPxDL 位能独立地彼此之间运行并且能区分屏蔽(GPxHM 和 GPxLM)，一次中断就能够在一个信号跃变从一个又一个状态并且回到原始状态的基础上产生。在 Delta“与”模式下产生一次中断/事件，GPIO 全局控制寄存器 GPINTDV 和 LOGIC 位必须如下设置：

- GPINTDV=0：Delta 模式。
- LOGIC=1：“与”模式。

另外，GPHM 和 GPLM 寄存器必须适当地设置以使相应的 GPxDH 和 GPxDL 位作为输入来完成逻辑功能。下面的例子给出了 GPHM 和 GPLM 的设置，例子中所有的 GPIO 引脚都作为输入(GPxEN=1，GPxDIR=0)。

【例 12-6】 基于 GP1 上从低到高跃变的 GPINT：

① GPHM 的设置：GP1HM=1。

② GPLM 的设置：无关。

③ 由 GP1DH=1 产生 GPINT：

- 当 GP1 为高进入这个模式时，GP1 上的一个从高到低的跃变(GP1DL=1)接着一个从低到高的跃变(GP1DH=1)将产生 GPINT。
- 当 GP1 为低进入这个模式时，GP1 上的一个从低到高的跃变(GP1DH＝1)将产生 GPINT。

【例 12-7】 基于 GP1 和 GP2 上从低到高跃变的 GPINT：

① GPHM 的设置：GP1HM=1，GP2HM=1。

② GPLM 的设置：无关。

③ 由 GP1DH=1 和 GP2DH=1 产生 GPINT：GP1 和 GP2 能必须经历一次从低到高的跃变(GP1DH=1 和 GP2DH=1)来产生 GPINT。当任一(或两者)信号开始处于高态时，GPINT 知道这个信号经历一次从高到低再从低到高的跃变后才产生。

【例 12-8】 基于 GP1 上从低到高跃变和 GP2 上从高到低跃变的 GPINT：

① GPHM 的设置：GP1HM=1，GP2HM=无关。

② GPLM 的设置：GP1LM=无关，GP2LM=1。

③ 由 GP1DH=1 和 GP2DL=1 产生 GPINT：不管初始状态如何，GP1 必须经历一次从低到高的跃变(GP1DH=1)，而且 GP2 也必须经历一次从高到低的跃变(GP2DL=1)。

【例 12-9】 基于 GP1 和 GP2 上从高到低和从低到高跃变的 GPINT：

① GPHM 的设置：GP1HM=1，GP2HM=1。

② GPLM 的设置：GP1LM=1，GP2LM=1。

③ 由 GP1DL、GP1DH、GP2DL 和 GP2DH=1 产生 GPINT：不管初始状态如何，GP1 和 GP2 都必须经历从原始状态返回到原始状态的跃变。

图 12-16 显示了 Delta“与”模式功能的方框图。

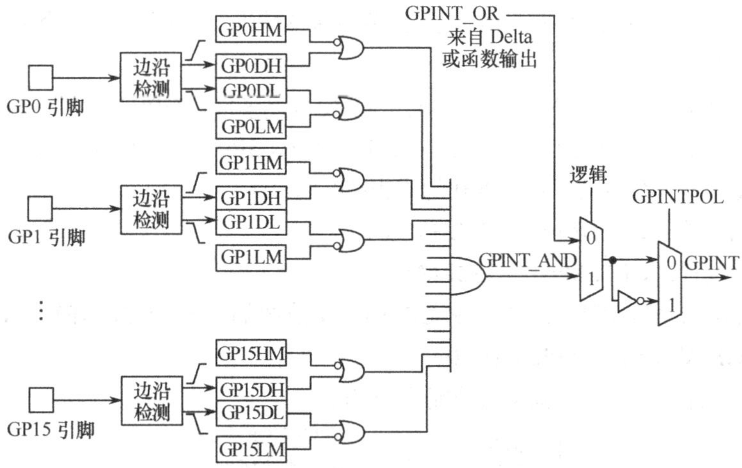

图 12-16　GPINT 的产生(Delta“与”模式)

3．数值“与”模式(GPINTDV=1，LOGIC=1)

数值“与”模式允许在一组匹配了给定数值的信号的基础上产生一次中断/事件。当如下条件都为真时，GPINT 将被激活：

- 和 GPxHM 位设定一样，所有的 GPxVAL 位对于每组 GPIO 信号都是高态的；
- 和 GPxLM 位设定的一样，所有的 GPxVAL 位对于每组 GPIO 信号都是低态的。

在数值“与”模式下产生一次中断/事件，GPIO 全局控制寄存器 GPINTDV 和 LOGIC 位必须如下设定：

- GPINTDV=1：数值模式。
- LOGIC=1：“与”模式。

另外，GPHM 和 GPLM 寄存器必须适当地设置以使相应的 GPxVAL 位能作为输入来完成逻辑功能。当任一给定的 GPIO 信号可以使 GPxHM 和 GPxLM 都被声明时，没有 GPINT 产生。这是因为没有 GPx(和相应的 GPxVAL)能同时作为高态和低态。下面的例子说明了 GPHM 和 GPLM 的设置。例子中的 GPIO 引脚能使作为输入(GPxEN=1，GPxDIR=0)。

【例 12-10】 基于 GP1=1 的 GPINT：

① GPHM 设定：GP1HM=1。

② GPLM 设定：GP1LM=0。

③ 由 GP1=1 产生 GPINT：

- 当 GP1 为高(GPxVAL=1)进入这个模式时，GPINT 立即被确定。
- 当 GP1 为低(GPxVAL=0)进入这个模式时，GP1 上的一个从低到高的跃变将会产生 GPINT。

【例 12-11】 当 GPxHM=GPxLM=1 时没有 GPINT 产生：

① GPHM 设定：GP1HM=1。

② GPLM 设定：GP1LM=1。

③ 由于 GP1 不能同时为低态(GPxVAL=0)和高态(GPxVAL＝1)，没有 GPINT 产生。

【例 12-12】 基于 GP1=GP2=1 的 GPINT：

① GPHM 的设置：GP1HM=1，GP2HM=1。

② GPLM 的设置：GP1LM=0，GP2LM=0。

③ 由 GP1VAL=1 和 GP2VAL=1 产生 GPINT：

- 当 GP1=GP2=1 进入模式，GPINT 立即被确定。
- 当 GP1=1 和 GP2=0 进入模式时，GP2 保持高态情况下，GP1 上一个从低到高的跃变将产生 GPINT。
- 当 GP1=GP2=0 进入模式时，GP1 和 GP2 都变成高态时，GPINT 产生。在 GP2 转变为高态之前，若 GP1 先转变为高态(GPxVAL=1)后低态(GPxVAL=0)，没有 GPINT 产生。

【例 12-13】 基于 GP1=1 和 GP2=0 的 GPINT：

① GPHM 的设置：GP1HM=1，GP2HM=0。

② GPLM 的设置：GP1LM=0，GP2LM=1。

③ 由 GP1VAL=1 和 GP2VAL=0 产生 GPINT：和前面的例子一样，GP1 和 GP2 都必须同时在定义的状态：GP1VAL=1 和 GP2VAL=0。

图 12-17 所示为数值“与”模式的功能方框图。

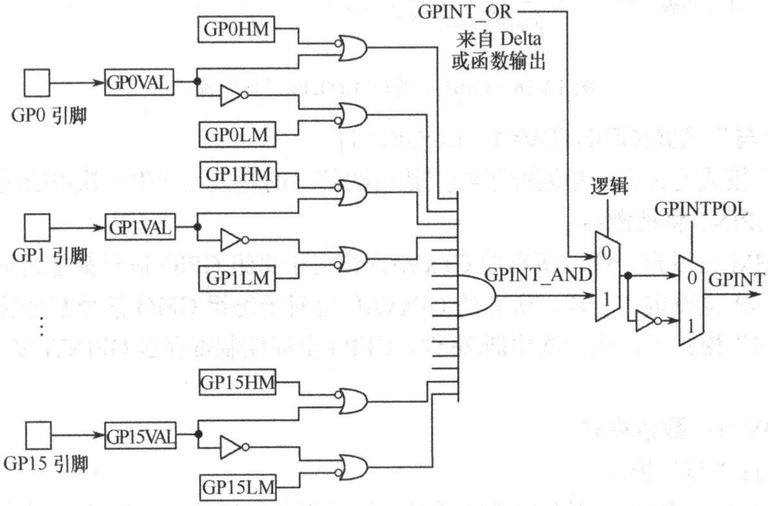

图 12-17 GPINT 产生(数值“与”模式)

12.4.3 GPINT 与 GP0 和/或 GPINT0 的复用

逻辑功能的输出信号 GPINT 能被 DSP 和如下的外部设备使用：

- 通过 GPINT0、GPINT 能产生一次 CPU 中断和一次 EDMA 事件；
- 另外，当 GP0 被设置为一个输出，GPIN 在 GP0 上受到驱动后能被外部设备使用。

图 12-18 所示为 GPINT 信号之间的关系。

当 GP0 被设置为输出时(GP0DIR=1)，GP0M 位控制 GP0 信号是在 GPIO 模式或是在逻辑模式下运行的。在 GPIO 模式下(GP0M=0)，GP0VAL 位上的数值受 GP0 驱动。在逻辑模式下(GP0M=1)，GPINT 受 GP0 被设置为一个输入时，GP0M 无效。

GPINT0M 位控制 GPINT0 信号在直通模式或是逻辑模式下运行。在直通模式下，来自直通模式逻辑电路 GPINT0_int 的数值被用作产生 CPU 和 EDMA 的一次中断/事件。在逻辑模式下，使用逻辑模式的输出 GPINT 作代替产生 CPU 和 EDMA 的一次中断/事件。

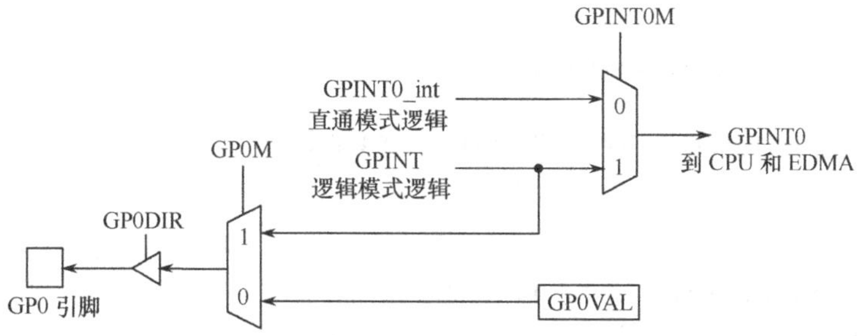

图 12-18　GPINT 和 GP0 和 GPINT0 的关系

当 GP0 被设置为一个输出时，仍然支持逻辑模式，并且能够产生 GPINT。然而，直通模式被禁用，不能产生 GPINT0_int。

12.5　GPIO 中断/事件

通过内部的 GPINTx 信号，通用 I/O 外设分别对 CPU 和 EDMA 产生中断和事件。GPIO 中断/事件总结于表 12-12。GPINT1~GPINT15 仅能在直通模式下使用，然而，GPINT0 既能在直通模式下也可以在逻辑模式下使用。所有的 GPINTx 都可用作对 EDMA 的同步事件。只有 GPINT0 和 GPINT[4:7]可用作对 CPU 的中断源。

表 12-12　对 CPU 的 GPIO 中断和对 EDMA 的事件

中断/时间名称	说　明
GPINT0	GPINT0 是来自直通模式或者逻辑模式的中断/事件输出。在直通模式下，GPINT0 反映 GP0 或 $\overline{\text{GP0}}$(GPINT0_int)的数值。在逻辑模式下，GPINT0 反映逻辑功能的输出 GPINT
GPINT[1:15]	GPINT[1:15]是来自于直通模式下的中断输出。它们反映直通模式下 GP[1:15]或 $\overline{\text{GP[1:15]}}$ 的数值

12.6　GPIO 应用示例

打开工程 Examples\1201_GPIO，DEC6713_GPIO.c 是主程序文件，包含系统初始化、GPIO 引脚驱动、使用 GPIO13 来控制发光二极管 VD8，程序源代码如下：

```
main()
{
/* Initialize CSL,must when using CSL. */
CSL_init();

/* Initialize DEC6713 board. */
DEC6713_init();

IRQ_setVecs(vectors);        /* point to the IRQ vector table    */
IRQ_globalEnable();          /* Globally enable interrupts       */
IRQ_nmiEnable();             /* Enable NMI interrupt             */
/* Set GPIO. */
hGpio = GPIO_open(GPIO_DEV0,GPIO_OPEN_RESET);

GPIO_reset(hGpio);

//GPIO_config(hGpio,&MyGPIOCfg);
```

```
        GPIO_pinEnable(hGpio,GPIO_PIN13);

        GPIO_pinDirection(hGpio,GPIO_PIN13,GPIO_OUTPUT);

        while(1)
        {
            GPIO_pinWrite(hGpio,GPIO_PIN13,0);
            DEC6713_wait(0xfffff);
            GPIO_pinWrite(hGpio,GPIO_PIN13,1);
            DEC6713_wait(0xfffff);
    }
  }
```

编译、下载程序，打开文件 DEC6713_GPIO.c，在第 50 行“DEC6713_wait(0xfffff);”处，第 52 行“DEC6713_wait(0xfffff);”处设置断点，运行程序，程序停在第一个断点处，点亮指示灯 VD8；继续运行程序，程序停在第二个断点处，关闭指示灯 VD8。也可去掉断点，直接执行程序，观察指示灯 VD8 的闪烁情况。

思考题与习题 12

12-1　C67xx 提供了几个 GPIO 引脚？如何在引脚 GP1 上输出低电平？

第 13 章　硬件系统设计

本章讲述 DSP 硬件系统涉及的电源、时钟、外部存储器、外部接口和总线扩展等电路的设计，并结合几个实例进行说明。

13.1　DSP 硬件系统

DSP 芯片要能正常运行应用程序，并能通过 JTAG 接口调试，它的硬件系统应该包括 DSP 芯片、电源、时钟、复位电路、JTAG 电路及程序 ROM。一个典型的 DSP 系统如图 13-1 所示，包括以下几个组成部分。

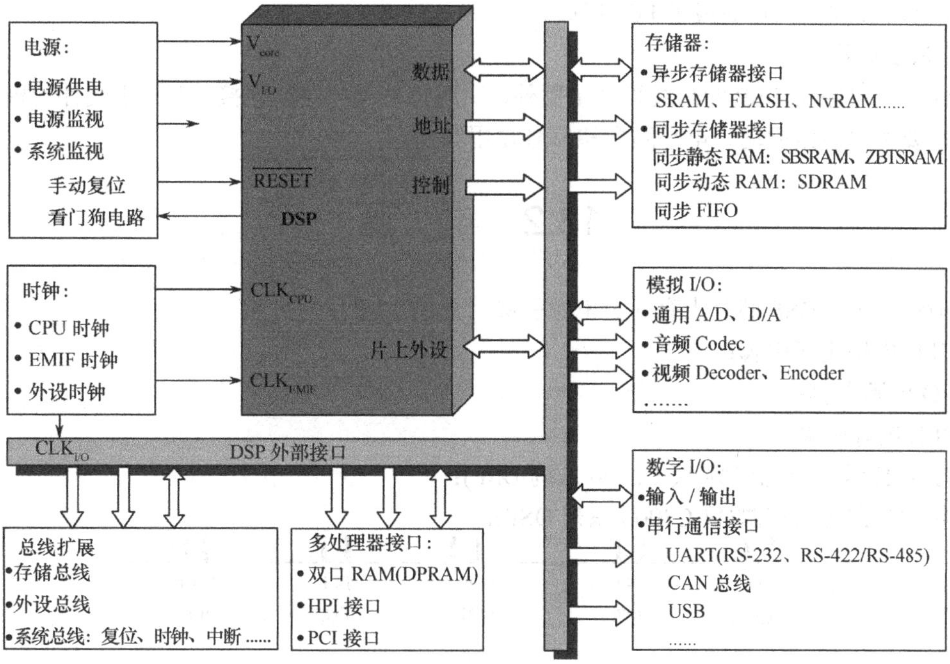

图 13-1　C6000 DSP 最小系统

1. 电源

电源为系统中的 DSP 及其他芯片供电，并提供电源监视和系统监视的功能。电源监视是指监测电源电压值是否符合要求，当不符合要求时，产生复位信号，使 DSP 进入复位状态。系统监视是指监测系统是否正常工作，不正常时产生复位信号，看门狗电路就可实现自动系统监视。具备电源和系统监视功能可以提高 DSP 系统的可靠性。

2. 时钟

时钟电路为需要时钟的芯片提供满足要求的时钟信号。

3. 外部存储器

外部存储器用于存放程序和数据。存储器有两种类型：一种为异步存储器，如常见的 SRAM、FLASH、非易失性随机访问存储器(Non-Volatile RAM)等；另一种是同步存储器，同步存储器又可细分为同步静态存储器(如 SBSRAM、ZBTSRAM)和同步动态存储器，如 SDRAM 及同步 FIFO 等。同步存储器可实现高速、大容量数据的存储。

4．模拟 I/O

模拟电路包括模拟数字转换器(ADC)、数字模拟转换器(DAC)及音频/视频编解码器(Codec，是编码器 Coder 和译码器 Decoder 两词头的缩写)等，它们与 DSP 之间的接口，可以是并行方式，也可以是串行方式。

5．数字 I/O

数字电路包括开关量的输入/输出、串口通信接口等，如 UART、USB 及 CAN 总线，它们与 DSP 之间的接口，也有并行或串行两种方式。

6．多处理器接口

当硬件系统中除了 DSP 芯片，还有其他处理器时，二者之间一般采用双口 RAM 进行通信，但现在新型的 DSP 器件，一般都集成有 HPI 接口，通过 HPI 接口，主处理器可以访问 DSP 的所有存储空间，比采用双口 RAM 的方式进行通信速度更高、更方便，而且更便宜。某些 DSP 为了方便和 PC 通信，还集成了 PCI 接口。

7．总线扩展

总线扩展电路将 DSP 的总线扩展至板外，实现与外部电路的连接，有利于硬件的模块化开发，但需要解决总线驱动、电平匹配和信号复用等问题。

13.2 电　源

一般情况下，DSP 芯片上有 5 类电源引脚（见图 13-2）：

- CPU 内核电源引脚；
- I/O 电源引脚；
- PLL 电源引脚；
- FLASH 编程电源引脚(仅 C2000 系列 DSP)；
- 模拟电路电源引脚(仅 C2000 系列 DSP)。

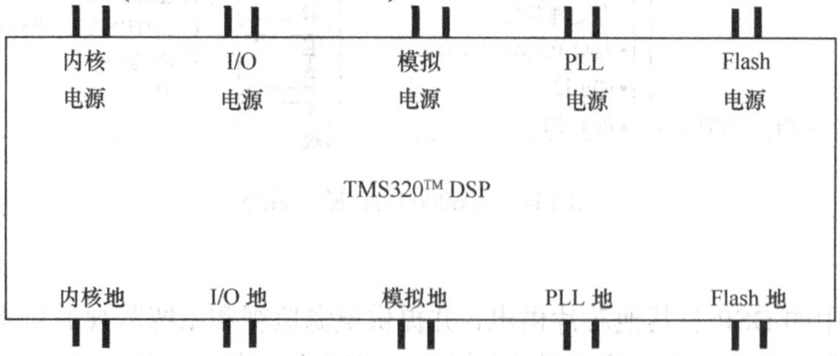

图 13-2　TMS320 系列 DSP 电源引脚

其中 I/O 电源、FLASH 编程电源和模拟电源的电压一般为 3.3V，而不同型号 DSP 的内核电压不同，有 1.2V、1.5V 和 1.8V 等。PLL 电源电压一般与 I/O 电源电压相同，为 3.3V，但某些 DSP 的 PLL 电源电压与内核电源电压相同。另外，TTL 电平外围器件多采用 5V 电源电压，所以 DSP 系统中一般需要 3 种类型的电源。

- CPU 内核电源：V_{core}。
- LV TTL 电平 I/O 电源：$V_{I/O}=3.3V$。

● TTL 电平外围器件电源：5V。

5V 直流电源一般直接由外部提供，DSP 系统用 5V 电源作为输入，产生 V_{core} 和 $V_{I/O}$。大多数 DSP 有多个 CPU 内核电源引脚和多个 I/O 电源引脚，为了使 DSP 正常工作，这些引脚都必须接到相应的电源上，不能悬空不接。

1. 电源供电方案

目前，有 3 种供电方案，其优缺点如下，如图 13-3 所示，可根据具体应用选择。

（1）线性稳压器方案

该方案优点是电路简单、成本低、电源纹波小，只需用电容进行滤波，所以占地小；缺点是转换效率低、输出电流较小。

（2）开关电源方案

用开关电源控制器+MOS 功率管+滤波电感构建开关电源，其优点是转换效率高、输出电流大；缺点是电路复杂、成本较高、为了滤除电源纹波要用较大的电感，所以占地大。

（3）开关电源模块方案

其本质上与开关电源控制器方案相同，只不过将控制器、MOS 功率管和电感做成现成的模块，其优点是使用方便，缺点是成本高。

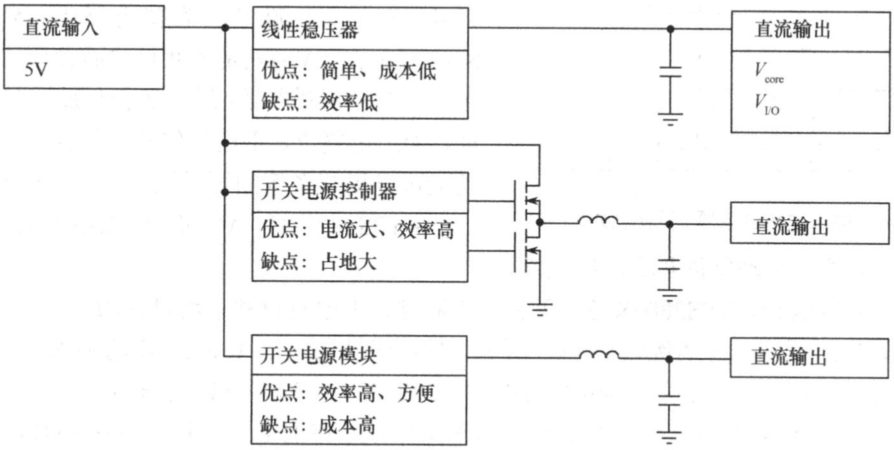

图 13-3　DSP 系统电源供电方案

TI 公司常用电源器件型号见表 13-1。

表 13-1　常用电源器件型号

类　型	型　号	输 入 电 压	输 出 电 压	电　流	控制/状态
多路输出 线性稳压器	TPS767D318	5V	3.3V/1.8V	1A/1A	$\overline{EN}$
	TPS767D301	5V	3.3V/可调	1A/1A	$\overline{EN}$
单路输出 线性稳压器	TPS76333	5V	3.3V	150mA	$\overline{EN}$
	TPS7333	5V	3.3V	500mA	$\overline{EN}$
	TPS76801	5V	可调	1A	$\overline{EN}$ / $\overline{PG}$
	TPS76833	5V	3.3V	1A	$\overline{EN}$ / $\overline{PG}$
	TPS75701	5V	可调	3A	$\overline{EN}$ / $\overline{PG}$
	TPS75733	5V	3.3V	3A	$\overline{EN}$ / $\overline{PG}$
	TPS75501	5V	可调	5A	$\overline{EN}$ / $\overline{PG}$
	TPS75533	5V	3.3V	5A	$\overline{EN}$ / $\overline{PG}$

（续表）

类型	型号	输入电压	输出电压	电流	控制/状态
双路输出 开关电源控制器	TPS56300	5V	1.3~3.3V	取决于 MOS 管	
	TPS5602	5V	可调节	取决于 MOS 管	
单路输出 开关电源控制器	TPS56100	5V	1.3~2.6V	取决于 MOS 管	
双路输出 开关电源模块	PT6931	5V	3.3/1.8V	5.5A/1.75A	
	PT6932	5V	3.3/1.5V	5.5A/1.45A	

2. 上电次序与监视

双电源或多电源供电的系统，一般都有上电/掉电次序问题。上电/掉电次序的一般原则是：

- 内核应先于 I/O 上电，后于 I/O 掉电；
- 内核和 I/O 供电应尽可能同时，二者时间差不能太长(一般不能＞1s，否则会影响器件的寿命或损坏器件)。

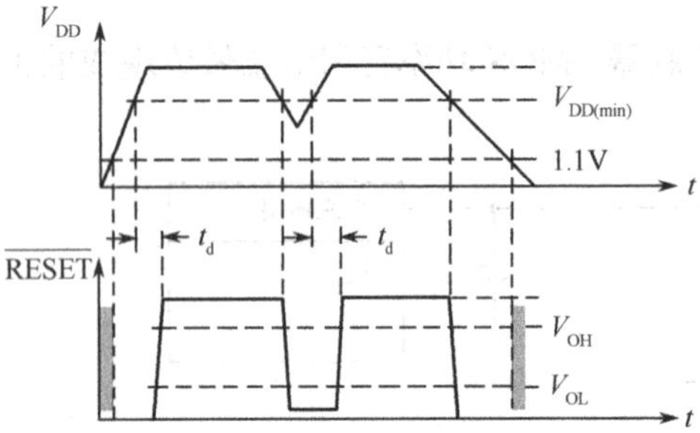

图 13-4　电源电压跌落瞬间复位 DSP

为了使系统工作稳定，有必要对供电电源进行监视，当电压不符合要求时，产生复位信号，如图 13-4 所示。电源电压监视电路(Supply Voltage Supervisors，SVS)就是为此目的而设计的，SVS 除了对电源电压进行监视外，还会附加一些其他的功能，如上电复位、手动复位和看门狗电路等，这些功能可以提高系统的可靠性。常用的 SVS 器件有：

- TPS3823-33，MAX706/MAX708：具有电压监测、上电复位、手动复位和看门狗电路。
- TPS3307-25/18，TPS3809K33：仅有电压监测、上电复位和手动复位功能。

C67xx DSP 供电电源实例如图 13-5 所示，使用线性稳压器 TPS75701 将输入的 5V 电压转换成 1.2V 内核电压，其 PowerGood 信号控制 TPS75933，使得 CPU 内核电压建立后，才产生 3.3V 电压供给 I/O 接口。使用 TPS3307-25 监测电压，并在上电瞬间复位 DSP 芯片，实测上电顺序如图 13-6 所示。

3. 电源滤波

数字电路，尤其是 CMOS 电路，在开关切换时会产生较大的电流波动。一个逻辑节点从一个逻辑电平转换为另一个逻辑电平时，与此节点相关的电容将被充电或放电，电容充/放电电流由电源提供。换句话说，静态电路所需的电流相对很少，也比较平稳，而像 DSP 这样复杂的数字电路，供电电流突大突小很不规则，这将导致电源线上产生很强的噪声干扰。大多数的数字电路对于电源电压的要求并不高，只要电压纹波控制在一定的范围内，数字电路总是可以正常工作。控制电压纹波方法很简单，只需在电源引脚旁加一个旁路滤波电容即可，如图 13-7 所示。旁路滤波电容通常选 0.1μF 的瓷片电容，瓷片电容的特点是：电感小，等效串联电阻(ESR)低，非常适合滤除电源电压的波动。为了更好地稳定电源电压，还可以在芯片的四周放一些大电容，电容值 4.7~10μF，选择电容种类时，同样也要求选择电感小、等效串联电阻低的电容，一般推荐使用钽电容。

DSP 的所有电源引脚，无论是数字还是模拟电源引脚，一般都要加旁路滤波电容。

C6000 系列 DSP 若需要外扩 A/D、D/A、运放、Codec 等模拟器件，则系统同时包含了模拟和数字电路。如果模拟部分与数字部分公用一个电源，数字部分产生的噪声会大大降低模拟

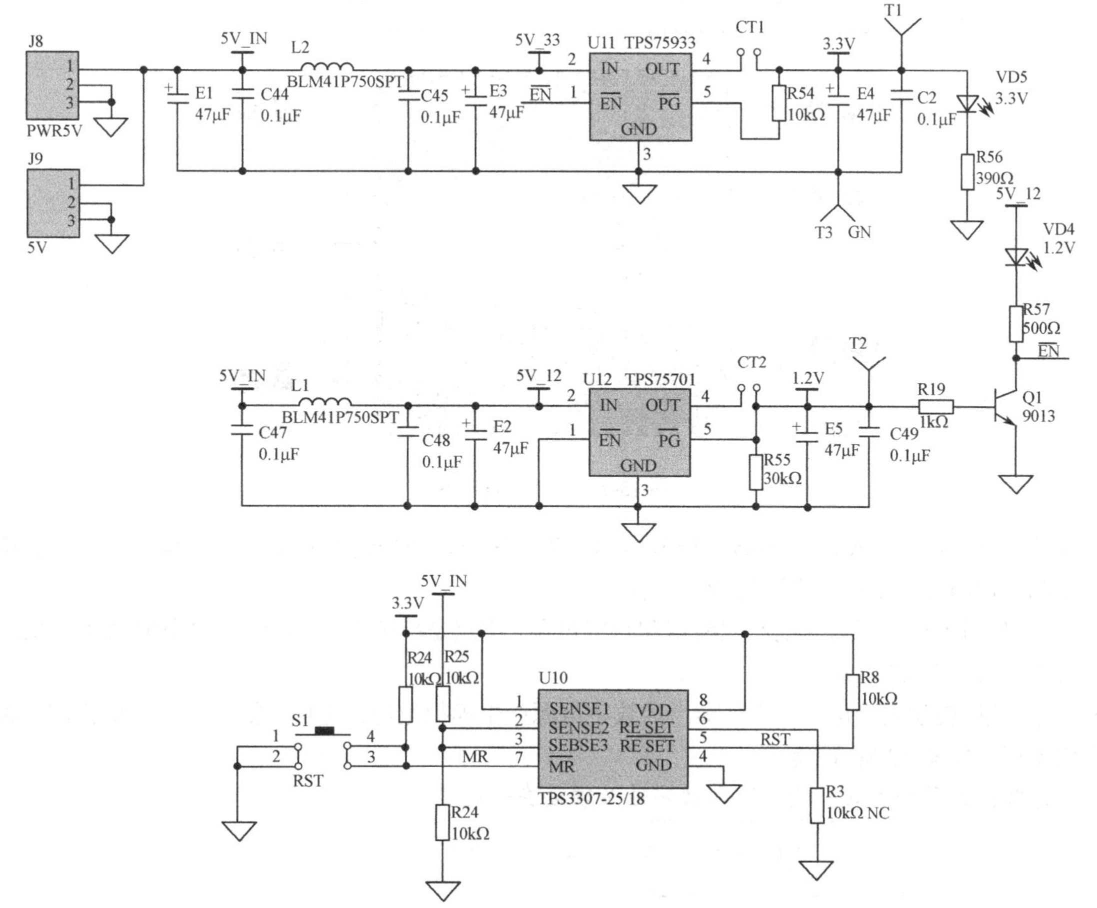

图 13-5　C67xx DSP 供电电源实例

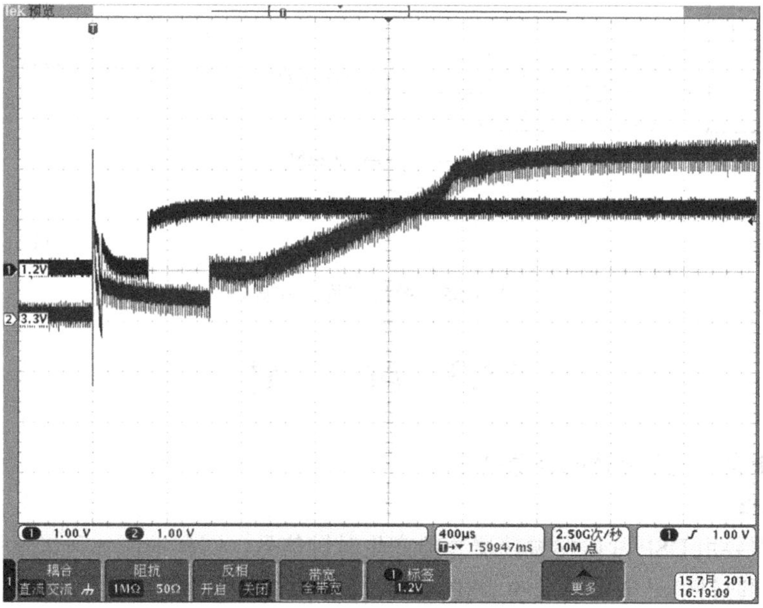

图 13-6　C67xx DSP 供电电源实测上电顺序

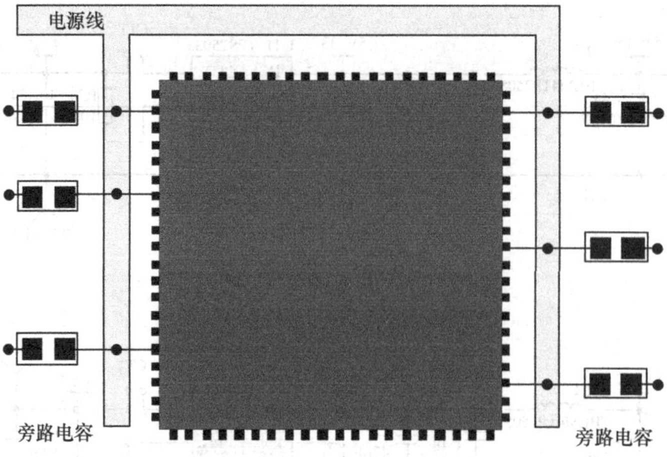

图 13-7　旁路滤波电容

器件的性能。比如，A/D 转换结果误差增加。为了避免这样的情况发生，应使模拟部分电源和数字部分电源分开供电，有下列两种方法。

① 使用多路稳压器分别产生模拟和数字电源，优点是模拟电源不受数字电源的影响，缺点是成本高，如图 13-8(a)所示。

② 使用被动去耦电路，从有噪声的数字电源产生模拟电源，这种方法可满足一般需求，而且成本低，如图 13-8(b)所示。

注意：这两种方式，模拟地和数字地必须连在一起。

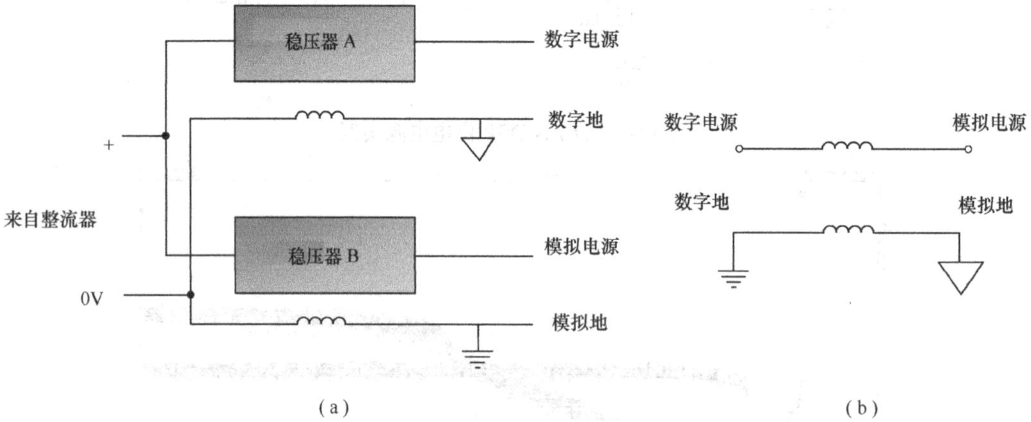

图 13-8　模拟和数字电源

13.3　时　　钟

时钟信号来自于无源晶体或有源晶振。

1．无源晶体

无源晶体需要用 DSP 片内的振荡器才能产生时钟信号，同样的晶体可以适用于多种电压，可用于多种不同时钟信号电压要求的 DSP，而且价格低廉，因此对于批量大的产品建议用晶体。无源晶体相对于晶振而言，其缺陷是信号质量较差，通常需要精确匹配外围电路(用于信号匹配的电容、电感、电阻等)，更换不同频率的晶体时外围电路需要做相应的调整。建议采用精度较高的石英晶体，而不要采用精度低的陶瓷晶体。

2. 有源晶振

有源晶振不需要DSP的内部振荡器，它将晶体、振荡器和负载电容集成在一起，不需要复杂的外围电路，输出信号为方波时钟信号，信号质量好，稳定可靠。有源晶振通常有4个引脚：1脚为使能端，可悬空；2脚接地；3脚为输出；4脚接电源。相对于无源晶体，有源晶振的缺陷是其信号电平是固定的，需要选择好合适输出电平，灵活性较差，而且价格高。C6000系列DSP内部由于没有振荡电路，只能使用有源晶振。

3. 可编程时钟芯片

可编程时钟芯片上集成有振荡电路OSC和1个或多个独立的PLL，提供多个时钟输出引脚，每个PLL的分频/倍频系数可独立编程确定。可编程时钟芯片的特点：

- 电路简单、占地小，可编程时钟芯片+晶体+两个外部电容；
- 多个时钟输出引脚，可编程产生特殊的频率值，适合于多时钟源的系统；
- 驱动能力强，可提供给多个器件使用；
- 成本较高，但对于多时钟源系统来说，总体成本较低；
- 时钟信号电平一般为5V或3.3V。

常用可编程时钟芯片信号为CY22381，片内有3个独立的PLL，3个时钟输出引脚，将负载电容集成在芯片内，其结构如图13-9所示。

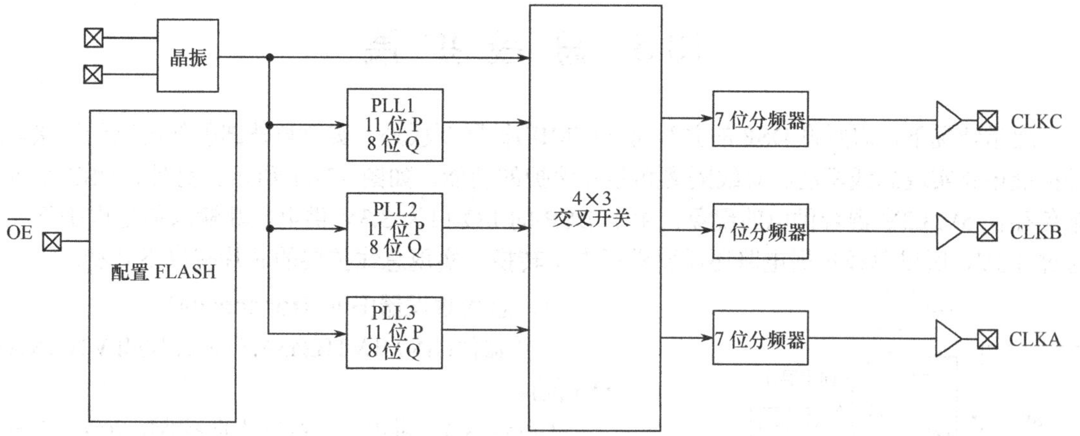

图13-9　CY22381时钟芯片结构框图

时钟电路设计应遵循以下原则。

① 20MHz以下的晶体晶振基本上都是基频的器件，稳定性好，20MHz以上大多是利用谐波产生的，稳定性差，因此尽量使用DSP片内的PLL，降低片外时钟频率，提高系统的稳定性。

② 系统中要求多个不同频率的时钟信号时，首选可编程时钟芯片，这样有利于时钟信号的同步。

③ 时钟信号走线尽可能短，尽可能宽，与其他印制线间距尽可能大，紧靠器件布局布线，必要时可以走内层，以及用地线包围。

13.4　硬件仿真接口

联合测试行动组(Joint Test Action Group，JTAG)是一种国际标准测试协议，最初用于芯片内部测试，现在常用于在线硬件仿真、调试接口。JTAG引脚定义如下，硬件连接如图13-10所示。

- TCK：测试输入时钟；
- TDI：测试输入数据，数据通过 TDI 输入 JTAG 口；
- TDO：测试输出数据，数据通过 TDO 从 JTAG 口输出；
- TMS：选择测试模式；
- $\overline{\text{TRST}}$：测试复位引脚，低电平有效；
- EMU0、EMU1：仿真引脚，选择器件功能模式。

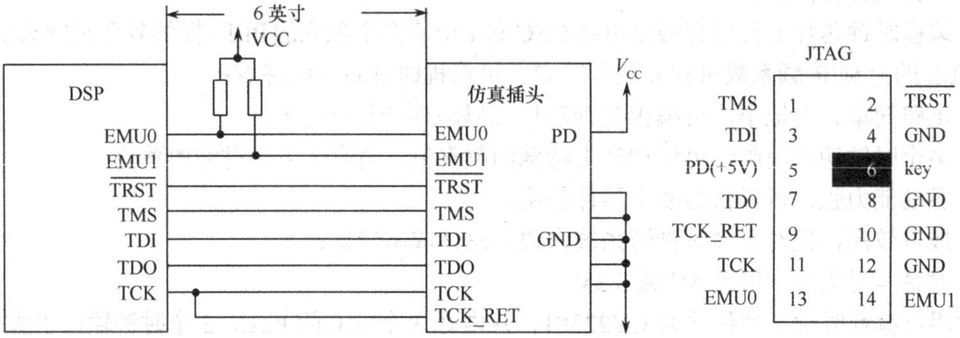

图 13-10　DSP 芯片与 JTAG 仿真接口的连接

13.5　总 线 扩 展

通常情况下，需要将 DSP 的并行总线(EMIF)扩展至板外，实现与外部硬件电路的连接。总线扩展电路实现总线驱动、总线隔离和芯片保护的功能，如图 13-11 所示。另外，DSP 系统中难免存在 5V/3.3V 混合供电的现象，由于 DSP 的 I/O 口为 3.3V 供电，其输入信号电平不允许超过 3.3V，所以总线扩展电路还需要进行电平转换。实现总线扩展的芯片有以下几种。

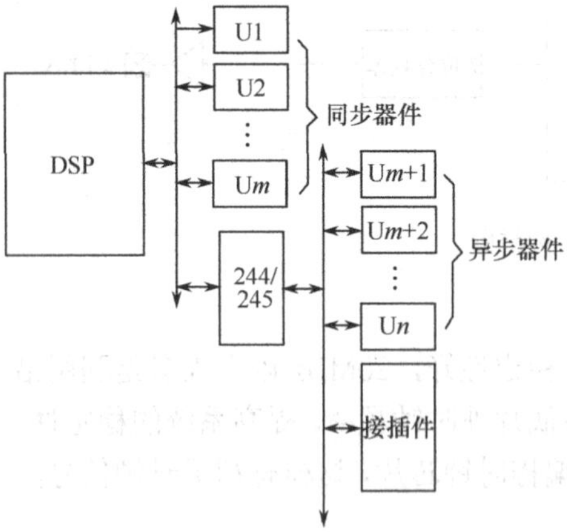

图 13-11　DSP 系统的总线扩展

1．总线收发器(Bus Transceiver)

常用器件：SN74LVTH245A(8 位)、SN74LVTH16245A(16 位)。

特点：3.3V 供电，需进行方向控制，延迟：3.5ns，驱动：−32/64mA，输入容限：5V。

应用：数据、地址和控制总线的驱动。

2．总线开关(Bus Switch)

常用器件：SN74CBTD3384(10 位)、SN74CBTD16210(20 位)。

特点：5V 供电，无须方向控制，延迟：0.25ns，驱动能力不增加。

应用：适用于信号方向灵活且负载单一的应用，如 McBSP 等外设信号的电平变换。

3．2 选 1 切换器(1 of 2 Multiplexer)

常用器件：SN74CBT3257(4 位)、SN74CBT16292(12 位)。

特点：实现 2 选 1，5V 供电，无须方向控制，延迟：0.25ns，驱动能力不增加。

应用：适用于多路切换信号、且要进行电平变换的应用，如双路复用的 McBSP。

4. CPLD

3.3V 供电，但输入容限为 5V，并且延迟较大：>7ns，适用于少量的对延迟要求不高的输入信号。

13.6 串行通信接口

1. UART 接口

通用异步收发器(Universal Asynchronous Receiver/Transmitter，UART)是一种通用串行数据总线，用于异步通信，该总线可以双向通信，实现全双工传输和接收。C6000 DSP 需要外部扩展 UART 芯片来实现 UART 功能，见表 13-2。

表 13-2 外部扩展 UART 芯片

接口类型	用 途	型 号
SPI 总线		MAX3100(Maxim 公司)
8 位异步并行总线	PC UART (包含 Modem 信号)	单通道：TL16C750FN(TI 公司)
		双通道：TL16C752BPT(TI 公司)
		四通道：TL16C754BFN(TI 公司)
	工业级 UART (无 Modem 信号)	单通道：SC28L91(Philips 公司)
		双通道：SC28L92(Philips 公司)
		四通道：SC28L194(Philips 公司)
		八通道：SC28L198(Philips 公司)

UART 芯片实现数据的串并转换后，还需要 232 转换芯片，比如 MAX232，将 TTL 电平转换成 232 电平，才可以与其他具有 RS-232C 接口的设备连接，如图 13-12 所示。

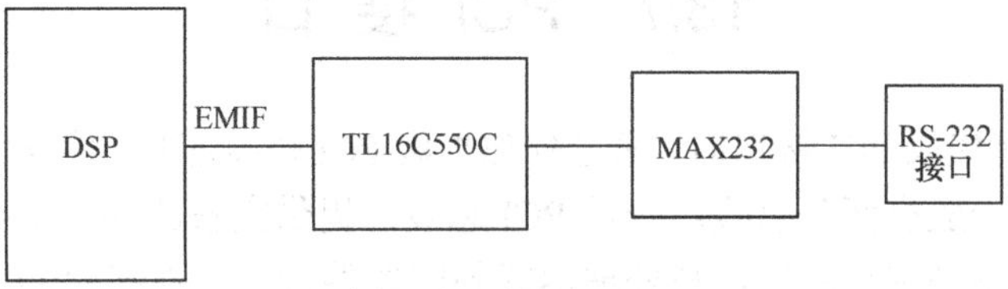

图 13-12 DSP 与 TL16C550 的接口

由于 MAX3111E 芯片内集成了 UART 和 RS-232 Transceiver，所以不需要 232 转换芯片就可以直接接与 RS-232C 接口连接。如图 13-13 所示。

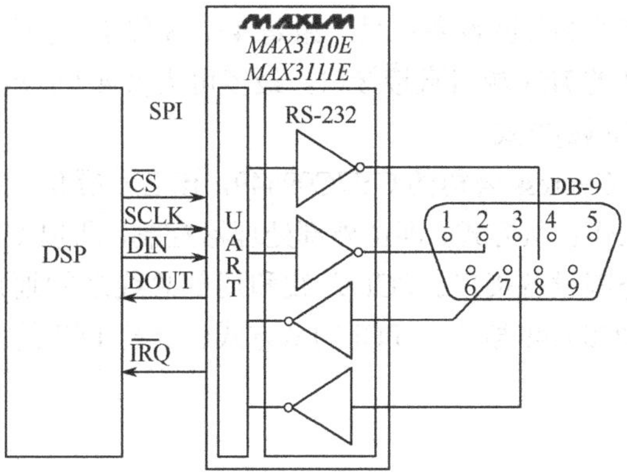

图 13-13 DSP 与 MAX3110 的接口

2. USB 接口

通用串行总线(Universal Serial Bus，USB)是目前计算机中的标准扩展接口，C6000 DSP 需要外部扩展 USB 芯片实现 USB 接口，USB 芯片按传输速率分为：

- 低速：1.5Mbps
- 全速：12Mbps(USB1.1)
- 高速：480Mbps(USB2.0)

新设计的 DSP 系统一般选用 USB2.0 接口。Cypress 公司是全球最大的 USB 接口器件的供应商，其产品系列最全，开发最方便，该公司 USB2.0 器件按实现的功能可分为：

- USB 收发器：链路层和应用层全由与之配合的处理器实现，如 CY7C68000。
- USB 智能引擎：USB 收发器＋SIE，与之配合的处理器只需实现应用层，如 CY7C68001。
- USB 控制器：USB 收发器＋SIE＋MCU，与之配合的处理器只需与 MCU 进行数据交换，如 CY7C68013。

DSP 系统中一般选用 USB 智能引擎或 USB 控制器，DSP 与 CY7C68013 的接口如图 13-14 所示。

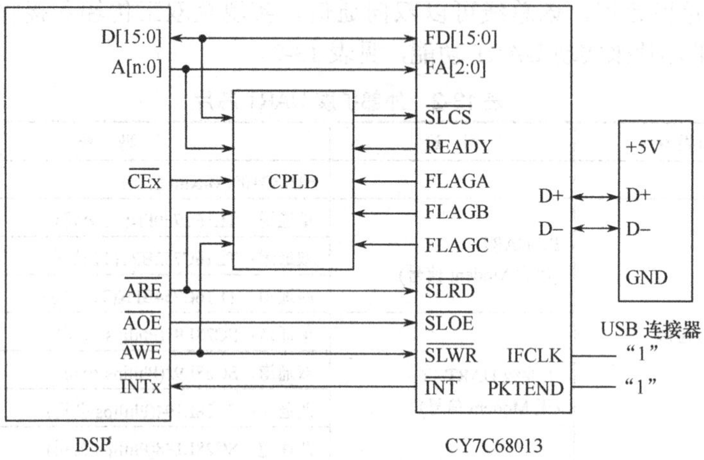

图 13-14　DSP 与 CY7C68013 的接口

13.7　PCI 接口

当 DSP 片上没有集成 PCI 接口时，通过外部扩展 PCI 桥接芯片，能够为 DSP 系统添加 PCI 接口。PCI 桥接器件一般有两条总线：一是 PCI 总线，提供完整的 PCI 总线接口信号，直接与 PCI 总线接口；另一条是局部总线，与处理器或外围器件接口。不同的 PCI 桥接器件 PCI 总线部分基本相同，而局部总线各不相同。常用的 PCI 桥接器件有：

TI 公司的 PCI2040，该芯片有两组局部总线：一组是 16 位通用局部总线，通过其可以外扩存储器和外围设备；另一组是 4 个 8 位/16 位可配置的 HPI 接口，可以与 C5000 和 C6000 系列 DSP 的 HPI 端口直接接口，最多可支持 4 个 DSP，如图 13-15 所示。但 PCI2040 只支持 PCI 的从(Slave)方式。

Cypress 公司的 CY7C09449，该芯片提供一条 8/16/32 位可配置的同步局部总线，该局部总线工作在从方式，即由外部处理器控制，所以 CY7C09449 只能与微处理器接口，不能与存储器或外围设备接口。PCI 总线和局部总线之间通过 CY7C09449 片内的双口 RAM 交换数据。CY7C09449 既支持 PCI 的从方式也支持 PCI 的主(Master)方式。

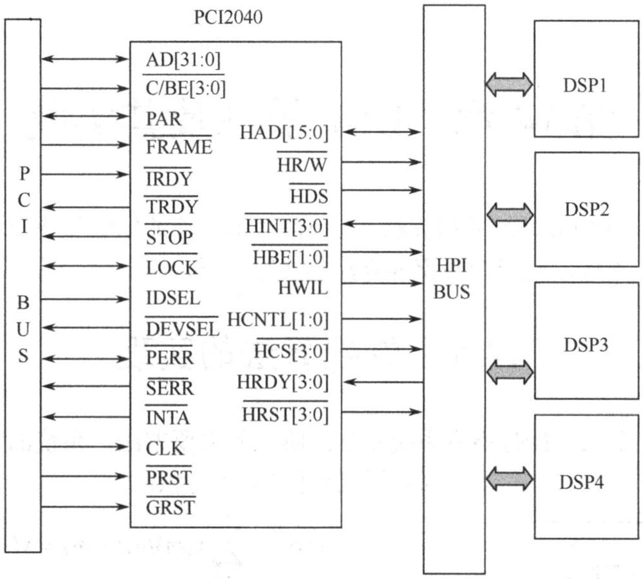

图 13-15　DSP 与 PCI2040 的接口

思考题与习题 13

13-1 基于 C67xx DSP 的最小系统包括哪些基本电路?

13-2 DSP 应用系统的干扰源主要有哪些？如何抑制?

13-3 在 DSP 系统中经常使用 TI 公司的电源管理芯片 TPS73HD301，提供两组电源输出。其中一组为固定的 3.3V，另一组是可变的。设给定电源为 5V，请查阅该芯片的数据手册，给出一个 3.3V 和 1.26V 的电源供给方案。

第 14 章　DSP 算法及其实现

本章介绍 DSP 算法中典型的卷积算法、有限冲激响应滤波算法和快速傅里叶变换算法及其 CCS 实现，并通过输入输出波形图观察各算法的实际效果。

14.1　卷积算法的实现

卷积是离散系统下求线性时不变系统零状态响应的主要方法，系统的输出等于输入与该系统单位脉冲响应的卷积：

$$y(n)=\sum_{m=-\infty}^{\infty}x(m)h(n-m)=x(n)*h(n) \tag{14-1}$$

卷积的图解法计算分为如下 4 步：

① 翻转：首先将变量 n 替换为 m，作出 $x(m)$的波形，将 $h(m)$的波形翻转成 $h(-m)$。

② 移位：将 $h(-m)$移位 n，得到 $h(n-m)$。当 n 为正整数时，右移 n 位；当 n 为负整数时，左移 n 位。

③ 相乘：将 $h(n-m)$和 $x(m)$的相同 m 值的对应点值相乘。

④ 相加：将以上所有对应点的乘积相加起来，即得 $y(n)$的值。

打开工程 Examples\1401_Convolution，程序流程图如图 14-1 所示。

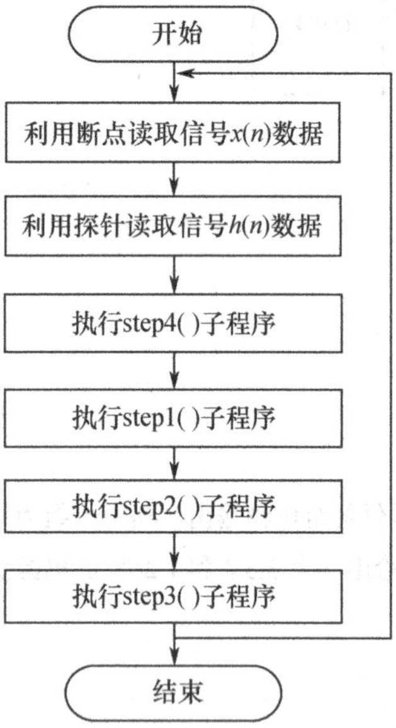

图 14-1　卷积计算流程图

程序源代码如下：

```
/*******************************************************************/
/* 文件名称：convolution.c
/* 功能：从外部文件读取两个信号进行卷积运算
/*******************************************************************/
#include <volume.h> //宏定义声明，其中 BUFSIZE 为 0x64，MINGAIN 为 1。
/* 全局变量声明，数据处理使用的缓冲区声明 */
short in1_buffer[BUFSIZE];
short in2_buffer[BUFSIZE];
short out1_buffer[BUFSIZE];
short out2_buffer[BUFSIZE];
short out3_buffer[BUFSIZE];
short out4_buffer[BUFSIZE*2];
short size = BUFSIZE;
shortain = MINGAIN;
shortzhy=0;
short sk=64;      /*sk 代表所开的 bufsize 的大小。其中输入文件 sine.dat 为 32 点，sine11.dat、
sin22.dat、sin33.dat、sin44.dat 为 64 点的输入波形.*/
/* 卷积各步骤的函数声明 */
static short step1(short *output1, short *output2);
```

```
static short step2(short *output2, short *output3);
static short step3(short *input1,short *output2,short *output4);
static short step4(short *input2, short *output1);
static void dataIO1(void);
static void dataIO2(void);
/*********************************************************************/
/*主程序                                                              */
/*********************************************************************/
void main()
{
    short *input1 = &in1_buffer[0];
    short *input2 = &in2_buffer[0];
    short *output1 = &out1_buffer[0];
    short *output2 = &out2_buffer[0];
    short *output3 = &out3_buffer[0];
    short *output4 = &out4_buffer[0];
    puts("volume example started\n");
    while(TRUE)
    {
        dataIO1();      // 利用断点中的输入(探针)功能读取一个外部文件的数据
        dataIO2();      // 利用断点中的输入(探针)功能读取另一个外部文件的数据
        step4(input2,output1);
        step1(output1, output2);
        step2(output2, output3);
        step3(input1,output2,output4) ;
    }
}
/*********************************************************************/
/* 函数声明：卷积的 4 个步骤                                           */
/*********************************************************************/
/*********************************************************************/
/* step4  对输出的 input2 buffer 波形截取 m，然后把生成的波形上的各点   */
/*          的值存入以 output1 指针开始的一段地址空间中                 */
/*********************************************************************/
static short step4(short *input2,short *output1)
{
    short m=sk;
    for(;m>=0;m--)
    {
        *output1++ = *input2++ * ain;
    }
    for(;(size-m)>0;m++)
    {
    output1[m]=0;
    }
    return(TRUE);
}
/***********************************************************************/
/* step1  对输入的 output1 buffer 波形进行截取 m 点，再以零点的 Y 轴为对称轴*/
/*进行翻褶，把生成的波形上的值存入以 output2 指针开始的一段地址空间中   */
/***********************************************************************/
static short step1(short *output1,short *output2)
{
```

```
    short m=sk-1;
    for(;m>0;m--)
    {
        *output2++ = *output1++ * ain;
    }
    return(TRUE);
}
/***************************************************************************/
/* step2  对输出的 output2 buffer 波形进行作 n 点移位，然后把生成的波形    */
/*          上的值存入以 output3 指针开始的一段地址空间中                  */
/***************************************************************************/
static short step2(short *output2, short *output3)
{
    short n=zhy;
    size=BUFSIZE;
    for(;(size-n)>0;n++)
    {
        *output3++ = output2[n];
    }
    return(TRUE);
}
/*****************************************************************************/
/* step3  对输入的 output2 buffer 波形和输入的 input1 buffer 作卷积运算，      */
/*  然后把生成的波形上的各点的值存入以 output4 指针开始的一段地址空间中*/
/*****************************************************************************/
static short step3(short *input1,short *output2,short *output4)
{
    short m=sk;
    short y=zhy;
    shortz,x,w,i,f,g;
    for(;(m-y)>0;)
    {
        i=y;
        x=0;
        z=0;
        f=y;
        for(;i>=0;i--)
        {
            g=input1[z]*output2[f];
            x=x+g;
            z++;
            f--;
        }
        *output4++ = x;
         y++;
    }
    m=sk;
    y=sk-1;
    w=m-zhy-1;
     for(;m>0;m--)
    {
        y--;
        i=y;
```

```
            z=sk-1;
            x=0;
            f=sk-y;
            for(;i>0;i--,z--,f++)
            {
                g=input1[z]*output2[f];
                x=x+g;
            }
            out4_buffer[w]=x;
            w++;
        }
        return(TRUE);
    }
    /***********************************************************************/
    /*  函数声明：dataIO                                                    */
    /*  利用下面函数设置探针，以完成外部文件中数据的读取                     */
    /***********************************************************************/
    static void dataIO1()
    {
        return;
    }
    static void dataIO2()
    {
        return;
    }
```

将 CCS 设置为软件仿真模式，分别在程序的第 49 行的 dataIO1( )和第 50 行的 dataIO2( )设置断点，设置断点属性为“Read Data from File”，以便读入两个外部文件中的数据，分别作为卷积运算的输入序列 $x(n)$和 $h(n)$，图 14-2 和图 14-3 为断点设置界面。

```
47      /*  Read input data using a probe connected to a host file.*/
48      /*  Write output data to a graph connected through a probe.*/
49      dataIO1();  // breakpoints
50      dataIO2();  // breakpoints
51      step4(input2,output1);
52      step1(output1, output2);
53      step2(output2, output3);
54      step3(input1,output2,output4) ;
```

图 14-2　在程序前添加断点

分别设置两个断点的属性以完成外部数据的读取，包括设置断点的行为为“Read Data from File”，设置要读取文件的存放位置、是否循环读取数据、数据读取后的存放地址、每次读取数据的长度等，如图 14-4 所示。

然后对程序进行编译，进入调试界面。为使程序运行时 CCS 能够自动刷新变量和图形窗口的内容，需要设置 Debug 参数，默认情况下，CCS5 是不允许刷新的。在 Debug 模式下，选择 Tools→Debugger Options Auto Run and Launch Options 命令，出现如图 14-5 所示界面，选中“Realtime Options”下的第一项，之后单击“Remember My Settings”保存设置。

为便于直观地观察程序的运行效果，使用图形观察窗口对输入波形以及输出波形进行观察。在调试界面中单击 Tools→Graph→Single Time 命令，分别进行两路输入信号和一路输出信号的显示属性的设置。设置内容包括采集缓冲区的大小、显示缓冲区的大小、待显示数据的存放地址等，这里对两个输入信号分别采集 64 点进行卷积运算，其中输入信号的起始地址即断点从外部文件读取数据后的存放地址，输出信号的起始地址即存放卷积运算结果的数组地址，如图 14-6 和图 14-7 所示。

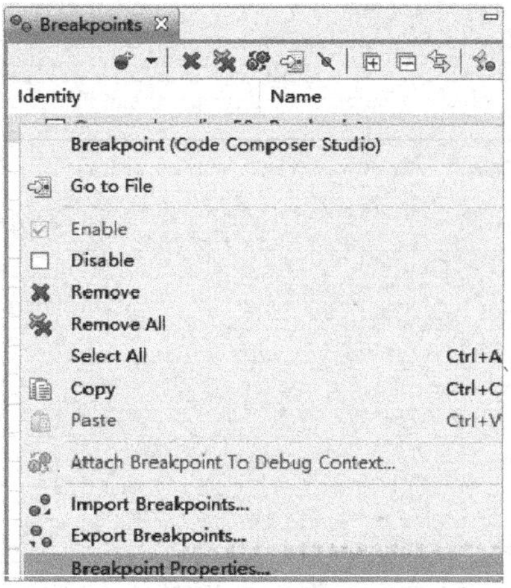

图 14-3　断点设置界面

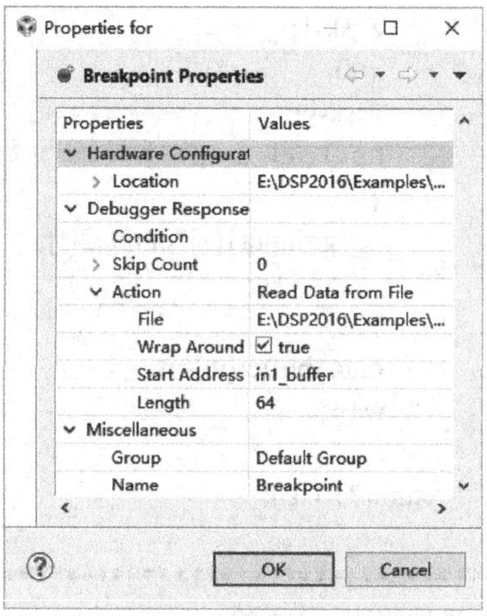

图 14-4　断点属性设置

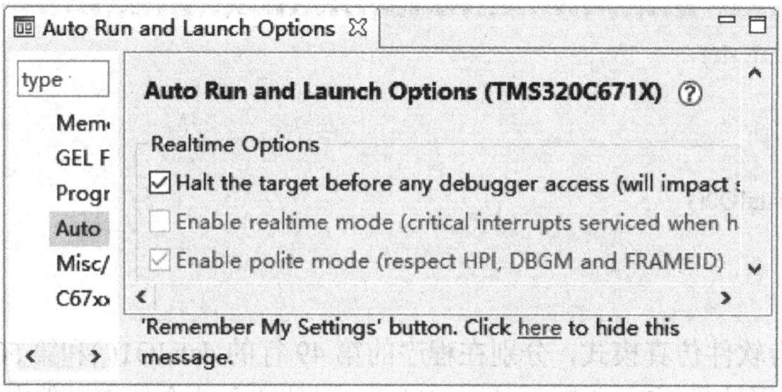

图 14-5　设置 CCS 自动刷新变量和图形窗口

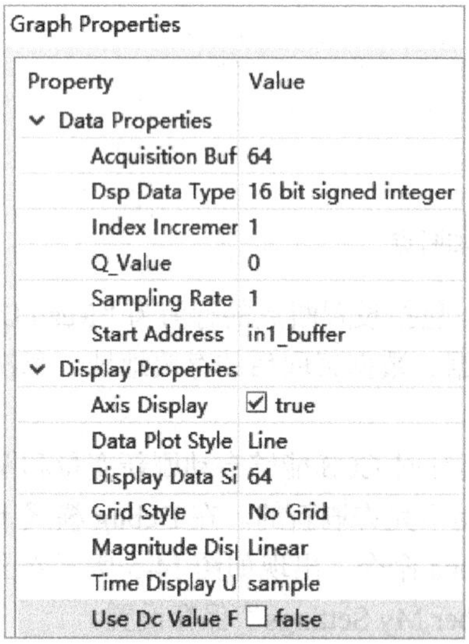
Graph Properties
Property
Value
Data Properties
Acquisition Buf
64
Dsp Data Type
16 bit signed integer
Index Incremer
1
Q_Value
0
Sampling Rate
1
Start Address
in1_buffer
Display Properties
Axis Display
true
Data Plot Style
Line
Display Data Si
64
Grid Style
No Grid
Magnitude Dis|
Linear
Time Display U
sample
Use Dc Value F
false

图 14-6　设置输入信号的显示属性

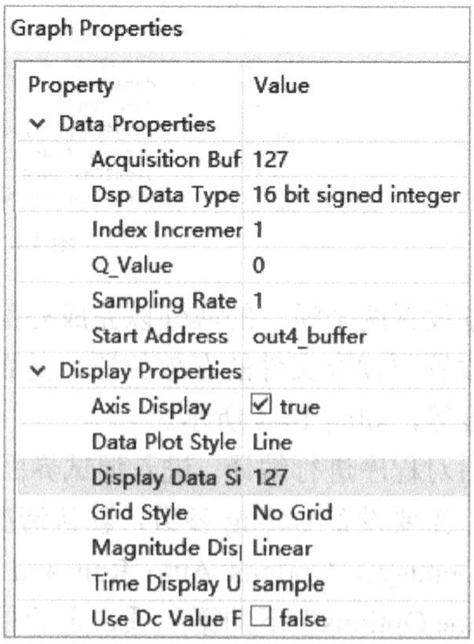
Graph Properties
Property
Value
Data Properties
Acquisition Buf
127
Dsp Data Type
16 bit signed integer
Index Incremer
1
Q_Value
0
Sampling Rate
1
Start Address
out4_buffer
Display Properties
Axis Display
true
Data Plot Style
Line
Display Data Si
127
Grid Style
No Grid
Magnitude Dis|
Linear
Time Display U
sample
Use Dc Value F
false

图 14-7　设置输出信号的显示属性

完成以上设置后，运行程序，同时单击图形显示窗口刷新工具中的“Enable Continuous Refresh”，即可用图形观察窗口实时观察两路输入和一路输出信号的波形。图 14-8 为两个同频率正弦信号的卷积波形，图 14-9 为正弦波与矩形波信号的卷积波形。

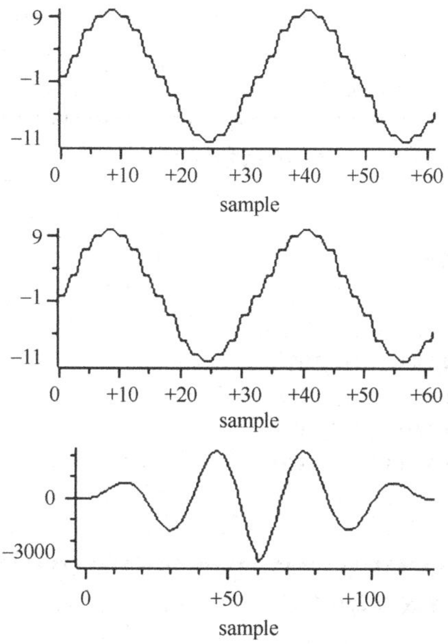

图 14-8　两个同频正弦信号卷积

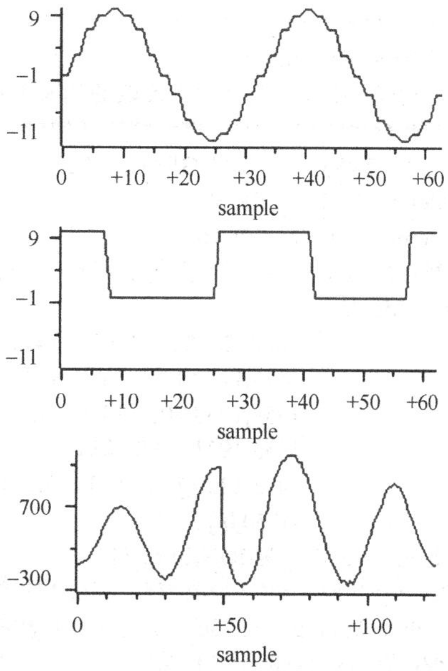

图 14-9　正弦波与矩形波卷积

14.2　有限冲激响应滤波器(FIR)的实现

FIR 滤波器是一种非递归系统，其单位脉冲响应 $h(n)$是有限长序列，该滤波器的输出为

$$y(n)=\sum_{i=0}^{N-1}h(m)x(n-m) \tag{14-2}$$

式中，N 为 FIR 滤波器的阶数。

在数字信号处理中，往往需要线性相位的滤波器，FIR 滤波器在保证幅值特性满足参数要求的同时，很容易做到严格的线性相位特性。为了使滤波器为线性相位，要求其单位脉冲响应 $h(n)$为实序列，且满足偶对称或奇对称条件，即 $h(n)=h(N-1-n)$ 或 $h(n)=-h(N-1-n)$。因此，当 N 为偶数时，偶对称线性相位 FIR 滤波器的输出为

$$y(n)=\sum_{i=0}^{N/2-1}h(i)(x(n-i)+x(N-1-n-i)) \tag{14-3}$$

由上可见，FIR 滤波器不断地对输入样本 $x(n)$延时后，再做乘累加运算，将滤波器结果 $y(n)$输出。因此，FIR 实际上是一种乘累加运算。而对于线性相位 FIR 而言，利用线性相位 FIR 滤波器系数的对称特性，可以将乘法器数目减少一半。

本节示例程序中 FIR 的算法如式(14-4)所示，目的是对带有噪声的不同输入信号(正弦波、方波、三角波)进行 FIR 滤波，观察滤掉噪声后的波形。

$$y[j]=\sum_{k=0}^{nh}h[k]x[j-k]\quad(0\leqslant j\leqslant nx) \tag{14-4}$$

打开工程 Examples\1402_NewFir，程序流程图如图 14-10 所示，程序源代码如下：

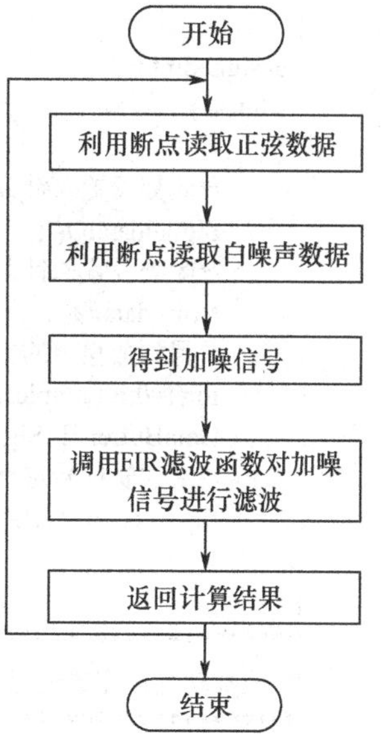

图 14-10　FIR 滤波器程序流程图

```
/******************************************************************************/
/*  文件名称:Filter.c
/*  功能：对从外部文件中读取的加噪正弦信号进行 FIR 滤波
/******************************************************************************/
/*FIR 参数定义，滤波器阶数为 52，滤波器系数为整数，使用 16 次移位得到*/
#define ORDER_FIR 52
#define ROUND_FIR 16
/*滤波器系数定义，要根据实际噪声情况进行设置*/
shorthfir[]={
            -4050,2630,2046,1689,1471,1354,1306,1298,1321,1359,
            1413,1472,1537,1600,1663,1721,1779,1831,1880,1921,
            1958,1988,2013,2030,2041,2044,2041,2030,2013,1988,
            1958,1921,1880,1831,1779,1721,1663,1600,1537,1472,
            1413,1359,1321,1298,1306,1354,1471,1689,2046,2630,
            -4050,0 };
#pragma DATA_ALIGN(hfir,0x4);
/******************************************************************************/
#define SampleLong 256    //定义进行滤波的信号点数为 256 个
/*存放读取得到的正弦信号*/
intSignalDataBuffer[SampleLong]={0};
/*存放读取得到的白噪声信号*/
intNoiseDataBuffer[SampleLong]={0};
/*存放加噪后的信号*/
intDataBuffer[SampleLong]={0};
#pragma DATA_ALIGN(DataBuffer,0x4);
/*存放滤波后的信号*/
shortDDataBuffer[SampleLong];
/******************************************************************************/
/*函数声明*/
static void SignaldataIO();
static void NoisedataIO();
void fir_filter(constint x[],constint h[],short y[],intn,intm,int s);
void main()
{
  unsignedint i;
  while(1)
  {
        /*此处设置探针读取 sine.dat 中的正弦数据，存放到 SignalDataBuffer 数组*/
        SignaldataIO();
        /*此处设置探针读取 gauss32.dat 中的白噪声数据，存放到 NoiseDataBuffer 数组*/
        NoisedataIO();
        /*得到加噪声的正弦波，此处降低了噪声幅度*/
        for(i=0;i<SampleLong;i++) //
        DataBuffer[i]=SignalDataBuffer[i]+NoiseDataBuffer[i]/50;
        /*对加噪信号进行 FIR 滤波，滤波结果存放在 DDataBuffer 数组中*/
        fir_filter((int*)DataBuffer,(int *)hfir,DDataBuffer,ORDER_FIR,SampleLong,ROUND_FIR);
        }
}
/******************************************************************************/
/*  函数功能：完成信号和噪声数据的读取，使用时要在此处添加探针进行设置*/
/******************************************************************************/
static void SignaldataIO()
{
```

```
        return;
}
static void NoisedataIO()
{
        return;
}
/*****************************************************************************/
/*   文件名称：FIR_filter.c
/*   功能：FIR 滤波器的实现函数
/*****************************************************************************/
/* 函数参数说明*/
/*   constint x[]：输入信号的缓冲数组，int 类型，在滤波中不可修改                    */
/*   constint h[]：滤波器的系数数组，int 类型，在滤波中不可修改                 */
/*   short y[]：输出信号的缓冲数组，short 类型                                    */
/*   n：滤波器长度，这里为 ORDER_FIR                                              */
/*   m：输入信号的长度，即数组 x[]的长度                                       */
/*   s：生成整型的滤波器系数时使用的移位数目，这里为 ROUND_FIR                 */
/*   注意:
/*           推荐使用-o3 编译优化选项                                              */
/*           x[]和 y[]不能使用相对地址                                         */
/*           x 和 h 存储时必须字对齐                                               */
/*           滤波器阶数应为大于 16 阶的偶数                                        */
/*           被滤波信号的长度为大于 16 的偶数                                      */
/*****************************************************************************/
void fir_filter(constint x[],constint h[],short y[],intn,intm,int s)
{
   int i,j;
   long y0,y1;
   long round;
   round=1L<<(s-1);
   _nassert(m>=16);
  _nassert(n>=16);
     for(j=0;j<(m>>1);j++)
     {
         y0=round;
         y1=round;
         for(i=0;i<(n>>1);i++)
         {
              y0+=_mpy(x[i+j],h[i]);
              y0+=_mpyh(x[i+j],h[i]);
              y1+=_mpyhl(x[i+j],h[i]);
              y1+=_mpylh(x[i+j+1],h[i]);
         }
        *y++=(short)(y0>>s);
        *y++=(short)(y1>>s);
   }
}
```

将 CCS 设置为软件仿真模式，利用断点和图形显示窗口完成测试数据的输入和对程序运行结果的观察。程序编译下载后，首先要在 Filter.c 文件的 78 行 SignaldataIO()和 81 行 NoisedataIO()处分别设置断点，并将断点分别与 sine.dat 和 gauss32.dat 文件相关联，以分别得到 32 位的正弦数据和白噪声数据。如图 14-11 和图 14-12 所示。

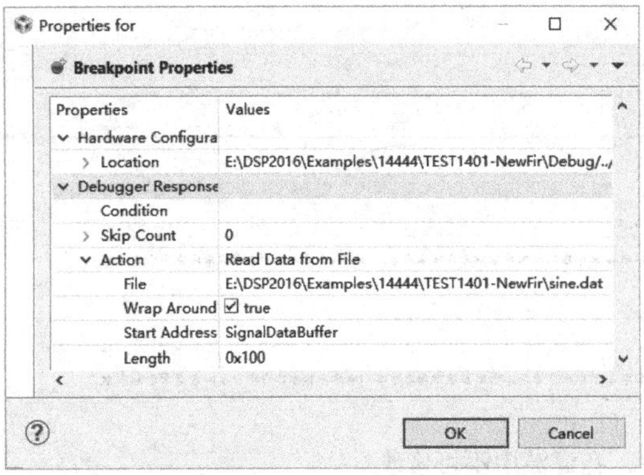

图 14-11　设置正弦信号断点与测试数据文件相关联

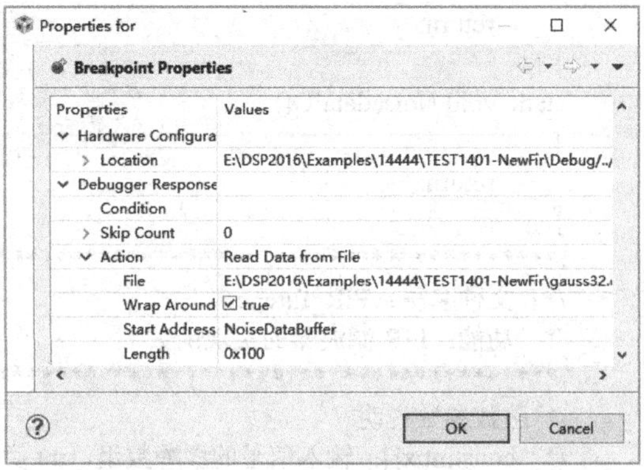

图 14-12　设置白噪声断点与测试数据文件相关联

打开图形显示设置窗口，其中 SignalDataBuffer 数组显示的是原始正弦信号图像，NoiseDataBuffer 数组显示的是原始白噪声图像，同时要修改 Acquisition Buffer Size 和 Display Data Size 大小相同，均为数组大小 256，修改 DSP Data Type 为 32 位有符号整数。设置完成后运行程序，在 Debug 模式下，选择 Tools→Debugger Options Auto Run and Launch Options 命令，选中“RealtimeOptinos”中的第一项以使 CCS 自动刷新，同时选中图形观察窗口中的“Enable Continuous Refresh”工具，此后从图形显示窗口可实时观察原始的正弦信号和噪声信号。如图 14-13 所示。

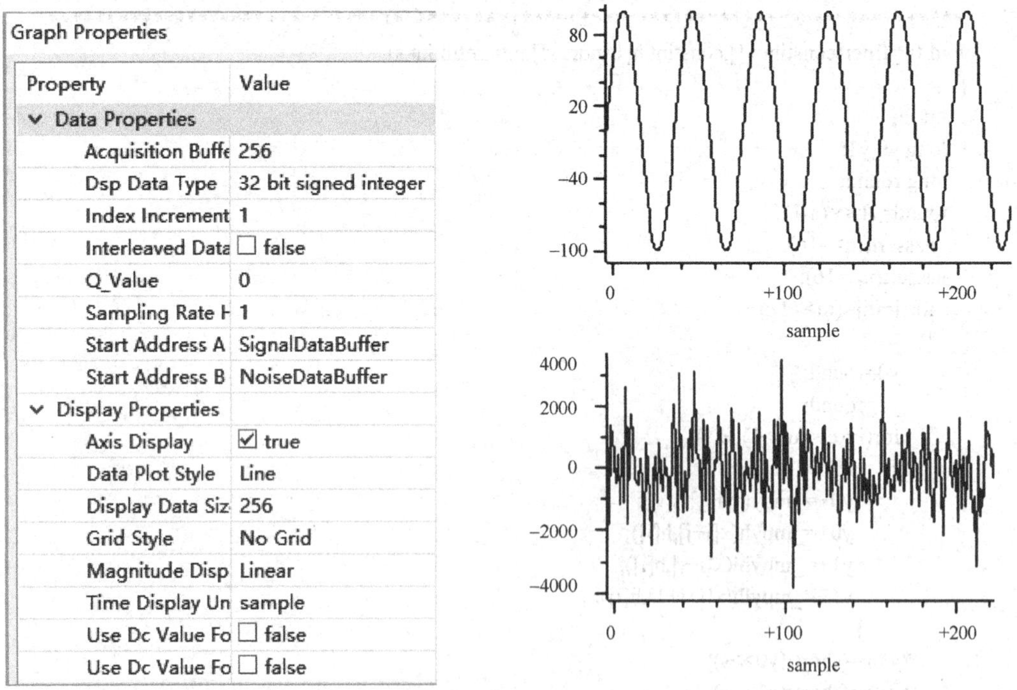

图 14-13　测试用的正弦信号和白噪声数据

使用同样的方法，可以观察信号和噪声混合后的图像，如图 14-14 所示，其中 DataBuffer 数组用来存放混合后的数据。通过时域波形可以看出，噪声对信号形成了干扰，观察频谱图可以发现信号被干扰后确实增加了大量的高频分量。

经过 FIR 滤波后，再次观察时域和频域波形，发现信号中的高频噪声被滤除，如图 14-15 所示。

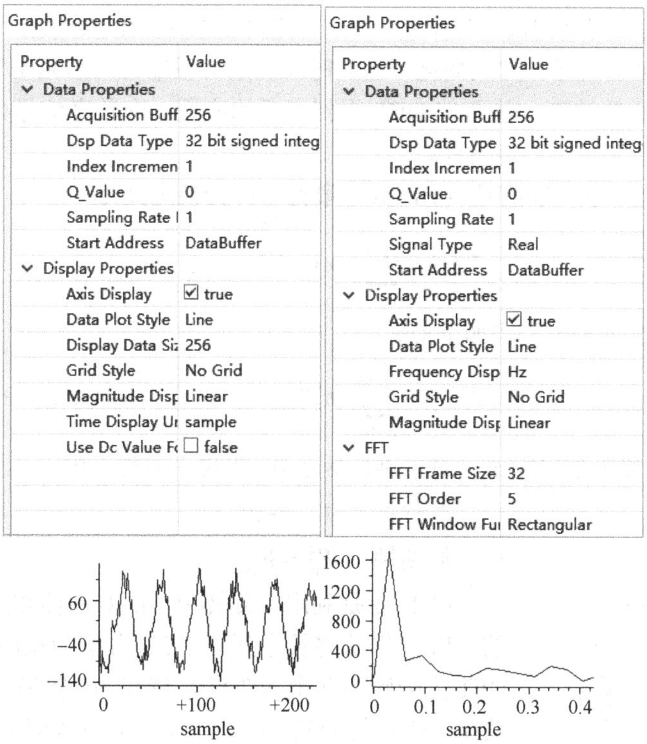

图 14-14　滤波前的信号图像

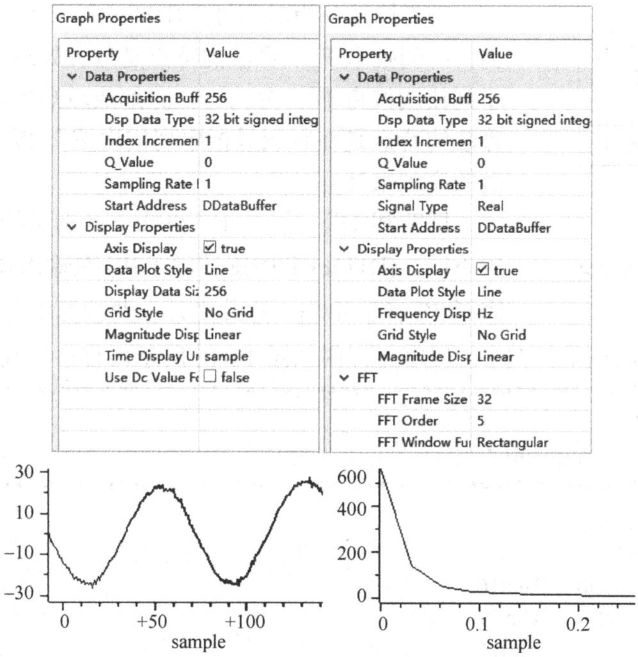

图 14-15　滤波后的信号图像

14.3　快速傅里叶变换(FFT)的实现

通过傅里叶变换可以将信号从时域变换到频域，是数字信号处理领域的一种重要分析工具。离散傅里叶变换(DFT)是连续傅里叶变换在离散系统中的表现形式，由于 DFT 的计算量很大，因此在很长时间内其应用受到很大的限制。快速傅里叶变换(FFT)是离散傅里叶变换的一种高效计算方法。FFT 使 DFT 的运算大大简化，运算时间一般可以缩短一至两个数量级，FFT 的出现大大提高了 DFT 的运算速度，从而使 DFT 得到广泛的应用。在数字信号处理系统中，FFT 甚至成为 DSP 运算能力的一个考核指标。

对于 N 点有限长时域离散信号 $x(n)$，其离散傅里叶变换定义为

$$X(k)=\sum_{n=0}^{N-1}x(n)\mathrm{e}^{-\mathrm{j}\left(\frac{2\pi}{N}\right)nk}\qquad k=0,1,\dots,N-1 \tag{14-5}$$

为了简洁，把式(14-5)改写成如下形式

$$X(k)=\sum_{n=0}^{N-1}x(n)W_N^{nk}\qquad k=0,1,\dots,N-1 \tag{14-6}$$

式中，$W_N=\mathrm{e}^{-\mathrm{j}2\pi/N}$ 称为旋转因子。对于旋转因子 W_N 来说，有如下的对称性和周期性。

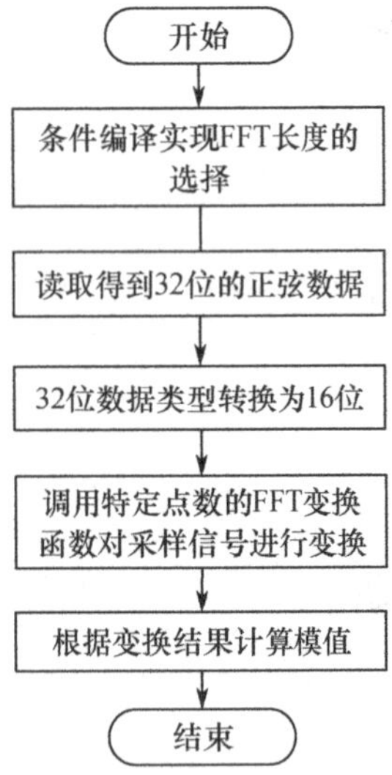

图 14-16　FFT 变换程序流程图

对称性：$W_N^k=-W_N^{k+N/2}$

周期性：$W_N^k=W_N^{k+N}$

FFT 就是利用了旋转因子的对称性和周期性来减少运算量的。FFT 算法将长序列的 DFT 分解为短序列的 DFT，N 点的 DFT 先分解为两个 $N/2$ 点的 DFT，每个 $N/2$ 点的 DFT 又分解为两个 $N/4$ 点的 DFT 等，最小变换的点数即基数，基数为 2 的 FFT 算法的最小变换是 2 点 DFT。

FFT 算法分为时间抽选(DIT)FFT 和频率抽选(DIF)FFT 两大类。时间抽取 FFT 算法的特点是每级处理都是在时域里把输入序列依次按奇/偶一分为二，分解成较短的序列；频率抽取 FFT 算法的特点是在频域里把序列依次按奇/偶一分为二，分解成较短的序列来计算。

DIT 和 DIF 两种 FFT 算法的区别是旋转因子 W_N^k 出现的位置不同，(DIT)FFT 中旋转因子 W_N^k 在输入端，(DIF)FFT 中旋转因子 W_N^k 在输出端，除此之外，两种算法是一样的。

打开工程 Examples\1403_FFT，程序流程图如图 14-16 所示，程序源代码如下：

```
/*******************************************************************************/
/* 文件名称:FFT.c
/* 功能：从外部文件中读取正弦信号进行 FFT 变换                                   */
/*******************************************************************************/
#include "i_cmplx.h"
#include "math.h"
typedef unsigned short     Uint16;
typedef unsigned int       Uint32;
typedef short              Int16;
typedefint                 Int32;
#define SAMPLELONG 3
Uint32 SampleLong;
/*存放采样数据*/
intSignalDataBuffer[1024] = {0};
shortDataBuffer[1024] = {0};
COMPLEX DDataBuffer[512]={0};
Uint32 mod[512];
```

```
/*函数声明*/
static void SignaldataIO();
void fft1024(COMPLEX *Y, int N);
/*********************************************************************************/
void main()
 {
    Uint32 i;
    Uint16 m=0;
    Int32 n;
    shortp,q;

#if SAMPLELONG==1
  SampleLong =256;
#endif
#if SAMPLELONG==2
  SampleLong =512;
#endif
#if SAMPLELONG==3
  SampleLong =1024;
#endif
    /*从 sine.dat 中读取正弦数据文件，存放到 SignalDataBuffer 数组中*/
    SignaldataIO();
    /*数据类型转换*/
    for(i=0;i<SampleLong;)
      {
        DataBuffer[i]=(short)SignalDataBuffer[i];
        i++;
      }
  /*FFT 变换*/
  for(i=0;i<(SampleLong/2);i++)
  {
       DDataBuffer[i].real=DataBuffer[2*i];    //short int
        DDataBuffer[i].imag=DataBuffer[2*i+1];    //short int
  }
  switch(SampleLong)
  {
       case 256:
       /*256 点变换*/
       fft256(DDataBuffer,256);
       m=0;
            for(i=0;i<128;i++)
            {
                    p=DDataBuffer[i].real;
                    q=DDataBuffer[i].imag;
                    n=(Int32)p*(Int32)p+(Int32)q*(Int32)q;
                    mod[m]=sqrt(n);
                    m++;
            }
             break;
          case 512:
               /*512 点变换*/
               fft512(DDataBuffer,512);
               m=0;
```

```
            for(i=0;i<256;i++)
            {
                    p=DDataBuffer[i].real;
                    q=DDataBuffer[i].imag;
                    n=(Int32)p*(Int32)p+(Int32)q*(Int32)q;
                    mod[m]=sqrt(n);
                    m++;
             }
           break;
        case 1024:
             /*1024 点变换*/
           fft1024(DDataBuffer,1024);
           m=0;
           for(i=0;i<512;i++)
           {
                    p=DDataBuffer[i].real;
                    q=DDataBuffer[i].imag;
                    n=(Int32)p*(Int32)p+(Int32)q*(Int32)q;
                    mod[m]=sqrt(n);
               m++;
          }
            break;
    }
    /*fft 计算结束*/
      for(;;){}
}
/****************************************************************************/
static void SignaldataIO()
{
     return;
}
/****************************************************************************/
/* 文件名称: FFTfunction.c
/* 功能：提供了 256 点、512 点和 1024 点的基于基 2 频率抽取的 FFT 算法函数*/
/****************************************************************************/
#include "i_cmplx.h"
#include "twiddle1024.h"
extern unsigned intSampleLong;
void fft1024(COMPLEX *Y, int N) /* FFT 变换使用的采样矩阵及点数*/
  {
        int temp1R, temp1I, temp2R,temp2I;   /*存放变换时产生的 32 位的中间结果*/
        short tempR, tempI, c, s;        /*存放变换时产生的 16 位的中间结果*/

        intTwFStep,       /* 旋转因子步进 */
              TwFIndex, /* 旋转因子索引 */
              BLStep,     /* 蝶形运算索引步进 */
              BLdiff,       /* 蝶形算子差值 */
              upperIdx,   /* 蝶形算子的上输出索引 */
              lowerIdx,    /* 蝶形算子的下输出索引 */
              i, j, k;          /* 循环控制变量 */
        BLdiff=N;
        TwFStep=1;
        for(k=N;k>1;k=(k>>1)) /*共执行 Log(2)(N)次 */
```

```
        {
            BLStep=BLdiff;
            BLdiff=BLdiff>>1;
            TwFIndex=0;
            for(j=0;j<BLdiff;j++)
                {
                c=w[TwFIndex].real;
                s=w[TwFIndex].imag;
                TwFIndex=TwFIndex+TwFStep;
                /* 执行 N/BL 次蝶形运算 */
                for(upperIdx=j;upperIdx<N;upperIdx+=BLStep)
                {
                lowerIdx=upperIdx+BLdiff;
                temp1R       = (Y[upperIdx].real - Y[lowerIdx].real)>>1;
                temp2R       = (Y[upperIdx].real + Y[lowerIdx].real)>>1;
                Y[upperIdx].real   =   (short) temp2R;
                temp1I       = (Y[upperIdx].imag - Y[lowerIdx].imag)>>1;
                temp2I       = (Y[upperIdx].imag + Y[lowerIdx].imag)>>1;
                Y[upperIdx].imag   =   (short) temp2I;
                temp2R       = (c*temp1R - s*temp1I)>>15;
                Y[lowerIdx].real   = (short) temp2R;
                temp2I       = (c*temp1I + s*temp1R)>>15;
                Y[lowerIdx].imag   =   (short) temp2I;
                }
            }
            TwFStep = TwFStep<<1; /*  更新旋转因子*/
            }
/*为重新排序进行位反转*/
   j=0;
      for (i=1;i<(N-1);i++)
            {
            k=N/2;
            while (k<=j)
              {
                j = j-k;
                k=k/2;
                }
        j=j+k;
        if (i<j)
        {
            tempR=Y[j].real;
            tempI=Y[j].imag;
            Y[j].real=Y[i].real;
            Y[j].imag=Y[i].imag;
            Y[i].real=tempR;
            Y[i].imag=tempI;
            }
      }
    return;
    }
void fft512(COMPLEX *Y, int N)
   {
      int temp1R, temp1I, temp2R,temp2I;
```

```
        shorttempR, tempI, c, s;
        intTwFStep,
            TwFIndex,
            BLStep,
            BLdiff,
            upperIdx,
            lowerIdx,
            i, j, k;
        BLdiff=N;
        TwFStep=1;
        for(k=N;k>1;k=(k>>1))
            {
        BLStep=BLdiff;
        BLdiff=BLdiff>>1;
        TwFIndex=0;
        for(j=0;j<BLdiff;j++)
                {
                c=w512[TwFIndex].real;
                s=w512[TwFIndex].imag;
                TwFIndex=TwFIndex+TwFStep;
                for(upperIdx=j;upperIdx<N;upperIdx+=BLStep)
                 {
                lowerIdx=upperIdx+BLdiff;
                temp1R      = (Y[upperIdx].real - Y[lowerIdx].real)>>1;
                temp2R      = (Y[upperIdx].real + Y[lowerIdx].real)>>1;
                Y[upperIdx].real  =   (short) temp2R;
                temp1I      = (Y[upperIdx].imag - Y[lowerIdx].imag)>>1;
                temp2I      = (Y[upperIdx].imag + Y[lowerIdx].imag)>>1;
                Y[upperIdx].imag   =   (short) temp2I;
                temp2R      = (c*temp1R - s*temp1I)>>15;
                Y[lowerIdx].real   = (short) temp2R;
                temp2I      = (c*temp1I + s*temp1R)>>15;
                Y[lowerIdx].imag   =   (short) temp2I;
                }
            }
            TwFStep = TwFStep<<1;
            }
    j=0;
      for (i=1;i<(N-1);i++)
      {
        k=N/2;
        while (k<=j)
          {
            j = j-k;
            k=k/2;
            }
        j=j+k;
       if (i<j)
          {
            tempR=Y[j].real;
            tempI=Y[j].imag;
            Y[j].real=Y[i].real;
            Y[j].imag=Y[i].imag;
```

```
                Y[i].real=tempR;
                Y[i].imag=tempI;
                }
            }
    return;
    }
void fft256(COMPLEX *Y, int N)
    {
        int temp1R, temp1I, temp2R,temp2I;
        shorttempR, tempI, c, s;
        intTwFStep,
            TwFIndex,
            BLStep,
            BLdiff,
            upperIdx,
            lowerIdx,
            i, j, k;
        BLdiff=N;
        TwFStep=1;
        for(k=N;k>1;k=(k>>1))
            {
            BLStep=BLdiff;
            BLdiff=BLdiff>>1;
            TwFIndex=0;
            for(j=0;j<BLdiff;j++)
                {
                c=w256[TwFIndex].real;
                s=w256[TwFIndex].imag;
                TwFIndex=TwFIndex+TwFStep;
                for(upperIdx=j;upperIdx<N;upperIdx+=BLStep)
                    {
                    lowerIdx=upperIdx+BLdiff;
                    temp1R = (Y[upperIdx].real - Y[lowerIdx].real)>>1;
                    temp2R = (Y[upperIdx].real + Y[lowerIdx].real)>>1;
                    Y[upperIdx].real   =   (short) temp2R;
                    temp1I = (Y[upperIdx].imag - Y[lowerIdx].imag)>>1;
                    temp2I = (Y[upperIdx].imag + Y[lowerIdx].imag)>>1;
                    Y[upperIdx].imag   =   (short) temp2I;
                    temp2R = (c*temp1R - s*temp1I)>>15;
                    Y[lowerIdx].real   = (short) temp2R;
                    temp2I   = (c*temp1I + s*temp1R)>>15;
                    Y[lowerIdx].imag   =   (short) temp2I;
                    }
            }
            TwFStep = TwFStep<<1;
            }
j=0;
    for (i=1;i<(N-1);i++)
    {
        k=N/2;
        while (k<=j)
        {
            j = j-k;
```

```
            k=k/2;
          }
          j=j+k;
          if (i<j)
            {
                tempR=Y[j].real;
                tempI=Y[j].imag;
               Y[j].real=Y[i].real;
               Y[j].imag=Y[i].imag;
               Y[i].real=tempR;
               Y[i].imag=tempI;
            }
        }
  return;
  }
/*******************************************************************************/
/*  文件名称: i_cmplx.h */
/*功能：提供了 FFT 变换所需的结构体的定义*/
/*******************************************************************************/
struct cmpx
{
    short int real;     /*  实部  */
    short int imag;    /*  虚部  */
    };
typedef struct cmpx COMPLEX;
/*******************************************************************************/
/*  文件名称: twiddle1024.h
/*功能：提供了程序中各 FFT 变换函数使用的复数旋转因子定义*/
/*******************************************************************************/
/*1024 点的旋转因子定义，共 1024 个数*/
struct
      {
      short real; /* 32767*cos(2*pi*n) term */
      shortimag; /* 32767*sin (2*pi*n)term */
      }
  w[]={32767,0,32767,-201,32766,-402,32762,-603,32758,-804,…,-32758,-804,-32762,-603,-32766,
-402, -32767, -201};
/*512 点的旋转因子定义，共 512 个数*/
struct
      {
      short real; /* 32767*cos(2*pi*n) term */
      shortimag; /* 32767*sin (2*pi*n)term */
      }
  w512[]={32767,0,32766,-402,32758,-804,32746,-1206,32729,-1608,… -32729,-1608,-32746,-1206,
-32758, -804,-32766,-402};
/*256 点的旋转因子定义，共 256 个数*/
struct
      {
      short real; /* 32767*cos(2*pi*n) term */
      shortimag; /* 32767*sin (2*pi*n)term */
      }
  w256[]={32767,0,32758,-804, 32729,-1608,  … -32679,-2411, -32729,-1608,-32758,-804};
/*******************************************************************************/
```

将 CCS 设置为软件仿真模式，利用断点和图形显示窗口来完成测试数据的输入和对程序运行结果的观察。程序编译下载后，首先在 FFT.c 文件的 46 行 SignaldataIO()处设置探针，并将探针与 sine.dat 文件相关联，以便读取 32 位的正弦数据，并将数据存入 SignalDataBuffer 数组，如图 14-17 所示。由于 FFT 函数需要使用 short int 数据，因此要将 SignalDataBuffer 数组中的 int 数据转换为 short int 数据并存入 DataBuffer 数组中。

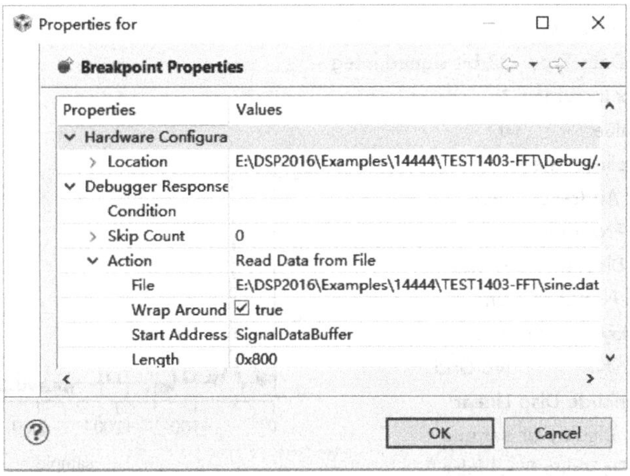

图 14-17　设置断点与测试数据文件相关联

运行程序后，打开图形显示窗口，来观察原始的正弦信号波形及频谱。如图 14-18 所示进行设置，DataBuffer 数组显示的是原始正弦信号图像；修改 Acquisition Buffer Size 和 Display Data Size 为采样点数 1024，其中“FFT Magnitude”窗口还要设置 FFT 的窗函数类型及阶数。

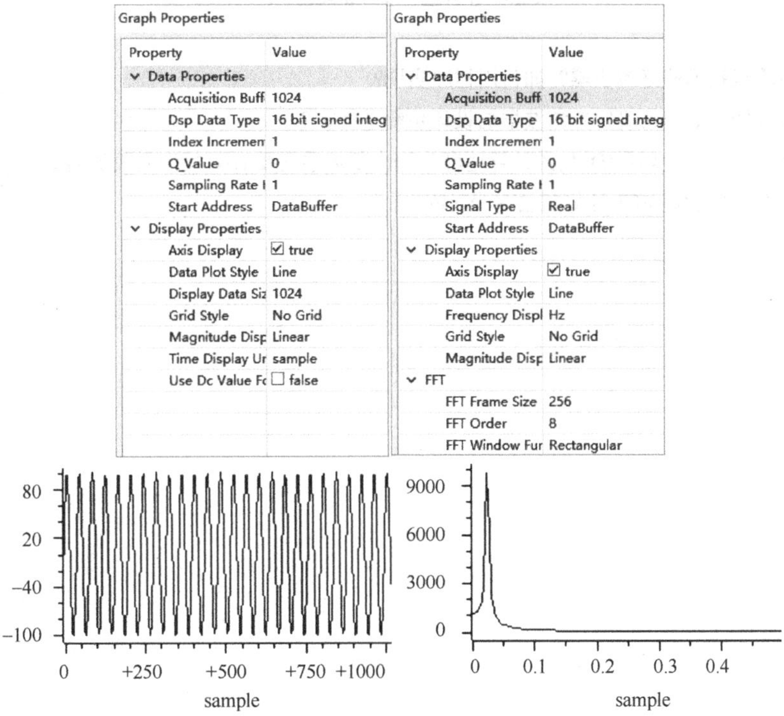

图 14-18　正弦信号的波形及幅度谱

FFT 变换后，可通过 FFT 结果取模后的数值来观察信号的频谱图。由于取模后的结果存放在 mod 数组，因此根据图 14-19 所示进行设置。

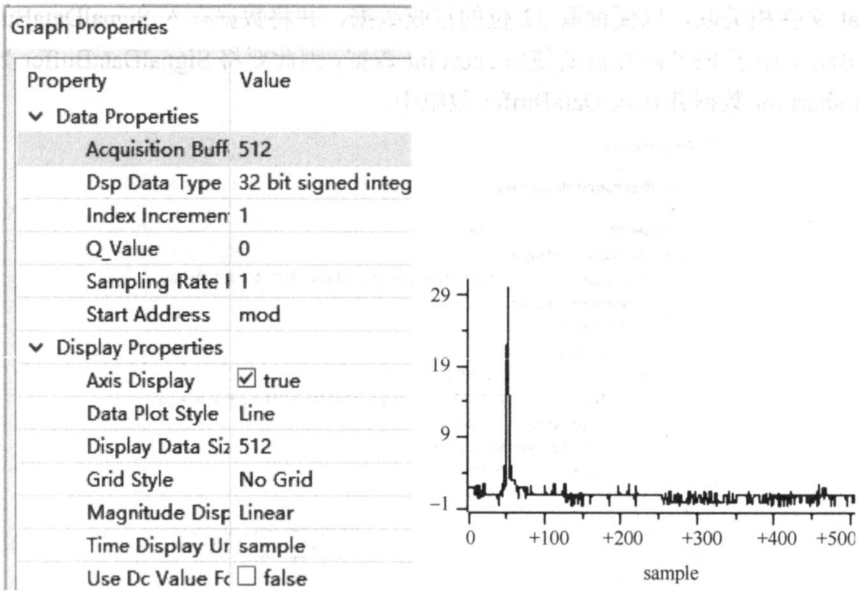

图 14-19　FFT 运算后的结果

使用 256 和 512 点的 FFT 变换时与上述过程类似，此处不再详细介绍。

思考题与习题 14

14-1 卷积运算包括哪些基本步骤？如何用程序实现？

14-2 FIR 滤波器系数如何确定？滤波器的设计步骤是什么？

14-3 如果某数字信号处理器(DSP)的计算速度为每次复数乘需要 1μs，每次复数加需要 0.1μs，那么计算 1024 点 DFT 需要多少时间？利用 FFT 计算需要多少时间？

附录 A　TMS320C6000 编程常用伪指令及关键字

表 A-1　C6000 汇编器常用汇编伪指令

伪 指 令	格　　式	功　　能	参 数 说 明
.bss	.bss symbol, size in words [,blocking flag] [,alignment flag]	在.bss 段内保留空间。该伪指令并不终止对当前段的汇编而开始一个新的段。它只是使汇编过程暂时从当前段转移开。指令可以在一个已初始化的段的任何地方出现而不影响它的内容	symbol：指向由.bss 或.usect 指令所保留的存储空间的第一个字节，与保留空间所使用的变量名相对应 size in words：.bss 伪指令在.bss 段内分配的保留空间的大小；.usect 伪指令在自定义段分配的保留空间的大小 blocking flag：块标志 alignment flag：可选参数。指定地址分配所必须的最小队列的字节数 section name：保留空间的自定义段的段名
.usect	symbol .usect "section name", size in words [,blocking flag] [,alignment flag]	创建未初始化段，在指定的未初始化的自定义段内保留空间。该伪指令并不终止对当前段的汇编而开始一个新的段。它只是使汇编过程暂时从当前段转移开。指令可以在一个已初始化的段的任何地方出现而不影响它的内容	
.text	.text	告诉汇编器把后续代码汇编到.text 段中，直到遇见新的.text、.data、.sect 伪指令为止	section name：自定义段的段名
.data	.data	告诉汇编器把后续数据汇编到.data 段中，直到遇见新的.text、.data、.sect 伪指令为止	
.sect	.sect "section name"	创建初始化段，可包含代码和数据。该伪指令用来产生地址可重新定位的自定义段	
.def	.def symbol	在当前模块中定义，并可在别的模块中引用的符号	symbol：定义的内部符号
.ref	.ref symbol	在当前模块中引用，但在别的模块中定义的符号	symbol：引用的外部符号
.global	.global symbol	可以是上面两种情况中的任何一种	symbol：定义的内部符号或引用的外部符号

表 A-2　C6000 的 C/C++编译器常用程序伪指令

伪 指 令	格　　式	功　　能	参 数 说 明
CODE_SECTION	#pragma CODE_SECTION (func, "section name")	为函数在指明的段中分配空间，使用该伪指令创建的段可与.text 段分配到不同的区域	func:函数名 section name：用户自己定义在程序空间的段名
DATA_SECTION	#pragma DATA_SECTION (symbol, "section name")	为数据在指明的段中分配空间，采用该伪指令可将数据链接到与.bss 段不同的区域	symbol：全局变量名 section name：用户自定义在数据空间的段名
DATA_ALIGN	#pragma DATA_ALIGN (symbol, constant);	将指定的变量或符号在分配存储空间时按照指定的边界对齐，对齐后的数据可提高访问速度	symbol：要对齐的变量名 constant：指定的边界对齐方式
DATA_MEM_BANK	#pragma DATA_MEM_BANK (symbol, constant);	将指定的变量或符号按照指定的内部数据存储器的 BANK 对齐	symbol：要对齐的变量名 constant：指定的要对齐的 BANK
FUNC_CANNOT_INLINE	#pragma FUNC_CANNOT_INLINE (func);	告诉 C 编译器该函数不能被扩展为内联函数	func：指定的函数名

（续表）

伪指令	格式	功能	参数说明
FUNC_EXT_CALLED	#pragma FUNC_EXT_CALLED (func);	告诉优化器在进行代码优化时保留该函数，由此保证函数不被优化器移除	func：指定的函数名
FUNC_INTERRUPT_THRESHOLD	#pragma FUNC_INTERRUPT_THRESHOLD (func, threshold);	控制某个函数的可中断属性，指定函数要想能够被中断要等待的阈值时间，以时钟周期为单位	func：指定的函数名 threshold：指定阈值周期数
FUNC_IS_PURE	#pragma FUNC_IS_PURE (func);	告诉编译器指定的函数没有其他额外作用，以便使编译器在该函数值未使用时删除该函数	func：指定的函数名
FUNC_IS_SYSTEM	#pragma FUNC_IS_SYSTEM (func);	告诉编译器指定的函数具有与 ISO 标准中同名函数相同的功能和作用	func：指定的函数名
FUNC_NEVER_RETURNS	#pragma FUNC_NEVER_RETURNS (func);	告诉编译器指定的函数永远不会返回	func：指定的函数名
INTERRUPT	#pragma INTERRUPT (func);	该指令能够使得在指定的函数中直接对中断进行处理，即使函数作为中断服务函数来使用	func：指定的函数名
MUST_ITERATE	#pragma MUST_ITERATE (min, max, multiple);	向编译器提供有效的循环次数信息以有效地解决冗余循环问题，以方便代码优化从而提高程序的执行速度	min：指定最少循环次数 max：指定最多循环次数 multiple：告诉编译器，循环执行次数必须是该数目的偶数倍
NMI_INTERRUPT	#pragma NMI_INTERRUPT (func);	使用该指令指定的函数可以完成对非屏蔽中断的处理	func：指定的函数名
STRUCT_ALIGN	#pragma STRUCT_ALIGN (type, constant expression);	与 DATA_ALIGN 类似，但其可以完成对结构体、公用体等数据结构的指定对齐	type：要对齐的结构体类型 constant expression：对齐方式
UNROLL	#pragma UNROLL (n);	告诉编译器循环要展开的次数	n：指定的展开次数

表 A-3　C6000 的 C/C++编译器常用关键字

关键字	功能说明
const	C/C++编译器支持 ANSI C 中的 const 关键字，用于限定值不能被修改的变量或数组。若变量或数组被 const 关键字所修饰，则该变量或数组所占的存储空间会被分配到.const 段
cregister	使用 cregister 关键字可用高级语言直接访问 DSP 的控制寄存器，但 cregister 修饰的对象的名字要与 DSP 的控制寄存器名相符，否则编译器会报错。该关键字不能在函数内部使用，且只能修饰整型或指针变量，而不能修饰浮点型及任何结构体及公用体
interrupt	该关键字用于指定一个函数作为中断服务函数。使用该关键字指定一个函数后，编译器会按照中断服务函数的要求对寄存器进行保护并使用正确的返回顺序。函数的入口参数必须是 void 类型，函数返回值也必须是 void 类型，函数体内使用局部变量，也可自由使用堆栈和全局变量
near　far	C/C++编译器使用 near 和 far 关键字来指定全局和静态变量的访问方式或函数的调用方式。一旦一个变量被 far 或 near 关键字所修饰，任何对该变量的引用也必须包含 far 或 near 关键字，否则对 far 关键字修饰的变量来说编译器会报错，而对 near 修饰的变量来说将会导致访问速度变慢
volatile	程序执行时编译器会对数据流程进行分析，以避免对存储器的频繁读/写，以提高程序的执行速度，这种优化有时会对某些经常变化的变量的访问产生错误的结果。使用该关键字修饰的变量每次被访问时，执行部件都会从其所在的内存单元中取出值，而未用该关键字修饰的变量之前由于可能被访问过，因此在访问时可能直接从 CPU 的寄存器中取值，因为读取寄存器的速度比读取内存要快得多。volatile 修饰的变量会被分配到未初始化段中
restrict	为使指令并行操作，编译器必须确定指令间的相关性，若编译器不能确定两条指令是不相关的，则会假定它们是相关的，并安排它们串行执行；若可确定两条指令是不相关的，则安排它们并行执行。使用该关键字可明确指定各存储器之间的相关性，该关键字修饰的指针或变量对应的存储器认为是独立的，故可并行进行数据的读取，从而提高程序执行效率

附录 B　TMS320C6000 编译器的内联函数

C6000 编译器提供了许多内联函数(Intrinsics)，可快速优化 C 代码。Intrinsics 是直接与 C6000 汇编指令映射的在线函数。Intrinsics 函数前用下画线“_”特别标示，其使用方法与调用函数一样，也可使用 C/C++变量。

表 B-1　C6000 编译器的内联函数

C/C++ 编译器内联函数	执行操作描述	适用器件
int _abs (int src); int _labs (long src);	取 src2 的绝对值置入 dst，有饱和(如整型数 src2= -2^{31} 则取 $2^{31}-1$；长整型数 src2=-2^{39} 则取 $2^{39}-1$)	所　有 C6000
int _abs2 (int src);	对 src2 高、低半字的两个有符号 16 位数取绝对值，有饱和	C6400
double _fabs (double src);	取双精度浮点数(64 位)的绝对值	C6700
float _fabsf (float src);	取单精度浮点数(32 位)的绝对值	C6700
int _add2 (int src1, int src2);	src1 与 src2 的高、低半字分别做有符号加法	所　有 C6000
int _add4 (int src1, int src2);	src1 与 src2 的 4 个字节分别做有符号加法	C6400
int _avg2 (int src1, int src2);	分别求 src1 和 src2 的高、低半字平均值，向上取整	C6400
unsigned _avgu4 (unsigned, unsigned);	分别求 src1 和 src2 的 4 个无符号字节的平均值，向上取整	C6400
unsigned _bitc4 (unsigned src);	将 src 的 4 个字节内“1”的个数返回	C6400
Unsigned _bitr(unsigned src);	位反转指令，将 src 按位序(31~0)反转送到返回值的位(0~31)	C6400
uint _clr (unit src2, uint csta, uint cstb);	将 src2 从 csta 到 cstb 之间的位段清 0，结果返回	所　有 C6000
uint _clrr (uint src2, int src1);	src1 的位[5~9]=csta，位[0~4]=cstb，其他同上	所　有 C6000
int _cmpeq2 (int src1, int src2);	分别比较 src1 和 src2 的高低半字，若高半字相等则返回值的位 1 置 1，否则置 0；同样，低半字的比较结果置返回值的位 0 为 0 或 1	C6400
int _cmpeq4 (int src1, int src2);	分别比较 src1 和 src2 的 4 个字节，比较结果置返回值的 0~3 位为 1 或 0	C6400
int _cmpgt2 (int src1, int src2);	分别比较 src1 和 src2 的高低半字，若 src1 高半字>src2 高半字，则返回值的位 1 置 1，否则置 0；同样，低位半字的比较结果置返回值的位 0 为 1 或 0	C6400
uint _cmpgtu4 (int src1, int src2);	分别比较 src1 和 src2 的 4 个字节，若 src1 最高半字>src2 最高半字，则返回值的位 3 置 1，否则置 0；同样，其他 3 个字节的比较结果置返回值的 0～2 位为 1 或 0	C6400
uint _deal (uint src);	提取 src2 的奇数及偶数位，组成返回值的高、低半字	C6400
int _dotp2 (int src1, int src2); double _ldotp2 (int src1, int src2);	两个 16 位与 16 位数的点积和指令，src1 与 src2 中高低对应的半字相乘，再求和。返回值为 64 位长型量时，高位位符号扩展。返回值为 32 位整型数时，取 64 位点积的低 32 位	C6400
int _dotpn2 (int src1, int src2);	两个 16 位与 16 位数的成积之差指令，src1 与 src2 中高半字的积减去低半字的积：差值返回	C6400
int _dotpnrsu2 (int src1, int src2);	带求反、移位及四舍五入的点积指令。src1(有符号数)与 src2(无符号数)高半字的积减去低半字的积：差值加 8000h 后右移 16 位，结果返回	C6400
int _dotprsu2 (int src1, unsigned src2);	与上指令类似，src1(有符号数)与 src2(无符号数)高半字的积加低半字的积：和数加 8000h 后右移 16 位，结果返回	C6400
int _dotprsu4 (int src1, unsigned src2);	先求 src1(有符号数)与 src2(无符号数)4 个字节对应的积，再相加；和返回	C6400

（续表）

C/C++ 编译器内联函数	执行操作描述	适用器件
unsigned _dotpu4 (unsigned src1, unsigned src2);	与上一行指令差别仅仅是：src1 与 src2 都是无符号数，和也是无符号数	C6400
int _dpint (double src);	64 位双精度浮点数转换为 32 位有符号型整数	C6700
long _dtol(double src);	将一对寄存器定义为长型寄存器对	所有 C6000
int _ext (int src2, uint csta, uint cstb); int _extr (int src2, int src1) uint _extu (uint src2, uint csta, uint cstb); uint _extur (uint src2, int src1);	把 src 从 csta 到 cstb 之间的位段置入返回值，符号扩展； src1 的位[5~9]=csta，位[0~4]=cstb，其他同上； src 从 csta 到 cstb 之间的位段置入返回值，高位补 0； src1 的位[5~9]=csta,位[0~4]=cstb，其他同上	所有 C6000
uint _ftoi (float src);	将浮点 src 内的数重新定义为无符号整型数	所有 C6000
int _gmpy4 (int src1, int src2);	做 4 个字节的 Galois 域乘法	C6400
uint _hi (double src);	返回双字寄存器的高 32 位	所有 C6000
double _itod (uint src2, uint src1)	从两个无符号整型数创建一个寄存器对	所有 C6000
Float _itof (uint src);	将一个无符号整型量重新定义为浮点数	所有 C6000
uint _lo (double src);	返回双字寄存器的低 32 位	所有 C6000
uint _lmbd (uint src1, uint src2);	确定 src2 左起第一个与 src1 最低位相同的 0 或 1 的位数(左起从 0 开始计数)，结果送入返回值	所有 C6000
double _ltod (long src);	将长型寄存器重新定义为双字寄存器对	所有 C6000
int _max2 (int src1,int src2);	分别比较有符号数 src1 与 src2 的高低半字，取其中的大数送到返回值的相应位置	C6400
unsigned _maxu4 (unsigned src1, unsigned src2);	分别比较有符号数 src1 与 src2 的 4 个无符号字节，取其中的大数送到返回值的相应位置	C6400
int _min2 (int src1, int src2);	分别比较有符号数 src1 和 src2 的高低半字，取其中的小数送到返回值的相应位置	C6400
unsigned _min4 (unsigned src1, unsigned src2);	分别比较有符号数 src1 和 src2 的 4 个无符号字节，取其中的小数送到返回值的相应位置	C6400
int _mpy (int src1, int src2); int _mpyus (uint src1, int src2); int _mpysu (int src1, uint src2); uint _mpyu (uint src1, uint src2);	src1 和 src2 的低 16 位相差，结果为 32 位，置入返回值。u 表示 src1 和 src2 的低 16 位是无符号数，us 表示 src1 是无符号数，src2 是有符号数，su 反之	所有 C6000
int _mpyh (int src1, int src2); int _mpyhus (uint src1, int src2); int _mpysu (int src1, uint src2); uint _mpyhu (uint src1, uint src2);	src1 和 src2 的高 16 位相乘，其他同上	所有 C6000
int _mpyhl (int src1, int src2); int _mpyhuls (uint src1, int src2); int _mpyhslu (int src1, uint src2); uint _mpyhlu (uint src1, uint src2);	src1 的高 16 位和 src2 的低 16 位相乘，其他同上	所有 C6000
int _mpylh (int src1, int src2); int _mpyluhs (uint src1, int src2); int _mpylshu (int src1, uint src2); uint _mpylhu (uint src1, uint src2);	src1 的低 16 位和 src2 的高 16 位相乘，其他同上	所有 C6000

（续表）

C/C++ 编译器内联函数	执行操作描述	适用器件
double _mpyid (int src1, int src2);	src1，src2 都是 32 位或 32 位以内的整型数的乘法，取 64 位乘法结果送返回值	C6700
double _mpy2 (int src1, int src2);	两个源操作数的高低有符号半字，对应相乘；目的操作数是 64 位的双字，低位字存放低半字的积，高位字存放高半字的积	C6400
double _mpyhi (int src1, int src2);	src1 的高半字与 src2 的 32 位做乘法，结果是 64 位有符号数，存入一对寄存器	C6400
int _mpyhir (int src1, int src2);	16 位与 32 位带舍入的乘法：src1 的高半字与 src2 的 32 位做乘法，乘积加 4000h 后右移 15 位，结果的低 32 位存入返回值	C6400
double _mpysu4 (int src1, unsigned src2);	有符号 src1 与无符号 src2 的 4 个字节对应相乘，4 个 16 位乘积依序存放到一对寄存器内	C6400
double _mpyu4 (unsigned src1, unsigned src2);	无符号 src1 与无符号 src2 的 4 个字节对应相乘，4 个 16 位乘积依序存放到一对寄存器内	C6400
int _mvd (int src2);	通过功能单元.M 把寄存器 src2 的内容送给返回值，用时 4 个周期	C6400
void _nassert (int);	告诉编译优化器，括号内的表达式为真	所有 C6000
uint _norm (int src2); uint _lnorm (long src2);	将 src2 中符号位的冗余个数写入返回值	所有 C6000
unsigned _pack2 (unsigned src1, unsigned src2);	将 src1 及 src2 的低 16 位提取组成一个新整型数，送入返回值	C6400
unsigned _packh2 (unsigned src1, unsigned src2);	将 src1 及 src2 的高 16 位提取组成一个新整型数，送入返回值	C6400
unsigned _packh4 (unsigned src1, unsigned src2);	将 src1 及 src2 的奇数位提取组成一个新整型数，送入返回值	C6400
unsigned _packhl2 (unsigned src1, unsigned src2);	将 src1 高 16 位与 src2 的低 16 位提取组成一个新整型数，送入返回值	C6400
unsigned _packl4 (unsigned src1, unsigned src2);	将 src1 及 src2 的偶数位提取组成一个新整型数，送入返回值	C6400
unsigned _packlh2 (unsigned src1, unsigned src2);	将 src1 低 16 位与 src2 的高 16 位提取组成一个新整型数，送入返回值	C6400
double _rcpdp (double src);	求双精度浮点数倒数近似值	C6700
Float _rcpsp (double src);	求单精度浮点数倒数近似值	C6700
uint _rotl (uint src1,uint src2);	将 src2 旋转左移，无符号数 src1 的最低 5 位指定旋转左移位数	C6400
double _rsqrdp (double src);	求双精度浮点数 src2 的平方根倒数近似值，得数是双精度浮点数	C6700
Float _rsqrsp (float src);	求单精度浮点数 src2 的平方根倒数近似值，得数是单精度浮点数	C6700
int _sadd (int src1, int src2); long _lsadd (int src1, long src2);	带饱和加法：src1 与 src2 求和，结果置入返回值；若结果溢出，则记为同符号的饱和值，并将 CSR 的 SAT 位置 1	所有 C6000
int _sadd2 (int src1, int src2);	src1 与 src2 的高低半字分别做带饱和加法，不影响 SAT 位	C6400
uint _saddu4 (uint src1, uint src2);	src1 与 src2 的的 4 个字节对应做无符号带饱和加法，不影响 SAT 位	C6400
int _saddus2 (unsigned src1, int src2);	无符号数 src1 与有符号数 src2 的高低半字分别做带饱和加法，不影响 SAT 位	C6400
int _sat (long src2);	将 40 位长型数 src 转化为 32 位整型数，返回。若 src 数值超出 32 位数表示范围，记饱和值，并将 CSR 的 SAT 位置 1	所有 C6000
uint _set (uint src2, uint csta, uint cstb); uint _setr (uint src2, int src1);	将 src2 从 csta 到 cstb 之间的位置 1，结果返回。src1 的位[5~9]=csta，位[0~4]=cstb	所有 C6000
uint _shfl (uint src2);	src2 的高半字与低半字按位顺序交插，形成新字返回	C6400

（续表）

C/C++ 编译器内联函数	执行操作描述	适用器件
unsigned _shlmb (unsigned src1, unsigned src2);	左移并拼接：src2 左移 8 位，再把 src1 的最高字节续为其最低字节，形成新字返回	C6400
int _shr2 (int src1,uint src2);	src2 的高、低半字分别算数右移，有符号扩展，src1 的低 5 位或 ucst5 确定移位次数	C6400
unsigned _shrmb (unsigned src1, unsinged src2);	右移并拼接：src2 右移 8 位，再把 src1 的最低字节续为其最高字节，形成新字返回	C6400
uint _shru2 (uint src1, uint src2);	src2 的高、低半字视作两个无符号数，分别算数右移，无符号扩展，src1 的低 5 位或 ucst5 确定移位次数	C6400
int _smpy (int src1, int src2) int _smpyh (int src1, int src2); int _smpyhl (int src1, int src2) int _smpyhlh (int src1, int src2);	有符号数 src1 的指定半字与 src2 的指定半字相乘，再左移 1 位，若结果≠0x80000000，原结果返回；若等于，结果改置 0x7FFFFFFF，CSR 的 SAT 位置位。分别为： 取 2 个低半字相乘 取 2 个高半字相乘 取 src1 高半字与 src2 低半字相乘 取 src1 低半字与 src2 高半字相乘	所有 C6000
double _smpy2 (int src1, int src2);	src1 与 src2 高、低半字对应相乘，结果为 64 位	C6400
uint _spacku4 (int src1, int src2);	将 src1 与 src2 的 4 个有符号 16 位数有饱和地转为 4 个 8 位无符号数	C6400
int _spint (float);	将单精度浮点数转换为 32 位整型数	C6700
int _sshl (int src2, uint src1);	src2 左移，位数由 src1 低 5 位定，结果返回；如左移过程中符号位改变，则饱和标志 SAT 位置位；若原 src2 为正，返回值置 0x7FFFFFFF；若 src2 为负，结果置 0x80000000	所有 C6000
int _sshvl (int src2, uint src1);	带符号扩展、移位方向、长度可变的左移指令：src1 为补码数，且绝对值不大于 31，如 src1 为正，src2 左移；如 src1 为负，src2 带符号扩展地右移。移位中符号有变、取饱和值，并置 STA 位为 1	C6400
int _sshvr (int src2, uint src1);	带符号扩展、移位方向、长度可变的右移指令：src1 为补码数，且绝对值不大于 31。如 src1 为正，src2 带符号扩展地左移；如 src1 为负，src2 左移。移位中符号有变、取饱和值，并置 STA 位为 1	C6400
int _ssub (int src1, int src2); long _lssub (int src1, long src2);	src1 减去 src2，其他同 sadd	所有 C6000
int _sub2 (int src1,int src2);	src1 与 src2 高、低半字分别做有符号减法	所有 C6000
int _sub4 (int src1, int src2);	src1 与 src2 的 4 字节分别做有符号减法，结果送到返回值的对应字节	C6400
int _subabs4 (int src1, int src2);	src1 与 src2 的 4 字节分别做无符号数减法，将各自的差值的绝对值返回	C6400
uint _swap4 (uint src);	将 src 的高、低半字的两个字节交换，结果返回	C6400
uint _unpkhu4 (uint src);	将 src 的高半字的 2 字节分别送返回值的字节 2 和字节 0，其余 2 字节补 0	C6400
uint _unpklu4 (uint src);	将 src 的低半字的 2 字节分别送返回值的字节 2 和字节 0，其余 2 字节补 0	C6400
uint _xpnd2 (uint src);	src2 的位 0 扩展成返回值的低半字，位 1 扩展成返回值的高半字	C6400
uint _xpnd4 (uint src);	src2 的最低 4 位扩展成返回值的 4 个字节	C6400
ushort & _amem2 (void *ptr);	有边界调整的半字(双字节)读取或存储	所有 C6000
uint & _amem4 (void *ptr);	有边界调整的字(4 字节)读取或存储	所有 C6000
double & _ amem8 (void *ptr);	有边界调整的双字(8 字节)读取或存储	所有 C6000
const ushort & _amem2_const (const void * ptr);	有边界调整的半字(双字节)读取	所有 C6000

（续表）

C/C++ 编译器内联函数	执行操作描述	适用器件
const ushort & _amem2_const (const void * ptr);	有边界调整的半字(双字节)读取	所 有 C6000
const uint & _amem4_const (const void * ptr);	有边界调整的字(4 字节)读取	所 有 C6000
const double & _amemd8_const (const void *ptr);	有边界调整的双字(8 字节)读取	所 有 C6000
ushort & _mem2 (void * ptr);	无边界调整的半字(双字节)读取或存储	C6400
uint & _mem4 (void * ptr);	无边界调整的字(4 字节)读取或存储	C6400
double & _memd84 (void * ptr);	无边界调整的双字(8 字节)读取或存储	C6400
const ushort & _mem2_const (const void * ptr);	无边界调整的半字(双字节)读取	C6400
const uint & _mem4_const (const void * ptr);	无边界调整的字(4 字节)读取	C6400
const double & _mem8_const (const void * ptr);	无边界调整的双字(8 字节)读取	C6400

参考文献

[1] 李方慧. TMS320C6000 系列 DSPs 原理与应用(第 2 版). 北京：电子工业出版社，2003.
[2] 张雄伟. DSP 芯片的原理与开发应用(第 2 版). 北京：电子工业出版社，2000.
[3] 胡广书. 数字信号处理——理论、算法与实现. 北京：清华大学出版社，1997.
[4] 戴逸民. 基于 DSP 的现代电子系统设计. 北京：电子工业出版社，2002.
[5] 彭启琮，李玉柏，管庆. DSP 技术的发展与应用(第二版).北京：高等教育出版社，2011.
[6] (美)德州仪器公司著，卞红雨等编译. TMS320C6000 系列 DSP 的 CPU 与外设. 清华大学出版社，2007.
[7] (美)德州仪器公司著. 牛金海等编译. Code Composer Studio(CCS) 集成开发环境(IDE)入门指导书，2010.
[8] 合众达电子. SEED-DTK6713 实验手册，2007.
[9] 瑞泰创新. ICETEK-C6748-A 评估板及教学实验箱实验指导书-CCSv5，2015.
[10] 成都英创信息技术有限公司应用案例. 一种经典的 DOS 程序框架，2008.
[11] Andrew Bateman.The DSP Handbook-Algorithms, Application and Design Techniques. China Machine Press, 2003.
[12] TMS320C6000 Assembly Language Tools User's Guide, Texas Instruments Incorporated, March 2003.
[13] TMS320C6000 DSP Peripherals Overview Reference Guide, Texas Instruments Incorporated, March 2006.
[14] TMS320C6000 Chip Support Library API Reference Guide, Texas Instruments Incorporated, August 2004.
[15] TMS320C6000 CPU and Instruction Set Reference Guide, Texas Instruments Incorporated, November 2006.
[16] TMS320C6000 DSP 32-bit Timer Reference Guide, October 2004.
[17] TMS320C6000 DSP Cache User's Guide, May 2003.
[18] TMS320C6000 DSP Enhanced Direct Memory Access (EDMA) Controller Reference Guide, November 2004.
[19] TMS320C6000 DSP External Memory Interface (EMIF) User's Guide, Texas Instruments Incorporated, April 2004.
[20] TMS320C6000 DSP General-Purpose Input/Output (GPIO) Reference Guide, March 2004.
[21] TMS320C6000 DSP Host Port Interface (HPI) Reference Guide, May 2004.
[22] TMS320C6000 DSP Inter-Integrated Circuit (I2C) Module Reference Guide, October 2002.
[23] TMS320C6000 DSP Multichannel Audio Serial Port (McASP) Reference Guide, July 2003.
[24] TMS320C6000 DSP Multichannel Buffered Serial Port (McBSP) Reference Guide, September 2004.
[25] TMS320C6000 DSP/BIOS Application Programming Interface (API) Reference Guide, April 2003.
[26] TMS320C6000 DSP Software-Programmable Phase-Locked Loop (PLL) Controller Reference Guide, Texas Instruments Incorporated, May 2005.
[27] Creating a Second-Level Bootloader for FLASH Bootloading on C6000, Texas Instruments Incorporated, May 2006.
[28] TMS320C6000 FastRTS Library Programmer's Reference, Texas Instruments Incorporated, October 2002.
[29] TMS320C6000 DSP Library Programmer's Reference Guide, Texas Instruments Incorporated, October 2002.
[30] MT48LC2M32B2 SDRAM data sheet, Micron Technology, Inc. 2001.
[31] SST39VF400A FLASH data sheet, Silicon Storage Technology, Inc. April 2001.
[32] TLV320AIC23B data sheet, Texas Instruments Incorporated, May 2002.